EUROPA LEHRMITTEL

EUROPA-FACHBUCHREIHE
für Bauberufe

Horst Mentlein
Peter Peschel

Tabellenbuch Hochbaufacharbeiter, Maurer, Beton- und Stahlbetonbauer

Tabellen – Formeln – Regeln – Bestimmungen

1. Auflage

VERLAG EUROPA-LEHRMITTEL · Nourney, Vollmer GmbH & Co. KG
Düsselberger Straße 23 · 42781 Haan-Gruiten

Europa-Nr.: 43234

Autoren des Tabellenbuches Hochbaufacharbeiter, Maurer, Beton- und Stahlbetonbauer

Mentlein, Horst	Dr.-Ing.	Lübeck
Peschel, Peter	OStD a.D.	Göttingen

Lektorat
Peter Peschel

Bildbearbeitung:
Zeichenbüro des Verlags Europa-Lehrmittel, Ostfildern

Die DIN-Angaben in diesem Tabellenbuch beziehen sich auf die neusten Ausgaben der Normblätter und sonstiger amtlicher Regelwerke (Redaktionsschluss 31.08.2023). Die dargestellten Angaben sind jedoch nur auf das Wesentliche beschränkte und didaktisch ausgewählte Teile der Originalquellen. Verbindlich sind jeweils nur die DIN-Blätter und jene Bestimmungen selbst. Die DIN-Blätter können von der Beuth-Verlag GmbH, Burggrafenstraße 6, 10787 Berlin, bezogen werden.
Der Bezug zu den DIN-Normen ist i. d. R. bei den jeweiligen Tabellen ausgewiesen. Quellenangaben zu Produktinformationen, Herstellerangaben, Richtlinien, Arbeits- und Merkblätter der bauspezifischen Verbände und Vereine sind an der jeweiligen Stelle vermerkt und im Quellenverzeichnis aufgeführt.

1. Auflage 2024

Druck 5 4 3 2 1

ISBN 978-3-7585-4323-4

Satz: PER MEDIEN & MARKETING GmbH, 38102 Braunschweig, www.per-mm.de
Umschlag: Blick Kick Kreativ KG, 42699 Solingen
Umschlagfoto: © Wolfilser – stock.adobe.com
Druck: media print solutions GmbH, 33100 Paderborn

Vorwort

Das Tabellenbuch „Hochbaufacharbeiter, Maurer, Beton- und Stahlbetonbauer" erweitert die bewährte Europa-Fachbuchreihe für Bauberufe. Es kann jedoch seines eigenständigen Charakters wegen sowohl alleine als auch in Verbindung mit anderen Lehrbüchern in der Aus- und Weiterbildung sowie in der beruflichen Praxis verwendet werden. Es enthält Tabellen, DIN-Normen, Regeln und Bestimmungen von Behörden und Institutionen und viele Stoffwerte und Konstruktionslösungen.

In erster Linie ist dieses Tabellenbuch für die Ausbildung der Hochbaufacharbeiter, Maurer, Beton- und Stahlbetonbauer bestimmt. Um der beruflichen Praxis Rechnung zu tragen wurden Informationen für Fliesen-, Platten- und Mosaikleger sowie Estrichleger aufgenommen.
Die Auswahl der Inhalte erfolgte unter weitgehender Berücksichtigung der Bundesrahmenlehrpläne für die Bauberufe und wurde auf der Grundlage der neuesten Ausgaben aller einschlägigen deutschen und europäischen Regelwerke bearbeitet.

Der Inhalt des Buches gliedert sich in nebenstehend aufgeführten acht Themenbereiche. Die Vielfalt der Informationen bedingt, dass vereinzelt Informationen einem Kapitel zugeordnet werden, die auch an anderen Stellen stehen könnten. Dies gilt insbesondere für das Kapitel Baustoffe. Querverweise auf ähnliche Inhalte, verwendete Tabellen oder an anderer Stelle verwendete Formeln werden durch ein Dreieck ▶ mit Angabe der Seite gekennzeichnet.

Zum schnellen Auffinden bestimmter Sachverhalte dienen das umfangreiche Inhaltsverzeichnis, insbesondere ein ausführliches Sachwortverzeichnis mit über 1200 Begriffen und das bewährte Daumen-Griffregister. Im Bild- und Quellenverzeichnis sind die im Tabellenbuch zitierten aktuellen Normen aufgeführt.

Ergänzt wird das Medienangebot für Hochbaufacharbeiter, Maurer, Beton- und Stahlbetonbauer durch das Tabellenbuch in digitaler Form, das Fachbuch Bautechnik Grundbildung, das Fachbuch für die Fachstufen und das Übungsbuch Prüfungsvorbereitung aktuell für den Hochbau.

Alle, die durch ihre Anregungen zur Entwicklung des Tabellenbuches für Hochbaufacharbeiter, Maurer, Beton- und Stahlbetonbauer beigetragen haben, sei an dieser Stelle herzlich gedankt. Ebenso bedanken sich die Autoren dieses Tabellenbuches bei den Autoren des Tabellenbuches Bautechnik im Verlag Europa-Lehrmittel für die Möglichkeit, Abbildungen und Textergänzungen zu entnehmen und für das vorliegende Werk anzupassen.

Für Anregungen zur Weiterentwicklung, Verbesserungsvorschläge, Fehlerhinweisen und Meinungsäußerungen sind wir stets dankbar. Sie können dafür unsere Adresse **lektorat@europa-lehrmittel.de** nutzen.

Göttingen, im Winter 2023/24 — Autoren und Verlag

Inhaltsverzeichnis

1 Mathematik

1.1 Zeichen, Begriffe und Tafeln

Mathematische Zeichen

Mathem. Zeichen	Sprechweise	Mathem. Zeichen	Sprechweise	Mathem. Zeichen	Sprechweise
$=$	gleich	$\perp$	senkrecht auf	$\overline{AB}$	Strecke
$\neq$	ungleich	$\parallel$	parallel zu	$\overset{\frown}{AB}$	Bogen
$:=$	definitionsgemäß gleich	$+$	plus	g	Gerade
$\approx$	ungefähr gleich	$-$	minus	$\sphericalangle$	Winkel
$\dots$	usw., bis	$\times, \cdot$	mal	⊾ ∟	rechter Winkel
$\triangleq$	entspricht	$:, /$	durch, geteilt durch	m	Steigung
$<$	kleiner als	$\sum$	Summe von, Summe aller	P, Q	Punkte
$\leq$	kleiner oder gleich	$\prod$	Produkt von, Produkt aller	x, y, z	Koordinaten
$>$	größer als	$\sqrt{\ }$	Quadratwurzel aus	∞	unendlich
$\geq$	größer oder gleich	$\sqrt[n]{\ }$	n-te Wurzel aus	$\Rightarrow$	daraus folgt
$\gg$	sehr groß gegen	Δx	Delta-x		
$\ll$	sehr klein gegen	%	Prozent		
$\backsim$	proportional	‰	Promille		
$\cong$	kongruent zu				

Technische Zusammenhänge werden meist in ihrer kürzesten Form durch Formeln beschrieben. Allgemeine Formelzeichen werden *kursiv* geschrieben.

Römische Zahlen

I =	1	XL =	40
II =	2	L =	50
III =	3	LX =	60
IV =	4	LXX =	70
V =	5	LXXX =	80
VI =	6	XC =	90
VII =	7	C =	100
VIII =	8	CCC =	300
IX =	9	CD =	400
X =	10	D =	500
XI =	11	DCCC =	800
XIV =	14	CM =	900
XIX =	19	XM =	990
XX =	20	IM =	999
XXI =	21	MMXXIII =	2023

Konstanten

Größe	Zahlenwert
π	3,141 593
$\pi : 4$	0,785 398
$\pi : 180$	0,017 453
π^2	9,869 604
$1 : \pi$	0,318 310
$180 : \pi$	57,295 780
$\sqrt{1/\pi}$	0,564 190
$\sqrt{2}$	1,414 214
$\sqrt{3}$	1,732 051
e	2,718 282

Auf- und Abrunden

Aufrunden: Die letzte Ziffer einer gerundeten Zahl ist um 1 zu erhöhen, wenn die nächste Ziffer der nichtgerundeten Zahl kleiner als 5 ist.

Abrunden: Die letzte Ziffer einer gerundeten Zahl bleibt unverändert, wenn die nächste Ziffer der nichtgerundeten Zahl kleiner als 5 ist

Beispiele

π = 3,14159265... wird durch

3,1416	aufgerundet (Zehntausendstel)
3,142	aufgerundet (Tausendstel)
3,14	abgerundet (Hundertstel)
3,1	abgerundet (Zehntel)

Große Zahlen

10^6 = 1 000 000 = Million
10^9 = 1 000 000 000 = Milliarde
10^{12} = Billion
10^{18} = Trillion
10^{24} = Quadrillion
10^{30} = Quintillion
10^{36} = Sextillion

Griechisches Alphabet

A α Alpha	B β Beta	Γ γ Gamma	Δ δ Delta	E ε Epsilon	Z ζ Zeta	H η Eta	Θ ϑ Theta
I ι Iota	K $\varkappa$ Kappa	Λ λ Lambda	M μ My	N ν Ny	Ξ ξ Xi	O o Omikron	Π π Pi
P ϱ Rho	Σ σ Sigma	T τ Tau	Υ υ Ypsilon	Φ φ Phi	X χ Chi	Ψ ψ Psi	Ω ω Omega

1

Umwandlungstabellen

Längeneinheiten 1 km = 1000 m

⇒ × 10	× 10	× 10	
1 m	10 dm	100 cm	1000 mm
0,1 m	1 dm	10 cm	100 mm
0,01 m	0,1 dm	1 cm	10 mm
0,001 m	0,01 dm	0,1 cm	1 mm
: 10	: 10	: 10 ⇐	

Flächeneinheiten 1 km² = 1000000 m²

⇒ × 100	× 100	× 100	
1 m²	100 dm²	10000 cm²	1000000 mm²
0,01 m²	1 dm²	100 cm²	10000 mm²
0,0001 m²	0,01 dm²	1 cm²	100 mm²
0,000001 m²	0,0001 dm²	0,01 cm²	1 mm²
: 100	: 100	: 100 ⇐	

Volumeneinheiten 1 km³ = 1000000000 m³

⇒ × 1000	× 1000	× 1000	
1 m³	1000 dm³	1000000 cm³	1000000000 mm³
0,001 m³	1 dm³	1000 cm³	1000000 mm³
0,000001 m³	0,001 dm³	1 cm³	1000 mm³
0,000000001 m³	0,000001 dm³	0,001 cm³	1 mm³
: 1000	: 1000	: 1000 ⇐	

Zeiteinheiten

(Jahr) 1 a = 365 d	(Tag) 1 d = 24 h	(Minute) 1′ = 60″	
(Monat) 1 m = (1/12) a	(Stunde) 1 h = 60′	(Sekunde) 1″ = (1/60)′	

Umrechnung Winkeleinheiten 180° ≙ 200gon

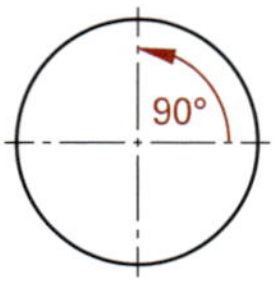

Grad (°; auch Altgrad, Taschenrechneranzeige: DEG von englisch Degree)

Vollkreis = 4 × 90° = 360°

Unterteilungen: 1° = 60' (Minuten, Winkel-Minuten)
1' = 60" (Sekunden, Winkel-Sekunden)

Umrechnungen: $1{,}4° = 1° + 0{,}4° \cdot \frac{60'}{1°} = 1° + 24' = 1°24'$

$1°24' = 1° + 24' \cdot \frac{1°}{60'} = 1° + 0{,}4° = 1{,}4°$

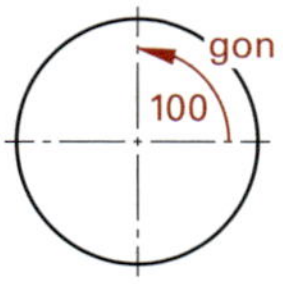

Gon (gon; auch Neugrad, Taschenrechneranzeige: GRAD)

Vollkreis $= 4 \times 100^{gon} = 400^{gon}$

Umrechnungen: $1^{gon} = \frac{360°}{400^{gon}} \cdot 1^{gon} = 0{,}9°$

$1{,}4^{gon} = 1{,}4^{gon} \cdot 9°/10^{gon}$ $1{,}26° = 1{,}26° \cdot 10^{gon}/9°$

$1{,}4^{gon} = 1{,}26°$ $1{,}26° = 1{,}4^{gon}$

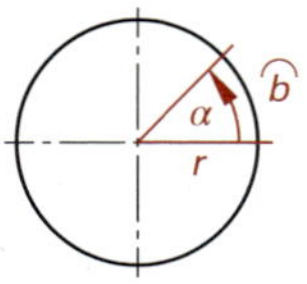

Radiant oder Bogenmaß (rad, Taschenrechneranzeige: RAD)

Definition $\alpha = \frac{\widehat{b}}{r}$

Vollkreis $\alpha = 2\pi = 6{,}28 \ldots$

Umrechnungen: 1 rad $= 180°/\pi = 57{,}296°$
$1° = \pi/180° = 0{,}0175$ rad
$1^{gon} = \pi/200^{gon} = 0{,}0157$ rad

Besondere Längeneinheiten	Besondere Flächeneinheiten	Besondere Volumeneinheiten
1 Zoll (″) = 2,54 cm	1 km² = 100 ha	1 hℓ = 100 ℓ
1 inch = 1 Zoll	1 ha = 100 a	1 barrel = 1,59 hℓ
1 mile = 1609 m	1 a = 100 m²	1 gallone = 4,546 ℓ
1 mil = 0,0245 mm	1 Morgen = 25 a	1 ℓ = 1 dm³

1

1.2 Rechenarten

Grundrechenarten

Rechenart	a	b	c
Addition	Summand	Summand	Summenwert
	Beispiel	$a + b = c$	
Subtraktion	Minuend	Subtrahend	Differenzwert
	Beispiel	$a - b = c$	
Multiplikation	Faktor	Faktor	Produktwert
	Beispiel	$a \cdot b = c$	
Division	Dividend	Divisor	Quotientenwert
	Beispiel	$a : b = c$	

Addition und Multiplikation

Kommutativität	$a + b = b + a$ $a \cdot b = b \cdot a$
Assoziativität	$(a + b) + c = a + (b + c)$ $(a \cdot b) \cdot c = a \cdot (b \cdot c)$
Distributivität	$(a + b) \cdot c = a \cdot c + b \cdot c$ $a \cdot (b + c) = a \cdot b + a \cdot c$

Stufen der Rechenarten

Stufe 1	Addition, Subtraktion
Stufe 2	Multiplikation, Division
Stufe 3	Potenzierung, Radizierung

Beispiele Addition, Subtraktion

$a + 0 = 0 + a = a$
$a + (b - c) = a + b - c$
$a - (b + c) = a - b - c$
$a - (b - c) = a - b + c$
$a - 0 = a$ aber $0 - a = -a$
$a + (-b) = a - b$
$a - (-b) = a + b$
$-(a + b) = -a - b$
$-(a - b) = -a + b = b - a$

Beispiele Multiplikation

- Schreibweise: $a \cdot b = ab$, $2 \cdot a = 2a$
  $(a) \cdot (b) = (b) \cdot (a)$, $ab = ba$
  $abc = acb = bac = bca = cab = cba$
- Der Multiplikationspunkt kann laut Definition in der Mathematik entfallen.
  $a \cdot 0 = 0 \cdot a = 0a = 0$
  $a \cdot 1 = 1 \cdot a = 1a = a$
- Gleiche Vorzeichen ergeben plus, ungleiche Vorzeichen ergeben minus:
  $(+a)(+b) = (-a)(-b) = +ab = ab$
  $(+a)(-b) = (-a)(+b) = -ab$

Sonstige Rechenarten

Rechenart	a	b	c
Potenzierung	Basis	Exponent	Potenzwert
	Beispiel	$a^b = c$	
Radizierung	Radikant	Wurzelexponent	Wurzelwert
	Beispiel	$\sqrt[b]{a} = c$	

Rechenregeln ohne Klammern

Gleichstufige Rechenarten werden von links nach rechts ausgeführt.

Beispiel $8 - 2 + 3 = 6 + 3 = 9$

Bei ungleichstufigen Rechenarten wird die Rechenart höherer Stufe zuerst ausgeführt. Es gilt Punktrechnung vor Strichrechnung sowie Potenzieren und Radizieren vor Punktrechnung und Strichrechnung.

Beispiel
$8 - 2 \cdot 3 = 8 - 6 = 2$
$20 : 5 + 3 \cdot 7 = 4 + 21 = 25$
$14 + 3 \cdot 2^3 = 14 + 3 \cdot 8 = 38$

Klammerregeln

Die Rechnung innerhalb einer Klammer wird stets vor der Rechnung außerhalb der Klammer ausgeführt.

Beispiel $(2 + 9) \cdot 6 = 11 \cdot 6 = 66$

Bei mehrfacher Klammerung werden von innen nach außen runde, eckige und geschweifte Klammern benutzt. Die Klammern werden von innen nach außen aufgelöst.

Beispiel
$2 \cdot \{3 + 4 \cdot [26 - 2 \cdot (3 + 4)] : 3\} =$
$2 \cdot \{3 + 4 \cdot [26 - 2 \cdot 7] : 3\} =$
$2 \cdot \{3 + 4 \cdot 12 : 3\} =$
$2 \cdot 19 = 38$

Auflösen der Klammer mit **PLUS (+)** vor der Klammer ⇒ Klammer kann entfallen.
Auflösen der Klammer mit **MINUS (–)** vor der Klammer ⇒ Klammer kann entfallen, wenn alle Vorzeichen in der Klammer umgekehrt werden.
Faktor vor der Klammer mit Summanden ⇒ Jeder Wert in der Klammer wird mit dem Faktor multipliziert.

Beispiele
$(a - b) \cdot c = c \cdot (a - b) = ac - bc$
$(a + b) \cdot (c + d) = ac + ad + bc + bd$
$(a - b) \cdot (c + d) = ac + ad - bc - bd$
$(a + b) \cdot (c - d) = ac - ad + bc - bd$
$(a - b) \cdot (c - d) = ac - ad - bc + bd$

Bruchrechnung

Rechenoperation	Formeln und Rechenregeln	Beispiele
1 **Erweitern**	Multiplikation von Zähler und Nenner mit gleicher Zahl. $\frac{a}{b} = \frac{a}{b} \cdot \frac{n}{n} = \frac{a \cdot n}{b \cdot n}$	$\frac{2}{3} = \frac{2}{3} \cdot \frac{7}{7} = \frac{2 \cdot 7}{3 \cdot 7} = \frac{14}{21}$ Der Wert bleibt gleich.
Kürzen	Division von Zähler und Nenner durch die gleiche Zahl. $\frac{a}{b} = \frac{a}{b} : \frac{n}{n} = \frac{a : n}{b : n}$	$\frac{14}{21} = \frac{14}{21} : \frac{7}{7} = \frac{14 : 7}{21 : 7} = \frac{2}{3}$ Der Wert bleibt gleich.
Hauptnenner (HN) bestimmen	Der Hauptnenner (HN) ist das kleinste gemeinsame Vielfache (KgV) der Nenner. Berechnung durch Zerlegung der Nenner in Primfaktoren.	HN von $\frac{1}{4}; \frac{2}{5}; \frac{1}{6}; \frac{1}{30}$ $4 = 2 \cdot 2$ $\quad 6 = 2 \cdot 3$ $5 = 5$ $\quad 30 = 2 \cdot 3 \cdot 5$ $HN = 2 \cdot 2 \cdot 5 \cdot 3 = 60$
Addition gleichnamige Brüche ungleichnamige Brüche	$\frac{a}{b} + \frac{c}{b} = \frac{a + c}{b}$ $\frac{a}{b} + \frac{c}{d} = \frac{a \cdot d}{b \cdot d} + \frac{c \cdot b}{d \cdot b} = \frac{(a \cdot d) + (c \cdot b)}{b \cdot d}$	$\frac{5}{8} + \frac{3}{8} = \frac{5 + 3}{8} = \frac{8}{8} = 1$ $\frac{2}{3} + \frac{1}{5} = \frac{2 \cdot 5}{3 \cdot 5} + \frac{1 \cdot 3}{5 \cdot 3} = \frac{10}{15} + \frac{3}{15} = \frac{13}{15}$
Subtraktion gleichnamige Brüche ungleichnamige Brüche	$\frac{a}{b} - \frac{c}{b} = \frac{a - c}{b}$ $\frac{a}{b} - \frac{c}{d} = \frac{a \cdot d}{b \cdot d} - \frac{c \cdot b}{d \cdot b} = \frac{(a \cdot d) - (c \cdot b)}{b \cdot d}$	$\frac{5}{8} - \frac{3}{8} = \frac{2}{8} = \frac{1}{4}$ $\frac{2}{3} - \frac{1}{5} = \frac{2 \cdot 5}{3 \cdot 5} - \frac{1 \cdot 3}{5 \cdot 3} = \frac{10}{15} - \frac{3}{15} = \frac{7}{15}$
Multiplikation Bruch mit Zahl Bruch mit Bruch	$\frac{a}{b} \cdot n = \frac{a \cdot n}{b}$ $\frac{a}{b} \cdot \frac{c}{d} = \frac{a \cdot c}{b \cdot d}$	$\frac{3}{8} \cdot 5 = \frac{3 \cdot 5}{8} = \frac{15}{8} = 1\frac{7}{8}$ $\frac{3}{8} \cdot \frac{2}{5} = \frac{3 \cdot 2}{8 \cdot 5} = \frac{6}{40} = \frac{3}{20}$
Division Bruch durch Zahl Bruch durch Bruch	$\frac{a}{b} : n = \frac{a}{b} \cdot n$ $\frac{a}{b} : \frac{c}{d} = \frac{a}{b} \cdot \frac{d}{c} = \frac{a \cdot d}{b \cdot c}$	$\frac{3}{8} : 5 = \frac{3}{8 \cdot 5} = \frac{3}{40}$ $\frac{3}{8} : \frac{2}{5} = \frac{3}{8} \cdot \frac{5}{2} = \frac{15}{16}$
Umwandeln gemeiner Bruch in Dezimalzahl	übliches Teilen des Zählers durch den Nenner	$\frac{8}{3} = 8 : 3 = 2{,}66\ldots$ $2{,}\overline{6}$ $\frac{3}{8} = 3 : 8 = 0{,}375$ $8 : 3 = 2{,}66\ldots$ periodische Wiederholung
Umwandeln endliche Dezimalbrüche reinperiodische Dezimalbrüche unreinperiodische Dezimalbrüche	Erweitern mit 10, 100, 1000 usw., ggf. anschließend kürzen } Rechnung gemäß Beispiel für unreinperiodische Dezimalbrüche	$0{,}375 = \frac{0{,}375 \cdot 1000}{1000} = \frac{3}{8}$ $0{,}\overline{42} = \frac{42}{99}$ $x = 2{,}3\overline{42}$ $x = \frac{2319}{990}$ $1000 \cdot x = 2342{,}\overline{42}$ $-10 \cdot x = -23{,}\overline{42}$ $990 \cdot x = 2319{,}00$
Vorzeichenregeln beim Dividieren	$(+a) : (+b) = +a : b = +\frac{a}{b} \quad b \neq 0$ $(+a) : (-b) = -a : b = -\frac{a}{b} \quad b \neq 0$ $(-a) : (-b) = +a : b = +\frac{a}{b} \quad b \neq 0$	$(+3) : (+8) = +3 : 8 = +\frac{3}{8}$ $(+3) : (-8) = -3 : 8 = -\frac{3}{8}$ $(-3) : (-8) = +3 : 8 = +\frac{3}{8}$
Division durch 0	Eine Division durch 0 ist unzulässig. $+\infty$ bzw. $-\infty$ sind keine reellen Zahlen.	

1

Potenzen

Definition (Sprechweise: a hoch n)	$a^n = a \cdot a \cdot a \cdot \ldots \cdot a$ n Anzahl der Faktoren
Spezialfälle (für $a \neq 0$ und $n \in \mathbb{N}^*$)	$a^1 = a;\quad a^0 = 1$ $1^n = 1;\quad 0^n = 0$
Potenzen mit negativen Exponenten	$a^{-1} = \frac{1}{a};\quad a^{-n} = \frac{1}{a^n}$
Vorzeichen beim Potenzieren (für $n \in \mathbb{N}^*$)	$(+a)^n = +a^n$ für alle n $(-a)^n = +a^n$ für gerade n $(-a)^n = -a^n$ für ungerades n
Beispiele	$2a^3 + 3a^3 - a^3 = 4a^3$ $3a^4 + 4a^2 - 2a^2 = 3a^4 + 2a^2$
Produkt von Potenzen	$a^m \cdot a^n = a^{m+n}$ $a^n \cdot b^n = (a \cdot b)^n$ $(a^m)^n = a^{m \cdot n}$
Quotient von Potenzen	$a^m : a^n = a^{m-n}$ $a^m : b^m = (a : b)^m$

Zehnerpotenzen

0,001	=	10^{-3}	1000	=	10^3
0,01	=	10^{-2}	100	=	10^2
0,1	=	10^{-1}	10	=	10^1
1	=	10^0	1	=	10^0

1 000 000	$= 10^6$	= 1 Million
10 000 000	$= 10^7$	= 10 Millionen
100 000 000	$= 10^8$	= 100 Millionen
1 000 000 000	$= 10^9$	= 1 Milliarde

Beispiele

$10^4 = 10 \cdot 10 \cdot 10 \cdot 10 = 10000$

$10^{-4} = 0{,}0001$

1 ist die vierte Stelle nach dem Komma

Zahlenmengen

Symbol	Zahlenmenge	Menge aller …
$\mathbb{N}$	Natürliche Zahlen	positiven ganzen Zahlen
$\mathbb{Z}$	Ganze Zahlen	positiven und negativen ganzen Zahlen
$\mathbb{Q}$	Rationale Zahlen	endlichen und periodischen Dezimalzahlen
$\mathbb{R}$	Reelle Zahlen	endlichen und unendlichen Dezimalzahlen
$\mathbb{C}$	Komplexe Zahlen	imaginäre Einheit $i^2 = -1$

Wurzeln

Definition (für $a \geq 0$ und $n \in \mathbb{N}^*$)	$\left(\sqrt[n]{a}\right)^n = a$ $\sqrt{a} = \sqrt[2]{a}$
Darstellung mit Bruchpotenzen (für $a \geq 0$)	$\sqrt[n]{a} = a^{\frac{1}{n}}$ $\sqrt[n]{a^m} = a^{m/n} = \left(\sqrt[n]{a}\right)^m$
Produkte von Wurzeln (für $a \geq 0$ und $b \geq 0$)	$\sqrt[n]{a} \cdot \sqrt[n]{b} = \sqrt[n]{a \cdot b}$ $\sqrt[n]{a^m} \cdot \sqrt[n]{a^q} = a^{\frac{m+q}{n}}$
Eindeutigkeit von Wurzeln (für $a \geq 0$)	$\sqrt[n]{a^n} = a$ $\sqrt[2]{4} = +2$ $\sqrt[3]{27} = +3$

- Wurzeln positiver Radianten sind positiv.
- Wurzeln negativer Radikanden sind für den reellen Zahlenbereich nicht definiert.
  $\sqrt{-5}$ nicht definiert
- Wurzel aus null ist gleich null:
  $\sqrt{0} = 0$

Beispiel (Hinweis auf ± Zeichen)

Sei $x^2 = 3$

$x = \pm\sqrt{3} = \pm 1{,}7321\ldots$

(nicht $x = \sqrt{3} = \pm 1{,}7321\ldots$)

Binomische Formeln

1. binomische Formel	$(a + b)^2 = a^2 + 2ab + b^2$
2. binomische Formel	$(a - b)^2 = a^2 - 2ab + b^2$
3. binomische Formel	$(a + b)(a - b) = a^2 - b^2$

Höhere Potenzen

$(a + b)^3 = a^3 + 3a^2b + 3ab^2 + b^3$

$(a - b)^3 = a^3 - 3a^2b + 3ab^2 - b^3$

$(a \pm b)^n = a^n \pm \binom{n}{1} a^{n-1} b + \binom{n}{2} a^{n-2} b^2 \pm \binom{n}{3} a^{n-3} b^3 + \ldots \pm \ldots$

Spezialfälle

$a^3 + b^3 = (a + b) \cdot (a^2 - ab + b^2)$

$a^3 - b^3 = (a - b) \cdot (a^2 + ab + b^2)$

$a^4 - b^4 = (a^2 + b^2) \cdot (a^2 - b^2)$

$a^n - b^n = (a - b) \cdot (a^{n-1} + a^{n-2}b + a^{n-3}b^2 + \ldots + ab^{n-2} + \ldots + b^{n-1})$

Logarithmen

Definition	$\log_b a = c$, wenn $b^c = a$ für $b > 0$ und $a > 0$
Brigg'scher (dekadischer) **Logarithmus**	$\lg a = \log_{10} a$

1

1.3 Dreisatzrechnung

Dreisatzarten	direkter Dreisatz		indirekter Dreisatz	
1. Aussagesatz	$x \Rightarrow y$	je mehr desto mehr	$x \Rightarrow y$	je mehr desto weniger
2. Einheitssatz	$1 \Rightarrow \frac{y}{x}$	oder	$1 \Rightarrow y \cdot x$	oder
3. Schlusssatz	$x_1 \Rightarrow \frac{y \cdot x_1}{x}$	je weniger desto weniger	$x_1 \Rightarrow \frac{y \cdot x}{x_1}$	je weniger desto mehr

Dreisatz mit geradem Verhältnis (direkt oder proportional)

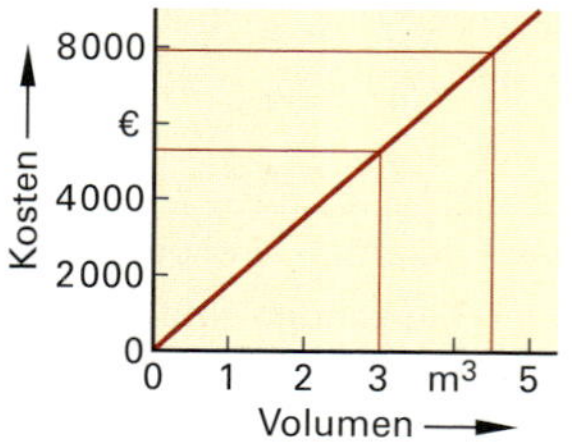

Beispiel 4,50 m³ Eichenholz kosten 7875,00 €. Wieviel kosten 3,00 m³ Eichenholz?

1. 4,50 m³ Eichenholz kosten 7875,00 €
2. 1,00 m³ Eichenholz kostet $\frac{7875{,}00\ €}{4{,}50\ m^3}$
3. 3,00 m³ Eichenholz kosten $\frac{7875{,}00\ € \cdot 3{,}00\ m^3}{4{,}50\ m^3}$ = **5250,00 €**

Dreisatz mit umgekehrtem Verhältnis (indirekt oder antiproportional)

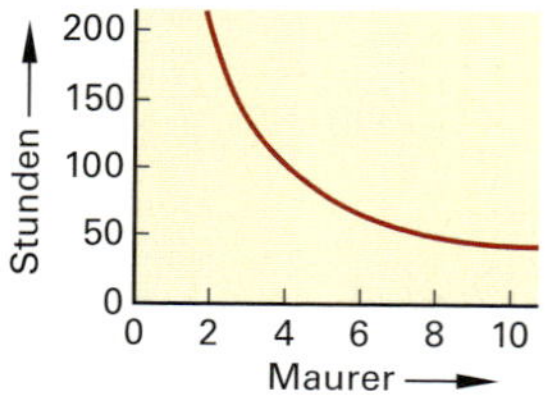

Beispiel 5 Maurer benötigen für eine Montagearbeit 80 Stunden. Wie lange dauert die Montage, wenn 8 Maurer zur Verfügung stehen?

1. 5 Maurer benötigen 80 h
2. 1 Maurer benötigt 5 · 80 h
3. 8 Maurer benötigen $\frac{5 \cdot 80\ h}{8}$ = **50 h**

Zusammengesetzter Dreisatz (doppelter Dreisatz)

Es werden 3 Größen gegenübergestellt. Die gesuchte Größe wird stufenweise errechnet. In jeder Stufe wird nur eine Größe verändert.

Beispiel 6 Fliesenleger verlegen bei 8-stündiger Arbeitszeit pro Tag 58 m² Mosaik. Wie viel m² Mosaik verlegen 5 Fliesenleger bei einer Arbeitszeit von 9 h/Tag?

1. Dreisatz: 6 Fliesenleger verlegen in 8 h 58 m²

1 Fliesenleger verlegt in 8 h $\frac{58\ m^2}{6}$

5 Fliesenleger verlegen in 8 h $\frac{58\ m^2 \cdot 5}{6}$

2. Dreisatz: 5 Fliesenleger verlegen in 1 h $\frac{58\ m^2 \cdot 5}{6 \cdot 8}$

5 Fliesenleger verlegen in 9 h $\frac{58\ m^2 \cdot 5 \cdot 9}{6 \cdot 8}$ = 54,375 m² ≈ 54 m²

Verhältnisgleichung, Proportionen

Zwei Verhältnisse mit gleichen Werten können gleichgesetzt und als Gleichung geschrieben werden. Das Verhältnis (eine Proportion) kann auch als Bruchgleichung geschrieben werden.

Außenglieder

a : b = 3 : 4 oder $\frac{a}{b} = \frac{3}{4}$

Innenglieder Bruchgleichung

Eine Verhältnisgleichung kann als Produktengleichung geschrieben werden.

a : b = 3 : 4 oder **3 · b = 4 · a**

Innenglied × Innenglied = Außenglied 2 Außenglied

1.4 Prozentrechnung und Zinsrechnung

Prozentrechnung

Rechnen mit reinem Grundwert

- Prozent % ≙ 1/100
- Grundwert G
- Prozentwert PW
- Prozentsatz p (%)

$$G = \frac{PW \cdot 100\,\%}{p}$$

$$PW = \frac{G \cdot p}{100\,\%}$$

$$p = \frac{PW \cdot 100\,\%}{G}$$

Beispiel
Eichenholz hat einen tangentialen Schwindverlust von 8,9 %. Um wie viel mm schwindet ein Seitenbrett mit einer Breite $b = 320$ mm?

Lösung

$$PW = \frac{320\text{ mm} \cdot 8{,}9\,\%}{100\,\%} = 28{,}5\text{ mm}$$

Rechnen mit vermindertem Grundwert

- Verminderter Grundwert G_{min}

Verminderter Grundwert	Prozentwert (PW)
100 % – p %	p %
100 % = Grundwert (G)	

$$G_{min} = G - PW$$

$$G = \frac{G_{min} \cdot 100\,\%}{100\,\% - p}$$

Beispiel
Ein Kunde bezahlt wegen mangelhafter Arbeit 10 % des Bruttopreises weniger und überweist 16500,00 €. Wie hoch war der Bruttopreis?

Lösung

$$G = \frac{16500{,}00\text{ €} \cdot 100\,\%}{100\,\% - 10\,\%} = 18333{,}33\text{ €}$$

Rechnen mit vermehrtem Grundwert

- Vermehrter Grundwert G_{mehr}

Grundwert (G)	Prozentwert (PW)
100 %	p %
100 % + p % = vermehrter Grundwert	

$$G_{mehr} = G + PW$$

$$G = \frac{G_{mehr} \cdot 100\,\%}{100\,\% + p}$$

Beispiel
Ein Arbeiter erhält nach der Lohnerhöhung von 3,5 % einen Stundenlohn von 13,40 €. Errechnen Sie den vorherigen Lohn.

Lösung

$$G = \frac{13{,}40\text{ €} \cdot 100\,\%}{100\,\% + 3{,}5\,\%} = 12{,}95\text{ €}$$

Zinsrechnung

- Kapital K (€)
- Zinsen Z (€)
- Zinssatz p (%/Jahr)
- Laufzeit t (Jahre)
- 1 Zinsjahr 360 Tage
- 1 Zinsmonat 30 Tage

Kapital	Z

Mit dem Zinssatz werden die Zinsen für ein Jahr berechnet.

$$K = \frac{Z \cdot 100\,\%}{p \cdot t}$$

$$Z = \frac{K \cdot p \cdot t}{100\,\%}$$

$$p = \frac{Z \cdot 100\,\%}{K \cdot t}$$

$$t = \frac{Z \cdot 100\,\%}{K \cdot p}$$

Beispiel
Ein Betrieb erhält einen Kredit über 40000,00 € mit Zinssatz von 8,5 %.
a) Berechnen Sie die Zinsen.
b) Wie hoch wäre der Zinssatz, wenn 3700,00 € Zinsen bei gleicher Laufzeit anfallen würden?

Lösung (Berechnung für ein Jahr)

$$Z = \frac{40000{,}00\text{ €} \cdot 8{,}5\,\%}{100\,\%} = 3400{,}00\text{ €}$$

$$p = \frac{3700{,}00\text{ €} \cdot 100\,\%}{40000{,}00\text{ €}} = 9{,}25\,\%$$

Zinseszinsrechnung

Die Zinsen werden dem Kapital am Jahresende zugerechnet und mitverzinst.

- Anzahl der Jahre n

Kapital nach n Jahren:

$$K_n = K \cdot \left(1 + \frac{p}{100}\right)^n$$

Beispiel
Ein Maurer legt 5000,00 € festverzinslich mit $p = 4{,}5$ % an. Wie hoch ist sein Kapital nach 10 Jahren?

Lösung

$$K_{10} = 5000{,}00\text{ €} \cdot \left(1 + \frac{4{,}5\,\%}{100\,\%}\right)^{10} =$$

$$K_{10} = 7764{,}85\text{ €}$$

1

1.5 Längen und Winkel

Teilen der Gesamtlänge in gleiche Abstände

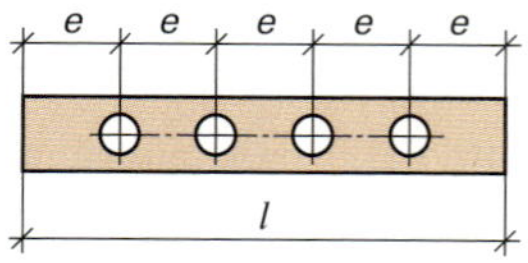

$$e = \frac{l}{n+1}$$

$$z = n + 1$$

l	Gesamtlänge, Teilungsstrecke
e	Länge der Abstände
n	Anzahl der Teilungselemente
z	Anzahl der Abstände

Teilen der Gesamtlänge in gleiche Abstände mit Randabstand

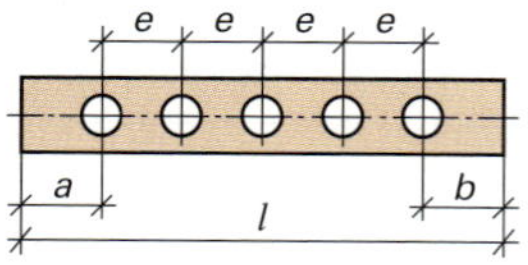

$$e = \frac{l - (a + b)}{n - 1}$$

a, b	Randabstände
l	Gesamtlänge, Teilungsstrecke
e	Länge der Abstände
n	Anzahl der Teilungselemente

Teilen der Gesamtlänge in gleiche Abstände mit Unterbrechungen

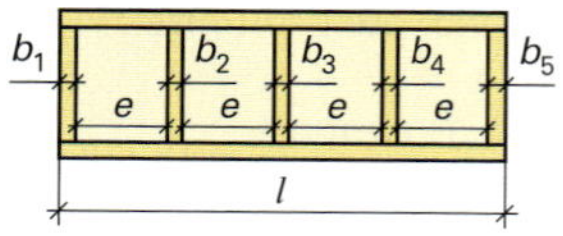

$$e = \frac{l - (b_1 + \ldots + b_n)}{n - 1}$$

$b_1, \ldots, b_n$	Unterbrechungen
l	Gesamtlänge, Teilungsstrecke
e	Länge der Abstände
n	Anzahl der Teilungselemente

Winkelarten

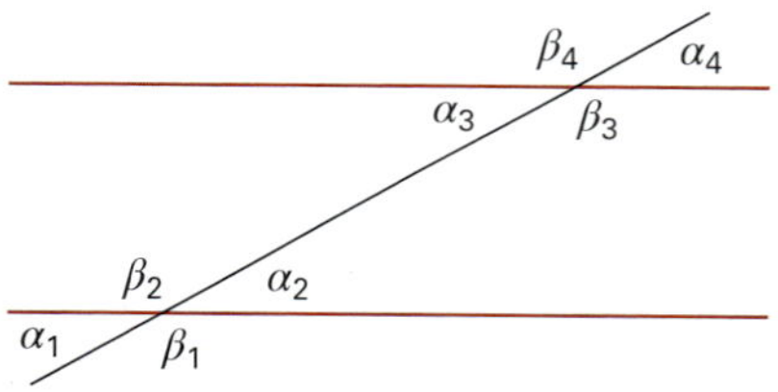

Scheitelwinkel sind gleich groß.
Scheitelwinkel liegen am Winkelscheitel einander gegenüber.

$\alpha_1 = \alpha_2$ und $\alpha_3 = \alpha_4$

Wechselwinkel sind gleich groß.
Wechselwinkel an geschnittenen Parallelen liegen dem Winkel auf der anderen Seite gegenüber.

$\alpha_1 = \alpha_3$ und $\beta_1 = \beta_4$

Stufenwinkel sind gleich groß.
Stufenwinkel liegen auf der anderen Stufe der gleichen Seite der Geraden.

$\alpha_1 = \alpha_3$ und $\beta_1 = \beta_3$

Nebenwinkel ergänzen sich zu 180°.
Nebenwinkel sind Nachbarwinkel auf derselben Seite der Parallelen.

$\alpha_1 + \beta_1 = 180°$ und $\alpha_4 + \beta_4 = 180°$

Winkeleinheiten

Zwei von einem Punkt ausgehende Halbgeraden bilden einen Winkel. Die Benennung erfolgt mit griechischen Buchstaben α, β, γ.

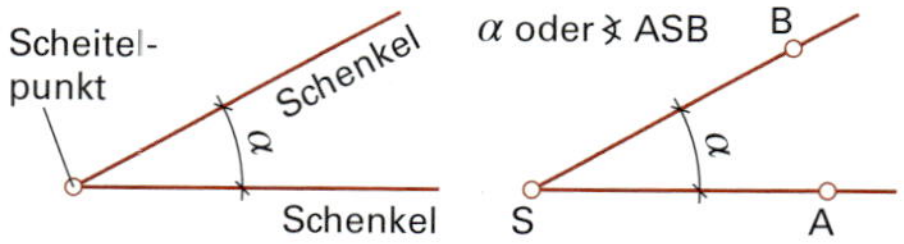

Die Einheiten der Winkel sind Grad (°), Minuten (′) und Sekunden (″). Es gelten dieselben Umrechnungsregeln wie bei den Zeiteinheiten.

Umrechnung $1° = 60'$ $1' = 60''$

$0{,}56666° = 0{,}56666° \cdot 60'/\text{je } 1° \rightarrow 34'$

$21' = 21' : 60'/\text{je } 1° \rightarrow 0{,}35°$

Winkelbenennungen

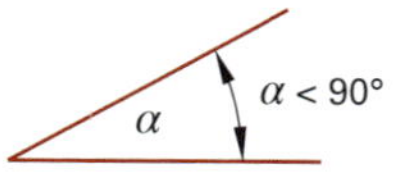

Spitzer Winkel

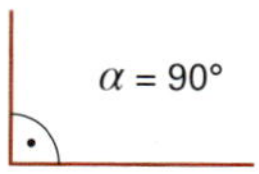

Rechter Winkel (R)

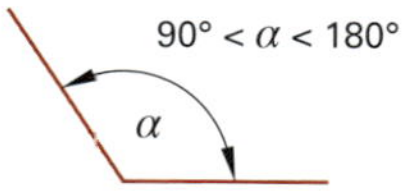

Stumpfer Winkel

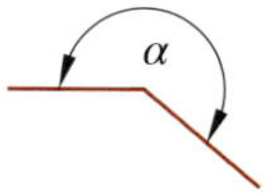

Überstumpfer Winkel

1.6 Flächen

Quadrat 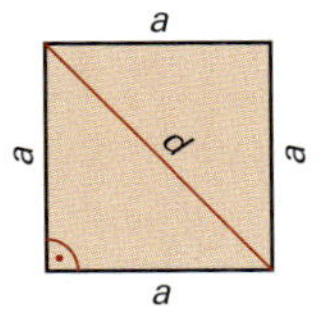	A Fläche a Seitenlänge d Diagonalenlänge U Umfang	$A = a \cdot a = a^2$ $U = 4 \cdot a$ $d = \sqrt{2} \cdot a \approx 1{,}414 \cdot a$
Rechteck 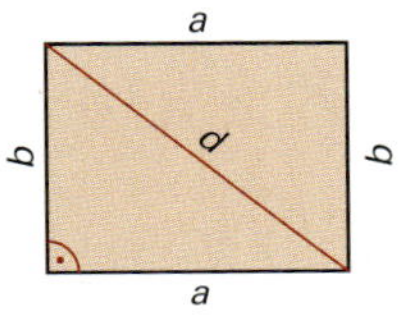	A Fläche a Länge (Grundlinie) b Breite (Höhe) d Diagonalenlänge U Umfang	$A = a \cdot b$ (Fläche = Grundlinie mal Höhe) $U = 2 \cdot (a + b)$ $d = \sqrt{a^2 + b^2}$
Rhombus, Raute 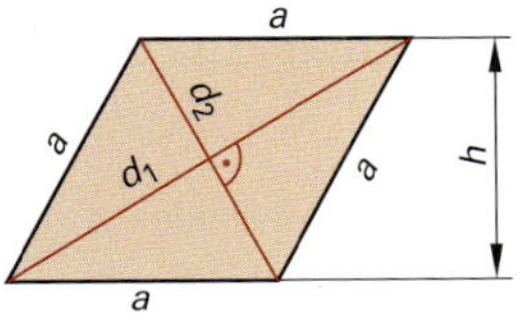	A Fläche a Seitenlänge (Grundlinie) h Höhe d_1, d_2 Diagonalenlängen U Umfang $d_1 \perp d_2$	$A = a \cdot h$ $A = \frac{1}{2} \cdot d_1 \cdot d_2$ $a = \frac{1}{2} \cdot \sqrt{d_1^2 + d_2^2}$ $U = 4 \cdot a = 2 \cdot \sqrt{d_1^2 + d_2^2}$
Parallelogramm 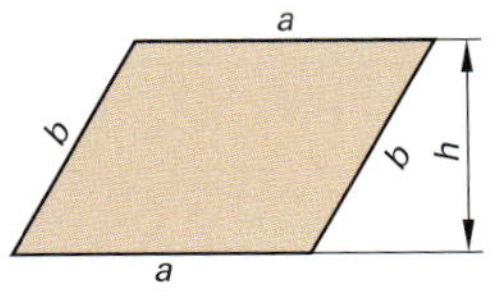	A Fläche a, b Seitenlängen a Grundlinie h Höhe U Umfang	$A = a \cdot h$ (Fläche = Grundlinie mal Höhe) $U = 2 \cdot (a + b)$
Trapez 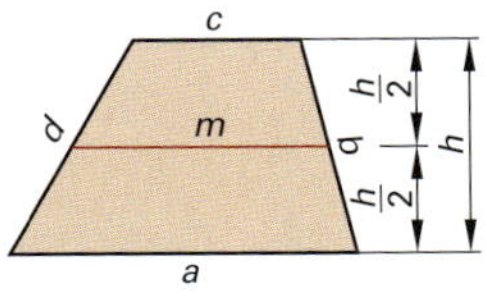	A Fläche a, b, c, d Seitenlängen m mittlere Länge h Höhe U Umfang	$A = m \cdot h = \frac{a + c}{2} \cdot h$ $m = \frac{a + c}{2}$ $U = a + b + c + d$
Kreis 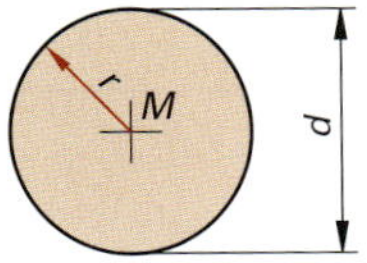	A Fläche r Radius (Halbmesser) d Durchmesser U Umfang M Kreismittelpunkt	$A = \pi \cdot r^2 = \frac{1}{4} \pi \cdot d^2$ $d = 2 \cdot r$ $U = 2 \cdot \pi \cdot r = \pi \cdot d$
Kreisring 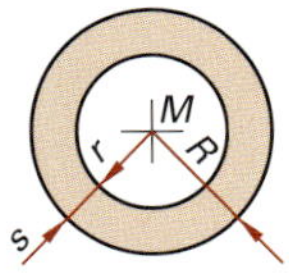	R Außenradius r Innenradius s Kreisringdicke	$A = A_{\text{Außenkreis}} - A_{\text{Innenkreis}}$ $A = (R^2 - r^2) \cdot \pi$ $s = R - r$

1

1.6 Flächen

Kreisausschnitt 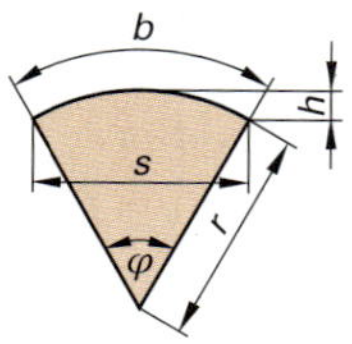	A Fläche (Kreisausschnitt) r Radius s Sehnenlänge b Bogenlänge $\varphi°$ Zentriwinkel im Altgradmaß	$A = \frac{d^2 \cdot \pi \cdot \varphi°}{4 \cdot 360°}$ $b = \frac{d \cdot \pi \cdot \varphi°}{360°}$ $s = 2 \cdot r \cdot \sin\left(\frac{\varphi°}{2}\right)$ $s = 2 \cdot \sqrt{h \cdot (2 \cdot r - h)}$
Kreisabschnitt 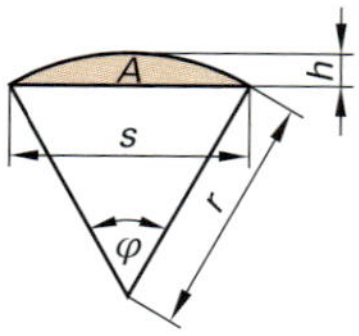	r Halbmesser b Bogenlänge h Bogenhöhe s Sehnenlänge A Fläche des Kreisabschnitts $\varphi°$ Zentriwinkel im Altgradmaß	$A \approx \frac{2}{3} \cdot s \cdot h$ $A = \frac{d^2 \cdot \pi \cdot \varphi°}{4 \cdot 360°} - \frac{s \cdot (r - h)}{2}$ $s = 2 \cdot r \cdot \sin\left(\frac{\varphi°}{2}\right)$
Dreieck 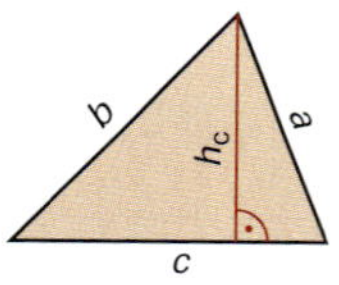 ► S. 19, 21	A Fläche a, b, c Seitenlängen c Grundlinie h_c Höhe U Umfang s halber Umfang	$A = \frac{1}{2} \cdot c \cdot h_c$ (Fläche = $\frac{1}{2}$ mal Grundlinie mal Höhe) $s = \frac{1}{2} \cdot (a + b + c)$ $U = a + b + c = 2 \cdot s$
Gleichschenkliges Dreieck 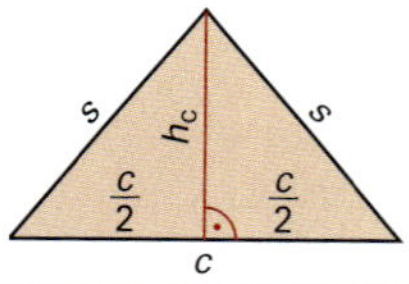	A Fläche s Schenkellänge c Grundlinie h_c Höhe U Umfang	$A = \frac{1}{2} \cdot c \cdot h_c$ $A = \frac{1}{4} \cdot c \cdot \sqrt{4 \cdot s^2 - c^2}$ $h_c = \frac{1}{2} \cdot \sqrt{4 \cdot s^2 - c^2}$ $U = 2 \cdot s + c$
Gleichseitiges Dreieck 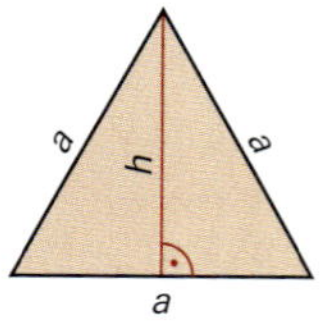	A *Fläche* a *Seitenlänge* h *Höhe* U *Umfang*	$A = \frac{1}{2} \cdot a \cdot h$ $A = \frac{\sqrt{3}}{4} \cdot a^2 \approx 0{,}433 \cdot a^2$ $h = \frac{\sqrt{3}}{2} \cdot a \approx 0{,}866 \cdot a$ $U = 3 \cdot a$
Unregelmäßiges Vieleck 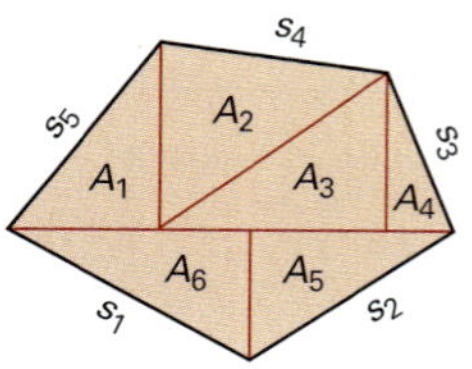	A Fläche A_i Teilflächen (i = 1, 2, ..., m) s_i Seitenlängen (i = 1, 2, ..., n) n Anzahl der Ecken m Anzahl der Teilflächen U Umfang	$A = A_1 + A_2 + \ldots + A_m$ $U = s_1 + s_2 + \ldots + s_n$

1

1.6 Flächen

Regelmäßiges Vieleck

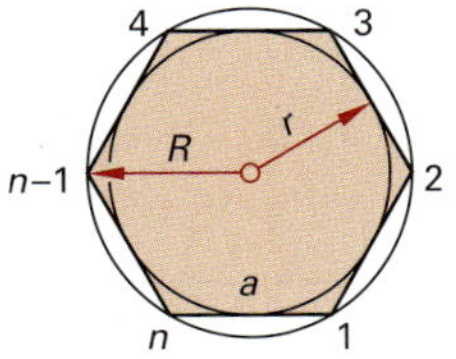

A	Fläche
a	Seitenlänge
R	Umkreisradius
r	Inkreisradius
n	Anzahl der Ecken
U	Umfang
$\varphi°$	Mittelpunktswinkel

$$A = \frac{1}{2} \cdot n \cdot a \cdot r$$

$$R = \frac{1}{2} \cdot \sqrt{a^2 + 4 \cdot r^2}$$

$$r = \sqrt{R^2 - \left(\frac{a}{2}\right)^2}$$

$$r = R \cdot \cos(\varphi°/2)$$

$$U = n \cdot a$$

Beispiel Sechseck

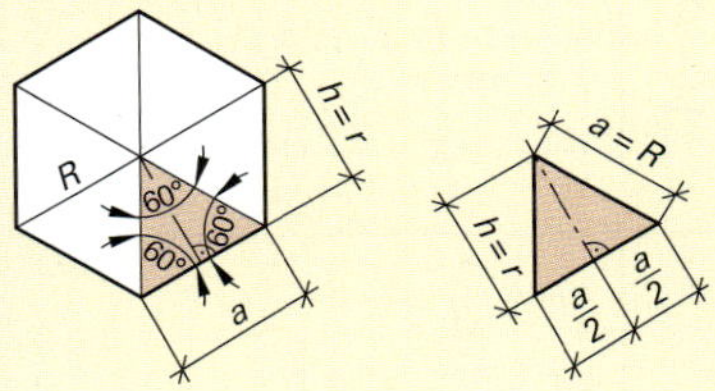

Sechseck

$$A = 6 \cdot a \cdot \frac{a}{2} \cdot \sqrt{3}$$

$$A = 3 \cdot a^2 \cdot \sqrt{3}$$

$$A \approx 2{,}598 \cdot R^2$$

Achteck

$$A = 8 \cdot a \cdot \frac{1}{2} \cdot r$$

$$A \approx 2{,}828 \cdot R^2$$

Beispiel Achteck

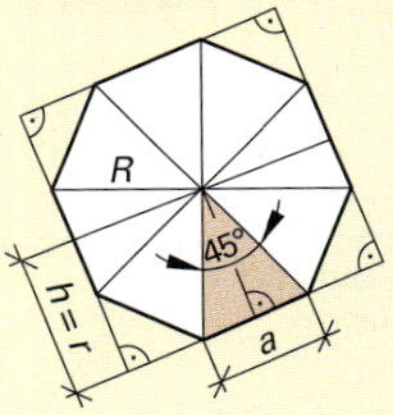

Ellipse

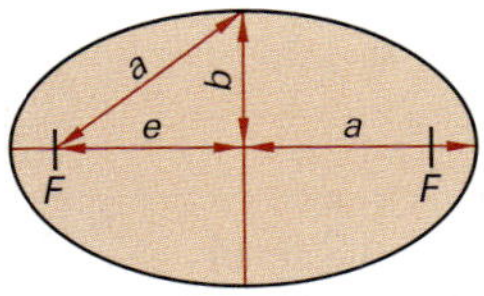

A	Fläche
a	großer Halbmesser
b	kleiner Halbmesser
e	Brennpunktabstand
U	Umfang
F	Brennpunkte

$$A = \pi \cdot a \cdot b \qquad e = \sqrt{a^2 - b^2}$$

$$U \approx \pi \cdot (a + b)$$

$$U = \pi \cdot (a + b) \cdot \left(1 + \frac{1}{4}\lambda^2 + \frac{1}{64}\lambda^4 + \ldots\right)$$

$$\text{mit } \lambda = \frac{a - b}{a + 4}$$

1.7 Körper

V = Grundfläche × Höhe

Würfel

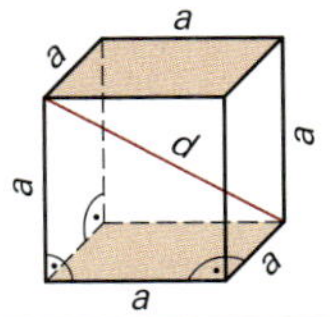

A	Grundfläche
V	Volumen
O	Oberfläche
a	Seitenlänge
d	Raumdiagonale

$$A = a^2$$

$$V = A \cdot a$$

$$V = a^3$$

$$O = 6 \cdot a^2$$

$$d = \sqrt{3} \cdot a$$

$$d \approx 1{,}732 \cdot a$$

Quader, Rechtkant

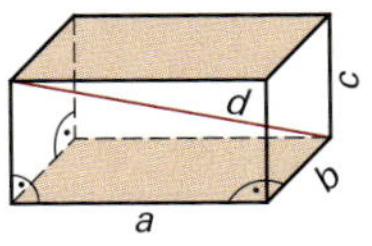

A	Grundfläche
V	Volumen
O	Oberfläche
a, b, c	Seitenlängen
d	Raumdiagonale

$$A = a \cdot b$$

$$V = A \cdot c$$

$$V = a \cdot b \cdot c$$

$$O = 2 \cdot (a \cdot b + b \cdot c + c \cdot a)$$

$$d = \sqrt{a^2 + b^2 + c^2}$$

Prismen, gerade und schief

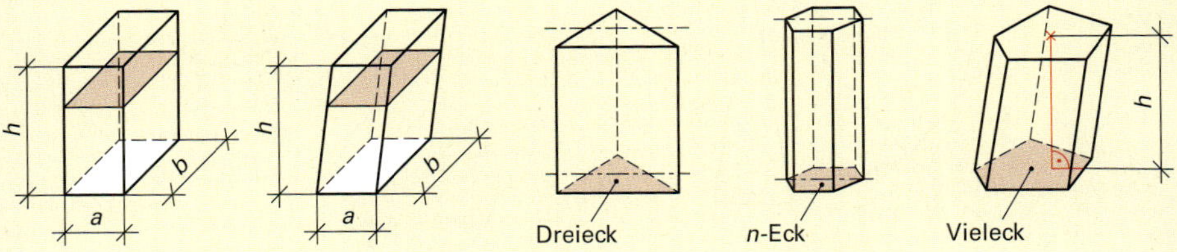

$V = A \cdot h$ $\qquad$ $O = A_u + A_o + M$

1

1.7 Körper

$V = \text{Grundfläche} \times \text{Höhe}$

Zylinder gerade und schief

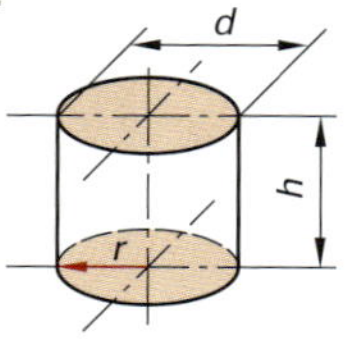

- A Grundfläche
- V Volumen
- O Oberfläche
- R Außenradius
- r Innenradius
- t Wanddicke
- h Höhe

$A = \pi \cdot r^2$

$V = A \cdot h$

$V = \pi \cdot r^2 \cdot h$

$M = 2 \cdot \pi \cdot r \cdot h$

$O = 2 \cdot \pi \cdot r \cdot (r + h)$

$d = 2 \cdot r$

Hohlzylinder gerade und schief

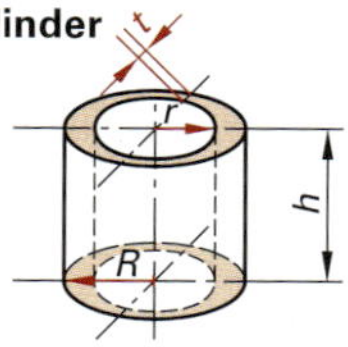

- A Grundfläche
- V Volumen
- O Oberfläche
- R Außenradius
- r Innenradius
- t Wanddicke
- h Höhe

$A = \pi \cdot (R^2 - r^2)$

$V = A \cdot h$

$V = \pi \cdot h \cdot (R^2 - r^2)$

$V = \pi \cdot h \cdot t \cdot (R + r)$

$t = R - r$

$O = 2 \cdot \pi \cdot (R + r) \cdot (h + t)$

$V_{\text{Spitzer Körper}} = \frac{1}{3}\,\text{Grundfläche} \times \text{Höhe}$

Pyramide gerade und schief

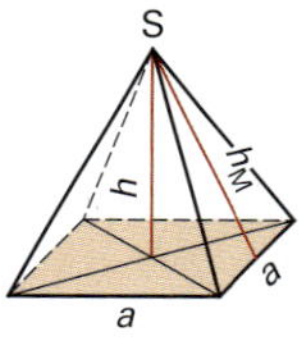

quadratische Grundfläche

- V Volumen
- A Grundfläche
- U Grundumfang
- h_M Mantelhöhe
- O Oberfläche
- M Mantelfläche
- h Höhe
- a Seitenlänge

$V = \frac{1}{3} \cdot A \cdot h$

$M = \frac{1}{2} \cdot U \cdot h_M$

$A = a^2$

$O = M + A$

$U = 4 \cdot a$

Tetraeder

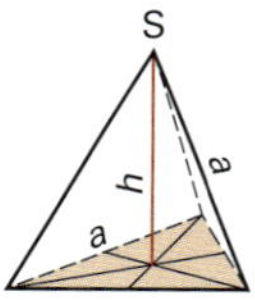

- V Volumen
- A Grundfläche
- a Seitenlänge
- h Höhe
- O Oberfläche (vier gleichgroße Flächen)

$V = \frac{\sqrt{2}}{12} \cdot a^3 \approx 0{,}118 \cdot a^3$

$O = \sqrt{3} \cdot a^2 \approx 1{,}732 \cdot a^2$

$A = \frac{1}{4} \cdot O \approx 0{,}433 \cdot a^2$

$h = \frac{\sqrt{6}}{3} \cdot a \approx 0{,}816 \cdot a$

Kegel gerade und schief

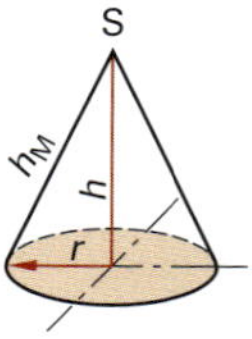

- V Volumen
- A Grundfläche
- r Radius
- h Höhe
- h_M Mantelhöhe
- M Mantelfläche
- O Oberfläche

$A = \pi \cdot r^2$

$V = \frac{1}{3} \cdot A \cdot h = \frac{\pi}{3} \cdot r^2 \cdot h$

$M = \pi \cdot r \cdot h_M$

$O = \pi \cdot r \cdot (h_M + r)$

$h_M = \sqrt{r^2 + h^2}$

$h = \sqrt{h_M^2 - r^2}$

Abwicklung einer Pyramide und eines Kegelstumpfes

Pyramide

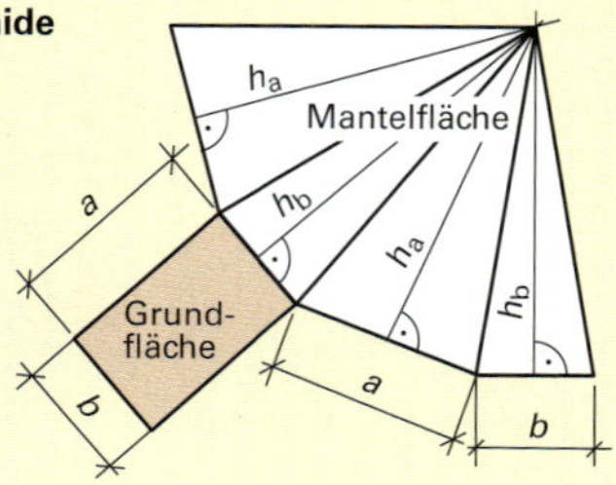

$O = M + A$ $M = a \cdot h_a + b \cdot h_b$

Kegelstumpf

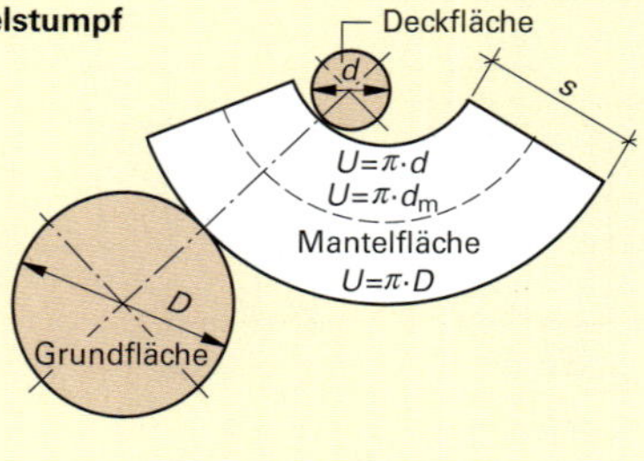

$O = M + A_o + A_u$ $M = \pi \cdot d_m \cdot s$

Obelisk (Ponton) **Keil** (d = o) (Baugrube) 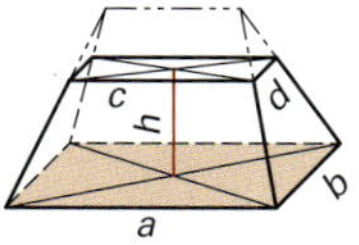 	V Volumen a, b Seitenlängen der Grundfläche c, d Seitenlängen der Deckfläche h Höhe A_0 Grundfläche A_1 Deckfläche	$V = \frac{h}{6} \cdot [a \cdot b + c \cdot d + (a + c) \cdot (b + d)]$ $A_0 = a \cdot b \qquad A_1 = c \cdot d$ $V \approx \frac{1}{2} \cdot (A_o + A_1) \cdot h$ **Sonderfall Keil/Walmdach:** $d = 0$ $V = \frac{1}{6} \cdot h \cdot b \cdot (2 \cdot a + c)$
Rampe 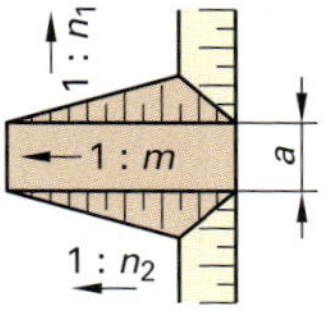 	$1 : m$ Steigung der Rampe $1 : n_1$ Steigung der Böschung 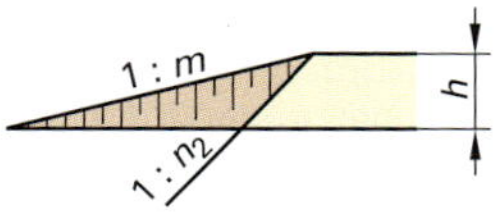 	$V = \frac{h^2}{6} \cdot \left(3 \cdot a + 2 \cdot n_1 \cdot h \cdot \frac{m - n_2}{m}\right) \cdot (m - n_2)$ für $n_2 = 0$ (z.B. lotrechte Wand) $V = \frac{h^2}{6} \cdot (3 \cdot a + 2 \cdot n_1 \cdot h) \cdot m$
Pyramidenstumpf gerade und schief 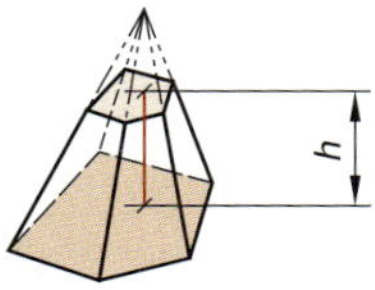 	V Volumen A_0 Grundfläche A_1 Deckfläche h Höhe	Simpsonsche Regel $V = \frac{h}{3} \cdot \left(A_0 + A_1 + \sqrt{A_0 \cdot A_1}\right)$ Näherungsformel $V \approx \frac{h}{2} \cdot (A_0 + A_1)$
Prismatoid 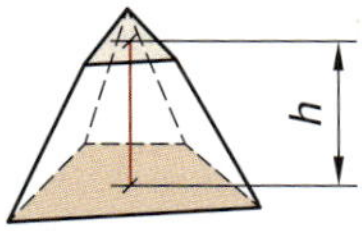 	A_0, A_1 Deck- und Grundfläche sind parallel, können aber unterschiedliche Formen haben	$A_m = \frac{1}{4} \cdot \left(A_0 + A_1 + 2 \cdot \sqrt{A_0 \cdot A_1}\right)$ $V = \frac{h}{6} \cdot (A_0 + A_1 + 4 \cdot A_m)$ A_m ist der zur Grundfläche parallele Querschnitt in halber Höhe
Kegelstumpf gerade und schief 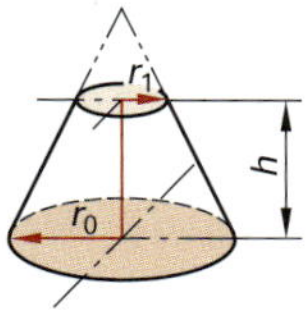 	r_0 Radius der Grundfläche r_1 Radius der Deckfläche h Höhe h_M Mantelhöhe M Mantelfläche O Oberfläche	$V = \frac{h}{3} \cdot \pi \cdot (r_0^2 + r_0 \cdot r_1 + r_1^2)$ $h_M = \sqrt{(r_0 - r_1)^2 + h^2}$ $M = \pi \cdot h_M \cdot (r_0 + r_1)$ $O = \pi \cdot (r_0^2 + r_1^2 + h_M \cdot r_0 + h_M \cdot r_1)$ Mantelfläche = Oberfläche – Deckfläche – Grundfläche
Kugel 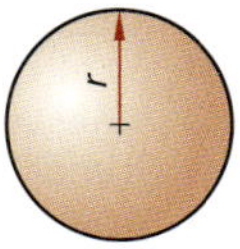 	V Volumen O Oberfläche r Radius d Durchmesser	$V = \frac{4}{3} \cdot \pi \cdot r^3 \qquad V \approx 4{,}189 \cdot r^3$ $O = 4 \cdot \pi \cdot r^2$ $d = 2 \cdot r \qquad d = \sqrt[3]{\frac{6 \cdot V}{\pi}}$
Beispiel 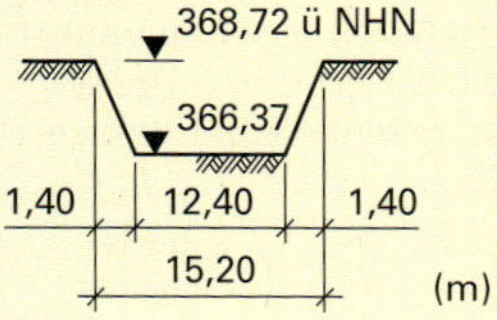 	Rechteckige Baugrube mit den Abmessungen A_u = 12,40 m × 8,65 m und A_o = 15,20 m × 11,45 m. Der Aushub in m³ ist zu berechnen. $h = 368{,}72 - 366{,}37 = 2{,}35$ m Näherungsformel (in der Baupraxis bevorzugt) $V \approx (1/2) \cdot (12{,}40 \cdot 8{,}65 + 15{,}20 \cdot 11{,}45) \cdot (368{,}72 - 366{,}37)$ $V \approx (1/2) \cdot (107{,}26 + 174{,}04) \cdot 2{,}35 \approx 330{,}5$ m³ Genaue Formel $V = (2{,}35/6) \cdot [15{,}20 \cdot 11{,}45 + 12{,}40 \cdot 8{,}25 + (12{,}40 + 15{,}20) \cdot (11{,}45 + 8{,}65)]$ $V = (2{,}35/6) \cdot [174{,}04 + 107{,}26 + 554{,}76] = 327{,}5$ m³	

1

1.8 Geometrie

1.8.1 Rechtwinklige Dreiecke

Bezeichnungen

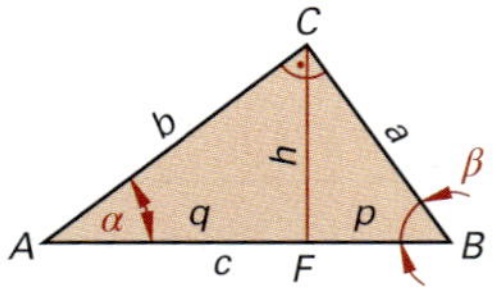

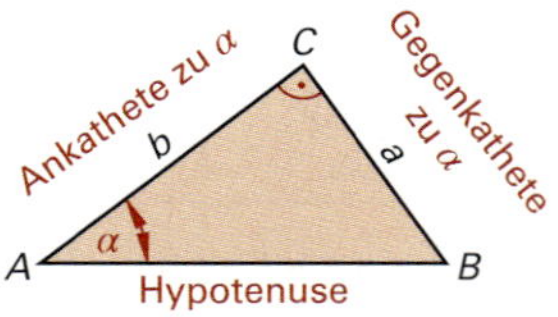

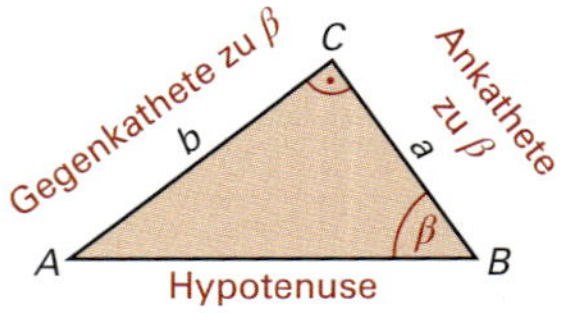

A, *B*, *C*	Eckpunkte
h	Höhe
p, *q*	Hypotenusen-abschnitte

Die dem rechten Winkel (1 R = 90°) gegenüberliegende Seite heißt Hypotenuse (*c*). Die beiden anderen Seiten heißen Katheten (*a* und *b*). Bezogen auf die an der Hypotenuse liegenden Winkel heißt die gegenüberliegende Kathete Gegenkathete und die anliegende Kathete Ankathete.

Satz des Pythagoras

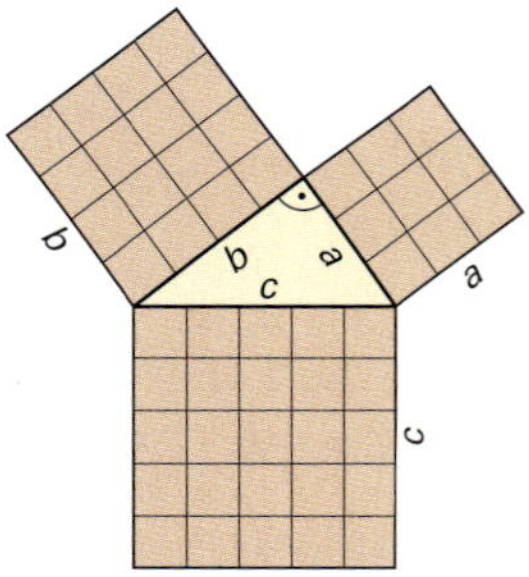

Im rechtwinkligen Dreieck ist die Summe der Flächeninhalte der Quadrate über den Katheten gleich dem Flächeninhalt des Quadrats über der Hypotenuse:

$$a^2 + b^2 = c^2$$
$$a = \sqrt{c^2 - b^2}$$
$$b = \sqrt{c^2 - a^2}$$
$$c = \sqrt{a^2 + b^2}$$

Kathetensatz (Euklid)

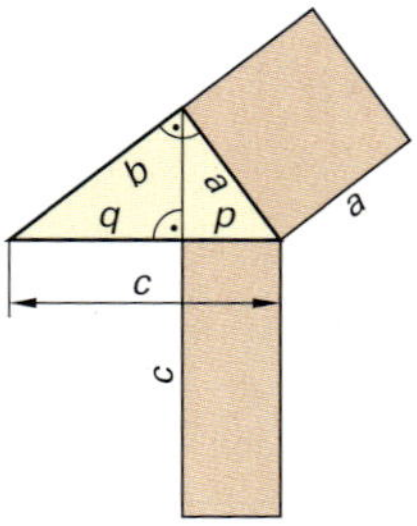

Im rechtwinkligen Dreieck ist der Flächeninhalt des Quadrats über einer Kathete gleich dem Flächeninhalt des Rechtecks aus der Hypotenuse und dem anliegenden Hypotenusenabschnitt:

$$a^2 = c \cdot p$$
$$b^2 = c \cdot q$$
$$a^2 + b^2 = c \cdot (p + q) = c^2$$

Höhensatz (Euklid)

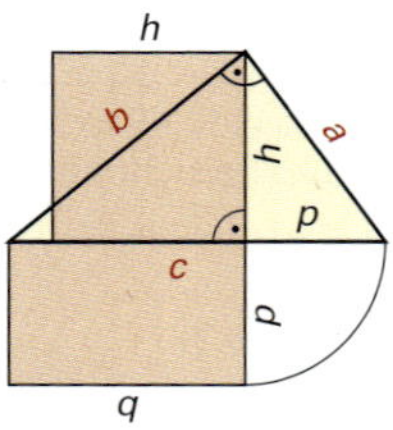

Im rechtwinkligen Dreieck ist der Flächeninhalt des Quadrats über der Höhe gleich dem Flächeninhalt des Rechtecks aus den Hypotenusenabschnitten:

$$h^2 = p \cdot q$$
$$p = \frac{a^2 + c^2 - b^2}{2 \cdot c}$$
$$q = \frac{b^2 + c^2 - a^2}{2 \cdot c}$$

Trigonometrische Funktionen

Sinus	$= \frac{\text{Gegenkathete}}{\text{Hypotenuse}}$
Kosinus	$= \frac{\text{Ankathete}}{\text{Hypotenuse}}$
Tangens	$= \frac{\text{Gegenkathete}}{\text{Ankathete}}$
Kotangens	$= \frac{\text{Ankathete}}{\text{Gegenkathete}}$
$\sin\alpha = \frac{a}{c}$	$\sin\beta = \frac{b}{c}$
$\cos\alpha = \frac{b}{c}$	$\cos\beta = \frac{a}{c}$
$\tan\alpha = \frac{a}{b}$	$\tan\beta = \frac{b}{a}$
$\cot\alpha = \frac{b}{a}$	$\cot\beta = \frac{a}{b}$

Im rechtwinkligen Dreieck besteht ein Zusammenhang zwischen den Winkeln und den Seiten.

Satz des Thales
Über dem Durchmesser eines Kreises als Grundlinie ist jedes Dreieck, dessen Spitze auf dem Kreisbogen liegt, ein rechtwinkliges Dreieck.
Der Sehnentangentenwinkel ist halb so groß wie der Mittelpunktswinkel über demselben Bogen.

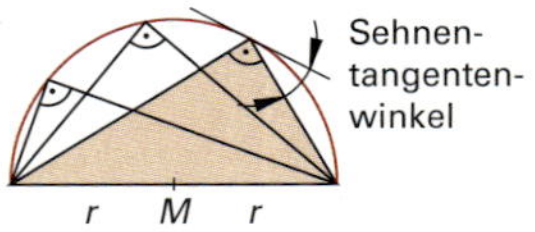

1.8.2 Schiefwinklige Dreiecke

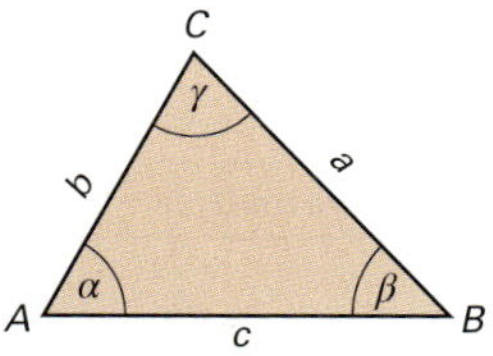

Winkelsumme

$\alpha + \beta + \gamma = 180°$

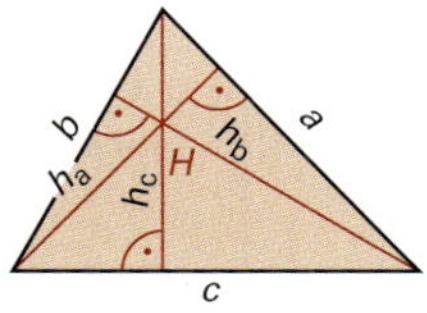

Höhen

$h_a : h_b : h_c = \frac{1}{a} : \frac{1}{b} : \frac{1}{c}$

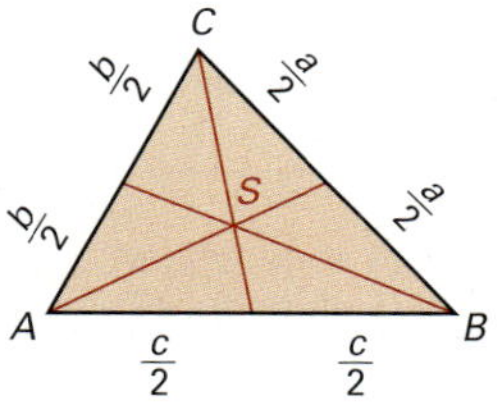

Inkreis

$r = \frac{2 \cdot A}{a + b + c}$

$r = \frac{a \cdot b \cdot c}{2 \cdot R \cdot (a + b + c)}$

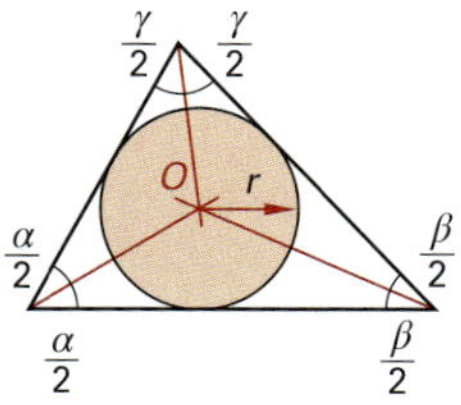

Umkreis

$R = \frac{a}{2 \cdot \sin \alpha} = \frac{b}{2 \cdot \sin \beta}$

$R = \frac{c}{2 \cdot \sin \gamma}$

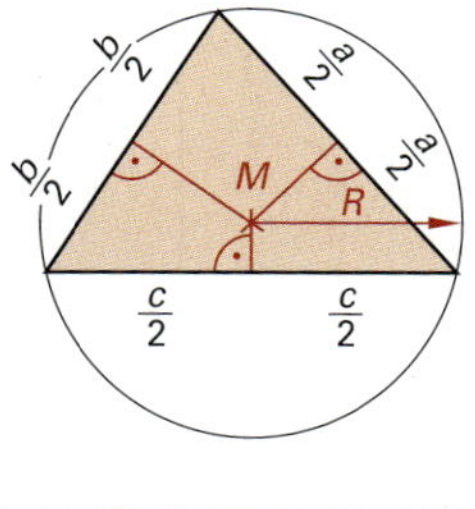

a, b, c	Seiten des Dreiecks
α, β, γ	Winkel im Dreieck (den Seiten a, b, c gegenüber)
A	Flächeninhalt
h_a, h_b, h_c	den Seiten des Dreiecks zugeordnete Höhen
R	Radius des umbeschriebenen Kreises (Umkreis)
r	Radius des eingeschriebenen Kreises (Inkreis)

Die **Höhen** eines Dreiecks schneiden sich in einem Punkt (Höhenschnittpunkt H).

Die **Seitenhalbierenden** eines Dreiecks schneiden sich in einem Punkt. Es ist der Flächenschwerpunkt S der Dreiecksfläche.

Der Schwerpunkt ist von den Seitenmitten halb so weit entfernt wie von den gegenüberliegenden Ecken. Der Schwerpunkt teilt die Seitenhalbierenden im Verhältnis 2 : 1.

Schwerpunktkoordinaten

Mit $A(x_A/y_A)$, $B(x_B/y_B)$ und

$C(x_C/y_C)$ folgt für $S(x_S/y_S) \Rightarrow$

$x_S = \frac{x_A + x_B + x_C}{3}$

$y_S = \frac{y_A + y_B + y_C}{3}$

Die **Winkelhalbierenden** eines Dreiecks schneiden sich in einem Punkt. Es ist der Mittelpunkt O des Inkreises.

Die **Mittelsenkrechten** eines Dreiecks schneiden sich in einem Punkt. Es ist der Mittelpunkt M des Umkreises.

Euler-Gerade

In jedem Dreieck liegen der Höhenschnittpunkt H, der Schwerpunkt S und der Schnittpunkt M der Mittelsenkrechten auf einer Geraden, der sogenannten Euler-Geraden.

Flächenformeln

$A = \frac{1}{2} \cdot c \cdot h_c \quad \text{mit } h_c \perp c$

$A = \frac{1}{2} \cdot a \cdot b \cdot \sin \gamma$

$A = \frac{1}{2} \cdot a^2 \cdot \frac{\sin \gamma \cdot \sin \beta}{\sin \alpha}$

Heron'sche Formel

$A = \sqrt{s \cdot (s - a) \cdot (s - b) \cdot (s - c)}$

mit $s = \frac{1}{2} \cdot (a + b + c)$

Seitensätze

$a + b > c$

$b + c > a$

$a + c > b$

Sinussatz

$$\frac{a}{\sin \alpha} = \frac{b}{\sin \beta} = \frac{c}{\sin \gamma}$$

Kosinussatz

$$a^2 = b^2 + c^2 - 2 \cdot b \cdot c \cdot \cos \alpha$$

$$b^2 = c^2 + a^2 - 2 \cdot c \cdot a \cdot \cos \beta$$

$$c^2 = a^2 + b^2 - 2 \cdot a \cdot b \cdot \cos \gamma$$

Bestimmung fehlender Stücke

- Drei Seiten sind gegeben: a, b, c

  $\cos \alpha = \frac{b^2 + c^2 - a^2}{2 \cdot b \cdot c} \Rightarrow \alpha$

  $\cos \beta = \frac{c^2 + a^2 - b^2}{2 \cdot c \cdot a} \Rightarrow \beta$

  $\cos \gamma = \frac{a^2 + b^2 - c^2}{2 \cdot a \cdot a} \Rightarrow \gamma$

- Zwei Seiten und der eingeschlossene Winkel sind gegeben: a, b, γ

  $c = \sqrt{a^2 + b^2 - 2\, a \cdot b \cdot \cos \gamma}$

  $\sin \alpha = \frac{a}{c} \cdot \sin \gamma$

  $\sin \beta = \frac{b}{c} \cdot \sin \gamma$

  $A = \frac{1}{2} \cdot a \cdot b \cdot \sin \gamma$

- Zwei Seiten und ein gegenüberliegender Winkel sind gegeben: a, b, α mit $a > b$

  $\sin \beta = \frac{b}{a} \cdot \sin \alpha$

  $\gamma = 180° - \alpha - \beta$

  $c = \sqrt{a^2 + b^2 - 2\, a \cdot b \cdot \sin \gamma}$

Für den Fall $a < b$ können zwei Lösungen existieren: eine (Doppel-)Lösung oder keine Lösung.

1

1.8.3 Neigung, Steigung, Gefälle

- Mit Neigung, Steigung, Gefälle wird der Quotient aus dem Höhenunterschied h oder Δh und dem Längenunterschied l oder Δl gemessen in der Horizontalen bezeichnet.
- Positive Neigungen heißen Steigungen, negative Neigungen heißen Gefälle.

Winkelmaß, Neigungswinkel	**Prozentmaß (ähnlich cm je m)**	**Neigungsverhältnis**
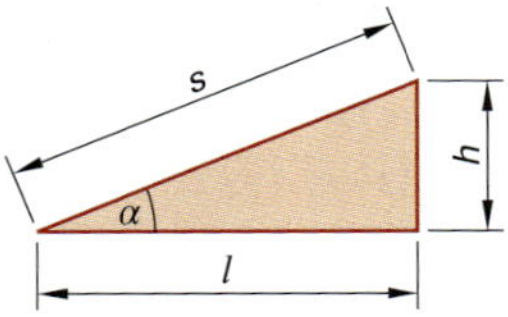	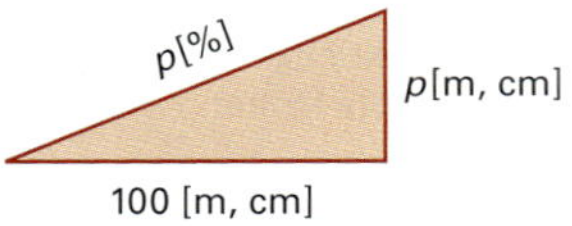	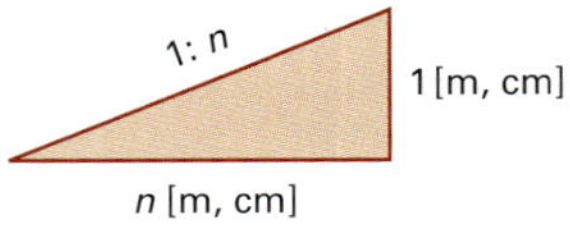
$\tan\alpha = \frac{h}{l}$; $h = \tan\alpha \cdot l$; $l = \frac{h}{\tan\alpha}$; $\tan\alpha = \frac{1}{n}$	$p[\%] = \frac{h}{l} \cdot 100$; $l = \frac{100 \cdot h}{p[\%]}$; $h = \frac{p[\%] \cdot l}{100}$; $s = \sqrt{h^2 + l^2}$	$n = \frac{l}{h}$; $1 : n = h : l$; $h = \frac{l}{n}$; $l = n \cdot h$
α Neigungswinkel h Höhenunterschied (Δh)	p Prozentsatz der Neigung l Längenunterschied (Δl)	n Verhältniszahl s Länge in der Neigung
Übliche Anwendungen		
Hausdächer, Böschungsneigung	Straßen: Längs-, Querneigung, Abwasser-Rohrleitungen	Abwasser-Rohrleitungen, Böschungen

Beispiel

In einem Entwässerungsplan ist für alle Grundleitungen ein Gefälle von 2,5 % angegeben. Wir groß ist der Höhenunterschied für eine mit 9,85 m horizontal vermaßte Grundleitung?

$h = \frac{p[\%] \cdot l}{100} = \frac{2{,}5 \cdot 9{,}85}{100} = 0{,}25\text{ m}$; $\quad s = \sqrt{h^2 + l^2} = \sqrt{9{,}85^2 + 0{,}25^2} = 9{,}853\text{ m} \approx 9{,}85\text{ m}$

Bei Grundleitungen gemäß DIN 1986-100, DIN EN 12056 und DIN EN 752 wird die horizontal und die geneigt gemessene Länge als annähernd gleich betrachtet.

Beispiel

Eine Böschung hat auf einer horizontalen Länge von 1,5 m einen Höhenunterschied von 0,50 m. Wie groß sind der Neigungswinkel, der Prozentsatz und das Neigungsverhältnis?

$\tan\alpha = \frac{h}{l} = \frac{0{,}50}{1{,}50} = 0{,}33\ldots \Rightarrow \alpha = 18{,}4°$

$p = \frac{h}{l} \cdot 100 = \frac{0{,}50}{1{,}50} \cdot 100 = 33{,}3\,\%$ $\qquad n = \frac{l}{h} = \frac{1{,}50}{0{,}50} = 3 \Rightarrow$ Neigungsverhältnis 1:3

Beispiel

Wie groß ist das Neigungsverhältnis einer Baugrubenböschung aus steifen feinkörnigen Boden mit $\alpha = 60°$?

$\tan\alpha = \frac{1}{n}$; $\qquad n = 1 : \tan\alpha = 1 : \tan 60° = 0{,}577$ $\qquad$ Böschungsmaß 1:0,577

Umrechnungstabelle

α	$\Rightarrow p[\%]$	$\Rightarrow 1{:}n$	$p[\%]$	$\Rightarrow \alpha$	$\Rightarrow 1{:}n$	$1{:}n$	$\Rightarrow \alpha$	$\Rightarrow p[\%]$
1°	1,75	1:57,3	1	0,57°	1:100	1:500	0,115°	0,200
2°	3,49	1:28,6	2	1,15°	1: 50	1:300	0,191°	0,333
3°	5,24	1:19,1	3	1,72°	1: 33	1:200	0,225°	0,500
4°	6,99	1:14,3	4	2,29°	1: 25	1:150	0,382°	0,667
5°	8,75	1:11,4	5	2,86°	1: 20	1:100	0,573°	1,00
6°	10,5	1: 9,5	10	5,71°	1: 10	1: 50	1,15°	2,00
10°	17,6	1: 5,7	20	11,3°	1: 5	1: 3	18,4°	33,3
20°	36,4	1: 2,7	30	16,7°	1: 3,3	1: 2	26,6°	50,0
30°	57,7	1: 1,7	50	26,6°	1: 2	1: 1,5	33,7°	66,7
45°	100	1: 1	100	45°	1: 1	1: 1	45°	100

1.8.4 Strahlensätze

1. Strahlensatz: Werden zwei Strahlen von Parallelen geschnitten, so verhalten sich die Abschnitte auf dem einen Strahl wie die gleich liegenden Abschnitte auf dem anderen Strahl.

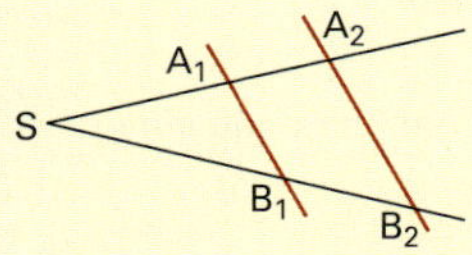

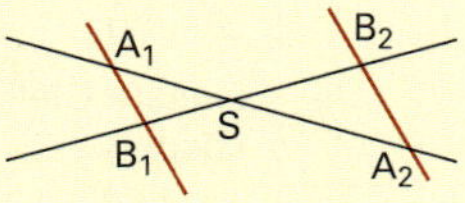

$$\frac{\overline{SA_1}}{\overline{SA_2}} = \frac{\overline{SB_1}}{\overline{SB_2}}$$

$$\frac{\overline{SA_1}}{\overline{A_1A_2}} = \frac{\overline{SB_1}}{\overline{B_1B_2}}$$

2. Strahlensatz: Werden zwei Strahlen von Parallelen geschnitten, so verhalten sich die Abschnitte auf den Parallelen zueinander, wie die vom Scheitel S aus gemessenen zugehörigen Strahlenabschnitte.

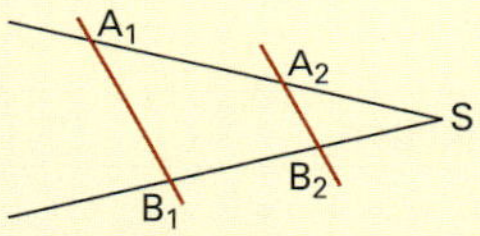

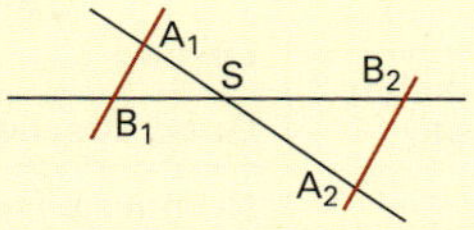

$$\frac{\overline{A_1B_1}}{\overline{A_2B_2}} = \frac{\overline{SA_1}}{\overline{SA_2}}$$

$$\frac{\overline{A_1B_1}}{\overline{A_2B_2}} = \frac{\overline{SB_1}}{\overline{SB_2}}$$

1.9 Flächen und Flächenschwerpunkte

Die untenstehende Tabelle weist den Schwerpunkt S von in der Technik häufig benötigten Flächen aus. Die Achsenbezeichungen z und y sind in der Technik üblich.

Querschnitt	e	A	I_y	I_z	W_y
	Schwerpunktlage				
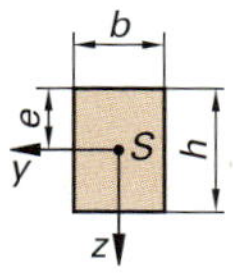	$\frac{h}{2}$	$b \cdot h$	$\frac{b \cdot h^3}{12}$	$\frac{h \cdot b^3}{12}$	$\frac{h \cdot b^2}{6}$
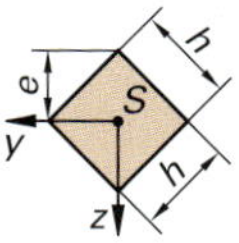	$\frac{\sqrt{2} \cdot h}{2}$	h^2	$\frac{h^4}{12}$	$\frac{h^4}{12}$	$\frac{\sqrt{2} \cdot h^3}{12}$
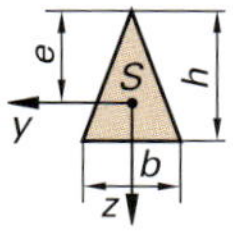	$\frac{2 \cdot h}{3}$	$\frac{b \cdot h}{2}$	$\frac{b \cdot h^3}{36}$	$\frac{h \cdot b^3}{48}$	$W_{yo} = \frac{b \cdot h^2}{24}$
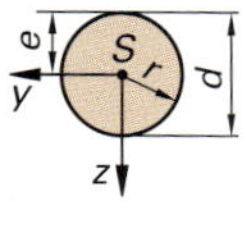	r $\frac{d}{2}$	$\pi \cdot r^2$ $\frac{\pi \cdot d^2}{4}$	$\frac{\pi \cdot r^4}{4}$ $\frac{\pi \cdot d^4}{64}$	$\frac{\pi \cdot r^4}{4}$ $\frac{\pi \cdot d^4}{64}$	$\frac{\pi \cdot r^3}{4}$ $\frac{\pi \cdot d^3}{32}$

Formelzeichen:
S Schwerpunkt, I_y, I_z, Flächenmomente zweiten Grades (Trägheitsmoment), W_y Widerstandsmoment

Beispiel

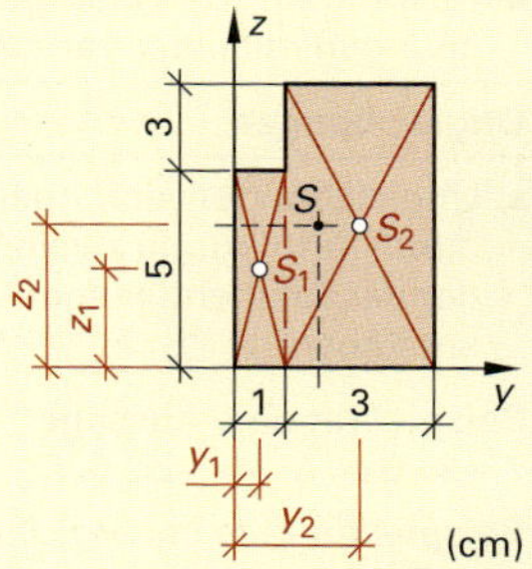

- Ermitteln der Größe der Einzelflächen
  $A_2 = (5 + 3) \cdot 3 = 24$
  $A_1 = 5 \cdot 1 = 5$
- Festlegen der Schwerpunkte der Einzelflächen

$$y_s = \frac{A_1 \cdot y_1 + A_2 \cdot y_2}{A_1 + A_2}$$

$$y_s = \frac{5 \cdot 0{,}5 + 24 \cdot (1 + 1{,}5)}{29}$$

$\mathbf{y_s = 2{,}16\ cm}$

$$z_s = \frac{A_1 \cdot z_1 + A_2 \cdot z_2}{A_1 + A_2}$$

$$zs = \frac{5 \cdot 2{,}5 + 24 \cdot 4}{29}$$

$\mathbf{z_s = 3{,}74\ cm}$

1

1.10 Gleichungen und Ungleichungen

Definitionen

- Terme T_1, T_2, ... sind Zahlen (Konstanten), Variablen und Verknüpfungen derselben nach den Rechenregeln.

Beispiele
$7,\quad x,\quad 4-3,\quad x+3,\quad y-x,$
$4\cdot x,\quad 4x,\quad 4a+3b^2-2ab+5$

- Gleichungen sind Aussageformen, die durch Verbindung zweier Terme mit einem Gleichheitszeichen entstehen: T1 = T2

Beispiele
$6-x=4+x^2,\quad x=4+y,\quad x^2-4x+9=5$

Gleichungen/Aussagen

- Gleichungen, die nur Konstanten enthalten, sind Aussagen. Sie sind entweder wahr (Identitäten) oder falsch.

Beispiele
$3 = 7 - 4$ (wahr),
$5 \cdot (7+2) \cdot (8-6) = 55$ (falsch)

- Gleichungen mit Variablen sind nur dann wahr, wenn die Variablen durch Elemente der Lösungsmenge ersetzt werden.
- Bestimmungsgleichungen sind Zahlengleichungen mit einer Variablen.

Ungleichungen

- Ungleichungen sind Aussageformen, die durch Verbindung zweier Terme mit einem der nachstehend aufgeführten Zeichen entstehen: $>$, $\geq$, $\neq$, $\leq$, $<$

Beispiel für eine Aussage
$7+3\cdot 6 > 4 \quad\Leftrightarrow\quad 25 > 4$ (wahr)

Beispiel für eine lineare Ungleichung

$5x-4 \leq 2x+2$	$\mid +4$
$5x \leq 2x+6$	$\mid -2x$
$3x \leq 6$	$\mid :3$

Lösung $x \leq 2$

Betragsgleichungen/Betragsungleichungen

Definition $$|a| = \begin{cases} a & \text{für } a \geq 0, \\ 0 & \text{für } a = 0 \\ -a & \text{für } a < 0. \end{cases}$$

Gleichungen, bei denen die Variable in Betragsstrichen eingeschlossen ist, werden als Betragsgleichungen bezeichnet.

Rechenregeln

$\lvert -a\rvert = \lvert a\rvert$	$\lvert a\cdot b\rvert = \lvert a\rvert \cdot \lvert b\rvert$
$\lvert a+b\rvert \leq \lvert a\rvert + \lvert b\rvert$	$\lvert a-b\rvert \leq \lvert a\rvert + \lvert b\rvert$
$\lvert a+b\rvert \geq \lvert a\rvert - \lvert b\rvert$	$\lvert a-b\rvert \geq \lvert a\rvert - \lvert b\rvert$

Lineare Gleichungen

Normalform: $ax + b = 0$
Konstanten: a, b mit $a \neq 0$
Variable: x
Lösung: $x = -\frac{b}{a}$

Lineare Gleichungen haben genau eine Lösung.

Beispiel

$4(x+1)-1 = 15+8x$	Klammer lösen
$4x+4-1 = 15+8x$	$-8x$
$4x+4-1-8x = 15$	-15
$4x+4-1-8x-15 = 0$	Zusammenfassen
$-4x-12 = 0$	$\cdot(-1)$
$4x+12 = 0$	

Lösung $x = -3$

Quadratische Gleichungen

Normierte Form: $x^2 + px + q = 0$
Konstanten: p, q
Variable: x
Diskriminante: $D = \left(\frac{p}{2}\right)^2 - q$

$D > 0$ zwei reelle Lösungen
$D = 0$ eine reelle Lösung (Doppellösung $x_1 = x_2$)
$D < 0$ keine reelle Lösung, $x \notin \mathbb{R}$

Lösungen (*p*-, *q*-Formel)

$$x_{1,2} = -\frac{p}{2} \pm \sqrt{\left(\frac{p}{2}\right)^2 - q}$$

- Quadrieren einer Gleichung erhöht die Lösungsmenge:
  $x+4 = 5$ Lösung $x = 1$
  $(x+4)^2 = 25$ Lösung $x_1 = 1$, $x_2 = -9$
- Lösung quadratischer Gleichungen mit $q = 0$:
  $x^2 + px = 0 \Rightarrow x(x+p) = 0$
  Lösung $x_1 = 0$, $x_2 = -q$
- Lösung quadratischer Gleichungen mit $p = 0$ und $q \leq 0$:
  $x^2 + q = 0$ Lösung $x_1 = +\sqrt{-q}$, $x_2 = -\sqrt{-q}$

Beispiel

$(3x-2)(x+2) = 5-2x$	Klammer lösen
$3x^2+4x-4 = 5-2x$	$+2x-5$
$3x^2+6x-9 = 0$	$:3$
$x^2+2x-3 = 0$	Normierte Form

Lösungen
Anwendung der *p*-, *q*-Formel

$x_1 = -\frac{2}{2} + \sqrt{4} = 1 \qquad x_2 = -\frac{2}{2} - \sqrt{4} = -3$

2 Physik, Chemie, Statik

2.1 Physikalische Größen, Einheiten und Formelzeichen

Physikalische Grundgrößen	Formelzeichen	SI-Einheit Name	SI-Einheit Zeichen	Beispiele
Länge	l, s	Meter	m	Grundgröße: Länge
Masse	m	Kilogramm	kg	Einheit: Meter
Zeit	t	Sekunde	s	1 m = 10 dm = 100 cm = 1000 mm
Stromstärke	I	Ampere	A	1 mm = 1000 µm
Temperatur	ϑ, T	Kelvin	K	1 km = 1000 m
Stoffmenge	n	Mol	mol	
Lichtstärke	I_v	Candela	cd	
Abgeleitete physikalische Grundgrößen				
Kraft	F	Newton	1 N = 1 kg · m/s²	Masse · Beschleunigung
Arbeit, Energie	W, E	Joule	1 J = 1 N · m = 1 W · s	Kraft · Weg
Leistung	P	Watt	1 W = 1 J/s	Arbeit/Zeit
Drehmoment	M	–	1 N · m	Weg · Kraft (Vektor)
Mechanische Spannung	σ, p	Pascal	1 Pa = 1 N/m²	Kraft/Fläche
Elektr. Spannung	U	Volt	1 V = 1 W/A	Leistung/Stromstärke
Elek. Widerstand	R	Ohm	1 Ω = 1 V/A	Spannung/Stromstärke
Elek. Ladung	Q	Coulomb	1 C = 1 A · s	Stromstärke · Zeit
Geschwindigkeit	v	–	m/s	Weg/Zeit
Beschleunigung	a	–	m/s²	Geschwindigkeit/Zeit
Dichte	ϱ	–	kg/m³	Masse/Volumen
Wichte	γ	–	N/m³	Gewicht/Volumen
Frequenz	f	Hertz	1 Hz = 1/s	Zyklen/Zeit
Beleuchtungsstärke	E	Lux	1 lx = 1 lm/m²	Lichtstrom/Fläche
Wärmestrom	Φ	Watt	1 W = 1 J/s	Wärmemenge je Zeit
Wärmeleitfähigkeit	λ	–	W/(m · K)	Wärmestrom je Länge je Temperaturunterschied
Wärmedurchlasswiderstand	R	–	$\frac{m^2 \cdot K}{W}$	

2

SI-Vorsätze zur Bezeichnung von Teilen und Vielfachen der SI-Einheiten

Name	Nano	Mikro	Milli	Zenti	Dezi	Deka	Hekto	Kilo	Mega	Giga	Tera
Zeichen	n	µ	m	c	d	da	h	k	M	G	T
Faktor	10^{-9}	10^{-6}	10^{-3}	10^{-2}	10^{-1}	10^{1}	10^{2}	10^{3}	10^{6}	10^{9}	10^{12}

Schrittweise Umrechnung pysikalischer Größen Beispiele

$$1\ \text{kW}\cdot\text{h} = 1\ \text{kW}\cdot\text{h}\cdot\frac{1000\ \text{W}}{1\ \text{kW}}\cdot\frac{3600\ \text{s}}{1\ \text{h}} = 3\,600\,000\ \text{W}\cdot\text{s}$$

$$1\ \text{m/s} = 1\ \text{m/s}\cdot\frac{1\ \text{km}}{1000\ \text{m}}\cdot\frac{3600\ \text{s}}{1\ \text{h}} = 3{,}6\ \text{km/h}$$

$$1\ \text{kN/cm}^2 = 1\ \frac{\text{kN}}{\text{cm}^2}\cdot\frac{1000\ \text{N}}{1\ \text{kN}}\cdot\frac{1\ \text{cm}^2}{100\ \text{mm}^2} = 10\ \frac{\text{N}}{\text{mm}^2}$$

$$1\ \text{MPa} = 10^6\ \frac{\text{N}}{\text{m}^2} = 10^6\ \frac{\text{N}}{\text{m}^2}\cdot\frac{1\ \text{m}^2}{10^6\ \text{mm}^2} = 1\ \frac{\text{N}}{\text{mm}^2}$$

$$1\ \text{d (Tag)} = 24\ \text{h}\cdot\frac{60\ \text{min}}{1\ \text{h}}\cdot\frac{60\ \text{s}}{1\ \text{min}} = 86\,400\ \text{s}$$

$$1{,}3\ \text{h} = 1\ \text{h} + 0{,}3\ \text{h}\cdot\frac{60\ \text{min}}{1\ \text{h}} = 1\ \text{h}\ 18\ \text{min}$$

2.2 Physikalische Grundlagen

Masse

$m = V \cdot \varrho$	Die Masse m eines Körpers beschreibt die Eigenschaft, die sich sowohl in Trägheitswirkungen als auch in der Anziehung auf andere Körper äußert. Sie ist ortsunabhängig. Die Masse kann aus dem Volumen V und der Dichte ϱ berechnet werden. Einheiten: Kilogramm kg, Gramm g, Tonne t

Dichte

$\varrho = \frac{V}{m}$	Die Dichte ϱ eines Stoffes ist der Quotient aus Masse m und Volumen V. Wegen der Wärmeausdehnung ist die Dichte temperaturabhängig. Bei porigen Stoffen und Haufwerken sind unterschiedliche Volumina zu beachten. Einheiten: 1000 kg/m³ = 1 kg/dm³ = 1 g/cm³
ϱ Dichte, Reindichte	für feste porenfreie Stoffe, Flüssigkeiten, Gase; z. B. Metalle, Wasser, Luft
ϱ_m Rohdichte	für porige Stoffe; Volumen ohne von außen zugängliche Hohlräume
ϱ_R Raumdichte	für porige Stoffe; Volumen einschließlich aller Hohlräume
ϱ_S Schüttdichte	für lose aufgeschüttete Kornmenge; z. B. lose aufgeschütteter Sand
γ Wichte	$\gamma = \varrho \cdot g$ mit $g = 9{,}81\ \text{m/s}^2$ (Fallbeschleunigung) (alt: spezifisches Gewicht)

Kraft

► S. 32

$F = m \cdot a$ **Newton'sches Gesetz**	Die Kraft F (engl.: force) ist eine nicht sichtbare physikalische Größe. Kräfte verursachen Wirkungen, und zwar Beschleunigungen und Formänderungen. Die Beschleunigung a (engl.: acceleration), die ein Körper erfährt, ist der einwirkenden Kraft F proportional und erfolgt in der Kraftrichtung.
Beispiel	Ein Fahrzeug mit der Masse m von 1500 kg wird durch eine Antriebskraft F von 3000 N angetrieben. Wie groß ist die Beschleunigung? $a = \frac{F}{m} \Rightarrow a = \frac{3000\ \text{N}}{1500\ \text{kg}} = \frac{\mathbf{3000\ kg \cdot m/s^2}}{\mathbf{1500\ kg}} = 2{,}0\ \text{m/s}^2$

Gewichtskraft

$F_G = m \cdot g$	Durch die Erdanziehung wird auf die Masse eines Körpers eine Gewichtskraft F_G hervorgerufen. Die Gewichtskraft F_G ist das Produkt aus Masse m des Körpers und der Fallbeschleunigung $g = 9{,}81\ \text{m/s}^2$.

Reibung

Coulomb'sches Gesetz

$F_R = \mu \cdot F_N$

Rollreibung

$F_{RR} = \frac{f \cdot F_N}{r} = \mu_{RR} \cdot F_N$

Bei einer Bewegung tritt in der Berührungsfläche ein Widerstand auf, die Reibungskraft F_R. Sie ist abhängig von der senkrecht zur Berührungfläche wirkenden Kraft F_N und der materialabhängigen Reibungszahl μ.

Haft- und Gleitreibung

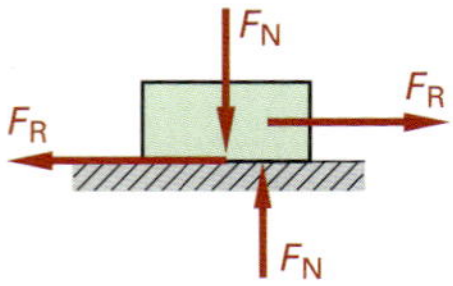

Rollreibung

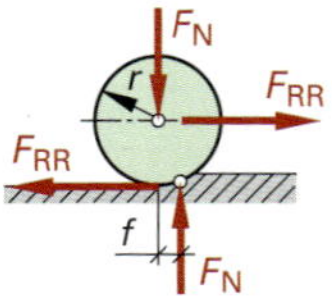

F_R Reibungskraft
F_N senkrecht zur Berührungsfläche wirkende Kraft
μ Reibungszahl
F_{RR} Rollreibungskraft
μ_{RR} Rollreibungszahl
r Radius

Werkstoffpaarung	Haftreibungszahl μ_R >	Gleitreibungszahl μ	Rollreibungszahl μ_{RR}
Stahl auf Stahl	0,2 … 0,3	0,1 … 0,2	0,001 … 0,002
Stahl auf Beton	0,3 … 0,5	0,2 … 0,3	
Holz auf Holz	0,5 … 0,6	0,3 … 0,5	
Reifen auf Asphalt	–	0,2 … 0,6	0,015 … 0,020

Kohäsion (Zusammenhangskraft)

Aggregatzustände

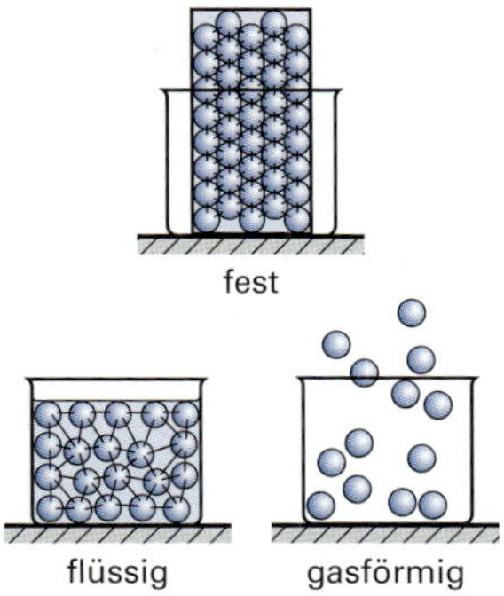

Die Anziehungskräfte zwischen den Molekülen eines Stoffes werden als Kohäsion bezeichnet. Die Größe dieser Molekularkräfte ergibt den Zusammenhang eines Stoffes oder Körpers und damit auch seine Zustandsform (Aggregatzustand). Diese lassen sich durch Energiezufuhr oder Energieentzug ineinander überführen ▸ S. 27.

Feste Stoffe:	Große Kohäsion – Moleküle befinden sich in einer bestimmten Anordnung innerhalb eines Stoffes. Durch äußere Krafteinwirkung verformen sich diese Körper. Sie dehnen sich bei Wärmezufuhr aus.
Flüssige Stoffe: (Flüssigkeiten)	Geringe Kohäsion – Moleküle können ihren Platz innerhalb eines Körpers ändern.
Gasförmige Stoffe: (Gase)	Keine Kohäsion – Moleküle streben auseinander (Expansion).

2

Adhäsion (Anhangskraft)

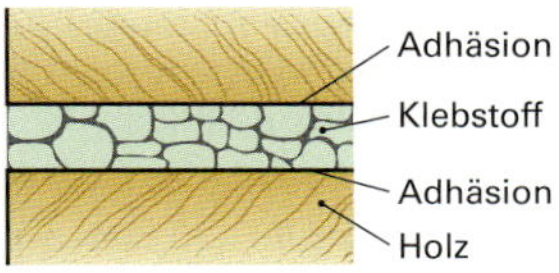

Die Anziehungskräfte der Moleküle verschiedener Stoffe wird als Adhäsion bezeichnet. Dadurch können Körper aus verschiedenen Stoffen aneinander haften.

Beispiele

- Klebstoffe auf Fügeteilen
- Lacke auf Holzoberflächen
- Putz auf Putzgrund

Die Anhangskraft wirkt nicht zwischen allen Stoffen.

Oberflächenspannung

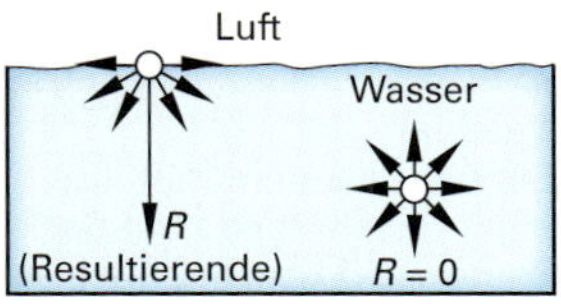

Die Kohäsionskräfte zwischen den Molekülen an der Oberfläche einer Flüssigkeit wirken verstärkt nach innen und verkleinern dadurch die Oberfläche.

Große Kohäsion einer Flüssigkeit bewirkt auch eine große Oberflächenspannung.

Die Oberflächenspannung beeinflusst die Benetzungs- und Fließfähigkeit einer Flüssigkeit, z.B. Zementkörner „schwimmen" auf Wasser.

Kapillarität (Haarröhrchenwirkung)

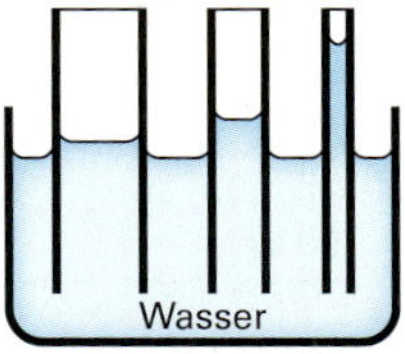

Das Verhalten von Flüssigkeiten in Kapillaren und feinen Poren von Körpern wird als Kapillarität bezeichnet.

Die kapillare Steighöhe hängt von der Wechselwirkung zwischen der Kohäsion der Flüssigkeit, der Adhäsion der verschiedenen Stoffe und den Kapillardurchmessern bzw. den Porengrößen ab.

Die Kapillarität ist die Ursache für das Aufsteigen von Wasser in Baukörpern und in feinkörnigen Böden.

Viskosität (Zähigkeit)

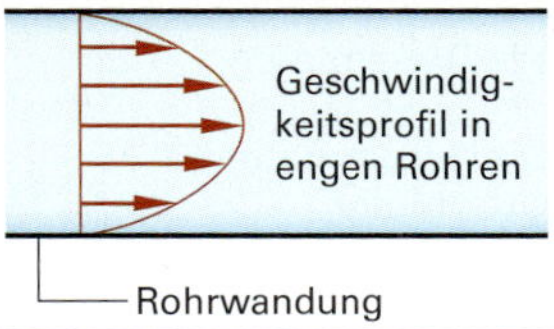

Die Viskosität ist ein Maß für den inneren Widerstand einer Flüssigkeit. Diese Widerstandskraft entsteht durch Reibung zwischen den bewegten Molekülen als Folge von Kohäsionskräften.

Flüssigkeiten mit hoher Viskosität (Klebstoffe) sind zähflüssig, mit niedriger Viskosität (Wasser) dünnflüssig. Die Viskosität ist temperaturabhängig, mit steigender Temperatur nimmt sie ab.

2

2.3 Arbeit, Energie, Leistung und Wirkungsgrad

Arbeit

Die Arbeit *W* (englisch: work) ist das Produkt aus der aufgewendeten Kraft und der Länge der Strecke, um die ein Körper verschoben bzw. angehoben wurde. Die unten angegebene Formel gilt nur, wenn die Kraft konstant ist und in Richtung der Strecke zeigt.

Die Arbeit ist eine Energieform wie z. B. auch die Wärme. Zwischen den Energieformen kann ein Austausch stattfinden. Die Größen Arbeit, Energie und Wärmemenge haben dieselbe Einheit Joule (J).

1 J = 1 W·s = 1 N·m W·s Wattsekunde; N·m Newtonmeter

$$W = F \cdot s$$

W Arbeit in N·m
F Kraft in N
s Wegstrecke in m

Beispiel
Ein Bauarbeiter trägt einen Sack Fertigmörtel (30 kg) in das 1. Obergeschoss (h = 2,75 m).
Die Arbeit *W* ist zu berechnen.

$m = 30\ \text{kg} \Rightarrow F_G = 300\ \text{N}$

$W = F_G \cdot s$

$W = 300\ \text{N} \cdot 2{,}75\ \text{m}$

$W = 825\ \text{N}\cdot\text{m}$

$\mathbf{W = 825\ J}$

Energie

Als Energie *E* wird das Vermögen, Arbeit zu verrichten bezeichnet. Mechanische Energie kann als potenzielle Energie (= Energie der (Höhen-)Lage sowie Federenergie) und kinetische Energie (= Energie der Bewegung) auftreten. Außerdem gibt es Wärme-, Kern-, Schall-, chemische, magnetische und elektrische Energie. Bei physikalischen Vorgängen geht Energie nicht verloren, sondern wird nur in eine andere Form umgewandelt.
Einheiten Joule (J).

$$E_P = F_G \cdot s$$

Potenzielle Energie

$$E_k = \frac{m}{2} \cdot v^2$$

Kinetische Energie

Beispiel
Wie groß ist die kinetische Energie eines Fahrzeugs von 1000 kg Masse mit einer Geschwindigkeit von 108 km/h?

$v = 108\ \text{km/h} = 30\ \text{m/s}$

$E_k = \frac{1000\ \text{kg}}{2} \cdot (30\ \text{m/s})^2$

$E_k = 450000\ \text{kg}\cdot\text{m}^2/\text{s}^2$

$\mathbf{E_k = 450000\ N \cdot m}$

Leistung

Die Leistung *P* (englisch: power) beschreibt die in einem bestimmten Zeitraum geleistete Arbeit. Die Einheit für die mechanische und elektrische Leistung ist das Watt (W).

$$P = \frac{W}{t}$$

$$P = \frac{F \cdot s}{t}$$

$$P = F \cdot v$$

P Leistung in W
W Arbeit in N·m
F Kraft in N
s Wegstrecke in m
t Zeitspanne in s
v Geschwindigkeit in m/s

$1\ \text{W} = 1\ \text{J/s} = 1\ \frac{\text{N}\cdot\text{m}}{\text{s}}$

0,736 kW = 1 PS (alte Einheit)

Beispiel
Ein Arbeiter zieht mithilfe einer festen Rolle zwei Sack Zement (50 kg) 11 m hoch und benötigt dafür 29 Sekunden. Die Leistung soll berechnet werden.

$m = 50\ \text{kg} \quad F_G = 500\ \text{N}$

$P = \frac{F_G \cdot s}{t} = \frac{500\ \text{N} \cdot 11\ \text{m}}{29\ \text{s}}$

$P = 189{,}7\ \frac{\text{N}\cdot\text{m}}{\text{s}} = 189{,}7\ \text{W}$

$P \approx \mathbf{190\ W}$

Wirkungsgrad

Der Wirkungsgrad ist ein Maß für das Verhältnis aus der abgegebenen Leistung und der zugeführten Leistung bzw. Energie; die Verhältniszahl η ist immer kleiner als 1.

Der Wirkungsgrad kann auch in Prozent angegeben werden, z. B. $\eta = 0{,}25$ oder $\eta = 25\ \%$.

$$\eta = \frac{P_{ab}}{P_{zu}}$$

η Wirkungsgrad, ohne Einheit
P_{ab} abgegebene Leistung in W
P_{zu} zugeführte Leistung in W

Beispiele

Wirkungsgrade η

Kfz-Dieselmotor	0,24 ... 0,40
Drehstrommotor	0,55
Otto-Motor	0,27
Kettentrieb	0,90
Hydrogetriebe	0,75

2.4 Wärmelehre

Temperaturen

Wärmeschutz ▶ S. 155

Die Temperaturen werden in Kelvin (K) oder Grad Celsius (°C) gemessen. Die Kelvinskala geht von der tiefstmöglichen Temperatur, dem absoluten Nullpunkt, die Celsiusskala vom Schmelzpunkt des Eises aus.

Temperaturunterschiede werden in Kelvin angegeben, z.B. $\Delta\vartheta = \vartheta_1 - \vartheta_2 = 45\,°C - 20\,°C = 25\,K$.

$$T\,[K] = \vartheta\,[°C] + 273$$

Wärmemenge Q ist eine besondere Form der Energie. Einheit: Joule (1 J = 1 W·s = 0,239 cal).

Wärmestrom Φ
$\Phi = Q/t$ bezeichnet die Wärmemenge, die in einer Sekunde durch einen Baustoff strömt. Einheit: Watt (1 W = 1 J/s = 1 N·m/s).

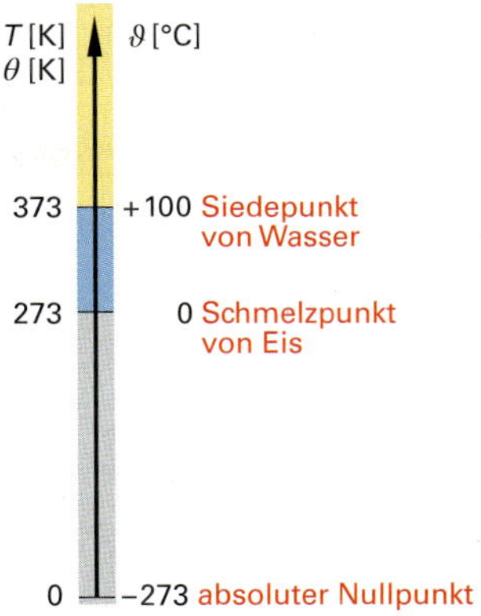

2

Aggregatzustände, Schmelz- und Siedepunkte

Die Übergangstemperatur vom festen Zustand zum flüssigen Zustand ist der Schmelzpunkt. Die Übergangstemperatur vom flüssigen Zustand zum gasförmigen Zustand ist der Siedepunkt. Insbesondere der Siedepunkt hängt stark vom Luftdruck ab, der deshalb beim normalen Luftdruck angegeben wird. Der Schmelzpunkt ist nur bei chemisch reinen Stoffen genau definiert. Gemenge erweichen allmählich, wie beispielsweise Bitumen, Kunststoffe, Gesteine.

fest —schmelzen→ **flüssig** —verdampfen→ **gasförmig**

fest ←erstarren— **flüssig** ←kondensieren— **gasförmig**

Längenänderungen

Die meisten Stoffe dehnen sich bei Erwärmung aus und ziehen sich bei Abkühlung zusammen.

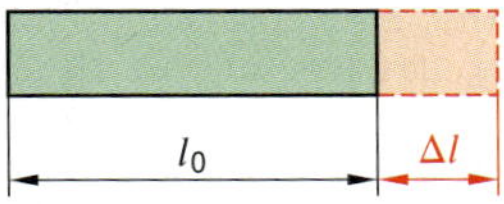

$$\Delta l = \alpha_\vartheta \cdot l_0 \cdot \Delta\vartheta$$

Δl Längenänderung

α_ϑ Längenausdehnungskoeffizient in $\frac{1}{K}$ oder $\frac{1}{°C}$

l_0 ursprüngliche Länge

$\Delta\vartheta$ Temperaturänderung (+ Erwärmung, − Abkühlung)

Beispiel
Wie groß ist insgesamt die Längenänderung einer Stahlbrücke mit $l_0 = 1400$ m, bei einer Erwärmung von 10 °C auf 40 °C?

Längenausdehnungskoeffizient von Stahl
$0{,}012\ \text{mm/(m·K)} = 0{,}000012\ \frac{1}{K}$

$\Delta\vartheta = 40\,°C - 10\,°C = 30\,K$

$\Delta l = 0{,}000012\ \frac{1}{K} \cdot 1400\ m \cdot 30\ K$

$= 0{,}50\ m$

Wärmemenge für Temperaturänderungen, spezifische Wärmekapazität c

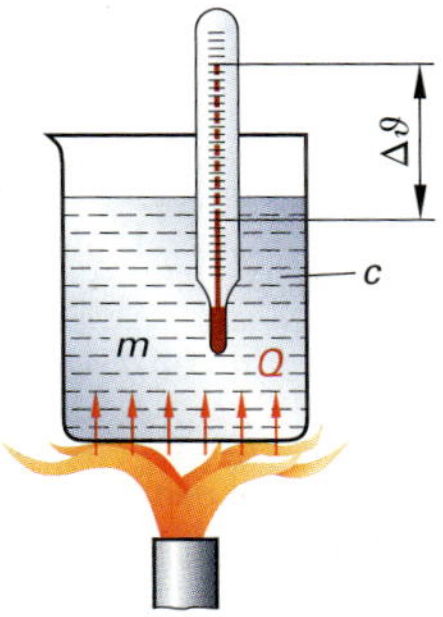

Die spezifische Wärmekapazität c gibt die Wärmemenge an, die notwendig ist, um 1 kg eines Stoffes um 1 K (≙ 1 °C) zu erwärmen.

$$Q = c \cdot m \cdot \Delta\vartheta$$

Q Wärmemenge in kJ

c spezifische Wärmekapazität in kJ/(kg·K)

m Masse in kg

$\Delta\vartheta$ Temperaturänderung in K

Beispiel
Welche Wärmemenge braucht ein Dachdecker, um 25 kg Bitumen (spezifische Wärmekapazität c = 2,09 kJ/kg) von 20 °C auf 130 °C zu erwärmen?

$\Delta\vartheta = 130\,°C - 20\,°C = 110\,°C$
$= 110\,K$

$Q = 2{,}09 \cdot 25 \cdot 110 = 5700\ kJ$

2

2.5 Chemie

Die Chemie ist die Wissenschaft, die sich mit dem Aufbau (Synthese) bzw. mit der Zerlegung (Analyse) von Stoffen befasst. Chemische Vorgänge bewirken eine Veränderung der Stoffe. Die genaue Kenntnis über die Materialbeschaffenheit, die Beständigkeit und die Verträglichkeit ist für die Herstellung und Verwendung der Baumaterialien besonders wichtig.

Chemische Grundbegriffe

Analyse	Zerlegung einer chemischen Verbindung (auch Feststellen ihrer Zusammensetzung), z. B. $2\ H_2O \rightarrow 2\ H_2 + O_2$.
Atom ▸ S. 29	Kleinstes, chemisch nicht weiter zerlegbares Teilchen eines Elements.
Base (Lauge) ▸ S. 31	Verbindungen, die in Lösung Hydroxidionen bilden können. Lauge ist die Lösung einer Base in Wasser.
Chemie	Die Chemie befasst sich mit der Synthese oder mit der Analyse von Stoffen und deren veränderbaren Eigenschaften.
Chemische Verbindung ▸ S. 30	Aus verschiedenen Elementen aufgebauter Stoff, der andere Eigenschaften als seine Elemente hat. Z. B. Branntkalk CaO aus dem Metall Calcium sowie aus dem Gas Sauerstoff.
Dispersion	Gemenge, bei denen die Stoffe im Lösungsmittel nicht gelöst, sondern nur verteilt sind.
Element (Grundstoff) ▸ S. 29	Stoff, der sich chemisch nicht mehr zerlegen lässt. Es gibt 92 natürliche und 26 durch Atomumwandlung künstlich hergestellte Elemente. Für die chemischen Elemente gibt es ein Symbol.
Gemenge, Gemische	Mischung verschiedener Stoffe in beliebigen Mengenverhältnissen (ohne dass diese sich chemisch verbinden), z. B. Beton.
Legierung	Erstarrte Lösungen von Metallen, die im geschmolzenen Zustand ineinander gelöst werden.
Lösung	Eine Flüssigkeit, in der ein oder mehrere Stoffe in feinster Verteilung als Einzelmoleküle vorhanden sind.
Makromolekül	Sehr große Moleküle, die aus vielen Monomeren aufgebaut sind.
Mol	Die Basiseinheit der Stoffmenge ist das Mol, Einheitszeichen mol. Das Mol ist die Stoffmenge eines Systems, das aus ebenso vielen Einzelteilchen besteht, wie Atome in 0,012 kg des Kohlenstoffnuklids ^{12}C enthalten sind. 1 Mol eines Stoffes enthält $6{,}022 \cdot 10^{23}$ Teilchen.
Molekül	Aus mehreren Atomen aufgebaute kleinste Einheit einer chemischen Verbindung oder Atomgruppe.
Oxidation	▪ Verbinden eines Stoffes mit Sauerstoff ▪ Elektronenabgabe eines Atoms oder Ions
pH-Wert	Der Wert gibt an, wie stark eine Lösung sauer ($pH < 7$) oder basisch ($pH > 7$) ist. Destilliertes Wasser hat einen pH-Wert = 7 (neutral).
Reduktion	▪ Sauerstoffentzug ▪ Elektronenaufnahme eines Atoms oder Ions
Reine Stoffe	Reine Stoffe bestehen ausschließlich aus Atomen oder Molekülen ein und desselben Stoffes, wie z. B. Eisen Fe oder Wasser H_2O.
Salz ▸ S. 31	Verbindungen, die positive Metallionen oder NH_4-Ionen und negative Säurerest-Ionen enthalten.
Säure ▸ S. 31	Verbindungen, die positive Wasserstoffionen abspeichern können.
Synthese	Herstellung (Aufbau) einer chemischen Verbindung, z. B. $4\ Al + 3\ O_2 \rightarrow 2\ Al_2O_3$.

Elemente

Elemente (Grundstoffe) sind ursprünglicher Natur. Elemente lassen sich nicht mehr in andere Stoffe zerlegen. Ihr kleinstes Bauteil ist das **Atom**. Verbinden sich mindestens zwei Elemente miteinander, so entsteht eine **chemische Verbindung**; ihr kleinstes Bestandteil heißt **Molekül**.

Atomaufbau chemischer Elemente

Proton	Kernbaustein mit der Masse von $1{,}6725 \cdot 10^{-24}$ g und positiver elementarer Ladung
Neutron	Kernbaustein mit der Masse von $1{,}6748 \cdot 10^{-24}$ g und ohne elektrische Ladung
Elektron	Teilchen der Atomhülle mit der Ruhemasse von $9{,}1089 \cdot 10^{-28}$ g und negativer Elementarladung

Rutherford-Bohrsches Atommodell

Beispiel: Aluminium

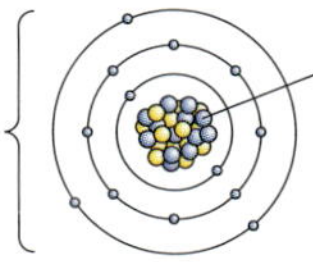

Protonenzahl 13, Atommassenzahl 27: **Al** – chemisches Symbol

Wichtige Elemente im Bauwesen

Element	Internationale/s Symbol	Internationale/s Bezeichnung	Erscheinungsform, Vorkommen, Eigenschaften	Ordnungszahl	Atommasse
Wasserstoff	H	Hydrogenium	farbloses, geruchloses, brennbares Gas, a) künftig: Wasserstoff als Energiespeicher b) in Wasser H_2O	1	1,008
Kohlenstoff	C	Carboneum	fester Stoff, in drei Formen: Diamant, Grafit, Ruß; in Kalkstein ($CaCO_3$)	6	12,01
Stickstoff	N	Nitrogenium	farb- und geruchloses Gas, nicht brennbar; frei in der atmosphärischen Luft (ca. 78 Vol.-%)	7	14,01
Sauerstoff	O	Oxygenium	farb- und geruchloses Gas; frei in der Luft; in Gesteinen und Wasser, Ozon (O_3)	8	16,00
Natrium	Na	Natrium	sehr weiches, leicht brennbares Metall; in Steinsalz (NaCl = Natriumchlorid)	11	22,99
Magnesium	Mg	Magnesium	leichtes, brennbares Metall, in Mineralien, z. B. Dolomit; in Leichtmetalllegierungen	12	24,31
Aluminium	Al	Aluminium	leichtes, Metall; hochwitterungsbeständig; in Mineralien; Baumetall; nicht mörtelbeständig	13	26,98
Silizium	Si	Silicium	fester, schwer brennbarer Stoff; in Verbindung mit Sauerstoff in Gesteinen, z. B. Quarz	14	28,08
Schwefel	S	Sulfur	fester, gelber Stoff; wasserunlöslich; gebunden in Sulfaten, z. B. Gips	16	32,08
Chlor	Cl	Chlorum	stechend riechendes Gas; wasserlöslich; gebunden in Steinsalz (NaCl); Salzsäure (HCl)	17	35,45
Kalium	K	Kalium	sehr weiches, leicht brennbares Metall; nur in gebundener Form in Kalisalz	19	39,10
Calcium	Ca	Calcium	Metall; in Calciumhydroxid ($Ca(OH)_2$); in Mineralien, z. B. Kalkstein ($CaCO_3$)	20	40,08
Eisen	Fe	Ferrum	weiches, sprödes Schwermetall; magnetisch; gebunden in Eisenerzen, (Fe_2O_3); Gusseisen; Stahl	26	55,85
Kupfer	Cu	Cuprum	hellrotes, halbedles Metall; gebunden in Erzen, z. B. Kupferglanz (Cu_2S); guter Stromleiter	29	63,55
Zink	Zn	Zincum	sprödes Schwermetall; gebunden in Erzen; Baumetalle; Legierungen, z. B. Messing	30	65,38
Zinn	Sn	Stannum	weiches Schwermetall; gebunden in Zinnerz; Verzinnen; Legierungen, z. B. Bronze	50	118,7
Blei	Pb	Plumbum	weiches, verformbares Schwermetall; giftig; gebunden in Erzen; Baumetall, Legierungen	82	207,2

Chemische Verbindungen

Eine chemische Verbindung besteht mindestens aus zwei Elementen, die sich durch eine chemische Reaktion, bei der Energie zugeführt oder freigesetzt wird, zu einem neuen Stoff mit anderen Eigenschaften verbindet, z.B. Branntkalk + Wasser → Kalkhydrat + Wärme. Dieser Vorgang lässt sich mit einer **chemischen Gleichung** darstellen: **$CaO + H_2O \rightarrow Ca(OH)_2$ + Energie**. Die Gleichung enthält die Symbole der Elemente und Verbindungen, die an der chemischen Reaktion beteiligt sind.

2

Elektronenpaarbindungen	**Ionenbindung**	**Metallbindung**
Nichtmetall + Nichtmetall	Nichtmetall + Metall	Metall + Metall
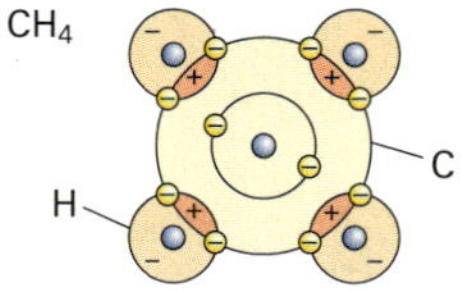	NaCl 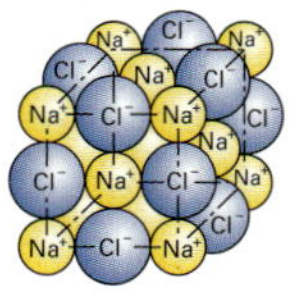	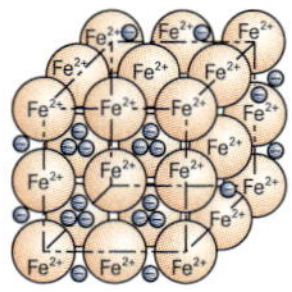
Die Bindungspartner sind auf ihrer Außenschale nicht voll mit Elektronen besetzt. Durch Überlagerung von gemeinsamen Elektronen findet ein Ausgleich und damit eine Bindung statt.	Durch Abgabe bzw. Aufnahme von Elektronen entstehen Ionen. Durch die entgegengesetzten Ladungen zwischen den Ionen bilden sich Anziehungskräfte in allen Richtungen und damit Kristalle.	Metalle haben im festen Zustand frei bewegliche Elektronen. Die Metallbindung beruht auf der Anziehung zwischen den positiven Atomrümpfen und dem Elektronengas. Es bilden sich Kristalle.

Gewerbliche Benennung	Chemischer Name/chemische Formel der chemischen Verbindung	Kurzbeschreibung der Eigenschaften bzw. der Verwendung
Bitumen	Gemisch aus mehreren Kohlenwasserstoffen mit mehr als 30 C-Atomen	Weicher bis zähfester Stoff; Gewinnung bei der Destillation von Erdöl; Klebemasse und Abdichtungsstoff, mit Trägerstoffen als Dachpappe.
Gipsstein	Calciumsulfat – Doppelhydrat $CaSO_4 \cdot 2\,H_2O$	Ablagerungsgestein, nicht wetterbeständig; Rohstoff zur Herstellung des Bindemittels Stuckgips durch Erhitzen; mit Trägerstoff als Gipskartonplatten.
Kalkstein Branntkalk Kalkhydrat	Calciumcarbonat $CaCO_3$ Calciumoxid CaO Calciumhydroxid $Ca(OH)_2$	Rohstoff für hydraulische Bindemittel; durch Brennen entsteht CaO, das durch Löschen mit Wasser zu dem Bindemittel Kalkhydrat wird.
Kohlendioxid Kohlensäure Kohlenmonoxid	Kohlenstoffdioxid CO_2 Kohlensäure H_2CO_3 Kohlenstoffmonoxid CO	Geruchloses Gas, Bestandteil der Luft, 0,03 % Vol.-%. Wässrige Lösung des CO_2, schwache Säure.
Natronlauge	Wässrige Lösung von Natriumhydroxid $NaOH + H_2O$	Stark ätzende Lauge; wird zum Reinigen, Ätzen und Beizen verwendet.
Polymere Kunststoffe ▶ S. 105	**Beispiele** $\{C_3H_6\}_n$ **Polypropylen** $\{CH_2-CH_2\}_n$ **Polyethylen**	Gruppe chemischer Stoffe, die aus Makromolekülen bestehen, also einer langen Kette gleicher chemischer Verbindungen.
Rost	Eisenoxidhydrat $FeO(OH)$ Roteisenstein Fe_2O_3	Poröser Stoff; wird durch Feuchtigkeit stark gefördert; Kalklauge schützt Eisen bzw. Stahl vor Rostbildung; Schutz durch Anstriche, Verzinken.
Stahl ▶ S. 101	Eisen-Kohlenstoff-Legierung	schmiedbarer hochfester Werkstoff Kohlenstoffgehalt < 2 Masse-%

Wasser

Wasser (H_2O) ist die verbreitetste chemische Verbindung in der Natur. Wasser bedeckt in verschiedenen Arten und Erscheinungsformen ungefähr ¾ der Erdoberfläche. Chemisch reines Wasser ist eine farblose, geruch- und geschmacklose Flüssigkeit mit einer Dichte von **ϱ = 1 g/cm³ (bei + 4 °C)**. Im Bauwesen benötigt man Wasser als Hilfs- oder Werkstoff. Wasser kann zu Bauschäden führen.

⊕ Transportmittel für Wärme; Verdünnungsmittel für Säuren, Farben, Dispersionen und Bindemittel; chemisches Reaktionsmittel für Bindemittel; Reinigungsmittel.

⊖ Schadensverursacher durch Kapillarität; Kondenswasserbildung, Frostwirkung; Lösungsmittel für Gase (CO_2, SO_2); Transportmittel für Salze; Korrosionsbeschleuniger.

Im natürlichen Wasser sind verschiedene Salze gelöst; man unterscheidet bestimmte Härtebereiche:
- **Hartes Wasser** enthält größere Mengen an Calcium- und Magnesiumsalzen.
- **Weiches Wasser** ist ein an Erdalkalisalzen armes Wasser.

Zustandsformen des Wassers

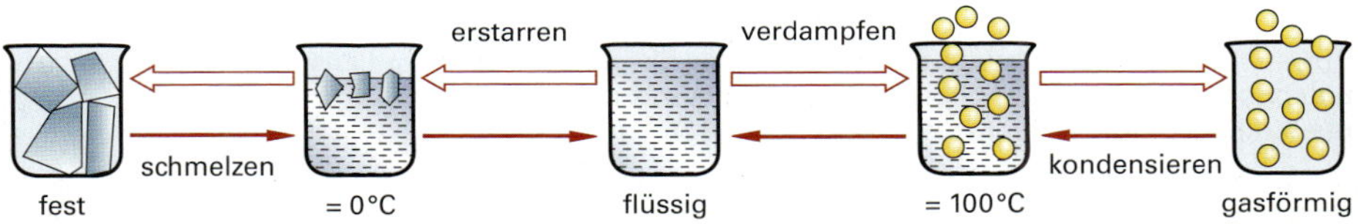

Säuren

Säuren	Entstehung, Herstellung	Eigenschaften, Verwendung
Schwefelsäure H_2SO_4	Durch Oxidation des SO_2 entsteht Schwefeltrioxid (SO_3), das in Wasser gelöst die Schwefelsäure bildet. Ungenügende Dämmung eines Rauchrohres kann zu Kondenswasserbildung im Schornstein führen, die dadurch entstehende Säurenbildung zerstört die Innenflächen des Zuges (Versottung).	Giftig, ätzend, greift Metalle wie Eisen, Zink, Aluminium an; bildet unter Umständen mit den Bindemitteln wasserlösliche Salze, die zu Bauschäden oder Ausblühungen führen können.
Kohlensäure H_2CO_3	Rauchgase, die Kohlendioxid (CO_2) enthalten, verbinden sich mit der Luftfeuchte.	Kohlensäurehaltiges Wasser zersetzt kalkhaltige Bindemittel.
Salzsäure HCl	Industrielle Herstellung Wässrige Lösung des Chlor-Wasserstoffes HCl + H_2O	Verdünnte Form (1 : 20) zum Reinigen (Absäuern) von Klinkern und zum Entfernen von Ausblühungen – danach gut mit Wasser abspülen

Laugen

Laugen	Entstehung, Herstellung	Eigenschaften, Verwendung
Kalklauge $Ca(OH)_2$	Branntkalk (CaO) wird mit Wasser gelöscht, es entsteht die wässrige Lösung des Calciumhydroxides = Kalklauge $Ca(OH)_2$. Weiterverwendung als Bindemittel im Mörtel.	Ätzende, schwache Lauge, die Zink und Aluminium angreift. Stahl wird durch die alkalische Wirkung des Zementes vor Oxidation (Rosten) geschützt.

Salze, Ausblühungen

Ausblühungen sind Salze, die nach dem Verdunsten von Porenwasser an der Bauteiloberfläche verbleiben.

Art	Ursache	Salz
Carbonatausblühung	$Ca(OH)_2 + CO_2 + H_2O$	$CaCO_3$
Sulfatausblühung	$CaCO_3 + H_2SO_4$	$CaSO_4$
Nitratausblühung	Dünger, Jauche	$Ca(NO_3)_2$

2.6 Statik

Bestimmungsstücke einer Kraft

Eine **Kraft** ist ein **Vektor**, d.h. eine gerichtete Größe. Sie ist bestimmt durch:

- Betrag
- Richtung
- Angriffspunkt

Der **Betrag** besteht aus **Zahlenwert** und **Einheit**. Die Richtung ist durch **Wirkungslinie** und **Richtungssinn** bestimmt. Die Wirkungslinie ist eine Gerade, auf der der Angriffspunkt liegt. Der **Angriffspunkt** einer Kraft darf für Berechnungen auf ihrer **Wirkungslinie**
2 beliebig verschoben werden (Axiom der Linienflüchtigkeit).
Kräfte können nur anhand ihrer Wirkungen erkannt und gemessen werden. Sie sind die Ursache einer Bewegungsänderung oder einer Formänderung eines Körpers.

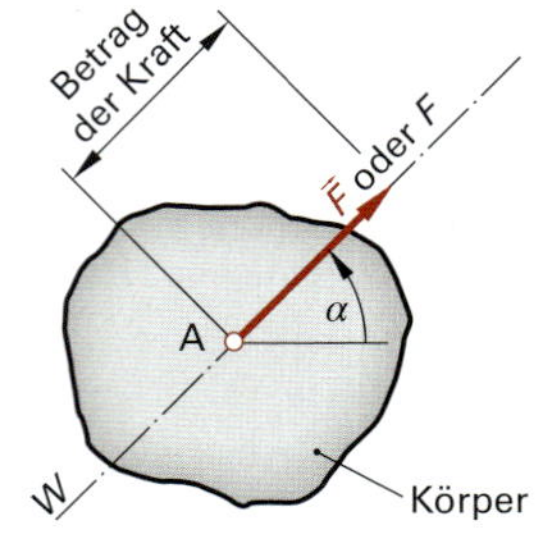

$\vec{F}$ Kraft
F Betrag der Kraft
A Angriffspunkt
W Wirkungslinie
α Richtungswinkel

Darstellung einer Kraft

Eine Kraft wird durch eine Strecke mit Pfeilspitze dargestellt. Die Pfeilspitze zeigt die Richtung der Kraft an. Der Betrag der Kraft entspricht der Länge der Strecke multipliziert mit dem Kräftemaßstab. Die **Einheit** der Kraft ist **1 Newton (1 N).**

Der **Kräftemaßstab** (KM) hat die Einheit **1 N/m**. Die Darstellung **1 cm ≙ 100 kN** bzw. $\boldsymbol{M_K = 100}$ **kN/cm** bedeutet: Ein Zentimeter der Darstellung einer Kraft entspricht hundert Kilonewton seines Betrages.

KM: 1 cm ≙ 100 kN

oder 100 kN (Maßstabsbalken)

oder M_k=100 kN/cm

Bezeichnung einer Kraft

Eine **Kraft** wird mit $\boldsymbol{F}$ (engl. Force) und mehrere Kräfte werden mit $\boldsymbol{F_1}$, $\boldsymbol{F_2}$, ... bezeichnet. Eine resultierende Kraft – auch Resultierende genannt – erhält die Bezeichnung $\boldsymbol{F_R}$ oder als Teilresultierende z.B. der Kräfte $\boldsymbol{F_1}$ und $\boldsymbol{F_2}$ die Bezeichnung $\boldsymbol{F_{1,2}}$ (siehe Kräfteparallelogramm).

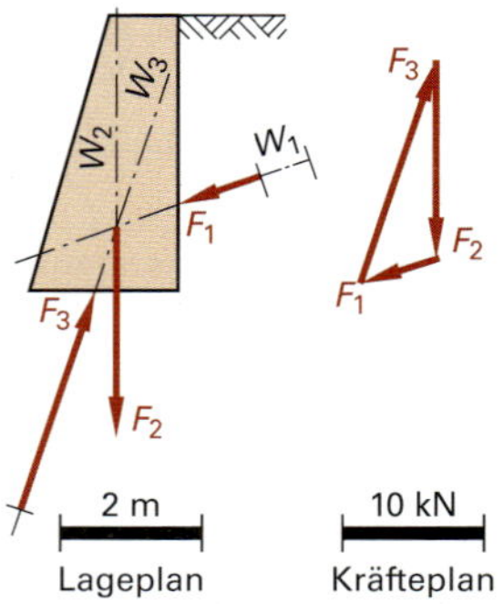

Schwergewichtsstützwand

Lageplan und Kräfteplan (Krafteck)

Im **Lageplan** sind der Körper und die ihn angreifenden Kräfte mit Angriffspunkten und Wirkungslinien maßstäblich einzutragen.
Im Kräfteplan – auch Krafteck genannt – werden die Kräfte durch Parallelverschieben aus dem Lageplan maßstäblich aneinandergefügt. Dabei ist der Durchlaufsinn (Verlauf der Pfeilspitzen), nicht jedoch die Reihenfolge der Kräfte zu beachten.
Der Kräfteplan dient der Ermittlung des **Kräftegleichgewichts** und ist mit einem **Kräftemaßstab** zu versehen.

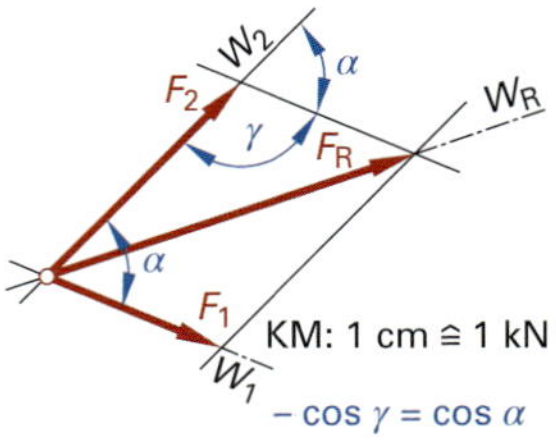

Kräfteparallelogramm

Axiom vom Kräfteparallelogramm

Greifen zwei Kräfte in einem Punkt an, so lassen sie sich in ihrer Wirkung durch eine statisch gleichwertige Kraft ersetzen. Die Ersatzkraft heißt Resultierende und wird durch das nebenstehend dargestellte **Kräfteparallelogramm** zeichnerisch ermittelt. Die rechnerische Ermittlung erfolgt mit folgenden Formeln:

$$F_R = \sqrt{F_1^2 + F_2^2 + 2 \cdot F_1 \cdot F_2 \cdot \cos\alpha}$$

$$F_H = F \cdot \cos\alpha \qquad F_V = F \cdot \sin\alpha$$

$$F = \sqrt{(F_H)^2 + (F_V)^2} \qquad \tan\alpha = F_V / F_H$$

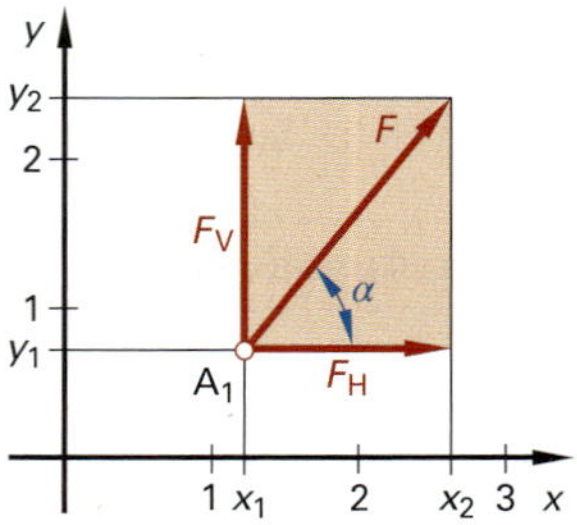

Analytische Darstellung der Kraft

Addition und Subtraktion von Kräften

Bei der grafischen **Addition von Kräften** wird ein Kräfteplan erstellt. Die aneinanderzufügenden Kräfte heißen **Teilkräfte**. Der Vektor (die Kraft), der durch geradlinige Verbindung des Anfangspunktes mit dem Endpunkt der Vektorkette (Kraftkette) und einer Pfeilspitze im Endpunkt entsteht, entspricht der Vektorsumme und heißt **Resultierende**.
Eine Kraft wird subtrahiert, indem eine entgegengesetzt gerichtete Kraft gleichen Betrages addiert wird.

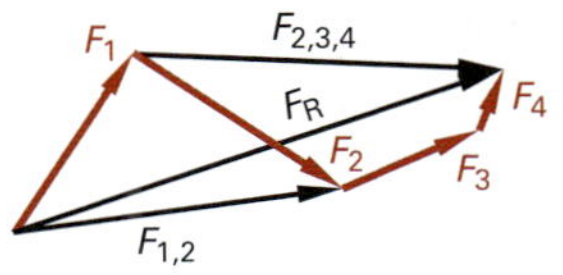

Addition von Kräften

Zerlegung einer Kraft

Eine Kraft lässt sich in der Ebene eindeutig in zwei voneinander verschiedene Richtungen zerlegen. Die Wirkungslinien der gesuchten Teilkräfte werden dabei im Kräfteplan parallel an den Anfangs- und Endpunkt der gegebenen Kraft verschoben. Die Schnittpunkte der verschobenen Wirkungslinien sind – wie beim Kräfteparallelogramm – Anfangspunkt bzw. Endpunkt der Teilkräfte. Im Lageplan müssen sich die Wirkungslinien der Kraft und ihrer Teilkräfte in einem Punkt schneiden.

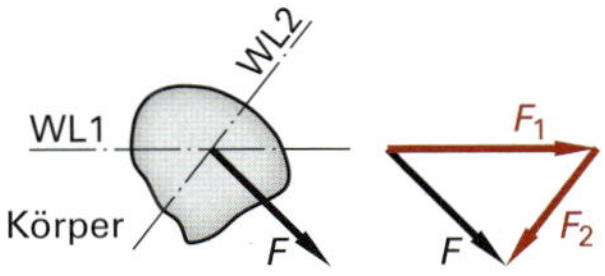

Zerlegen einer Kraft

Moment einer Kraft (ebenes Kräftesystem)

Das **Moment** einer Kraft in Bezug auf einen **Punkt (Drehpunkt)** ist gleich dem Produkt aus **Hebelarm** und **Betrag** der Kraft. Der Hebelarm ist der (kürzeste) Abstand der Wirkungslinie vom Drehpunkt. In einem ebenen Kräftesystem lassen sich die Momente mehrerer Kräfte um einen gemeinsamen Drehpunkt addieren (Momentensatz).

Ist die Drehwirkung der Kraft im Gegenuhrzeigersinn, so ist das Moment positiv, andernfalls negativ.

Mit M_D wird das Moment einer Kraft F um den Drehpunkt D bezeichnet. Die Einheit des Moments ist ein Newtonmeter (1 N·m).

Moment = Kraft × Hebelarm

$$M = F \times \pm a$$

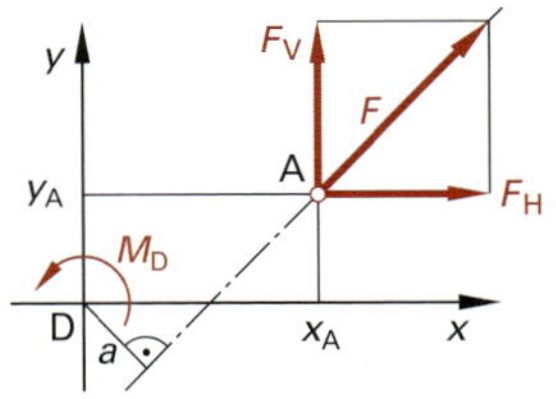

D (0, 0)	Drehpunkt
A (x_A, y_A)	Angriffspunkt
M_D	Moment von F um D
F	Kraft
F_V, F_H	Kraftkomponenten
a	Hebelarm

Moment eines Kräftepaares

Ein **Kräftepaar** besteht aus zwei gleich großen, aber entgegengesetzten Kräften auf **parallelen Wirkungslinien**. Das durch das Kräftepaar erzeugte Moment ist gleich dem Produkt aus dem Abstand der Wirkungslinien und dem Betrag einer der Kräfte. Es gilt die gleiche Vorzeichenregelung wie für das Moment einer Kraft. Die Summe der Momente der Einzelkräfte ist für jeden Drehpunkt gleich und entspricht dem Moment des Kräftepaares.

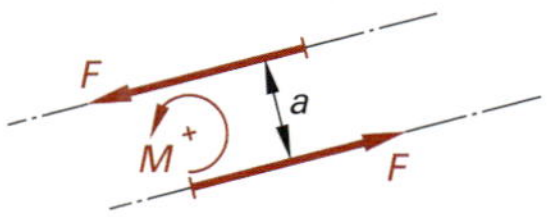

Kräftepaar mit $M = F \cdot a$

Beispiel

Ein Bauteil mit einem Gewicht von 600 N soll über Seile gemäß Skizze gehoben werden. Wie groß sind die Zugkräfte in den Seilen?

Berechnung der Winkel

$$\tan\alpha = \frac{0{,}80}{1{,}00} = 0{,}80$$

$$\Rightarrow \alpha = 38{,}7^\circ \quad 2 \cdot \alpha = 77{,}4^\circ$$

$$\beta = 90^\circ - \alpha = 90^\circ - 38{,}7^\circ = 51{,}3^\circ$$

Berechnung der Seilkraft mit Hilfe des Sinussatzes ▶ S. 19 und $G = 600$ N folgt

$$F_{S1} = G \cdot \frac{\sin\beta}{\sin 2\cdot\alpha} = 600 \cdot \frac{\sin 51{,}3^\circ}{\sin 77{,}4^\circ}$$

$$F_{S1} = F_{S2} = 600 \cdot \frac{0{,}7804}{0{,}9759} = 480\ \text{N}$$

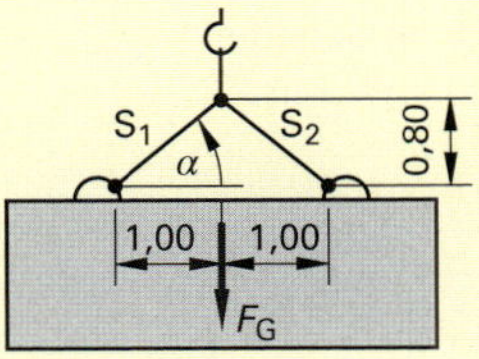

Systemskizze

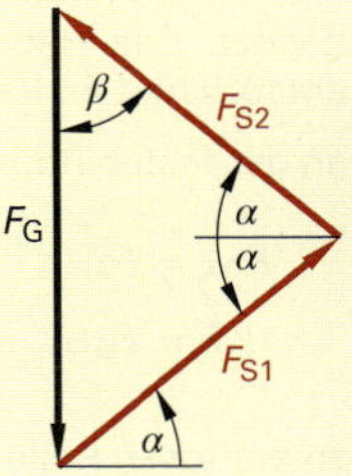

Krafteck
1 cm ≙ 200 N

2

Hebel

Der Hebel ist ein starrer, drehbar gelagerter Körper. Unterschieden werden nach Lage des Drehpunktes (Dp) einarmige und zweiarmige Hebel. Den Abstand vom Drehpunkt bis zum Angriffspunkt der Kraft F bzw. Last F_G nennt man Kraft- bzw. Lastarm jeweils senkrecht zur Kraftrichtung gemessen. Das Produkt aus der Größe der Kraft und der Länge des dazugehörigen Hebelarmes bildet das Moment ▶ S. 33. Ist die Drehwirkung der Kraft im Gegenuhrzeigersinn, so ist das Moment positiv, andernfalls negativ. Je nach Kraftrichtung um den Drehpunkt entstehen

linksdrehende (positive) Momente + $\overset{\frown}{M}$ und rechtsdrehende (negative) Momente – $\overset{\frown}{M}$.

Kraftschema beim einarmigen Hebel

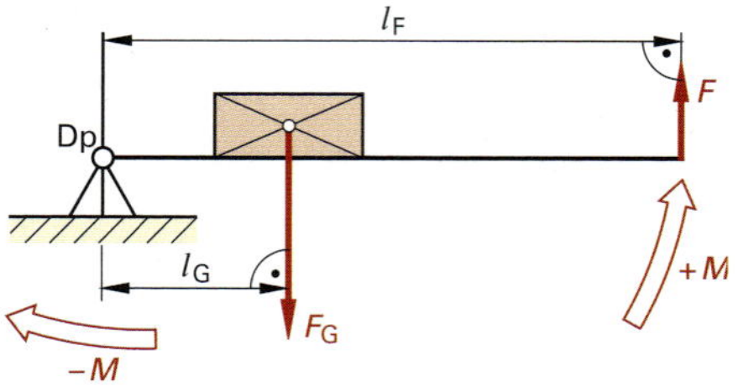

Kraftschema beim zweiarmigen Hebel

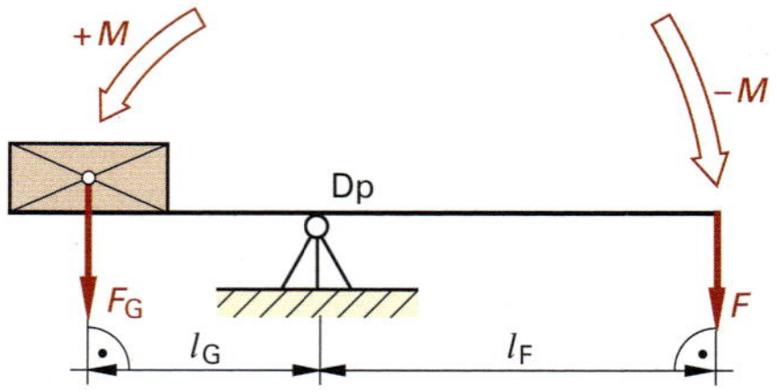

Berechnung der Drehmomente (Hebelgesetz): $F \cdot l_F = M_1$ $\quad F_G \cdot l_G = M_2$ $\quad M_1 = M_2$

$$\boldsymbol{F \cdot l_F = F_G \cdot l_G}$$

$$\boldsymbol{+\overset{\frown}{M} = -\overset{\frown}{M} \Rightarrow \Sigma M = 0}$$

Beispiel

Eine Schubkarre wird mit sechs Säcken Zement je 25 kg beladen. Die Kraft, die zum Anheben aufgewendet werden muss, soll in kN berechnet werden.

$m = 6 \cdot 25\,\text{kg} = 150\,\text{kg} \Rightarrow F_G = 1500\,\text{N}$

$l_G = 0{,}45\,\text{m}$; $\quad l_F = 0{,}45\,\text{m} + 0{,}95\,\text{m} = 1{,}40\,\text{m}$

$F \cdot l_F = F_G \cdot l_G$

$$F = \frac{F_G \cdot l_G}{l_G}$$

$$F = \frac{1{,}5\,\text{kN} \cdot 0{,}45\,\text{m}}{1{,}40\,\text{m}} = \mathbf{0{,}482\,kN}$$

Zum Anheben der Schubkarre muss eine Kraft $F > 0{,}482$ kN aufgewendet werden.

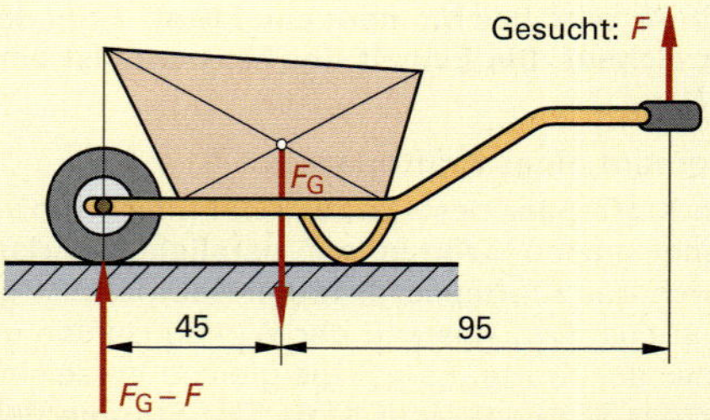

Feste Rolle, lose Rolle

Die feste und die lose Rolle bestehen aus einer um ihre Mittelachse drehbaren Scheibe, die eine umlaufende Führungsnut für das Zugseil besitzt. Das Hebelgesetz gilt; der Hebelarm entspricht dem Radius der Scheibe.

an der festen Rolle

$$\boldsymbol{F \cdot r = F_G \cdot r}$$
$$\boldsymbol{F = F_G}$$

$$\boldsymbol{s_1 = s_2}$$

an der losen Rolle

$$\boldsymbol{F \cdot 2 \cdot r = F_G \cdot r}$$
$$\boldsymbol{F = \frac{F_G}{2}}$$

$$\boldsymbol{s_1 = \frac{s_2}{2}}$$

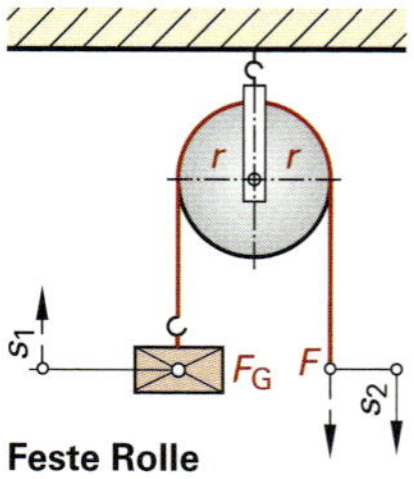

Feste Rolle

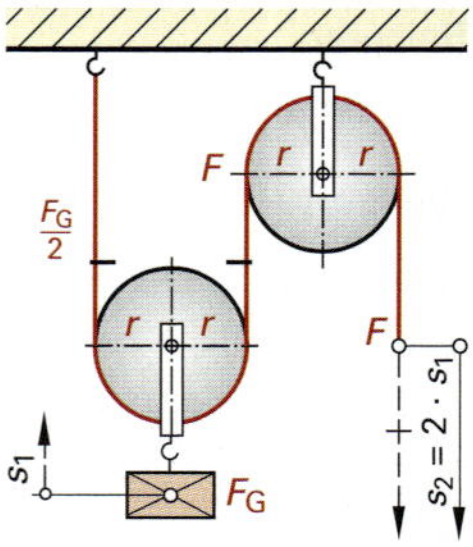

Lose Rolle

2

Schiefe Ebene

Die schiefe Ebene dient zum Transport eines Körpers in eine bestimmte Höhe. Der Kraftaufwand ist wesentlich geringer als beim Hochheben; dafür ist ein längerer Weg notwendig. Mithilfe des Kräfteparallelogramms ▶ S. 32 wird die Gewichtskraft in die entsprechenden Teilkräfte zerlegt.

Beispiel

Über einen 4,00 m langen Steg, der eine Höhe von 0,80 m überbrückt, soll eine Schubkarre (F_G = 650 N) geschoben werden. Die Schubkraft ist zu berechnen.

F_G = 650 N, h = 0,80 m, s = 4,00 m

$$F = \frac{650\ \text{N} \cdot 0{,}80\ \text{m}}{4{,}00\ \text{m}} \Rightarrow F = 130\ \text{N}$$

$$\sin\alpha = \frac{h}{s}$$

$$\sin\alpha = \frac{0{,}80}{4{,}00} = 0{,}20 \Rightarrow \alpha = 11{,}5°$$

Berechnung der Kraft parallel zur Fahrbahn

$$F = \frac{F_G \cdot h}{s}$$

$$F = F_G \cdot \sin\alpha$$

F Schubkraft in N
s Kraftweg in m
h Hubhöhe in m
F_G Gewichtskraft in N

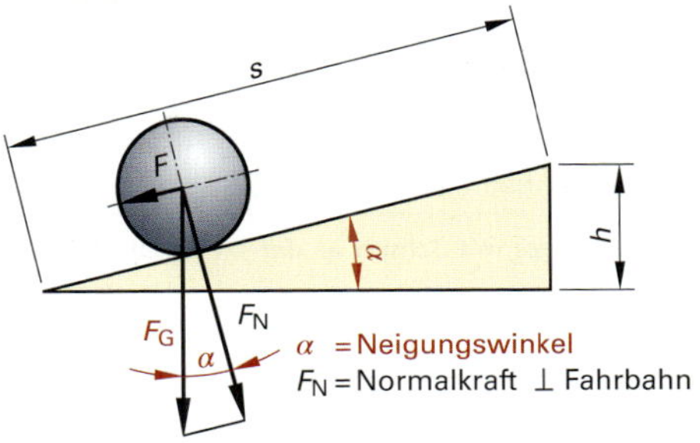

Kraftübersetzung bei der schiefen Ebene

Schraube

Die Schraube ist eine um einen Zylinder gewickelte schiefe Ebene. Die umlaufend steigende bzw. fallende Linie, die Schraubenlinie, entspricht dem Gewinde. Die in der Achse wirkende Kraft lässt sich mithilfe des Hebelgesetzes berechnen.

Berechnung der Vortriebskraft

$$F_2 = \frac{F_1 \cdot U}{h}$$

$$F_2 = \frac{F_1 \cdot d \cdot \pi}{h}$$

F_1 Drehkraft in N
F_2 Vortriebskraft in N
U Umfang in mm
h Ganghöhe in mm
d Durchmesser in mm

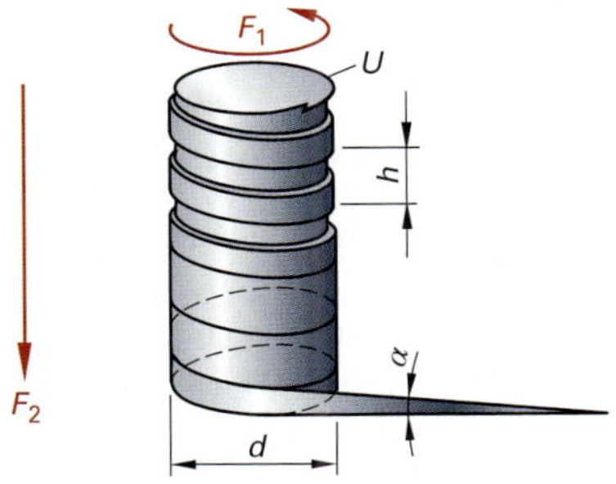

Kraftübersetzung bei der Schraube

Keil

Der Keil ist das älteste Werkzeug; seine trennende Wirkung ist abhängig vom Keilwinkel und von den Reibungskräften an den Keilseitenflächen.

Berechnung der Spaltkraft

$$F = \frac{F_N \cdot d}{s}$$

F Spaltkraft in N
d Keildicke in mm
s Keilseitenlänge in mm

Beispiel

Mit einem Stecheisen soll ein Stück Holz (Kohäsionskraft = 60 N) abgetrennt werden. Das Eisen ist 1,8 mm dick und die Fase ist 15 mm lang. Die Spaltkraft ist zu berechnen. Die vorhandene Reibung wird vernachlässigt.

F_N = 60 N, d = 1,8 mm, s = 15 mm

$$F = \frac{60\ \text{N} \cdot 1{,}8\ \text{mm}}{15\ \text{mm}} \Rightarrow F = 7{,}2\ \text{N}$$

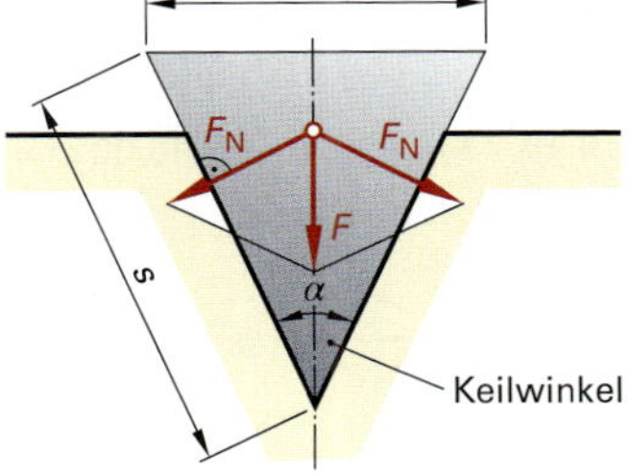

Kraftübersetzung beim Keil

Berechnung statisch bestimmter Balken

Auflagerreaktionen

Die Bestimmung der Auflagerreaktionen (A, B) erfolgt am statisch bestimmten ebenen Stabwerk über die Gleichgewichtsbedingungen.

$$\Sigma H = 0 \quad \Sigma V = 0 \quad \Sigma M_D = 0$$

(D beliebiger Drehpunkt)

Schnittgrößen

2

Um die Belastungen in Bauteilen entlang ihres Verlaufs zu bestimmen, werden Schnittgrößen (**Normalkraft *N*, Querkraft *V*** und **Biegemoment *M***) berechnet. Zur Erfassung der Kräfte im Innern des Stabes wird an der zu untersuchenden Stelle ein gedachter Schnitt quer zur Stabachse geführt. Bezugspunkt für alle Belastungen und die Schnittgrößen ist die Stabachse als Verbindungslinie der Schwerpunkte.

Einfeldträger mit Schnitt an der Stelle *S*

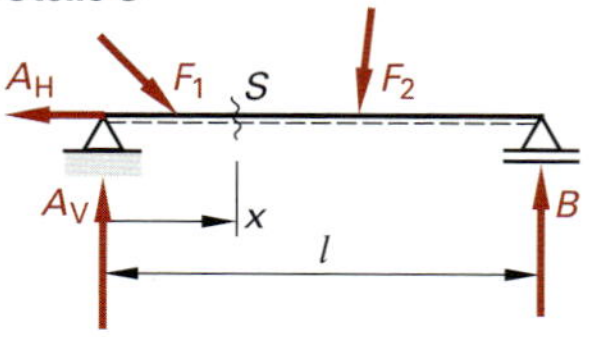

Schnittflächen (Schnittufer)

Schnittufer mit positiven Schnittgrößen M, N und V

Koordinaten und Vorzeichen (DIN 1080)

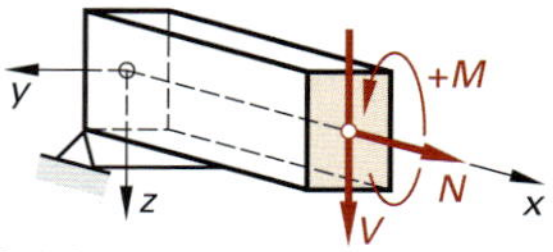

Stabkoordinaten und Schnittgrößen

Zustandslinien

Schnittgrößen sind von der Lage des Schnittes und damit von der Stabkoordinate x abhängig.

Zustandslinien sind die Darstellungen der Schnittgrößen im gesamten statischen System, und zwar getrennt nach Querkraft V (vormals Q), Normalkraft N sowie Biegemoment M.

Positive Schnittgrößen werden auf der Seite der gestrichelten Zone angetragen und bei mehrfarbiger Darstellung durch eine grüne Linie gekennzeichnet.

Negative Schnittgrößen werden gegenüberliegend angetragen und durch eine rote Linie gekennzeichnet.

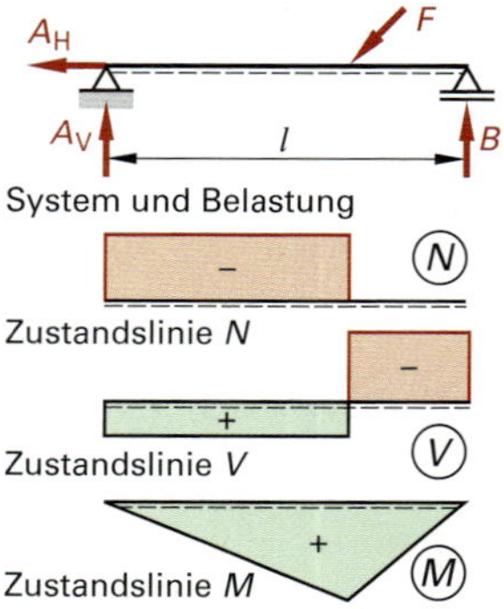

Beispiel Berechnung der Auflagerreaktionen, Berechnung eines Biegemomentes

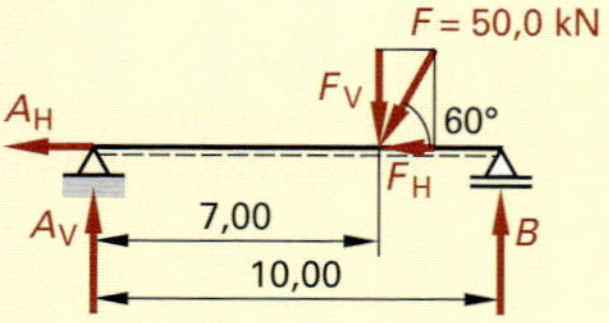

Berechnung der vertikal und der horizontal Komponente von F:
$F_V = 50{,}0\ \text{kN} \cdot \sin 60° = 43{,}3\ \text{kN}$
$F_H = 50{,}0\ \text{kN} \cdot \cos 60° = 25{,}0\ \text{kN}$

Berechnung der Auflagerreaktionen mit den Gleichgewichtsbedingungen am gesamten Balken:

$\Sigma H = 0 \Rightarrow A_H + F_H = 0 \qquad \Rightarrow A_H = -F_H = -25{,}0\ \text{kN}$

$\Sigma M_A = 0 \Rightarrow -F_V \cdot 7{,}00\ \text{m} + B \cdot 10{,}00\ \text{m} = 0 \qquad \Rightarrow B = 43{,}3\ \text{kN} \cdot 7{,}00\ \text{m}/10{,}00\ \text{m} = 30{,}3\ \text{kN}$

$\Sigma V = 0 \Rightarrow F_V - A_V - B = 0 \qquad \Rightarrow A_V = F_V - B = 43{,}3 - 30{,}3 = 13{,}0\ \text{kN}$

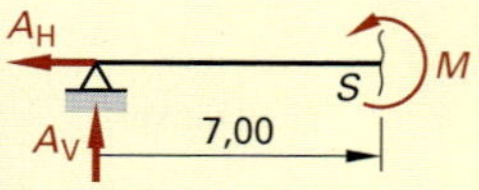

Berechnung des Biegemomentes im Balken am Lastpunkt $x = 7{,}00$ m (Stelle x) am geschnittenen Balken:
$\Sigma M_x = 0 \Rightarrow A_V \cdot 7{,}00\ \text{m} + A_H \cdot 0 - M = 0$
$M = 13{,}0\ \text{kN} \cdot 7{,}00\ \text{m} = 91{,}0\ \text{kN} \cdot \text{m}$

Anmerkung: Für die Formelzeichen der Auflagerreaktionen sind auch abweichende Bezeichnungen üblich. Beispielsweise H oder H_A statt A_H; V statt A_V oder V_A.

Lagerungsarten und Lagerungssymbole

In der Statik ebener Stabwerke (Holzbalken, Stahlträger, Geschossdecken) werden Auflager durch Symbole dargestellt. Es gibt feste, bewegliche und eingespannte Auflager.

	fest	verschieblich	eingespannt
Lagerungsart und Bewegungsmöglichkeit (Auflagerart)	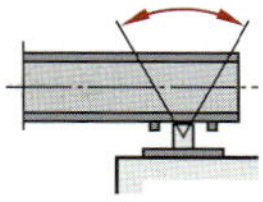	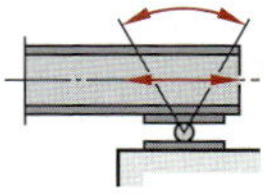	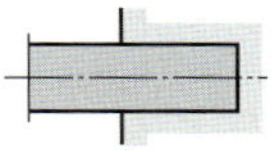 Verdrehung, Verschiebung ausgeschlossen
Symbol und Auflagerreaktionen	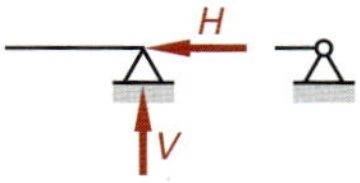	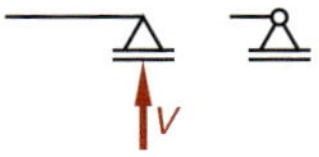	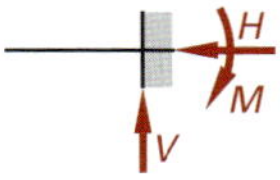

2

Statisch bestimmte Träger

Nr.	System und Belastung	Auflagerkräfte	Biegemomente	Durchbiegung
		q Streckenlast F Einzellast	E Elastizitätsmodul I Flächenmoment 2. Grades	f Durchbiegung
1	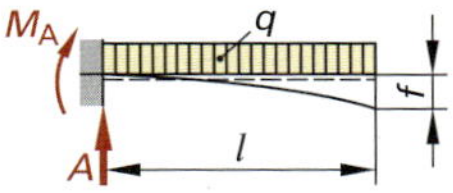	$A = q \cdot l$	$M_A = -\frac{q \cdot l^2}{2}$	$f = \frac{q \cdot l^4}{8 \cdot E \cdot I}$
2	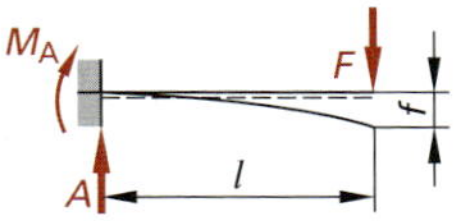	$A = F$	$M_A = -F \cdot l$	$f = \frac{F \cdot l^3}{3 \cdot E \cdot I}$
3	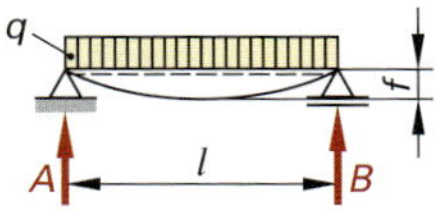	$A = B = \frac{q \cdot l}{2}$	$\max M = \frac{q \cdot l^2}{8}$ in Feldmitte	$\max f = \frac{5 \cdot q \cdot l^4}{384 \cdot E \cdot I}$ $\max f = \frac{M \cdot l^2}{9{,}6 \cdot E \cdot I}$
4	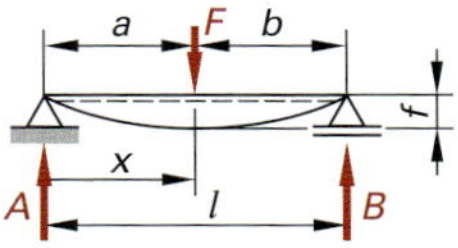	$A = \frac{F}{2}$ $B = \frac{F}{2}$ mit $a = b = l/2$	$\max M = \frac{F \cdot l}{4}$ in Feldmitte	$\max f = \frac{F \cdot l^3}{48 \cdot E \cdot I}$ $\max f = \frac{M \cdot l^2}{12 \cdot E \cdot I}$
5	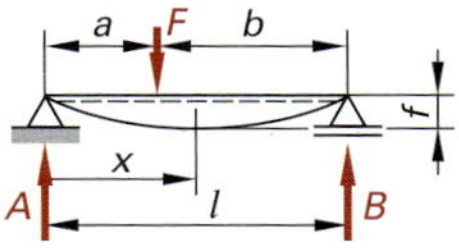	$A = F \cdot (1 - \alpha)$ $B = F \cdot \alpha$ mit $\alpha = \frac{a}{l}$	$\max M = F \cdot l \cdot \alpha \cdot (1 - \alpha)$ bei $x = a$	$\max f = \frac{F \cdot l^3}{27 \cdot E \cdot I} \cdot \alpha \sqrt{3 \cdot (1 - \alpha^2)^3}$ für $\alpha \leq 0{,}5$ bei $x = \frac{1}{3} \cdot l \cdot \sqrt{3 \cdot (1 - \alpha^2)}$

Beispiel System Nr. 3

Berechnung eines Stahlträgers I 200 (E = 210000 N/mm² = 21000000 N/cm²; I = 2140 cm⁴) von 5,00 m Spannweite mit einer Gleichstreckenlast von q = 6,0 kN/m = 60 N/m.

Auflagerkräfte $A = B = \frac{q \cdot l}{2} = \frac{6{,}0 \cdot 5{,}00}{2} = 15\ \text{kN}$

max. Biegemoment $M = \frac{q \cdot l^2}{8} = \frac{6{,}0 \cdot 5{,}00^2}{8} = 18{,}75 \approx 18{,}8\ \text{kN} \cdot \text{m}$

max. Durchbiegung $f = \frac{5 \cdot q \cdot l^4}{384 \cdot E \cdot I} = \frac{5 \cdot 60 \cdot 500^4}{384 \cdot 21000000 \cdot 2140} = 1{,}09\ \text{cm} \approx 1{,}1\ \text{cm}$

2.7 Spannungen

Die Spannung ist eine abgeleitete Größe. Wirkt eine Kraft auf eine Fläche, so wird der Quotient aus Kraft F pro Flächeneinheit A als Spannung bezeichnet. Ihre Komponente senkrecht zur Angriffsfläche heißt Normalspannung σ, die in der Ebene der Fläche liegende Komponente Schubspannung τ.

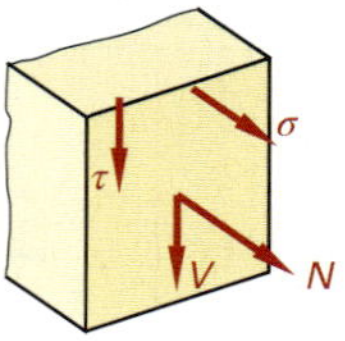

A Querschnittsfläche
V Querkraft
N Normalkraft

Spannung gleich Kraft durch Fläche	$\sigma = \frac{N}{A}$

2

Einheit der Spannung

$1\ \text{Pa} = 1\ \frac{\text{N}}{\text{m}^2} \qquad 1\ \frac{\text{MN}}{\text{m}^2} = 1\ \frac{\text{N}}{\text{mm}^2} = 1\ \text{MPa} \qquad 1\ \frac{\text{kN}}{\text{cm}^2} = 10\ \text{MPa}$

σ Normalspannung
τ Schubspannung
S_y statisches Moment

Aufgrund äußerer Belastungen ergeben sich in einem Querschnitt innere Kräfte. Diese inneren Kräfte werden als Schnittgrößen (Biegemoment M, Normalkraft N, Querkraft V) bezeichnet. Diese Schnittgrößen werden in Spannungen umgerechnet.

Spannungen im Balkenquerschnitt (vereinfachte Annahme)

	Zug/Druck	Biegung	Schub
Beanspruchungsart	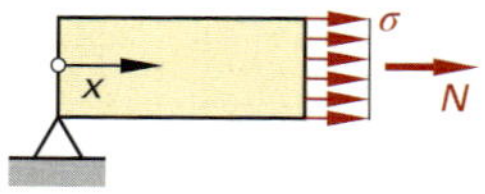 Normalspannungsverteilung σ infolge N	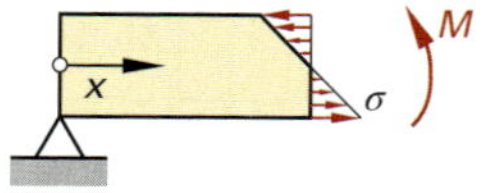 Biegespannungsverteilung σ infolge M	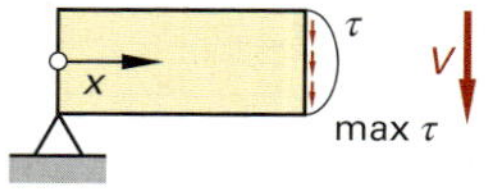 Schubspannungsverteilung infolge V
Spannungen im Rechteckquerschnitt	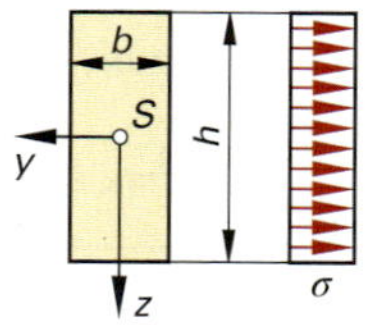 Zug-/Druckspannung $\sigma_{z,d} = \frac{N}{A} = \frac{N}{b \cdot h}$	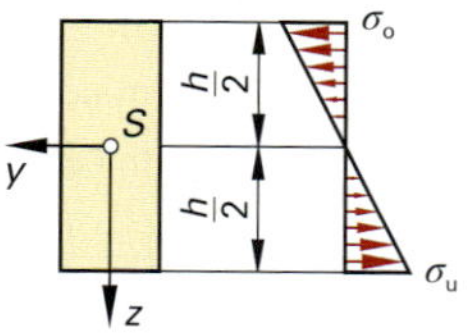 Biegerandspannung $\sigma_b = \frac{M}{W} \qquad W_o = -\frac{I_y}{h/2}$	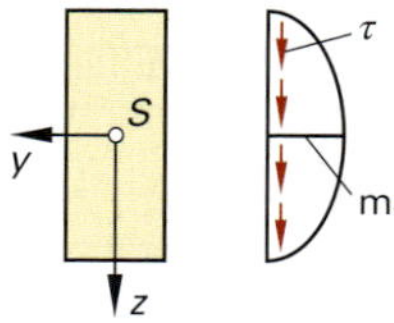 $\max \tau = 1{,}5 \cdot \frac{V}{A}$
Querschnitt symmetrisch zur z-Achse	Belastung durch N im Schwerpunkt des Stabes	$\sigma = \frac{M}{I_y} \cdot z$ $W_o = -\frac{I_y}{z_o} \qquad W_u = \frac{I_y}{z_u}$	$\tau = \frac{V \cdot S}{I_y \cdot b}$ I_y; S_y ► S. 21
	Die **Normalkraft *N*** ruft bei jeder Querschnittsform eine im Querschnitt gleichmäßig verteilte **Normalspannung** σ_N hervor. Zugkräfte (+) erzeugen Zugspannungen (+). Druckkräfte (–) erzeugen Druckspannungen (–).	Das **Biegemoment *M*** ruft im Querschnitt eine über die Höhe linear verteilte **Normalspannung** σ_M hervor. Die Normalspannung ist in den Randfasern betragsmäßig am größten. Die Randfasern werden durch die Koordinaten z_u und z_o beschrieben.	Die **Querkraft *V*** ruft im Rechteckquerschnitt eine parabolisch verteilte **Schubspannung** τ hervor. Am oberen und unteren Querschnittsrand verschwinden die Spannungen. Im Schwerpunkt des Querschnitts sind die Schubspannungen maximal.

2.8 Lastannahmen

Kräfte, die von außen auf ein Bauteil einwirken, werden Lasten – nach Eurocode 1 (EC 1) „Einwirkungen" – genannt. Zu unterscheiden sind:

- Eigenlasten des Bauwerks
- Vorspannung
- Erddruck, Flüssigkeitsdruck

} **ständige Lasten**
ständige Einwirkungen *G*

- Ausbaulasten mit unbestimmten Einbauorten
- Lasten aus Schnee, Wind
- Lasten aus Personen, Fahrzeugen, Möbeln

} **nicht ständige Lasten**
Verkehrslasten/Nutzlasten
veränderliche Einwirkungen *Q*

Gesamtlast = ständige Lasten + Verkehrslasten

alt: $q = g + p$ **neu:** $r = g + q$ **(Last je Länge oder Fläche)** **in kN/m oder kN/m²**

$Q = G + P$ $R = G + Q$ **(Einzellasten; auch *N* oder *F*)** **in N, kN oder MN**

Eigengewicht von Bauteilen: Flächenlast $g = d \cdot \gamma_K$ Einzelgewicht $G = V \cdot \gamma_K$

Wichte von Baustoffen und Bauteilen

Baustoff	Wichte γ_k [kN/m³]	Baustoff	Wichte γ_k [kN/m³]	Baustoff	Wichte γ_k [kN/m³]
Aluminium	27	Nadelholz	5	Normalbeton	24
Blei	114	Laubholz	7 bis 11	Stahlbeton	25
Kupfer	89	Parkett	5 bis 6	Schwerbeton	≥ 26
Messing	85	Spanplatten	5 bis 6	Leichtbeton	5 bis 20
Gusseisen	73	Holzfaserplatten HB	10	Vollklinker	18 bis 22
Stahl	78,5	Glaswolle	0,2 bis 0,4	Vollziegel	14 bis 20
Basalt, Gabbro	29	Mineralwolle	0,4	Leichtlochziegel	9 bis 12
Granit, Porphyr	28	Zementestrich	22	Kalksandsteine	12 bis 22
Sandstein	27	Wandfliesen	19	Porenbetonsteine	4 bis 10
Kalkstein, Dolomit	28	Bodenfliesen	22	Gipskartonplatten	7
Gneis	30	Kalkmörtel	16	Drahtputz	17
Kies, Sand (trocken)	i. M. 18	Gipsputz	12	Faserzementplatten	20

Mauerwerk aus künstlichen Steinen (einschließl. Mörtelfugen) kN/m³

Steinrohdichte kg/m³	500	600	700	800	900	1000	1200	1400	1600	1800	2000	2100	2200	2400
Wichte in Normalmörtel kN/m³	7	8	9	10	11	12	14	16	16	18	20	21	22	24
Wichte in Leicht-/Dünnbettmörtel kN/m³	6	7	8	9	10	11	13	15	16	18	20	21	22	24

Beispiel Berechnung der Lastannahmen für eine Stahlbetondecke

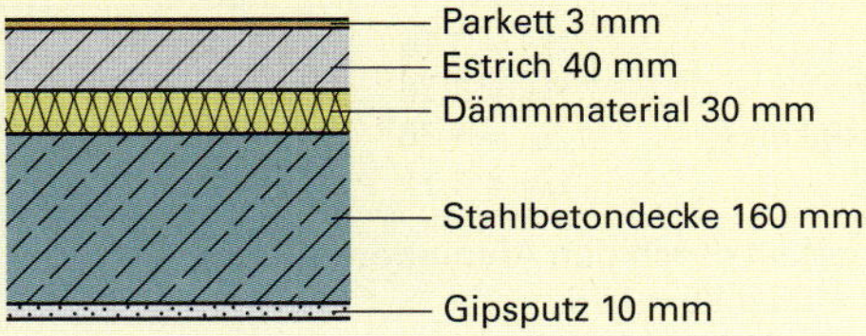

0,003 m ·	5	kN/m³	= 0,015	kN/m²
0,040 m ·	22	kN/m³	= 0,880	kN/m²
0,030 m ·	0,4	kN/m³	= 0,001	kN/m²
0,160 m ·	25	kN/m³	= 4,000	kN/m²
0,010 m ·	12	kN/m³	= 0,120	kN/m²
Gesamt *g*			= 5,016	kN/m²
gerundet *g*			≈ 5,0	kN/m²

Lotrechte Nutzlasten, gleichmäßig verteilte Lasten q, Einzellasten Q

Nutzung	Beispiele	q [kN/m²]	Q [kN]
Spitzböden	Dachraum bis 1,8 m Höhe	1,0	1,0
Wohnräume	Konstruktionen mit Querverteilung der Lasten	1,5	
Holzbalkendecke	ohne Querverteilung der Lasten	2,0	2,0
Vesammlungsräume	Flächen mit Menschenansammlungen	3,0 ... 5,0	3,0 ... 7,0
Fabriken	Werkstätten, Lagerräume u. Ä.	5,0 ... 7,5	4,0 ... 10,0

Lasten auf Dächern

2

Eigenlast g_k

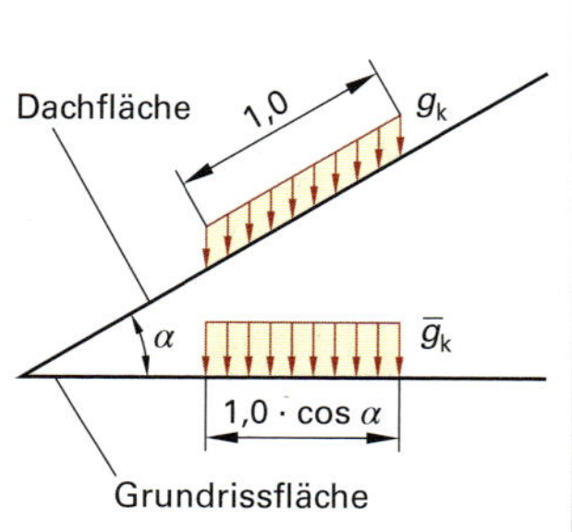

Winddruck w_k

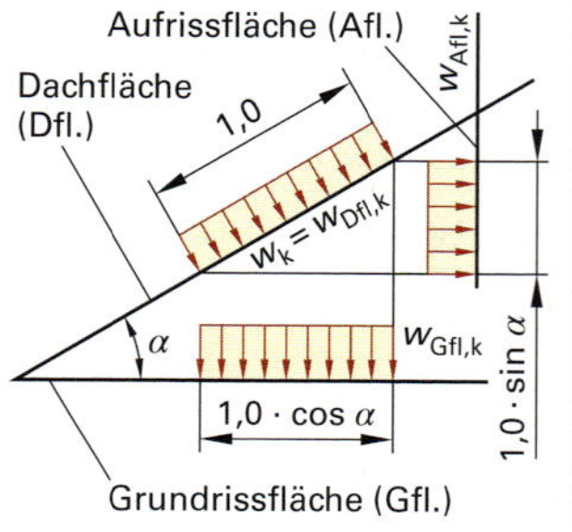

Schneelast s_k

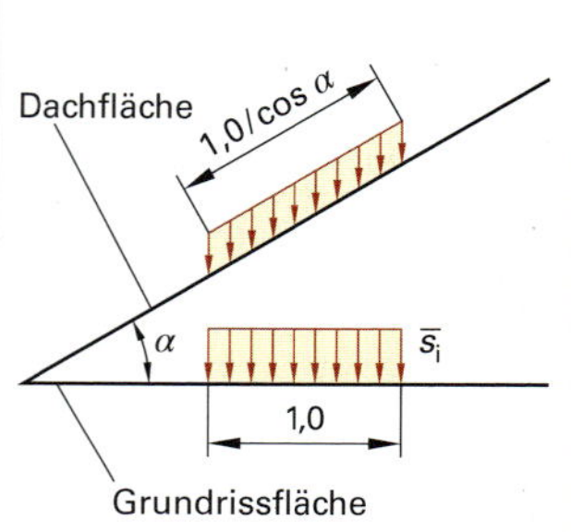

Schneelasten

Für die Schneelasten ist Deutschland in 3 Zonen eingeteilt. Sie sind außerdem von der Höhenlage, der Dachform und der Dachneigung abhängig. Für Gebäude bis zu einer Geländehöhe von 255 m NHN beträgt die Schneelast $s_k > 0{,}65$ kN/m² bis $s_k > 1{,}10$ kN/m².

Windlasten

Der Geschwindigkeitsdruck q [kN/m²] ist abhängig von der Windgeschwindigkeit (v = 22,5 m/s bis 30,0 m/s) und beträgt $q = 0{,}5 \cdot \varrho_{Luft} \cdot v^2 \approx v^2/1600$.

Die Windlast berechnet sich aus dem Wert des Geschwindigkeitsdruckes und einen Winddruckbeiwert c_p, der von der Windrichtung sowie der Dachneigung abhängt.
Winddruck c_p = 0,8 bis 1,0; Windsog c_p = –0,5 bis –2,0 (ohne Einheit).

2.9 Sicherheitskonzept

Bei der statischen Berechnung von Bauwerken werden 2 Arten von Teilsicherheitsbeiwerten berücksichtigt. Die voraussichtlichen Belastungen oder Einwirkungen werden mit einem Teilsicherheitsbeiwert multipliziert. Dieser ist abhängig von der Häufigkeit der Belastung sowie der Zuverlässigkeit ihrer Annahme und beträgt 1,0 bis 1,5.

Die zulässigen Beanspruchungen eines Baustoffes ergeben sich durch die Festigkeiten geteilt durch den baustoffabhängigen Teilsicherheitsbeiwert. Dieser Teilsicherheitsbeiwert beträgt 1,1 bis 2,5.

Teilsicherheitsbeiwerte (Auswahl)

Einwirkung durch ständige Lasten	γ_G = 1,35	zu multiplizieren
Einwirkung durch Verkehrslasten	γ_Q = 1,5	zu multiplizieren
Betonstahl auf Zug (Streckgrenze)	γ_M = 1,15	als Teiler
Beton in Stahlbeton auf Druck (Zylinderfestigkeit)	γ_M = 1,76	als Teiler
Mauerwerk auf Druck (charakteristische Druckfestigkeit f_k)	γ_M = 1,76[1]	als Teiler
Baustahl auf Zug (Streckgrenze)	γ_M = 1,1	als Teiler

[1] z. B. ergibt sich γ_M für Mauerwerk aus γ_{M1} = 1,5 geteilt durch den Abminderungsfaktor ζ = 0,85 für Dauerbelastung $\boldsymbol{\gamma_M = \gamma_{M1}/\zeta}$ $\Rightarrow$ $\gamma_M = 1{,}5/0{,}85 = 1{,}76$

3 Bauzeichnungen

3.1 Zeichengeräte und Materialien

Papierformate (DIN EN ISO 216)

Format Reihe A DIN	unbeschnittenes Blatt Kleinstmaß mm	beschnittenes Blatt Fertigmaß mm	Rand vom Fertigmaß mm
2A0	1230 × 1720	1189 × 1682	10
A0	880 × 1230	841 × 1189	10
A1	625 × 880	594 × 841	10
A2	450 × 625	420 × 594	10
A3	330 × 450	297 × 420	5
A4	240 × 330	210 × 297	5

Weißes Zeichenpapier ist als Einzelblatt in den DIN-Formaten A4 bis A0 erhältlich.

Transparentpapier hat aufgrund seiner besonderen Eigenschaften hohe Reiß- und Bruchfestigkeit, Radierfestigkeit sowie einwandfreie Lichtpausfähigkeit und ist für Tuschezeichnungen besonders geeignet.

Filzstifte bieten vielfältige Ausdrucksmöglichkeiten. Sie sind in vielen Farbtonabstufungen und mit Spitzen unterschiedlichster Breite erhältlich.

Druckbleistifte für verschiedene Linienbreiten in mm (0,3 / 0,5 / 0,7 / 1,0) und Minenhärtegrade von 2H (sehr hart) bis 2B (sehr weich).

Faltung der Zeichnungen auf DIN-A4

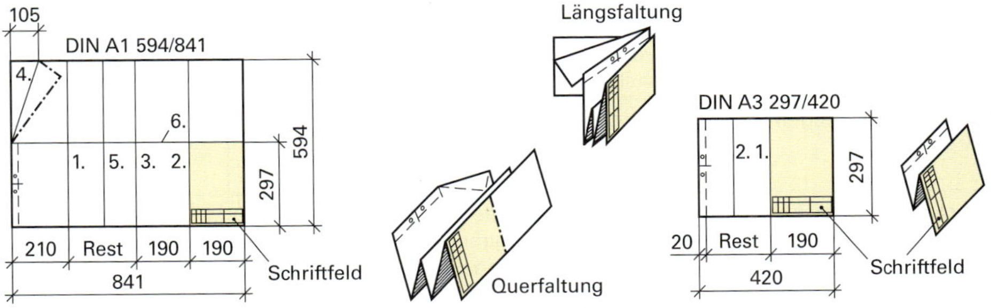

Schriftfeld (DIN EN ISO 7200)

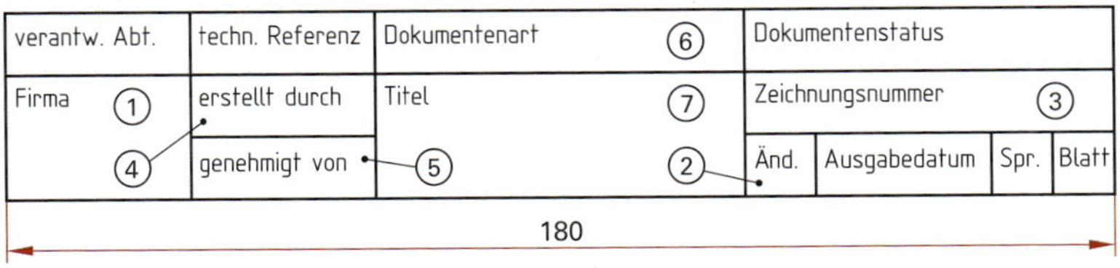

Schriftfeld in Kompaktform

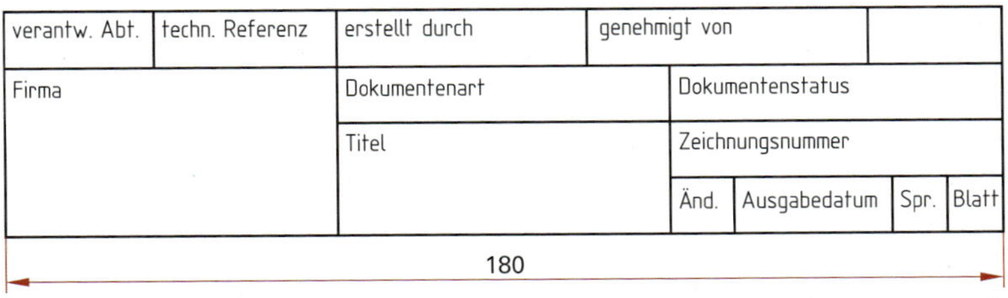

Schriftfeld mit Feldern für Personennamen in zusätzlicher Zeile

Technische Zeichnungen und Textdokumente erhalten in der unteren rechten Ecke ein Schriftfeld. Dadurch gibt das Schriftfeld die Leselage des Dokuments an. Mindestmaß werden, wenn nötig, außerhalb des Schriftfeldes angegeben. Die Angaben ① bis ⑦ sind stets erforderlich.

3.2 Ausführungshinweise

Arten und Inhalt der Bauzeichnungen

Bauzeichnungen für Entwurf und Bauvorlage (DIN 1356)		**Üblicher Maßstab**
Lagepläne	Darstellung des Baukörpers in den örtlichen Gegebenheiten	1 : 1000 1 : 500
Vorentwurfszeichnungen	Raumaufteilung, Bauglieder sowie Eingliederung des Baukörpers in die Örtlichkeit in vorläufiger Anordnung und Abmessung	1 : 500 1 : 200
Entwurfszeichnung	Darstellung der Bauaufgabe in genauen Abmessungen	1 : 100
Zeichnungen für die Bauvorlage (Bauantragszeichnungen)	Lageplan sowie Entwurfszeichnungen, ergänzt durch Zeichnungen gemäß Vorschriften der zuständigen Baugenehmigungsbehörde	Maßstab je nach Erfordernis und Bauvorlagenverordnung
Bauzeichnungen für die Bauausführung (DIN 1356)		**Üblicher Maßstab**
Ausführungszeichnungen	Enthalten alle für die Bauausführung erforderlichen Maße und Angaben	1 : 50
Teilzeichnungen (Detailzeichnungen)	Darstellung von Teilbereichen des Baukörpers/Bauteils in allen Einzelheiten der Konstruktion (Sondermaßstab 1 : 25)	1 : 20 1 : 5 1 : 10 1 : 1
Sonderzeichnungen	Darstellung besonderer Konstruktionselemente (z.B. Lüftungsschächte, Klima-, Heizungs- und Sanitäranlage)	Maßstab je nach Erfordernis
Abrechnungszeichnungen	Enthalten die für die Abrechnung notwendigen Angaben (i.d.R. dienen auch die oben genannten Bauzeichnungen diesem Zweck)	Maßstab je nach Erfordernis
Bestandszeichnungen	Darstellung eines vorhandenen Baukörpers/Bauteils	Maßstab je nach Erfordernis

3

Maßstäbe (DIN ISO 5455, DIN 1356)

Der Maßstab 1 : *n* gibt an, in welchem Verhältnis die Abmessungen des Originals **(Originalmaße)** in der Zeichnung **(Zeichnungsmaße)** wiedergegeben werden sollen. Die Verhältniszahl *n* verdeutlicht, welches Vielfache bzw. welcher Teil des Zeichnungsmaßes dem Originalmaß entspricht. Je geringer die Verhältniszahl, desto größer die Aussagekraft der Zeichnung.

Originalmaß = Zeichnungsmaß × Verhältniszahl

$$\text{Verhältniszahl} = \frac{\text{Originalmaß}}{\text{Zeichnungsmaß}} \qquad \text{Zeichnungsmaß} = \frac{\text{Originalmaß}}{\text{Verhältniszahl}}$$

Beispiel

1 : 2	Verhältniszahl 2 Die Originalmaße sind zweimal so groß wie die Zeichnungsmaße.
1 : 1 Originalmaß	Verhältniszahl 1 Die Originalmaße sind genauso groß wie die Zeichnungsmaße.
1 : 0,5	Verhältniszahl 0,5 Die Originalmaße sind 0,5-mal so groß wie die Zeichnungsmaße.

Beispiel

Wirkliche Länge 1,24 m

Maßstab 1 : 20 – m, cm

Länge in der Zeichnung

$$\frac{1240\text{ mm}}{20} = 62\text{ mm}$$

1 cm in der Bauzeichnung sind 20 cm in der Wirklichkeit bzw. 1 mm entspricht 20 mm.

Linienarten und Linienbreiten (DIN EN ISO 128-20 , DIN 1356)

Linien werden in der Zeichnungsgrundnorm und in der Fachnorm DIN 1356 Bauzeichnungen festgelegt. Nachfolgende Ausführungen beziehen sich auf die DIN 1356. In Bauzeichnungen sind die Linienarten nach folgender Tabelle zu verwenden. Die Linienbreiten breit, mittelbreit und schmal stufen sich nach dem Verhältnis 2 : 1 : 0,7.

Überdecken sich in einer Zeichnung zwei oder mehrere Linien verschiedener Art, ist folgende Reihenfolge einzuhalten:
① Sichtbare Kanten oder Umrisse ② Verdeckte Kanten oder Umrisse ③ Schnittebenen
④ Mittellinien ⑤ Schwerelinien ⑥ Maßhilfslinien

Linienarten nach DIN 1356	Anwendungsbereich / Maßstab	Linienbreiten in mm ≤ 1:100	Linienbreiten in mm ≥ 1:50
Volllinie	Begrenzung von Schnittflächen	0,5	1,0
Volllinie	Sichtbare Kanten und sichtbare Umrisse von Bauteilen, Begrenzung von Schnittflächen von schmalen oder kleinen Bauteilen	0,35	0,5
Volllinie	Maßlinien, Maßhilfslinien, Hinweislinien, Lauflinien, Begrenzung von Ausschnittdarstellungen, vereinfachte Darstellungen	0,25	0,35
Strichlinie	Verdeckte Kanten und verdeckte Umrisse von Bauteilen	0,35	0,5
Strichpunktlinie	Kennzeichnung der Lage der Schnittebenen	0,5	1,0
Strichpunktlinie	Achsen	0,25	0,35
Punktlinie	Bauteile vor bzw. über der Schnittebene	0,35	0,5
Maßzahlen 1...	Schriftgröße	3,5	5,0

3

Darstellung von Aussparungen (Auswahl)

Aussparung, deren Tiefe kleiner als die Bauteiltiefe ist

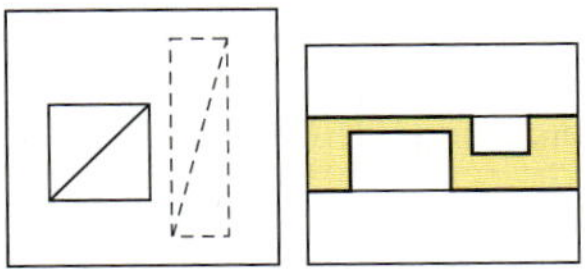

ANSICHT GRUNDRISS

Aussparung, deren Tiefe gleich der Bauteiltiefe ist

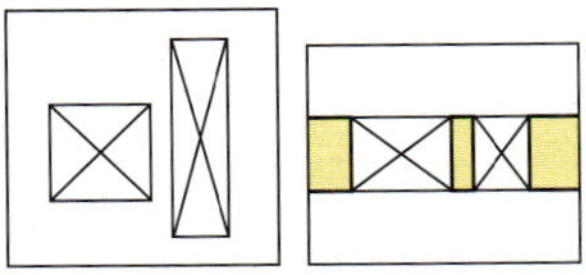

ANSICHT GRUNDRISS

Türen im Grundriss

Drehflügel, einflügelig, DIN rechts	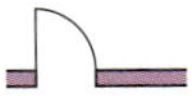
Drehflügel, zweiflügelig	
Pendelflügel, einflügelig	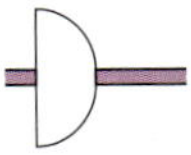
Hebe-Dreh-Flügel	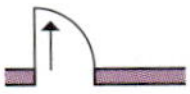
Drehtür	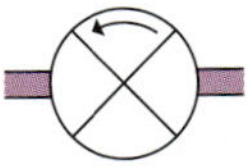
Schiebeflügel 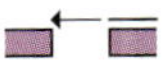	Hebe-Schiebe-Flügel 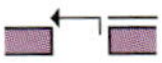

Türen und Fenster in der Ansicht

Drehflügel / nach innen geöffnet 		 Hebe-Dreh-Flügel / Dreh-Kipp-Flügel 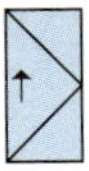
Kippflügel 	Klappflügel 	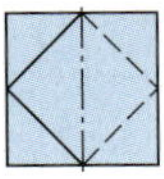 Wendeflügel

Schraffuren für Baustoffe und Bauteile

Baustoffe bzw. Bauteile im Hochbau		Darstellungsart DIN 1356 schwarzweiß	farbig
Beton	unbewehrt		olivgrün
	bewehrt, ohne Darstellung der Bewehrung		blaugrün
Betonfertigteile ohne Darstellung der Bewehrung			violett
Mauerwerk engere Schraffur entspricht höherer Festigkeit	künstlicher Stein		braunrot
	natürlicher Stein		blaugrau
Mörtel und Putz			weiß
Erdreich	aufgefüllt		–
	gewachsen		–
Kies			–
Sand			–
Holz	Hirnholz quer zur Faser		braun
	Längsholz längs zur Faser		braun
Holz	im Querschnitt		braun
Stahl		U I	schwarz
Dichtstoffe			–
Dämmstoffe zur Wärme- und Schalldämmung			grau
Alte Bauteile	im Schnitt		blaugrau
Neue Bauteile	im Schnitt		nach Baustoff
	in der Ansicht	–	gelb lasiert
Abzubrechende Bauteile	im Schnitt		gelb
Abzutragender Boden	in der Ansicht		gelb umrandet

Baustoffe und Bodenarten DIN 4023 und RStO 12)	
	Pflaster mit Pflasterbettung
	Betonsteinpflaster
	Natursteinpflaster
	Steine, Blöcke
	Schluff
	Ton
	Torf
	Lehm

Holz-Schraffuren (DIN 919)	
	Trägerplatten allgemein
TPY 16 / EI 0,7 X	Kurzzeichen Nenndicke in mm
St (19) X	Furnierte oder beschichtete Platten
	x Hirnholz → Längsholz
	Vollholz nicht verleimt

Art der Furnierung (Holzart) bzw. Beschichtung (Dekor) ist durch Kurzzeichen anzugeben.

	Holzwerkstoff

Abdichtung (FDR)	
	Abdichtung allgemein
	Voranstrich/ Haftgrund
	Klebemassen und Deckaufstrich
	Spachtelmasse/ Fugenmasse
	nackte Pappe/bit. Dichtungsbahn

Die Kennzeichnung erfolgt wahlweise als Schraffur (Schwarzweißdarstellung) oder durch farbiges Anlegen der Schnittflächen.

3

3.3 Bemaßung

Die tatsächlichen Abmessungen eines Bauteils müssen aus der Zeichnung zu entnehmen sein. Die Bemaßungsregeln für Bauzeichnungen sind in der DIN 1356 zusammengefasst.

Bemaßungsbestandteile

Maßhilfslinien und **Maßlinien** sind als schmale Volllinien zu zeichnen. Maßlinien verlaufen stets parallel und in einem Abstand von 10 mm zur Außenkante des Baukörpers. Der Abstand der Maßlinien untereinander beträgt i.d.R. 7 mm.

Maßbegrenzungen liegen im Schnittpunkt von Maßlinie und Maßhilfslinie.

Maßzahlen sind über und parallel zur Maßlinie anzuordnen. Darüber hinaus sind Maßzahlen:

- von unten oder von rechts lesbar
- nicht durch Maßlinien zu kreuzen oder zu berühren
- für Maße ≥ 1 m als Meterangabe (z.B. 1,25); für Maße unter einem Meter als Zentimeterangabe (z.B. 99) einzutragen.
- ohne Maßeinheit einzutragen
- bei Platzmangel unmittelbar rechts neben der Maßhilfslinie anzuordnen

Kurzzeichen und Symbole

Zur Verbesserung der Lesbarkeit von technischen Zeichnungen, zur Übersichtlichkeit und zur Vereinfachung der Bemaßung sind fachübergreifende Kurzzeichen und Symbole zu bevorzugen.

Symbol	Bedeutung	Symbol	Bedeutung
ø 52	Durchmesser 52 mm	$\overset{\frown}{26}$	Bogenmaß 26 mm
□52	Quadrat Seitenlänge 52 mm	(26)	Hilfsmaß
14/8 (umrahmt)	Rechteck, Breite/Höhe 14 cm/8 cm	$\underline{27}$	nicht maßstäblich
R 26	Radius 26 mm	$d = 27$	(Material-) Dicke 27 cm
⌀—	ringsum	√	Oberflächenbeschaffenheit
◺14 %	Neigung 14 %		

3

Rohbaumaß **Fertigbaumaß**

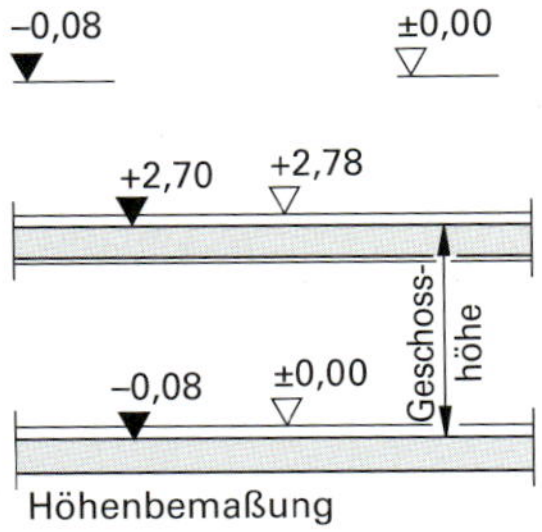

Höhenbemaßung

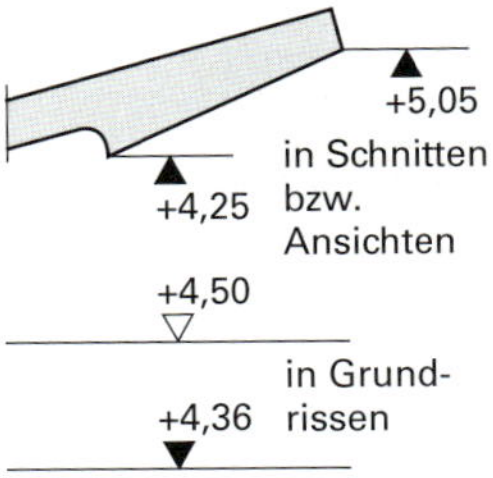

Höhenmaße
Geschosshöhen, Brüstungshöhen und Durchgangshöhen sind grundsätzlich zwischen den Kanten zu kennzeichnen.

Die Höhenangabe besteht aus Höhenkote, entsprechendem Pfeil und Maßbegrenzungslinie.

Angaben grundsätzlich in Meter [m] im Lageplan m ü. NHN oder m NHN.

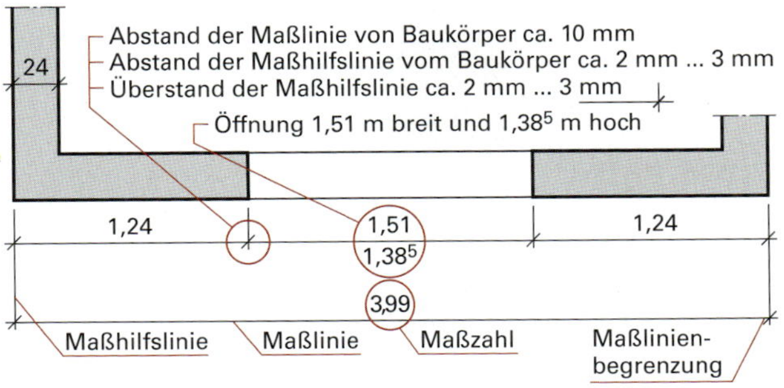

Beispiel

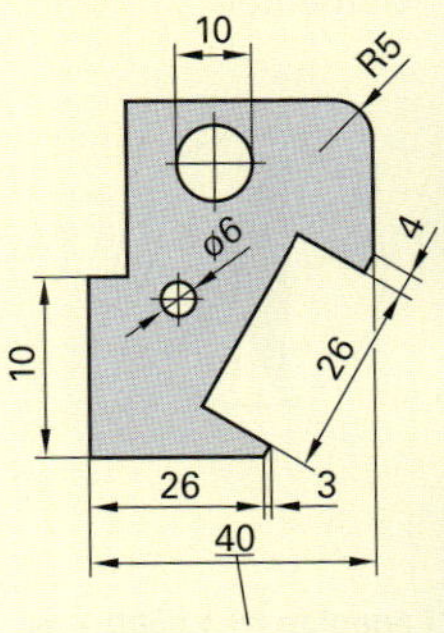

unmaßstäbliche Maße

3.4 Symbole in verschiedenen Bauzeichnungen

Lageplan

Der Lageplan gibt Auskunft über die Lage des Bauwerks in seiner Umgebung, über die Beschaffenheit des Geländes und über Besonderheiten der Nachbargrundstücke. Der amtliche Lageplan ist i.d.R. von einem vereidigten Fachmann für Vermessung, einem öffentlich bestellten Vermessungsingenieur oder einer gleichgestellten Behörde zu erstellen. Als Ergänzung zu den abgebildeten Symbolen wird der Lageplan durch schriftliche Angaben vervollständigt:

- Maßstab (1:500 oder 1:200)
- Lage des Grundstücks zur Himmelsrichtung
- Straßenbezeichnung, Hausnummer, Eigentümer sowie Grundstücksbezeichnung (Gemarkung, Parzelle z.B. 102/1)
- Flächenmaß und katastermäßige Grenzen
- Äußere Abmessungen der neuen und vorhandenen Bauwerke
- Abstände der neuen und vorhandenen Bauwerke zu den Nachbargrundstücken sowie zu öffentlichen Verkehrs- und Grünflächen
- Bestimmungen des Bebauungsplans über die zulässige Nutzung des Grundstücks
- Nutzungsangabe der nicht überbauten Flächen, insbesondere Hof- und Garageneinfahrten, Kfz-Stellplätze, Gartenland usw.
- Flächen, deren Nutzung durch Baulasten vorbestimmt wurden
- Lage von Versorgungsleitungen (Gas, Wasser, Elektrizität)
- Unter Naturschutz stehende Baum- oder Gebäudebestände

3

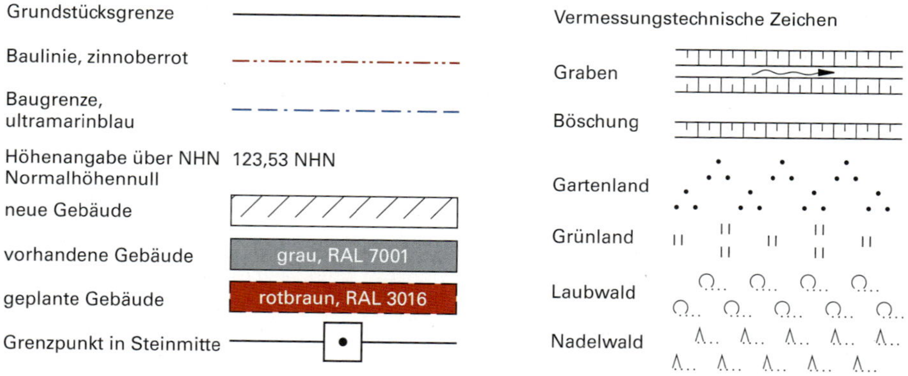

Amtlicher Lageplan zum Bauantrag:

Bauvorhaben
Bauherr
Landkreis
Gemeinde

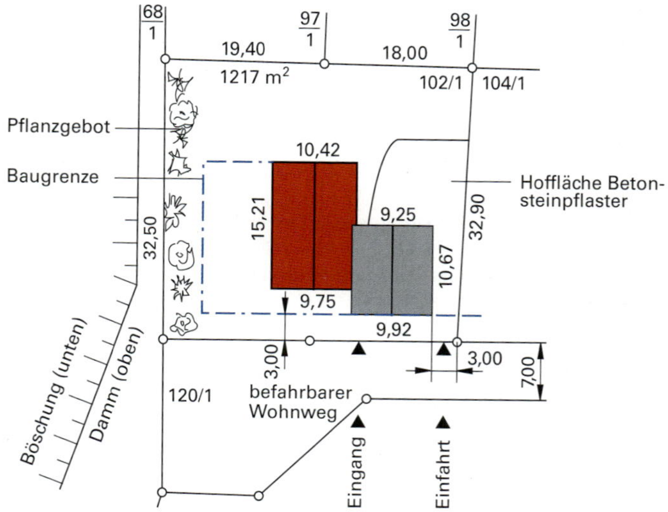

Lageplan M 1 : 500 ~ m
(Abbildung verkleinert)

Entwässerungszeichnung

Normhinweise

- DIN EN 752-1: 2017-07 (D)
  Entwässerungssysteme außerhalb von Gebäuden
- DIN 1986-100: 2016-12
  Entwässerungsanlagen für Gebäude und Grundstücke
- DIN 4095 (zurückgezogen)
  Merkblatt 2018-01
  Dränung (Drainage)

ROHR-Nennweiten (DN-Angaben) sind stets in mm anzugeben und dürfen ohne Durchmesserzeichen und Einheitsangabe verwendet werden.

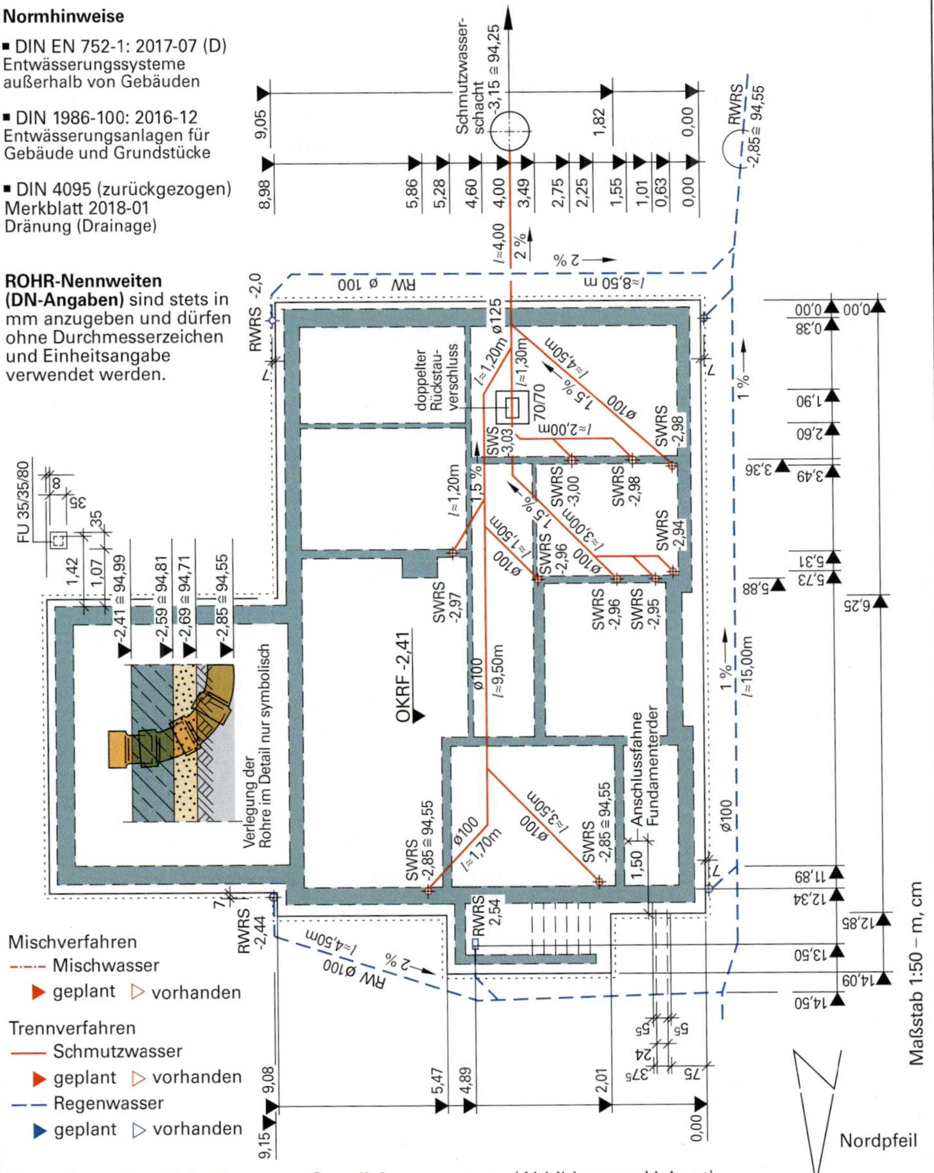

Darstellung eines Entwässerungs-Grundleitungssystems (Abbildung verkleinert)

Querschnittsänderung der Rohrleitung	100 / 125	100 / 125	**Fettabscheider**	(F)	[F]
Bodenablauf	ohne / mit Geruchverschluss	ohne / mit Geruchverschluss	**Benzinabscheider**	(B)	[B]
Schlammfang	(S)	[S]	**Heizölabscheider**	(H)	[H]

3

Bauzeichnungen mit Erläuterungen (Beispiel)

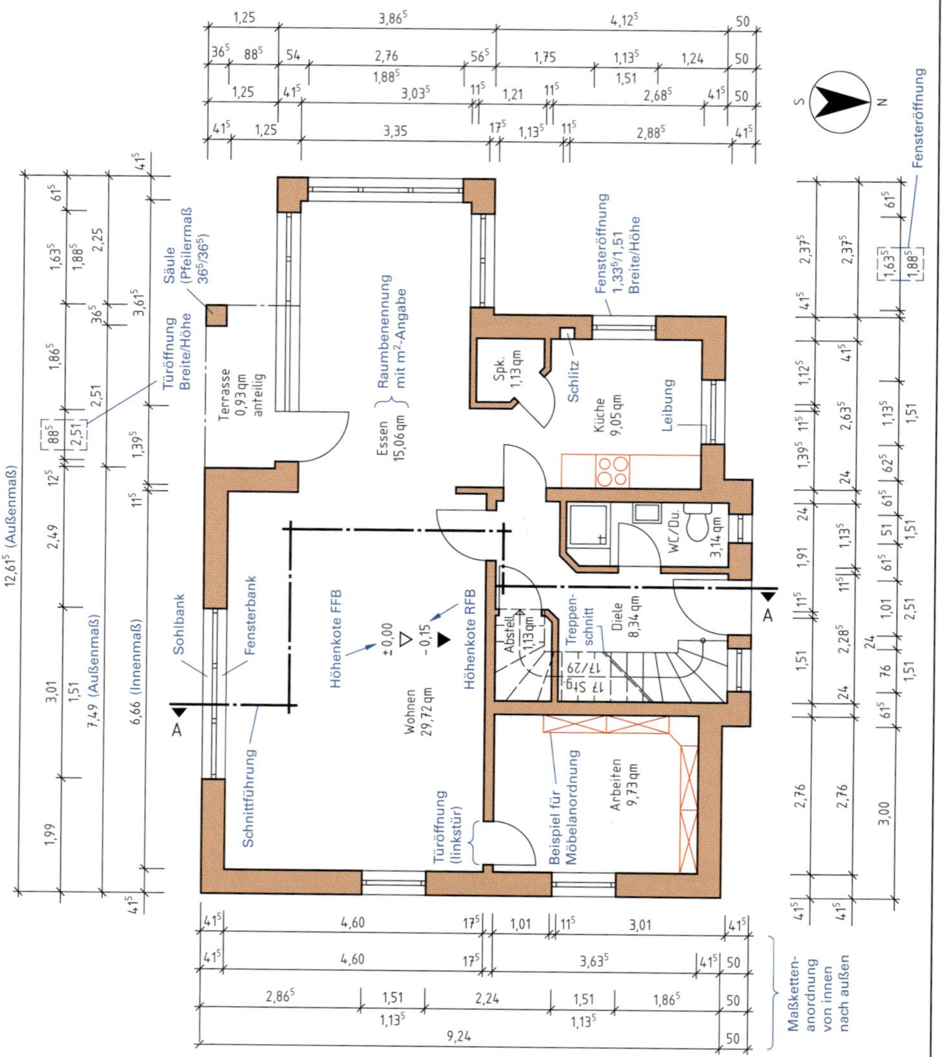

Grundriss Erdgeschoss M 1 : 100 – m, cm
(verkleinert)

Legende

Mauerwerk

alternativ 45°

Schnittführung

Benennung A–A oder I–I mit Buchstaben oder Ziffern

Gleichschenklige Dreiecke

Pfeile

Richtungspfeil Nordpfeil

S

N

Wand- und Deckenöffnungen
Die Breite von Türen, Fenstern und sonstigen Öffnungen wird über, die Höhe unter die Maßlinie bzw. die Achslinie geschrieben (z. B: 1,51/1,38⁵ also 1,51 m breit und 1,385 m hoch).

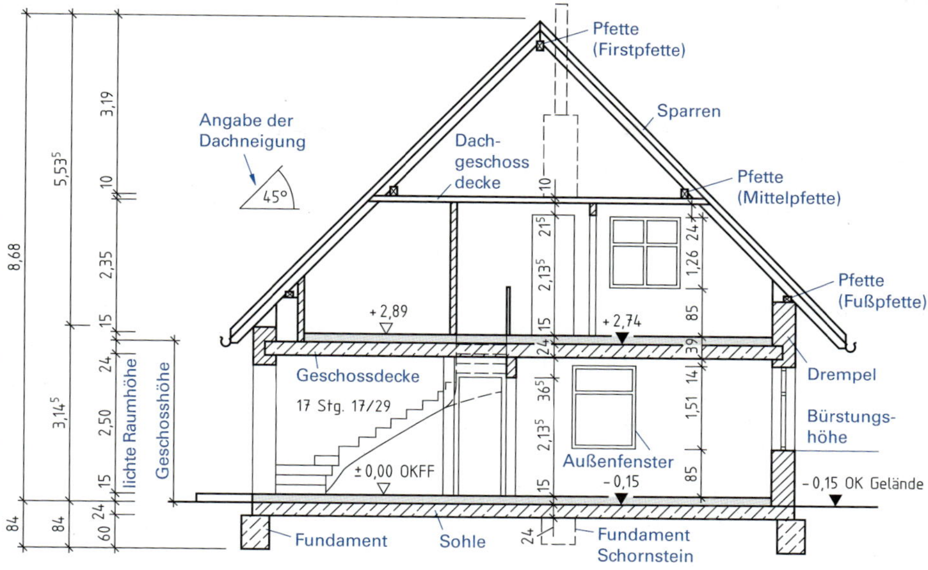

Schnitt A – A, M 1 : 100 – m, cm

Schnittführung im Grundriss, M für Maßstab, Angabe der Maße in m (Meter) und cm (Zentimeter)

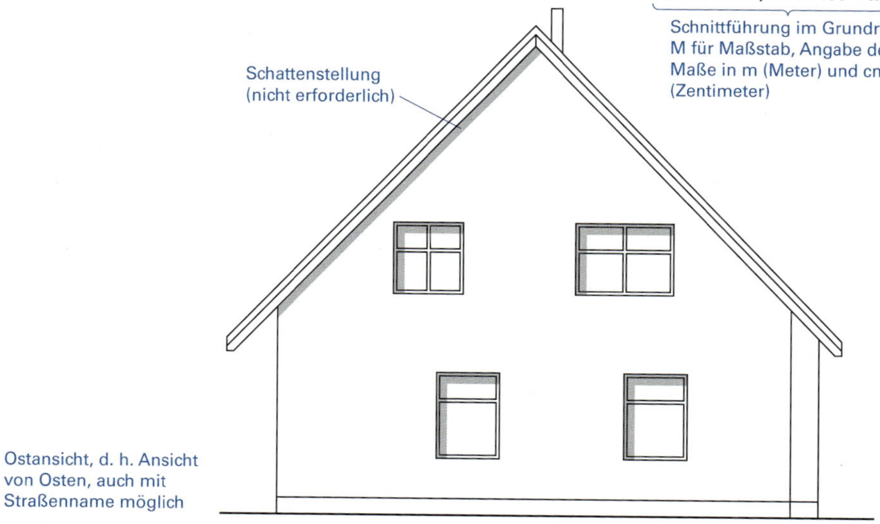

Ostansicht M 1 : 100 – m, cm

Um Bauzeichnungen übersichtlich zu gestalten, können häufig vorkommende Begriffe abgekürzt werden.

RFB	Rohfußboden
FFB	Fertigfußboden
OK	Oberkante
UK	Unterkante
Roll	Rollladen
OKFF	Oberkante Fertigfußboden
EG	Erdgeschoss
KG	Kellergeschoss
UG	Untergeschoss
OG	Obergeschoss
Stg	Steigung (auch STG)
FHT	Feuer hemmende Tür
RD	Rauchdicht
WD	Wanddurchbruch
WS	Wandschlitz
DD	Deckendurchbruch
DA	Deckenaussparung
HKN	Heizkörpernische
BA	Bodenablauf
KS	Kontrollschacht
BRH	Brüstungshöhe
mNN	m über Normalnull
mHN	m über Höhennormal
NHN	Normalhöhennull

3

3.5 Treppen (DIN 18065)

Bequemlichkeit und Sicherheit beim Begehen einer Treppe sind vom Steigungsverhältnis (dem Verhältnis von Auftrittsbreite *a* zur Steigungshöhe *s*) und der Treppenneigung abhängig. Dem Steigungsverhältnis ist eine durchschnittliche Schrittlänge von 63 cm zugrunde gelegt.

Schrittmaßformel

2 Steigungen + 1 Auftritt = 59 cm bis 65 cm

$2 \cdot s + a$ = 63 cm (üblich)

Gehsicherheitsformel

Auftrittsbreite + Steigung = 46 cm (± 1 cm)

$a + s$ = 46 cm (üblich)

Bequemlichkeitsregel

Auftrittsbreite – Steigung = 12 cm (± 1 cm)

$a - s$ = 12 cm (üblich)

Steigungsverhältnis = Steigungshöhe / Auftrittsbreite

Anzahl der Steigungen *n* = Geschosshöhe / Steigungshöhe

Anzahl der Auftritte = Anzahl der Steigungen – 1

Lauflänge = Anzahl der Auftritte × Auftrittsbreite

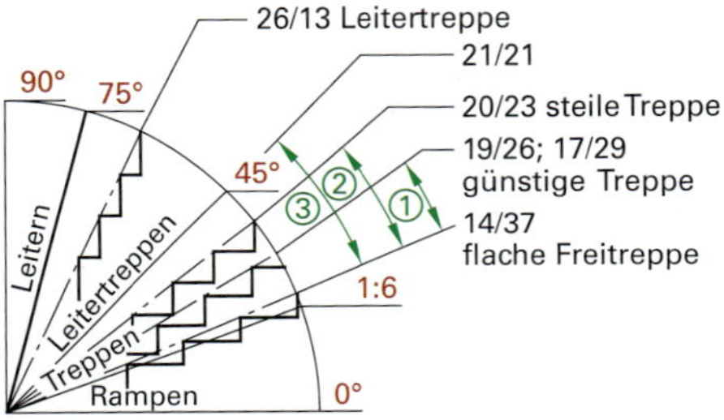

① baurechtlich notwendige Treppe in Wohngebäuden

② baurechtlich notwendige Treppe in Wohngebäuden bis zu zwei Wohnungen

③ baurechtlich nicht notwendige (zusätzliche) Treppe

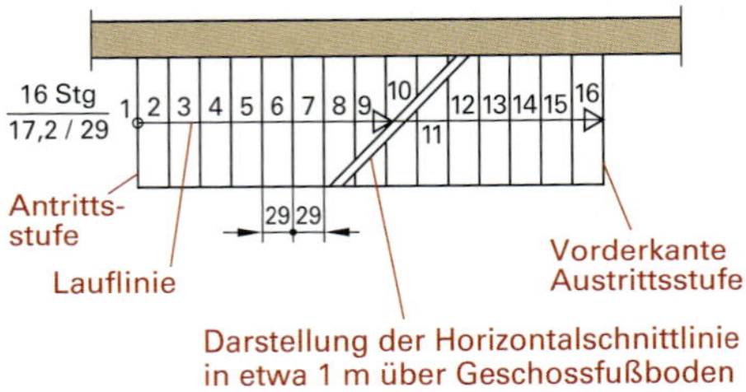

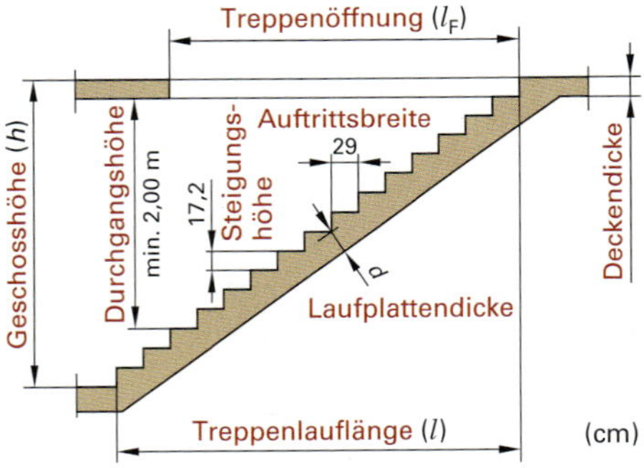

Lichtraumprofil (Gebäude allgemein)

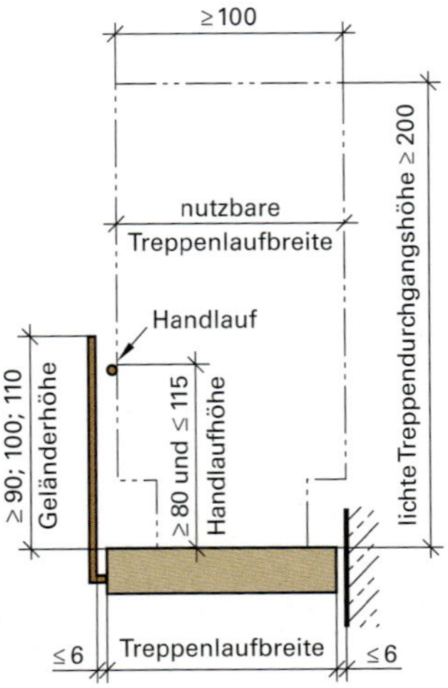

Richtwerte für Wohnhaustreppen

Geschosshöhe (*h*)	Steigungsanzahl (*n*)	Steigungshöhe (*s*) cm	Auftrittsanzahl (*n* – 1)	Auftrittsbreite (*a*) cm	Lauflänge (*l*) m
2,25 m Kellertreppen	12	18,7	11	25	2,75
	13	17,3	12	26	3,12
2,75 m	14	19,6	13	23,9	3,11
	15	18,3	14	26,5	3,71
	16	17,2	15	28,8	4,32
3,00 m	16	18,7	15	26	3,90
	17	17,7	16	28	4,48
	18	16,7	17	30	5,10

Treppen – Vereinfachte Darstellung (DIN 1356: 1995-02)

einläufige Treppen

Treppenlauf
gerade einläufige Treppe
Draufsicht

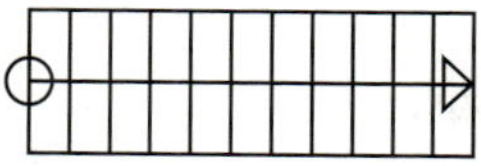

oberstes Geschoss

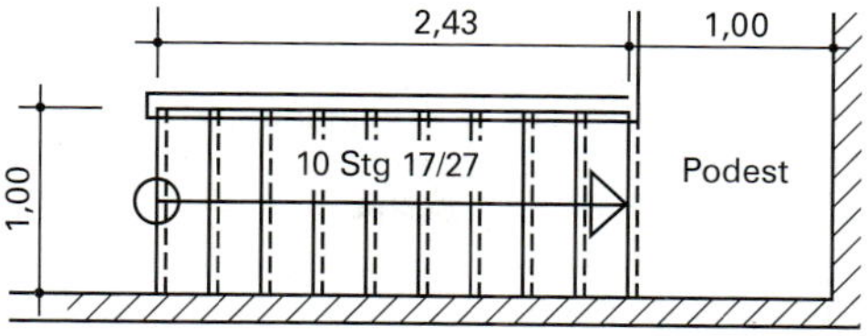

Treppenlauf horizontal geschnitten mit darunterliegendem Lauf

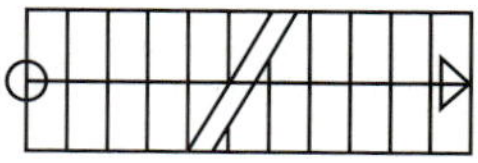

Normalgeschoss

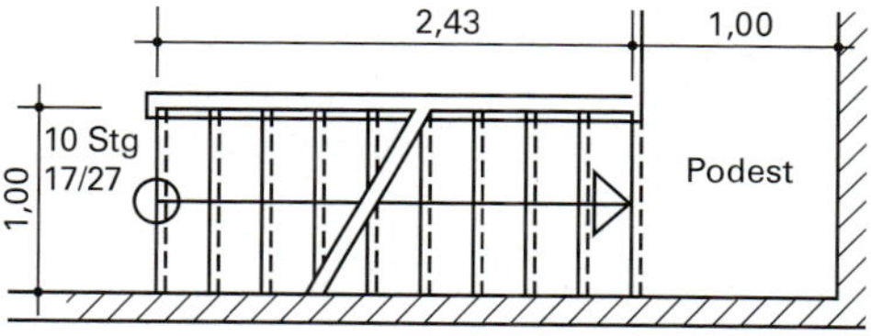

Treppenlauf horizontal geschnitten mit Darstellung oberhalb der Schnittebene

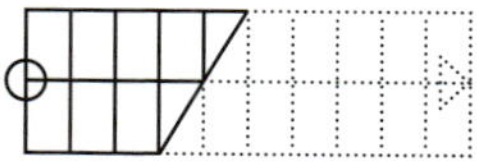

unterstes Geschoss

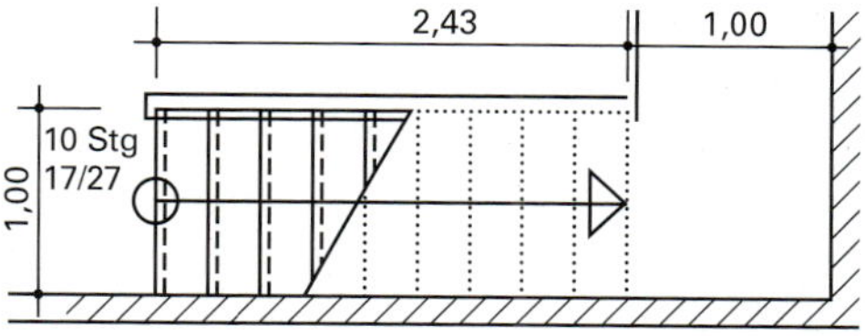

zweiläufige Treppen

Treppenlauf
zweiläufig gegenläufige
Treppe mit Zwischenpodest

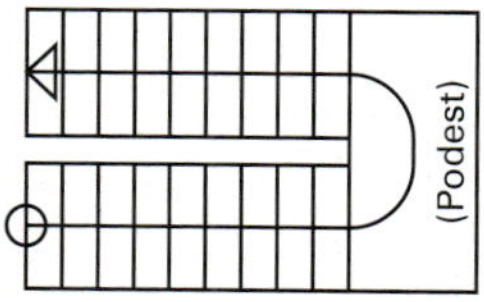

dreiläufige Treppe

dreiläufige U-Treppe mit zwei Zwischenpodesten

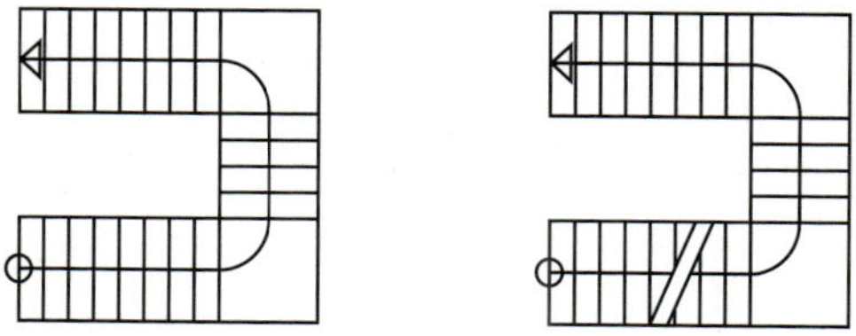

Treppenlauf horizontal geschnitten mit darunterliegendem Lauf

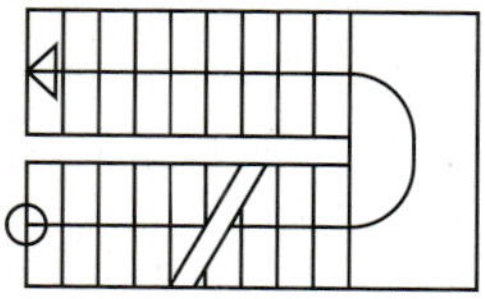

gewendelte Treppe

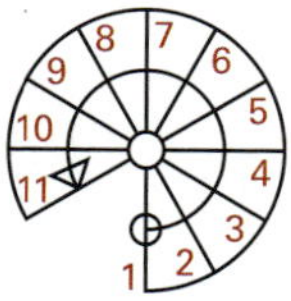

1 Antritt (Antrittsstufe)
11 Austritt (Austrittsstufe)

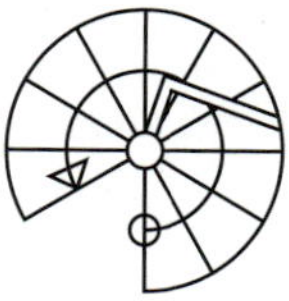

z. B. Wendeltreppe, Spindeltreppe, Bogentreppe aus gleichen keilförmigen Stufen, mit 11 Steigungen

Treppenlauf horizontal geschnitten mit Darstellung oberhalb der Schnittebene

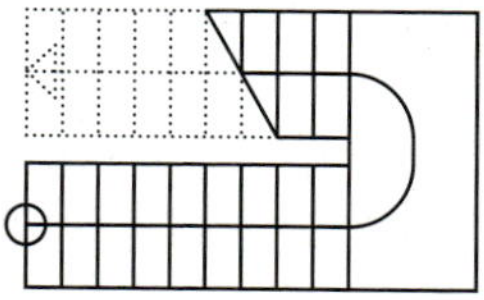

Rampe

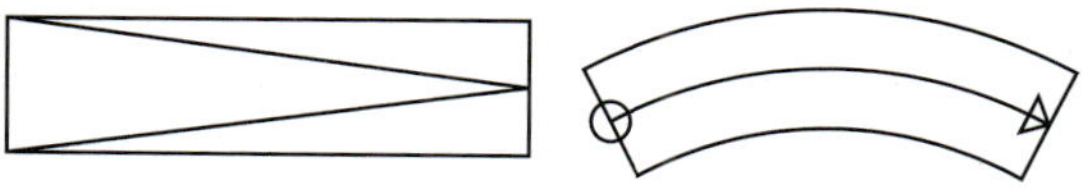

z. B. barrierefreie Erschließung bei flacher Neigung bis max. 6 % Steigung, ohne Quergefälle, bei mehr als 6 m Rampenlänge ist ein Zwischenpodest mit $l \geq 1{,}50$ m notwendig

3

Verziehen von Treppen

Wird es erforderlich, eine Treppe durch Verziehen der Stufen zu wendeln, ergibt sich eine kreisbogenförmige Krümmung der Lauflinie. Die Auftrittsbreite auf der Lauflinie erfährt weder im geraden Teilbereich der Lauflinie noch im gekrümmten eine Reduzierung.

Die Stufen sind so zu verziehen, dass ein gleichförmiger Übergang entsteht. Um eine symmetrische Anordnung zu erzielen, sollte die Anzahl der zu verziehenden Stufen ungerade sein. Bei **viertelgewendelten Treppen** sind i.d.R. 7 Stufen, bei **halbgewendelten Treppen** 13 Stufen zu verziehen. Je größer die Anzahl der verzogenen Stufen, desto sicherer wird die Benutzung der Treppe.

Arbeitsschritte (zeichnerisches Verziehen)

3

- Umrisse der Treppe, Lauflinie, Treppenachse und Eckstufe einzeichnen
- Von der Eckstufe aus nach links und rechts die Auftrittsbreiten auf der Lauflinie antragen und nummerieren
- Vorder- und Hinterkante der Eckstufe verlängern ergibt den Punkt A auf der Treppenachse.
- Erste und letzte gerade Steigungslinie (2 und 11) festlegen und verlängern ergibt Punkt F.
- Strecke $\overline{AF}$ im Verhältnis 1 : 2 : 3 : 4 ... teilen beim Verziehen von 9 Stufen mit 10 dazugehörigen Steigungslinien; **Anzahl der Teile** entspricht der Anzahl verzogener Steigungslinien, plus erste und letzte gerade Steigungslinie der Draufsicht.

Beispiel Berechnung gewendelter Treppen

Eine viertelgewendelte Treppe mit 14 Steigungen wird als Winkeltreppe ausgeführt. Es sind die Stufen 2 bis 8 zu verziehen. Die auszugleichende Differenz zwischen der Lauflinienlänge und der Innenwangenlänge entspricht der Differenz der Viertelkreise von Lauflinie und Innenwange:

$$\Delta l = \frac{\pi \cdot 2 \cdot r_g}{4} - \frac{\pi \cdot 2 \cdot r_i}{4} = \frac{\pi}{2}(r_g - r_i)$$

$$\Delta l = \frac{\pi}{2}(50 - 15) = 55\ \text{cm} \qquad \frac{\Delta l}{16} = 3{,}44\ \text{cm}$$

Stufe	Verjüngung um einzeln	Verjüngung um zusammen
5	4 Teile	4 Teile
4 und 6	je 3 Teile	6 Teile
3 und 7	je 2 Teile	4 Teile
2 und 8	je 1 Teil	2 Teile
7 Stufen verzogen		**16 Teile**

Die **Stufe 5** wird um 4 · 3,44 cm von 27 cm auf 13,2 cm Randbreite verkürzt; die anderen Stufen entsprechend weniger verzogen

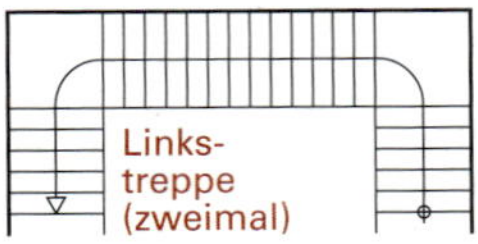

dreiläufige abgewinkelte Treppe mit Zwischenpodesten

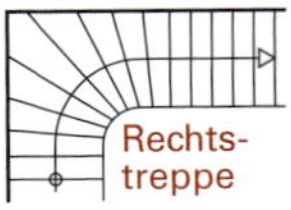

einläufige viertelgewendelte Treppe

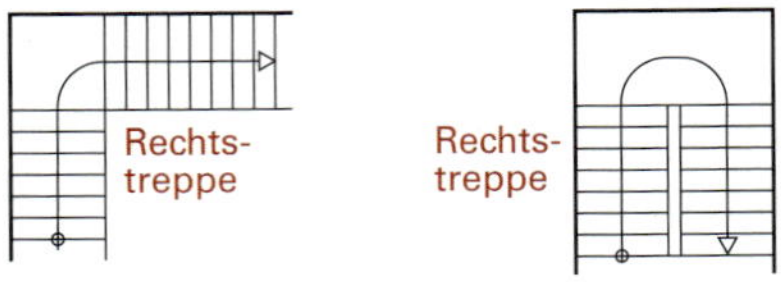

zweiläufige gewinkelte bzw. gegenläufige Treppe mit Zwischenpodest (links Viertelpodest, rechts Halbpodest)

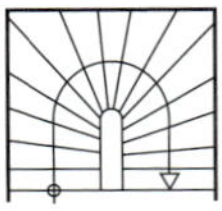

einläufige halbgewendelte Treppe

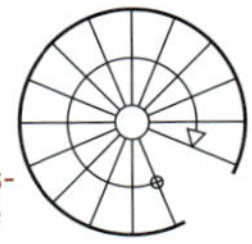

Wendeltreppe (Spindeltreppe) mit Kern

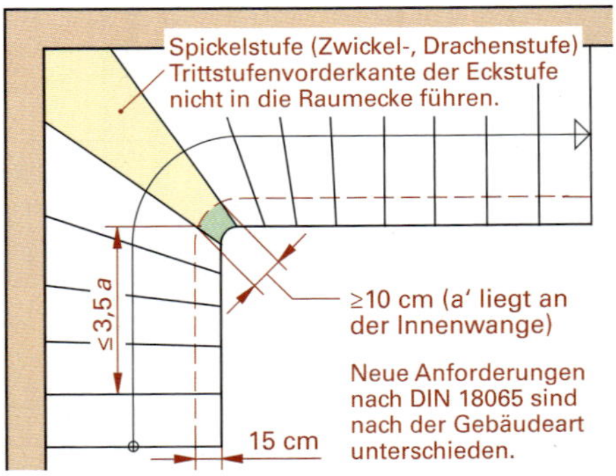

In der Praxis bewährte Konstruktion: Einläufige viertelgewendelte Treppe mit 15 Steigungen und 14 Auftritten

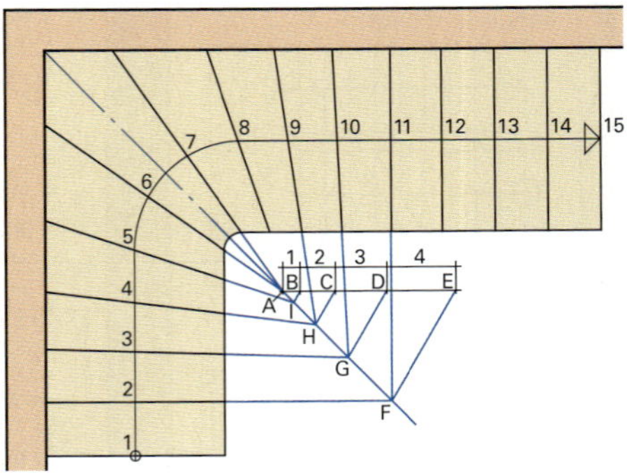

Konstruktives Verziehen einer einläufig viertelgewendelten Treppe nach der Verhältnismethode (auch Proportionalmethode genannt)

3.6 Darstellende Geometrie

Rechtwinklige Parallelprojektion (DIN ISO 5456-1...4)

Den Ausführungszeichnungen im Bauwesen liegt eine Darstellungsweise (rechtwinklige Parallelprojektion) zugrunde, die das gesamte Bauwerk bzw. Bauwerksteile (Körper) in seinen wesentlichen Ansichten zeigt.
Ausgangspunkt dieser Darstellungsweise ist die Stellung des Körpers in einer gedachten Raumecke. Als Annahme gilt, dass der Körper von allen Projektionsebenen den gleichen Abstand einnimmt.
Die Ansichten des Körpers ergeben sich, indem der Betrachter durch Verlängerung des Sehstrahls (Projektionslinie) die Eckpunkte auf der jeweiligen Projektionsebene markiert und dem Original entsprechend verbindet. Der Projektionsstrahl trifft die Eckpunkte des Körpers sowie die Oberfläche der Projektionsebene stets senkrecht.
Durch Klappung der Projektionsebenen aus der dreidimensionalen Darstellung in eine zweidimensionale Zeichenebene erfolgt gleichzeitig eine Überlagerung der Projektionsstrahlen; die Projektionsstrahlen erscheinen als Konstruktionslinien. Die so jedem Eckpunkt zugeordneten Projektionsstrahlen werden auf den Projektionsebenen für Vorderansicht und Seitenansicht sowie Draufsicht zum Schnitt gebracht und markieren dort die Lage des jeweiligen Eckpunktes. Das endgültige Bild entsteht durch Verbindung der markierten Punkte; die Nummerierung der verdeckt liegenden Eckpunkte wird eingeklammert.

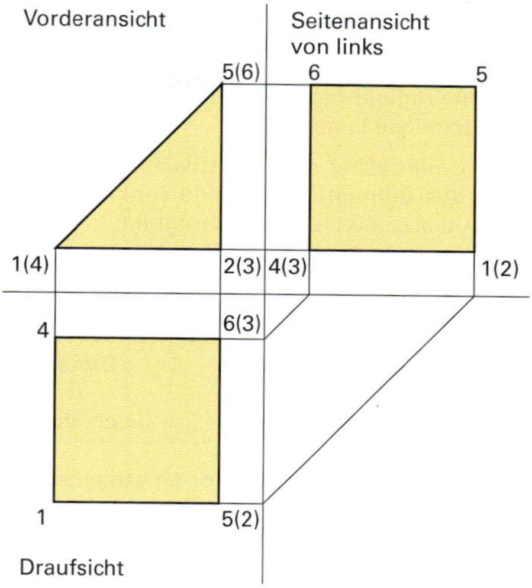

Konstruktion fehlender Ansichten

Dreitafelprojektion

Bezogen auf die Vorderansicht sind die anderen Ansichten wie folgt angeordnet:

- **Die Draufsicht liegt unterhalb.**
- **Die Seitenansicht von links liegt rechts.**
- **Die Untersicht liegt oberhalb.**
- **Die Rückansicht darf links oder rechts liegen.**
- **Die Seitenansicht von rechts liegt links.**

3

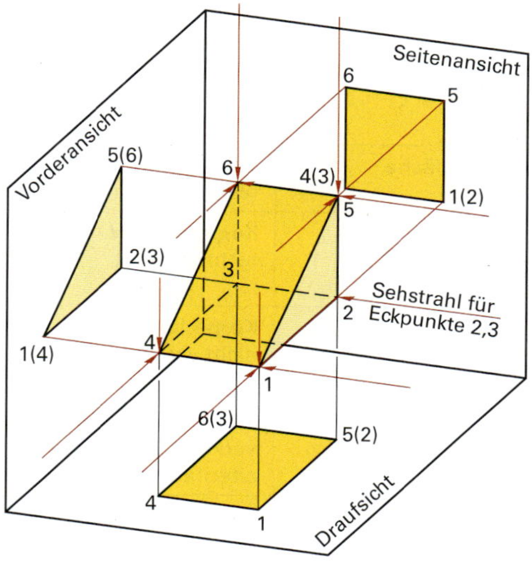

Dreidimensionale Raumdecke

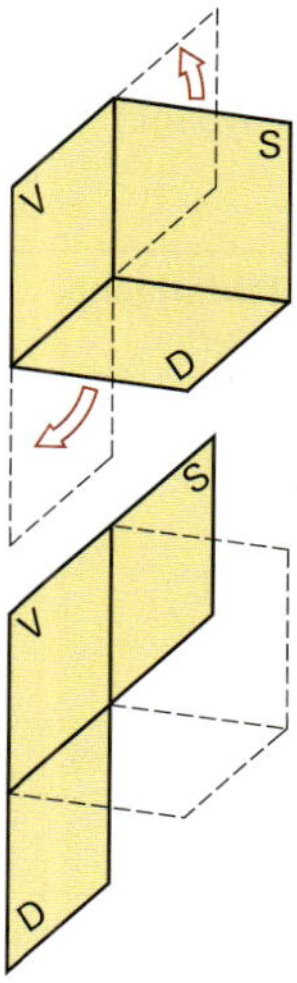

Klappung der Projektionsebenen zur eindimensionalen Zeichenebene

Isometrie, Dimetrie, Kavalierprojektion (DIN ISO 5456-3)

Die zeichnerische Darstellung von Baukörpern in einer Ebene, der Projektionsebene, wird als Projektion bezeichnet. Die Darstellungsverfahren der isometrischen Projektion, dimetrischen Projektion und rechtwinkligen Parallelprojektion werden unter dem Oberbegriff **Schrägbild** zusammengefasst. Bei allen Verfahren entsteht ein räumliches Gebilde. Das Bild verdeutlicht die Dreidimensionalität des Bauteils.

Die im Original parallel verlaufenden Körperkanten bilden auch in der zeichnerischen Darstellung parallele Linien.

Bei isometrischer und dimetrischer Darstellungsweise wird der Standort so gewählt, dass der Blick des Betrachters auf eine senkrechte Körperkante gerichtet ist. Deren untere Ecke bildet den Ansatzpunkt für das Schrägbild.

Soll ein Körper in rechtwinkliger Parallelprojektion dargestellt werden, so blickt der Betrachter zunächst auf eine Körperfläche des Bauteils, deren untere waagerechte Kante den Ansatzpunkt für die zeichnerische Darstellung bildet.

3

Isometrische Projektion (Isometrie)		**Dimetrische Projektion (Dimetrie)** (auch: Ingenieuraxonometrie)		**Kavalierprojektion (Kavalierperspektive)** (auch: Kabinettperspektive)	
Rechtwinklige axonometrische Projektion				Schiefwinklige axonometrische Projektion	
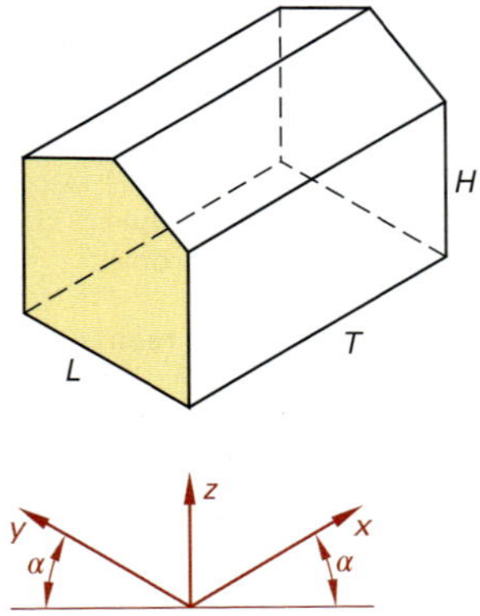		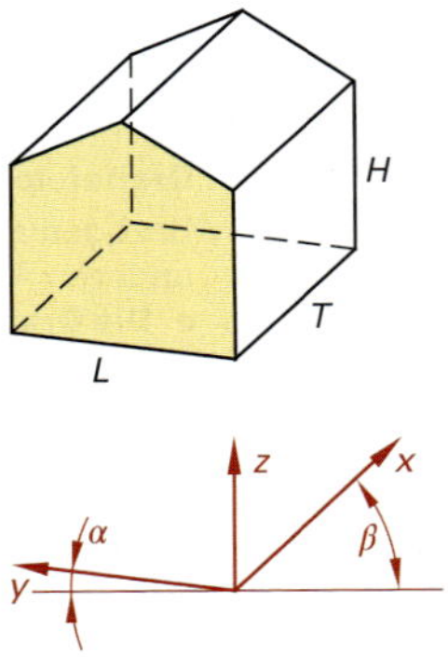		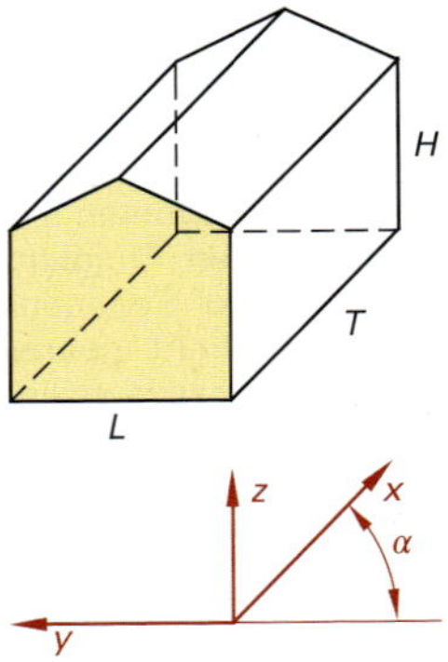	
Winkel zur Waagerechten: $\alpha = 30°$		Winkel zur Waagerechten: $\alpha = 7°$, $\beta = 42°$		Winkel zur Waagerechten: $\alpha = 45°$ alternativ $\alpha = 30°$	
Hauptansichtsfläche wird verändert		**Hauptansichtsfläche** wird verändert		**Hauptansichtsfläche** bleibt unverändert	
Körperhöhe *H* nicht verkürzt	1	**Körperhöhe *H*** nicht verkürzt	1	**Körperhöhe *H*** nicht verkürzt	1
Körperlänge *L* nicht verkürzt	1	**Körperlänge *L*** nicht verkürzt	1	**Körperlänge *L*** nicht verkürzt	1
Körpertiefe *T* (Dicke) nicht verkürzt	1	**Körpertiefe *T*** (Dicke) verkürzt um ½	½	**Körpertiefe *T*** (Dicke): verkürzt um ⅓ bei 45° alternativ um ½	2/3
Achsenverhältnis Ellipsen kleine Achse : große Achse 1 : 1,7 (Würfel)		**Achsenverhältnis Ellipsen** Vorderfront 9 : 10 Seitenansicht 1 : 3		**Körpertiefe *T*** (Dicke): keine Verkürzung bei 30°	1

4 Baustoffe

4.1 Natürliche Gesteine

Einteilung der Natursteine

Erstarrungsgesteine oder magmatische Gesteine sind aus glutflüssiger Magma in der Tiefe (Tiefengesteine), in Spalten oder Gängen (Ganggesteine) oder an der Erdoberfläche (Ergussgesteine) entstanden. Zu den Erstarrungsgesteinen zählt auch das aus den Vulkanen herausgeworfene Material (Vulkanauswürfe).

Ablagerungs- oder Sedimentgesteine sind aus Trümmern anderer Gesteine und nachfolgender Verfestigung entstanden, aus Lösungen ausgeschieden (chemische Sedimente) oder aus organischen Stoffen, wie Pflanzen- oder Tierresten, aufgebaut (organische Sedimente).

Umwandlungsgesteine oder **metamorphe Gesteine** sind durch Umwandlung infolge von Druck oder Hitze während geologischer Zeiträume aus anderen Gesteinen entstanden.

Gruppe	Unterteilung		Gesteinsnamen
Erstarrungsgesteine	Tiefengesteine		Granit, Syenit, Diorit, Gabbro
	Ganggesteine		Porphyr
	Ergussgesteine		Basalt, Diabas, Rhyolith, Obsidian, Bimsstein
	Vulkanauswürfe		Tuff (Trass), Pyroklastite
Ablagerungsgesteine	Trümmersedimente		Sandstein, Brekzie, Grauwacke, Tonstein
	chemische Sedimente		Kalkstein, Dolomit, Gipsstein, Flint (Feuerstein)
	organische Sedimente		Muschelkalk, Korallenkalk, Kreide, Kohle, Torf
Umwandlungsgesteine	Ursprungsgestein	Tiefengesteine (Granit)	Gneis
		Sandstein	Quarzit
		Kalkstein, Dolomit	Marmor
		Tonstein	Schiefer (Glimmerschiefer, Tonschiefer)

Minerale

Die natürlichen Gesteine sind aus unterschiedlichen Mineralen aufgebaut. Minerale sind stofflich einheitliche Bestandteile der Gesteine.

Wichtige gesteinsbildende Minerale und deren Eigenschaften

Mineral	Chemische Formel	Farbe	Dichte [g/cm³]	Härte Mohs
Quarz	SiO_2	weiß, grau	2,65	7
Orthoklas = roter Feldspat	$K\,Al\,Si_3\,O_8$	rötlich, rot	2,56	6
Plagioklas = heller Feldspat	$Ca\,Al_2\,Si_2\,O_8$; $Na\,Al\,Si_2\,O_8$	grau	2,6 … 2,7	6
Muskovit = heller Glimmer	$K\,Al_2\,(Al\,Si_3\,O_{10})\,(OH)_2$	silberweiß	2,8 … 2,9	2,5 … 3
Biotit = dunkler Glimmer	$K\,(Mg, Fe)_3\,Al\,Si_3\,O_{10}\,(OH)_2$	schwarz	2,8 … 3,2	2 … 3
Augit	$Mg\,Si\,O_3$	schwarz	3,3 … 3,5	6
Hornblende	$(Ca, Na)_2\,(Mg, Fe, Al)_5\,(Si, Al)_8\,O_{22}\,(OH)_2$	schwarz	3,0 … 3,5	5 … 6
Olivin	$(Mg, Fe)_2\,Si\,O_4$	dunkelgrün	3,3 … 3,4	6,5 … 7
Calcit (Calciumkarbonat)	$Ca\,CO_3$	weiß, grau	2,7	3
Gipsstein	$Ca\,SO_4 \cdot 2\,H_2O$	weiß, grau	2,3	2

Talk	Gips	Calcit	Flussspat	Apatit	Feldspat	Quarz	Topas	Korund	Diamant
1	2	3	4	5	6	7	8	9	10

Mohs'sche Härteskala

Bautechnische Eigenschaften und Verwendung der Gesteine

Gestein	Bestandteile	Gefüge	Farbe	Rohdichte[1] [g/cm³]
Granit	Feldspat, Quarz und Glimmer	dicht, körnig, Minerale einzeln erkennbar	weißlich grau – rötlich – schwarz gesprenkelt	2,6 ... 2,8
Diorit	heller Feldspat, Hornblende, Quarz	dicht, körnig	grau – schwarz gesprenkelt	2,6 ... 2,9
Syenit	roter Feldspat, Hornblende, Quarz, dunkler Glimmer	dicht, körnig	dunkelgrau – rötlich – gelblich gesprenkelt	2,6 ... 2,8
Gabbro	verschiedene dunkle Minerale, Olivin, heller Feldspat	dicht, körnig	dunkelgrau, schwarz, grünlich	2,8 ... 3,1
Porphyr	Feldspat, Quarz, Glimmer	dicht, große Kristalle in feinkristalliner Grundmasse	grau, rot, gelbbraun	2,6 ... 2,8
Basalt	dunkle Minerale, Plagioklas, Hornblende und Olivin	dicht, feinkörnig	blaugrau, schwarz	2,8 ... 3,0
Diabas	wie Basalt, Diabas ist geologisch älter	dicht, fein bis mittelkörnig	dunkelgrau, grünlich	2,8 ... 3,0
Bimsstein	unterschiedliche Zusammensetzung	porös, schaumig	grau, braun, schwarz, auch rot	0,2 ... 1,3
Tuff (Trass)	unterschiedliche Zusammensetzung	porös	grau, grauschwarz, auch gelblich – weiß	1,3 ... 2,0
Sandstein	Quarzkörner mit kalkigem oder tonigem Bindemittel	sandkörnig, geschichtet	hellgrau, braun, rot, gelbbraun	2,0 ... 2,6
Grauwacke	Quarz, Feldspat Muskovit und andere Minerale	dicht, körnig	grau, dunkelgrau, (grünlich, rötlich)	2,6 ... 2,7
Kalkstein	Calcit $CaCO_3$ und verschiedene Beimengungen	dicht, geschichtet, leicht polierbar	weiß, weißgrau, rötlich, bräunlich	2,4 ... 2,8
Travertin	Calcit $CaCO_3$ mit Beimengungen	porös, löchrig	weiß, gelblich, grau, Verfärbungen	2,4 ... 2,6
Gipsstein	Gips ($CaSO_4 \cdot 2\ H_2O$) mit Beimengungen	dicht, feinkörnig	grau bis weiß	2,0 ... 2,2
Gneis	wie Granit, Syenit oder Diorit	dicht, körnig, gebändert, fleckig	weißlichgrau, rötlich – schwarz	2,6 ... 2,9
Marmor	Calcit $CaCO_3$	körnig – kristallin, leicht polierbar	weiß, grau mit streifigen Verfärbungen	2,7 ... 2,9
Schiefer (Glimmerschiefer)	Quarz, Muskovit, Biotit und weitere Minerale	schiefrig, glimmerglänzend, leicht spaltbar	hellgrau, dunkelgrau, bläulich	2,5 ... 2,7

[1] Die Rohdichte ist der Quotient aus der Masse und dem Volumen einschließlich der vom Gestein umschlossenen Poren.	$\varrho_R = \frac{m}{V_R}$
[2] Die Reindichte ist der Quotient aus der Masse und dem Feststoffvolumen (≙ der Dichte).	$\varrho = \frac{m}{V}$

Bautechnische Eigenschaften und Verwendung der Gesteine

Reindichte[2] [g/cm³]	Druckfestigkeit [N/mm²]	Verwendung	Fundorte in Mitteleuropa	Gestein
2,6 … 2,8	160 … 240	Pflaster-, Bordsteine, Natursteinmauern, Schotter, Betonzuschlag, Werksteine[3]	Harz, Fichtelgebirge, Bayerischer Wald, Spessart, Odenwald, Schwarzwald	**Granit**
2,7 … 2,9	170 … 300	wie Granit	Odenwald, Hunsrück, Bayerischer Wald	**Diorit**
2,6 … 2,8	150 … 240	wie Granit	Sachsen	**Syenit**
2,8 … 3,1	200 … 350	wie Granit	Schwarzwald, Harz, Odenwald	**Gabbro**
2,6 … 2,8	150 … 240	wie Granit	Erzgebirge, Harz, Sachsen, Thüringer Wald	**Porphyr**
2,8 … 3,0	250 … 440	Straßen-, Böschungs- und Buhnenpflaster, Schotter	Rhön, Vogelsberg, Eifel, Erzgebirge, Westerwald	**Basalt**
2,8 … 3,0	180 … 250	wie Basalt	Harz, Thüringen, Sachsen, Westerwald, Fichtelgebirge	**Diabas**
2,6 … 2,7	5 … 30	Leicht-Mauerwerk, Schleifmittel	Eifel, Neuwieder Becken	**Bimsstein**
2,6 … 2,7	20. … 50	Auskleidungen, Zementherstellung	Eifel, Sachsen, Hessen	**Tuff (Trass)**
2,6 … 2,7	30 … 180	Fassadensteine, Verblendsteine, Werksteine	Elbsandsteingebirge, Weserbergland, Thüringen, Baden- Württemberg, Pfalz	**Sandstein**
2,6 … 2,7	150 … 250	Straßenbaustoff, Betonzuschlag	Harz, Weserbergland, Lausitz, Sauerland	**Grauwacke**
2,7 … 2,9	80 … 150	Rohstoff für Baukalk und Zement, Wand- und Bodenplatten	Alpen, Weserbergland, Fränkische u. Schwäbische Alp, Schweizer Jura	**Kalkstein**
2,7 … 2,9	30 … 80	Werkstein, Verblendungen	Baden-Württemberg, Thüringen	**Travertin**
≈ 2,3		Rohstoff für Baugips	Südharz, Nordbayern, Thüringen	**Gipsstein**
2,6 … 2,9	100 … 260	Natursteinmauern, Schotter, Betonzuschlag, Werksteine	Erzgebirge, Böhmerwald, Bayerischer Wald, Odenwald, Vogesen, Zentralalpen	**Gneis**
2,7 … 2,9	140 … 180	Platten, Verblendsteine, Bildhauer-Gestein	Italien, Erzgebirge	**Marmor**
2,6 … 2,7	sehr gering	Dachdeckungen, Fassadenbekleidung, Natursteinmauern	Rheinisches Schiefergebirge, Alpen, Thüringen, Riesengebirge, Harz	**Schiefer** (Glimmerschiefer)

[2] Die Reindichte ist der Quotient aus der Masse und dem Feststoffvolumen (≙ der Dichte). $\varrho = \frac{m}{V}$

[3] Werkstein = bearbeiteter Naturstein

4

4.2 Ziegel und Klinker (DIN EN 771-1, DIN SPEC 20000-401) Mauerwerksbau ▶ S. 111

Herstellung und Begriffe

Ziegel werden aus einem Gemisch von Lehm, Ton und Sand unter Wasserzugabe geformt, bei ≈ 100 °C getrocknet und bei 900 °C bis 1200 °C gebrannt.

Klinker werden bei Temperaturen bis 1500 °C gebrannt. Dabei schmelzen die Bestandteile zu einer glasartigen Masse (Sinterung).

Wärmedämmziegel ▶ S. 60

Thermoplan RX-Ziegel oder **Porenziegel** gefüllt mit Dämmstoff (λ = 0,06 W/(m·K))

U-Ziegel (englisch: unprotected) sind Mauerziegel zur Verwendung in

- ungeschütztem Mauerwerk
- mit einer Brutto-Trockenrohdichte > 1000 kg/m³ für geschütztes Mauerwerk.

P-Ziegel zur Verwendung im geschützten Mauerwerk, das gegen das Eindringen von Wasser z. B. durch Putzschichten, Verkleidung u. Ä. geschützt ist.

4

Brutto-(Netto-)Trockenrohdichte

$$\varrho_{\text{Brutto(Netto)}} = \frac{\text{Masse, trocken}}{\text{Brutto-(Netto-)Volumen}}$$

Brutto-(Netto-)Volumen
Volumen errechnet aus Länge, Breite und Höhe abzüglich des Volumens der Lochungen, Löcher, Aussparungen, die mit (nicht mit) Mörtel zu verfüllen sind.

Vollziegel (Mz) haben einen Gesamtlochanteil von ≤ 15 % in der Lagerfläche. Mit Ausnahme von Grifflöchern ist der Einzelqerschnitt der Löcher ≤ 6 cm².

Hochlochziegel haben Löcher senkrecht zur Lagerfläche mit einem Gesamtlochquerschnitt bei HD-Ziegeln von 15 % bis 50 %.

Lochungsarten A, B, W sind Einteilungen hinsichtlich der Einzel-Querschnittsflächen und Abmessungen der Löcher.

Langlochziegel haben Löcher parallel zur Lagerfläche.

Mulde: Vertiefung in der Lagerfläche, die 20 % des Gesamtvolumens des Mauerziegels ($l \times b \times h$) nicht überschreiten darf.

Griffloch: geformtes Loch zur Handhabung des Mauerziegels.

Füllziegel: Mauerziegel mit Lochung zur Verfüllung mit Beton oder Mörtel.

Kammer: Aussparung, die den Mauerstein nicht durchdringt.

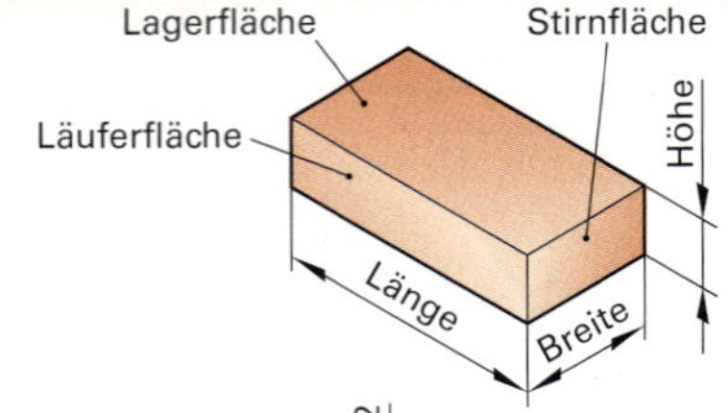

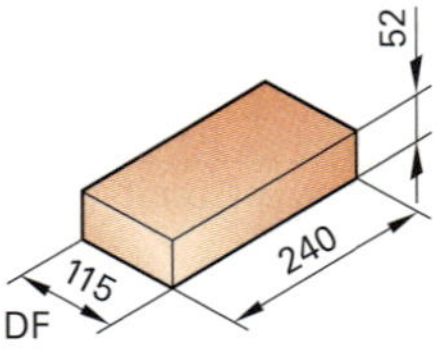

Vollziegel (Mz)

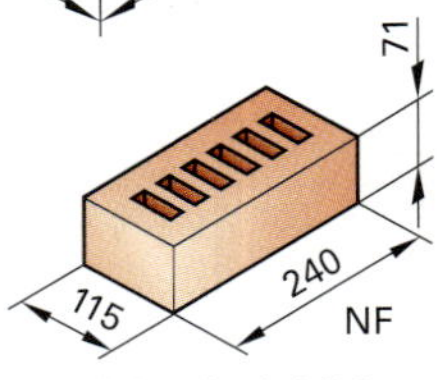

Vollziegel mit Löchern

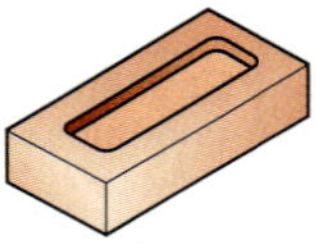
Mauerziegel mit Mulde

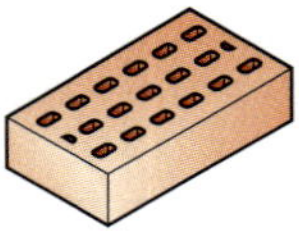
Hochlochziegel

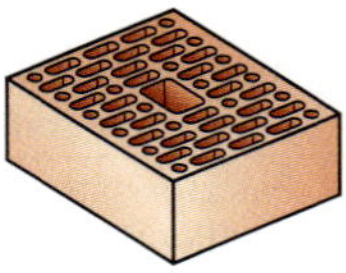
Hochlochziegel

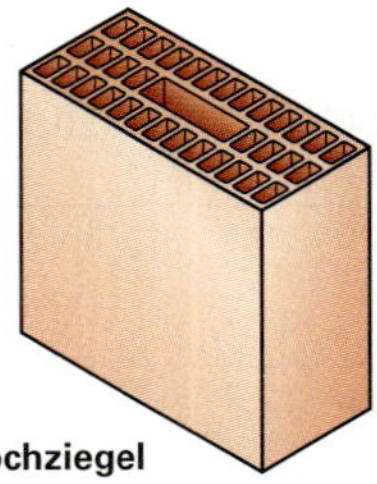
Hochlochziegel

Ziegelarten, Kurzzeichen

Ziegelart	Kurzzeichen	Brutto-Trockenrohdichte [kg/dm³]
Vollziegel	Mz	1,6 ... 2,0
Vormauer-Vollziegel	VMz	1,6 ... 2,0
Hochlochziegel	HLz*	1,0 ... 1,6
Vormauer-Hochlochz.	VHLz*	1,0 ... 1,6
Vollklinker	KMz	1,8 ... 2,2
Hochlochklinker	KHLz*	1,0 ... 1,8
Keramikvollklinker	KK	1,8 ... 2,4
Keramik-Hochlochklinker	KHK	1,6 ... 2,2
Wärmedämmziegel	WDz	0,5 ... 0,8
Langlochziegel	LLz	0,5 ... 1,0

* Hochlochziegel erhalten ggf. zusätzlich entsprechend der Lochungsart die Buchstaben A, B oder W.

Steinformate

Formatkurzzeichen	Maße in mm Länge *l* NM[4]	Länge *l* DM[5]	*b*	Höhe *h* NM[4]	Höhe *h* DM[5]	Maße in am[3]
DF[1]	240		115	52		2 · 1 · ½
NF[2]	240		115	71		2 · 1 · ⅔
2DF	240		115	113		2 · 1 · 1
3DF	240		175	113		2 · 1 ½ · 1
4DF	240	248	240	113	123	2 · 2 · 1
5DF	240	248	300	113	123	2 · 2 ½ · 1
6DF	240	248	365	113	123	2 · 3 · 1
8DF	240	248	240	238	248	2 · 2 · 2
10DF	240	248	300	238	248	2 · 2 ½ · 2
12DF	240	248	365	238	248	2 · 3 · 2
14DF	425		240	238		3 ½ · 2 · 2
15DF	365		300	238		3 · 2 ½ · 2
16DF	490	498	240	238	248	4 · 2 · 2
18DF	365		365	238		3 · 3 · 2
20DF	490	498	300	238	248	4 · 2 ½ · 2
21DF	425		365	238		3 ½ · 3 · 2
24DF	490	498	365	238	248	4 · 3 · 2

1) DF Dünnformat
2) NF Normalformat
3) am Achtelmeter
4) NM Normalmauermörtel ▸ S. 82
5) DM Dünbettmörtel ▸ S. 86

Druckfestigkeit, Kennzeichnung

Druckfestigkeitsklasse	Kleinster Einzelwert [N/mm²]	Kennzeichnung der Steine[2]
2	2,0 (2,5)	grün
4	4,0 (5)	blau
6	6,0 (7,5)	rot
8	8,0 (10)	ohne[1]
10	10,0 (12,5)	ohne[1]
12	12,0 (15)	ohne
16	16,0 (20)	ohne[1]
20	20,0 (25)	gelb
28	28,0 (35)	braun
36	36,0 (45)	ein violetter Streifen
48	48,0 (60)	zwei schwarze Streifen
60	60,0 (75)	drei schwarze Streifen

1) Farbaufdruck der Festigkeitsklasse
2) Jeder 200. Stein, ab 10 DF jeder 50. Stein oder auf der Verpackung oder auf Beipackzettel

Klammerwert in Rot entspricht der mittleren Druckfestigkeit.

P-Ziegel, LD-Ziegel

(englisch: Low Density) sind Mauerziegel mit niedriger Brutto-Trockenrohdichte für die Verwendung in geschütztem Mauerwerk.
Brutto-Trockenrohdichte <1000 kg/m³

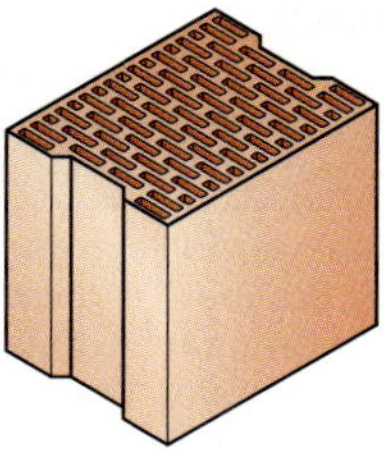

Hochlochziegel mit Mörteltasche

Hochlochziegel mit Grifföffnung

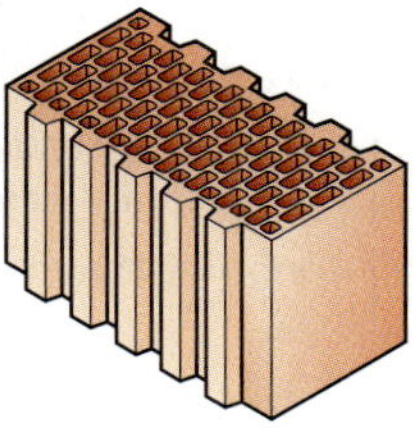

Hochlochziegel mit Nut- und Federsystem

Füllziegel

Langlochziegel

Langlochziegel mit Putzrillen

Langlochziegel mit Mörteltaschen

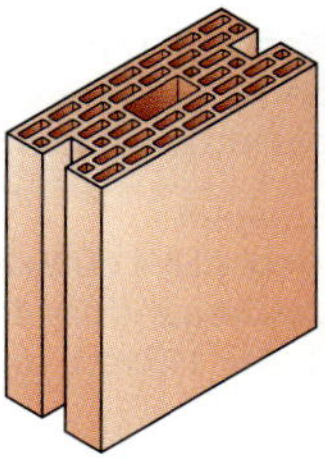

Mauertafelziegel
▸ S. 61

4

Maßtoleranzen, Planebenheit

Maßtoleranzen für traditionelle Ziegel

bezogen auf den Mittelwert	bezogen auf die gesamte Maßspanne
Klasse T1: $\pm$ 0,4 · $\sqrt{\text{Sollmaß}}$ oder $\pm$ 3 mm	Klasse R1: 0,6 · $\sqrt{\text{Sollmaß}}$
Klasse T2: $\pm$ 0,25 · $\sqrt{\text{Sollmaß}}$ oder $\pm$ 2 mm	Klasse R2: 0,3 · $\sqrt{\text{Sollmaß}}$

Planziegel für die Vermauerung im Dünnbettverfahren haben Maßtoleranzen von $\pm$ 1 mm, sind planeben und planparallel.

Wärmedämmziegel

Wärmedämm-Hochlochziegel werden aus dem üblichen Ziegelrohstoff (Ton gemischt mit Sand) hergestellt, dem vor dem „Brennen“ brennbare Bestandteile wie beispielsweise Sägemehl, zugeben werden. Nach dem „Brennen“ entsteht ein poröser Scherben (Poroton). Die Stoßfugen haben eine Nut- und Federverzahnung und lassen ein Vermauern ohne Vermörtelung zu. Zusätzlich erhalten die Hohlräume eine Füllung mit Steinwolle, Holzwolle oder Perlite. Das Vermauern erfolgt mit Dünnbettmörtel. ▶ S. 86

Übliche Eigenschaften von Wärmedämmziegeln	
Wärmeleitfähigkeit	λ = 0,07 W/(m·K) ... 0,10 W/(m·K)
Druckfestigkeitsklassen	0,7 N/mm² ... 2,0 N/mm²
Rohdichteklassen	ϱ = 0,5 kg/dm³ ... 0,8 kg/dm³
Wanddicken	d = 248 mm; 300 mm; 365 mm; 425 mm; 490 mm
Abmessungen	Länge = 248 mm, Höhe 248 mm

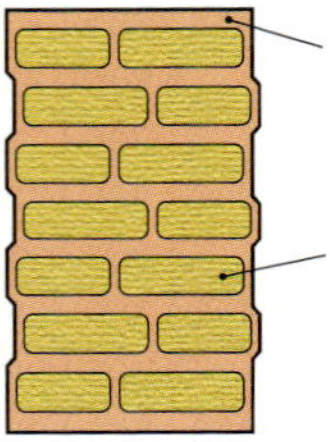

Wärmedämm-Hochlochziegel von Firma Wienerberger

CE-Kennzeichnung

Nach der europäischen Norm (DIN EN 771-1) hat der Hersteller ein System der werkseigenen Produktionskontrolle einzurichten. Bei Einhalten der Bedingungen darf das Produkt das CE-Zeichen tragen. Das CE-Zeichen soll folgende Angaben enthalten:

- Name, Anschrift, eventuell Bildzeichen des Herstellers
- Nummer der europäischen Norm, für Ziegel EN 771-1
- Art des Produkts, z. B. U-Mauerziegel der Kategorie I
- Jahreszahl, z. B. 18 für 2018
- Soll-Abmessungen
- Mittlere Druckfestigkeit
- Grenzabmaße oder Maßtoleranzen, z. B. Klasse R1, R2, T1 oder T2
- Qualitätsniveau:
  Kategorie I : Wahrscheinlichkeit des Nichterreichens der Druckfestigkeit ≤ 5 %
  Kategorie II: Mauerziegel, die das Vertrauensniveau der Kategorie I nicht erreichen
- Weitere Angaben, z. B. Feuchtedehnung mm/m, Gehalt an löslichen Salzen, Wasserdampfdiffusions-Koeffizient, Brutto-Trockenrohdichte, Wärmeleitfähigkeit, Frostwiderstand

Bezeichnung der Ziegel

Nach der DIN EN 771-1 werden die Ziegel mittels Kurzzeichen, Druckfestigkeitsklasse, Rohdichte und Format bezeichnet. Die DIN SPEC 20000-401 ergänzt die europäische Norm so, dass die bisherige Nutzung der Mauerwerksbaustoffe uneingeschränkt möglich ist.

Beispiel

Ziegel DIN 20000-401 – Mz 12 – 1,8 – DF
Vollziegel (Mz) der Druckfestigkeitsklasse 12, der Rohdichteklasse 1,8, der Länge 240 mm, der Breite 115 mm und der Höhe 52 mm ≙ DF

Klinker DIN 20000-401 – KHLz A 20 – 1,4 – 8DF
Hochlochklinker (KHLz) der Lochungsart A mit der Druckfestigkeitsklasse 20, der Rohdichteklasse 1,4, mit der Länge 240 mm, der Breite 240 mm und der Höhe 238 mm ≙ 8DF

Formsteine

Formsteine haben andere Grundrissformen als die von Rechtecken. Sie werden als Verblender mit schrägen oder runden Ecken oder als Anschlagsteine eingesetzt.

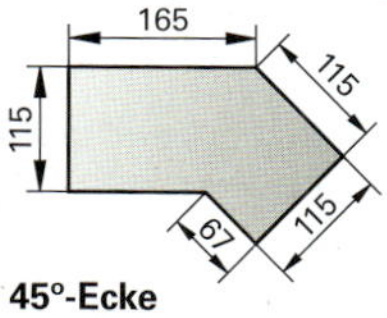

45°-Ecke

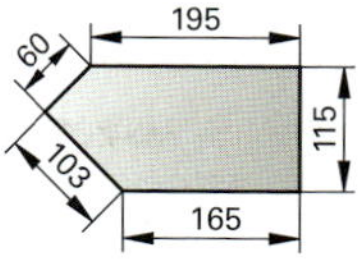

Winkelstein

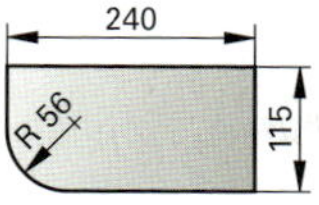

Runde „Ecke"

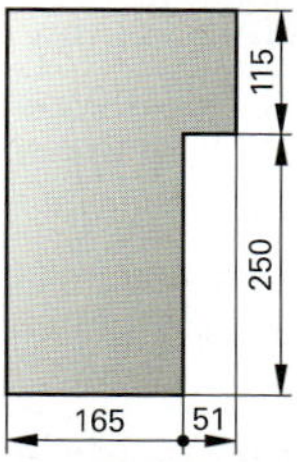

Anschlagstein

Mauertafelziegel (Merkblatt 2, 6 und 9, Güteschutz ZMB e.V.)

Mauertafelziegel (T) haben Lochkanäle (Länge 50 mm bis 90 mm; Breite 30 mm bis 60 mm, Querschnitt max. 50 cm²) oder Aussparungen. Übliche Steinlängen: 24,7 cm; 30,7 cm; 37,2 cm und 49,7 cm. Die Steine sind so zu vermauern, dass sich senkrechte Lochkanäle ergeben, die als Vergusskanäle dienen. Abbildung ▶ S. 59.

Ziegelflachstürze

Flachstürze sind auf Biegung beanspruchte Bauteile.

Ziegelflachstürze bestehen aus einem vorgefertigten, bewehrten Zuggurt und erlangen im Zusammenwirken mit einer Druckzone aus Mauerwerk ihre Tragfähigkeit. Die Schalenbreite ist 11,5 cm bzw. 17,5 cm; die Schalenhöhe 7,1 cm (= Schichthöhe) und die Längen ≤ 3,00 m.

Damit der Sturz die statischen Aufgaben erfüllen kann, sind die Fertigteilenden mindestens 11,5 cm im Auflagerbereich satt im Mörtelbett einzubauen.

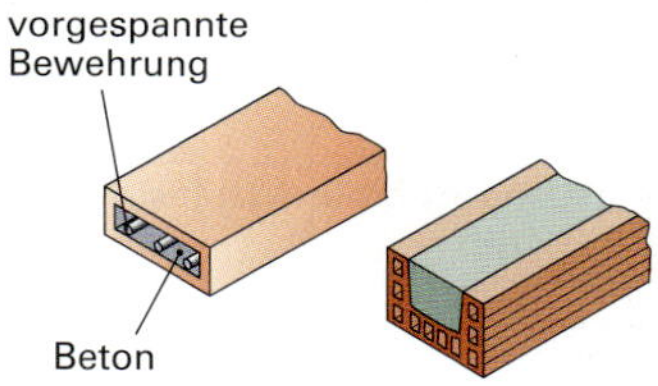

Ziegelflachsturz

Ziegel-U-Schalen

Sie werden schlaff bewehrt und mit Beton C20/25 gefüllt. Ziegel-U-Schalen dienen als verlorene Schalung für einen Stahlbetonbalken oder für einen Ringbalken.

Übliche Breiten: 11,5 cm; 17,5 cm; 24,0 cm; 30,0 cm; 36,5 cm

Übliche Höhe: 23,8 cm Übliche Länge: 25,0 cm

Ziegel-U-Schalen sind aus dem gleichen Material hergestellt wie die Normalsteine. Sie sind mit und ohne Wärmedämmung lieferbar.

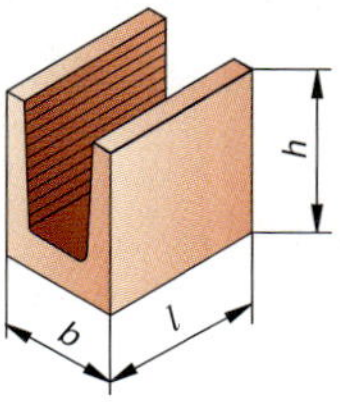

Ziegel-U-Schale

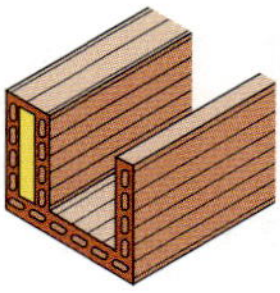
WU-Schale

Kanalklinker (DIN 4051)

Für die Herstellung von Schachtbauwerken von Entwässerungsleitungen gibt es speziell geformte bis zur Sinterung gebrannte Kanalklinker.

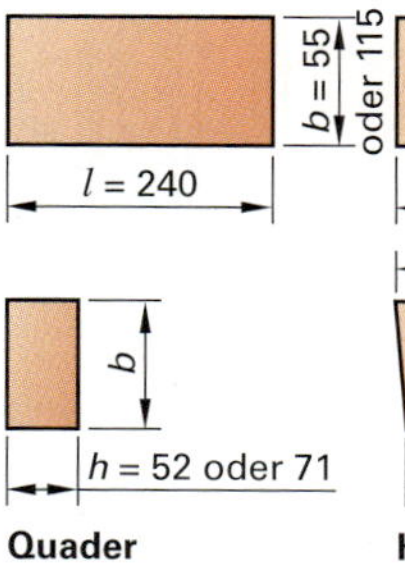

Quader

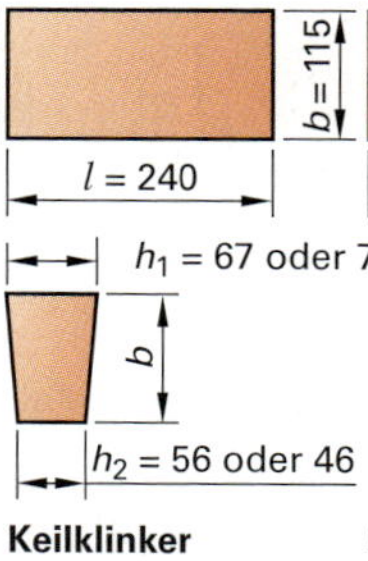

Keilklinker

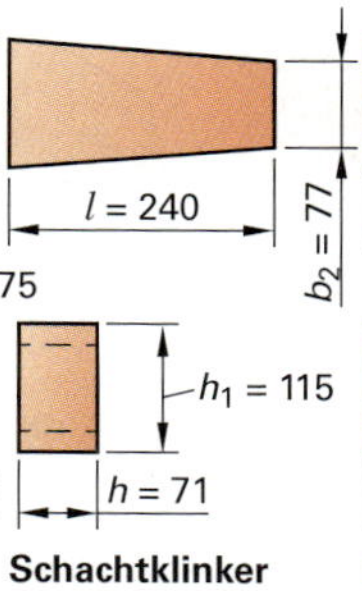

Schachtklinker

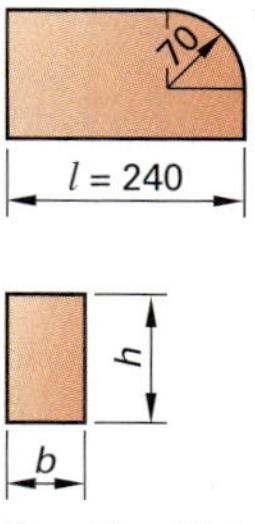

Rundfaseklinker

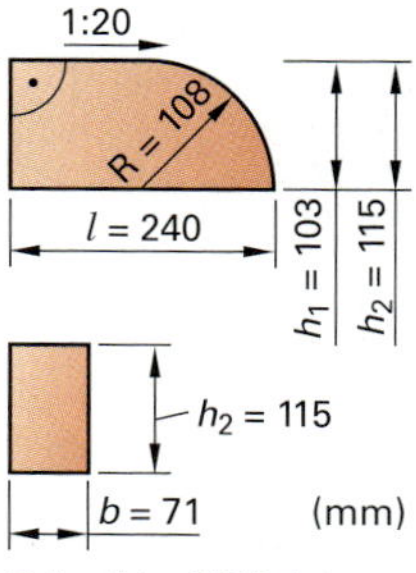

Schachtsohlklinker

(mm)

4.3 Kalksandsteine (DIN EN 771-2, DIN SPEC 20000-402)

Herstellung

Für die Herstellung von **Kalksandsteinen** werden Sand und Branntkalk (CaO) im Massenverhältnis 12 : 1 mit Wasser gemischt, zu Rohlingen gepresst und im Härtekessel unter Dampfdruck von 16 bar bei einer Temperatur von 200 °C innerhalb von 5 bis 8 Stunden gehärtet.

Kalksandsteine sind nach DIN EN 771-2 unterteilt. Die DIN SPEC 20000-402 ergänzt die europäische Norm so, dass die bisherige Nutzung der Mauerwerksbaustoffe uneingeschränkt möglich ist.

Kalksandsteinarten

Art/Kurzzeichen	Merkmale
Kalksand- Vollsteine **KS**	haben keine Löcher oder einen Lochanteil < 15 % senkrecht zur Lagerfläche. Außer von Grifföffnungen sind die Steine 5-seitig geschlossen. Steinhöhe ≤ 123 mm (113 mm für Normalmörtel)
Kalksand-Lochsteine **KS L**	haben einen Lochanteil zwischen 15% und 50%. Die obere Lagerfläche ist mit Ausnahme von Grifföffnungen geschlossen. Steinhöhe ≤ 123 mm (113 mm für Normalmörtel)
Kalksand-Blocksteine **KS**	haben die gleichen Eigenschaften wie Vollsteine. Die Steinhöhe beträgt jedoch > 123 mm. Formate größer als 4 DF haben i.d.R. ein Nut-Feder-Sytem an den Stoßfugen (Kurzeichen R)
Kalksand-Hohlblocksteine **KS L**	haben die gleichen Eigenschaften wie Lochsteine. Die Steinhöhe beträgt jedoch > 123 mm. Formate größer als 4 DF haben i.d.R. ein Nut-Feder-Sytem an den Stoßfugen, die nicht vermörtelt werden.
Kalksand-Vormauersteine **KS Vm**	haben mindestens die Druckfestigkeitsklasse 10 und den Nachweis des Frostwiderstandes erbracht.
Kalksand-Verblender **KS Vb**	haben mindestens die Druckfestigkeitsklasse 16 und den Nachweis des Frostwiderstandes erbracht.
Kalksand-Plansteine **KS P**	haben erhöhte Anforderungen hinsichtlich der Maßhaltigkeit und müssen für Dünnbettmörtel geeignet sein.
KS-Planelemente **KS XL** **KS XL-N** **KS XL-E** **KS XL-RE** **KS XL-PE**	sind großformatige Vollsteine mit einer Höhe von > 248 mm und einer Länge von ≥ 498 mm, deren Querschnitt durch Lochung bis 15% der Lagerfläche gemindert sein kann. Sie müssen hinsichtlich der Maßhaltigkeit für Dünnbettmörtel geeignet sein. mit Längsnut, ohne Lochung ohne Längsnut, mit Lochung Rasterelemente werksseitig konvektionierte Bausätze
KS-Bauplatten **KS -BP**	haben ein umlaufendes Nut-Feder-System und werden für nichttragende innere Wände verwendet. Übliche Abmessungen: l = 498 mm, b = 50 mm oder 70 mm, h = 249 mm

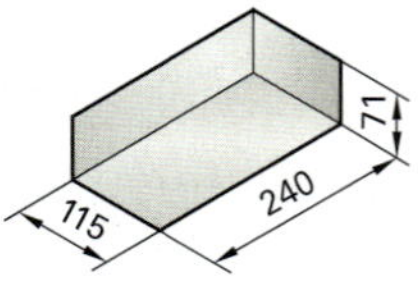

Kalksand-Vollstein
KS NF

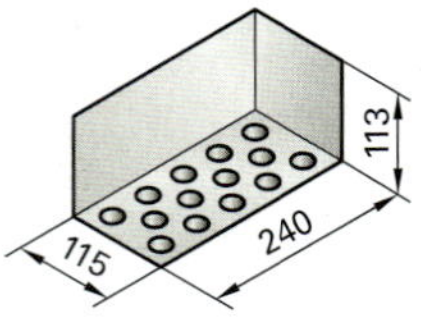

Kalksand-Lochstein
KS L 2DF ($1\frac{1}{2}$ NF)
auch als KS Vb

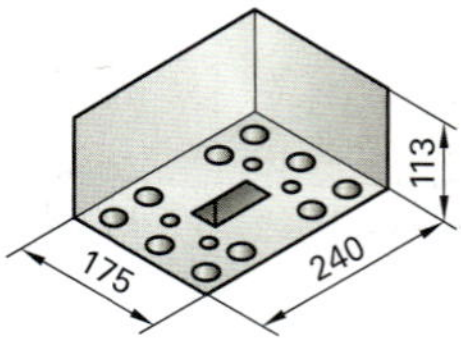

Kalksand-Lochstein
mit Griffloch
KS L 3DF ($2\frac{1}{4}$ NF)

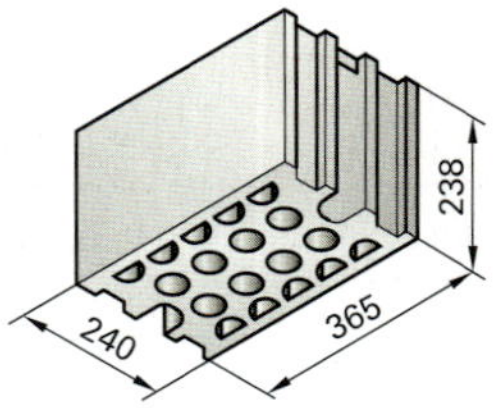

Kalksand-Hohlblockstein
KS L

Formate Die Formate der Kalksandsteine entsprechen denen der Ziegel ▶ S. 59

Formate von Planelementen (KS-XL-PE) und Rasterelementen (KS-XL-RE)

KS-XL sind großformatige Kalksandsteine, die mit Schichthöhen von 50 cm bzw. 62,5 cm geliefert werden. Die Länge der Regelelemente beträgt je nach System 50 cm (KS-XL-RE) oder 100 cm (KS-XL-PE).

Länge [mm]	(248), (373), 498, 623, 898, 998
Breite [mm]	100*, 115, 120, 150, 175, 200, 240, 300, 365
Höhe [mm]	498, 598, 623

* nur für nichttragende Wände

Maßtoleranzen, Planebenheit (Grenzmaße)

KS-Steine, KS-Plansteine,KS-Planelemente und KS-Bauplatten für die Vermauerung mit Dünnbettmörtel dürfen nur sehr geringe Abweichungen von den Soll-Maßen haben.

Abweichung von der Soll-Höhe:	±1,0 mm
Abweichung von der Ebenheit:	1,0 mm
Abweichung von der Planparallelität der Lagerflächen:	1,0 mm

Steinrohdichte

Rohdichte Klasse	**Wertebereich kg/dm³**
0,6 [1)]	0,51 ... 0,60
0,7 [1)]	0,61 ... 0,70
0,8 [1)]	0,71 ... 0,80
0,9	0,81 ... 0,90
1,0	0,91 ... 1,00
1,2	1,01 ... 1,20
1,4	1,21 ... 1,40
1,6	1,41 ... 1,60
1,8	1,61 ... 1,80
2,0	1,81 ... 2,00
2,2	2,01 ... 2,20
2,4	2,21 ... 2,40
2,6	2,41 ... 2,60

1) nicht für KS-Vormauersteine

Druckfestigkeit, Kennzeichnung

Druckfestigkeitsklasse	**Kennzeichnung außenliegender Steine oder auf Verpackung oder Begleitzettel**
4	Stempelaufdruck oder blau
6	Stempelaufdruck oder rot
8	Stempelaufdruck oder rot
10	Stempelaufdruck oder grün
12	keine Kennzeichnung erforderlich
16	Stempelaufdruck oder 2 grüne Streifen
20	Stempelaufdruck oder gelb
28	Stempelaufdruck oder braun
36	Stempelaufdruck oder violett
48	Stempelaufdruck oder 2 schwarze Streifen
60	Stempelaufdruck oder 3 schwarze Streifen

Beispiel für Bezeichnungen

Kalksandstein
DIN SPEC 20000-402 – KS L 12 – 1,2 – 2 DF

Kalksandstein mit > 15 % Lochflächenanteil, mit der Druckfestigkeitsklasse 12, mit der Rohdichteklasse 1,2, mit der Länge 240 mm, der Breite 115 mm, der Höhe 113 mm ≙ 2 DF

Kalksandstein
DIN SPEC 20000-402 – KS L-R P 12 – 1,2 – BDF

Kalksandstein mit > 15 % Lochflächenanteil, mit Nut- und Feder-System an den Stirnseiten (R) als Planstein (P), mit der Druckfestigkeitsklasse 12, mit der Rohdichteklasse 1,2, mit der Länge 248 mm, der Breite 240 mm und der Höhe 248 mm ≙ 8 DF

Kalksand-U-Schalen-Steine

Kalksand-U-Schalen werden als Schalungssteine für Stürze und Ringbalken verwendet. Sie erhalten eine schlaffe Bewehrung und werden mit Beton gefüllt.

Abmessungen (*l*/*b*/*h*)

115/115/240	240/115/240	240/150/240
115/175/175	240/200/240	240/240/240
115/240/240	240/300/240	240/365/240

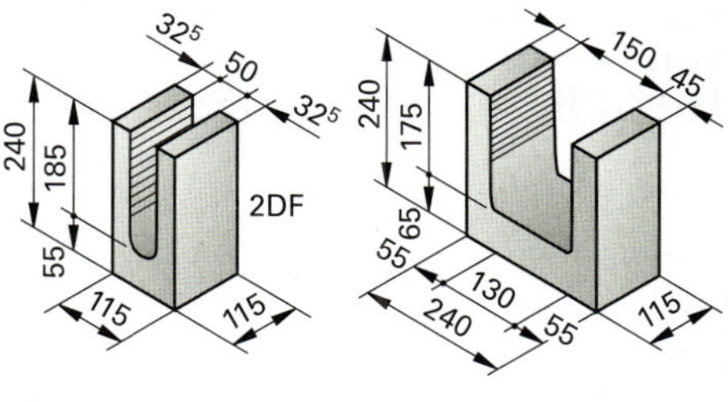

U-Schalen

4.4 Mauersteine aus Beton / Betonsteine (DIN EN 771-3)

Mauersteine aus Beton bestehen aus dichten oder porigen Gesteinskörnungen und Zement als Bindemittel. Sie werden unterteilt in:

Begriffe/DIN	Kurzzeichen		Begriffsfestlegung
Vollstein DIN 20000 – 403	**Vn**	n Beton (Normalbeton), l Leichtbeton	Mauerstein aus Beton ohne Kammern für Normalmörtel, Sollhöhe von 52 mm bis 240 mm, Vollstein (Vn), Vormauerstein (Vm)
Vollblock DIN 20000 – 403	**Vbn**		Mauerstein aus Beton ohne Kammern für Normalmörtel, Sollhöhe ≤ 238 mm, Vollblock (Vbn), Vormauerblock (Vmb)
Hohlblock DIN 20000 – 403	**Hbn**		fünfseitig geschlossener Mauerstein aus Beton mit Kammern senkrecht zur Lagerfläche, Sollhöhe ≤ 238 mm
Hohlblock DIN 20000 – 403	**Hbl**		fünfseitig geschlossener Mauerstein aus Leichtbeton mit Kammern senkrecht zur Lagerfläche, Sollhöhe ≤ 238 mm, Vermauerung in Normal- oder Leichtmauermörtel
Plan-Hohlblock DIN 20000 – 403	**Hbl-P**		fünfseitig geschlossener Mauerstein aus Leichtbeton mit Kammern senkrecht zur Lagerfläche, Sollhöhe ≤ 249 mm, Vermauerung in Dünnbettmörtel

Außenmaße der Hohlblöcke in mm

Form	Formatkurzzeichen	Systemlänge	Breite ± 3 mm	Höhe Hbl ± 4 mm	Höhe Hbl-P ± 1 mm
1 K Hbl	10 DF	500	150	238	248
1 K Hbl	9 DF	375	175		
2 K Hbl	12 DF	500	175		
2 K Hbl	14 DF	500	200		
2 K Hbl	8 DF	250	240		
3 K Hbl	12 DF	375			
4 K Hbl	16 DF	500			
2 K Hbl	10 DF	250	300		
3 K Hbl	15 DF	375			
4 K Hbl	20 DF	500			
5 K Hbl	20 DF	500			
3 K Hbl	12 DF	250	365		
4 K Hbl	18 DF	375			
5 K Hbl	24 DF	500			
6 K Hbl	24 DF	500			
5 K Hbl	14 DF	250	425		
6 K Hbl	16 DF	250	490		

Druckfestigkeitsklasse, Kennzeichnung

Druckfestigkeitsklasse	Druckfestigkeit		Kennzeichnung[1]	
	Mittelwert N/mm²	Mindestwert N/mm²	Anzahl der Nuten	Farbkennzeichnung
2	2,5	2,0	–	grün
4	5,0	4,0	1	blau
6	7,5	6,0	2	rot
8	10,0	8,0	–	„8“ in schwarz
12	15,0	12,0	3	schwarz

[1] Jede Lieferung, jeder 50. Stein entweder Nuten oder Farbkennzeichnung.

Einkammer-Hohlblock, 1K Hbl

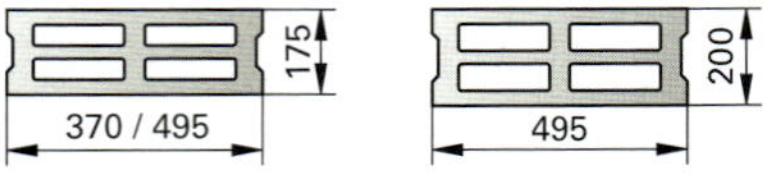

Zweikammer-Hohlblock, 2K Hbl

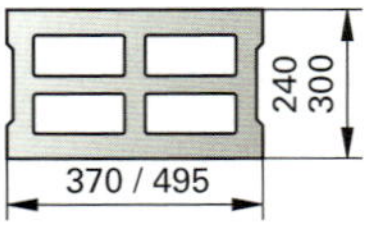

Zweikammer-Hbl

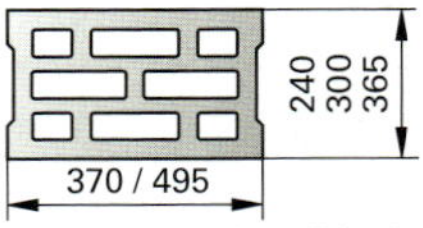

Dreikammer-Hohlblock

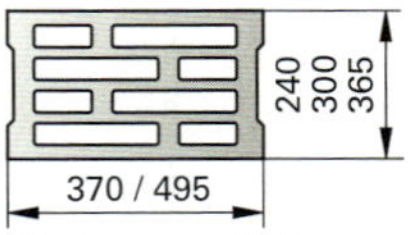

Vierkammer-Hbl

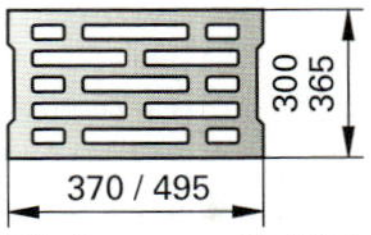

Fünfkammer-Hohlblock

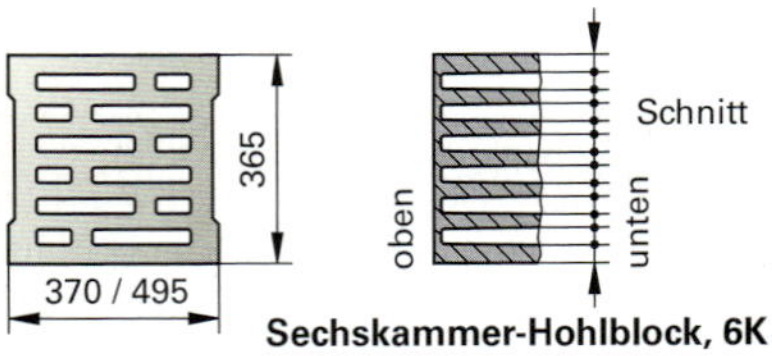

Sechskammer-Hohlblock, 6K Hbl

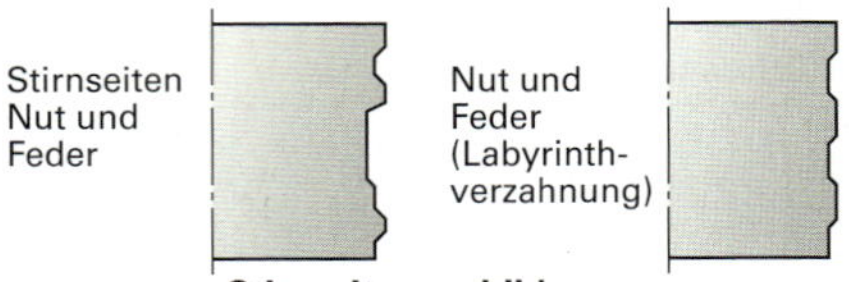

Stirnseitenausbildung

4.5 Porenbetonsteine (DIN EN 771-4, DIN SPEC 20000-404)

Herstellung und Begriffe

Porenbetonsteine werden aus feingemahlenen oder feinkörnigen kieselsandhaltigen Stoffen (z.B. Sand) mit Zement oder Kalk als Bindemittel, Wasser und porenbildenden Zusatzmitteln (z.B. auf Aluminiumbasis) hergestellt und unter Dampfdruck gehärtet. Infolge dieser Poren beträgt die Rohdichte nur 0,3 kg/dm³ … 1,0 kg/dm³ und die Wärmeleitfähigkeit λ = 0,2 W/(m·K).

Planstein PP	Quaderförmiger Vollstein, eventuell mit Griffhilfen oder Hantierlöchern, für Dünnbettmörtel; Steinhöhe ≤ 249 mm
Planelement PPE	Quaderförmiger Vollstein, eventuell mit Griffhilfen oder Hantierlöchern, für Dünnbettmörtel; Steinhöhe > 249 mm, Länge ≥ 499 mm
Blockstein PB	Großformatiger Vollstein, der in Normal- oder Leichtmauermörtel zu versetzen ist (Die Anwendung dieser Steine geht zurück.)
Bauplatte Ppl	Porenbetonstein für nichttragende innere Trennwände mit erhöhten Anforderungen hinsichtlich der Grenzabmaße

Druckfestigkeits-, Rohdichteklassen, Kennzeichnung

Druckfestigkeitsklasse-Farbkennzeichnung	Druckfestigkeit N/mm² Mittelwert minimal	Druckfestigkeit N/mm² kleinster Einzelwert	Rohdichteklasse	Mittlere Rohdichte kg/dm³
2 grün	2,5	2,0	0,35 0,40 0,45 0,50	> 0,30 bis 0,35 > 0,35 bis 0,40 > 0,40 bis 0,45 > 0,45 bis 0,50
4 blau	5,0	4,0	0,55 0,60 0,65 0,70 0,80	> 0,50 bis 0,55 > 0,55 bis 0,60 > 0,60 bis 0,65 > 0,65 bis 0,70 > 0,70 bis 0,80
6 rot	7,5	6,0	0,65 0,70 0,80	> 0,60 bis 0,65 > 0,65 bis 0,70 > 0,70 bis 0,80
8 keine[1]	10,0	8,0	0,80 0,90 1,00	> 0,70 bis 0,80 > 0,80 bis 0,90 > 0,90 bis 1,00

Formate/Maße

	Länge mm	Breite mm	Höhe mm
Porenbeton-Plansteine	249 499 599 624	115 120 125 150 175 200	124 249
Porenbeton-Planelemente	499 599 999 1499	240 250 300 365 375 400 500	374 624

[1] Keine Farbkennzeichnung – dafür Aufstempelung von Festigkeits- und Rohdichteklassen.

Beispiel Bezeichnung

Porenbeton – DIN 20000-404 – Planstein PP2 – 0,45 – 499 x 240 x 249

Porenbeton-Planstein zur Vermauerung mit Dünnbettmörtel, Festigkeitsklasse 2, Rohdichteklasse 0,45, Steinlänge 499 mm, Steinbreite 240 mm, Steinhöhe 249 mm

Wärmedämmstein

Spezielle Wärmedämmsteine bestehen aus 3 Schalen, und zwar Porenbeton – einer Dämmschicht aus EPS-Hartschaum, Phenolharz-Hartschaum oder Mineralwolle – Porenbeton oder Leichtbeton.
λ = 0,07 W/(m·K) im Mittel

H+H Thermostein
von H+H Deutschland, Wittenborn

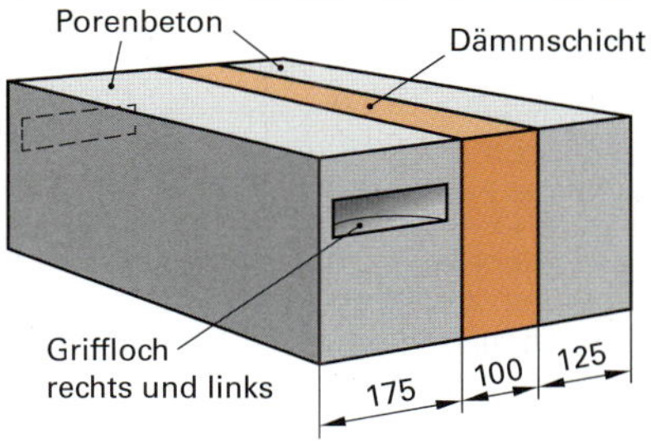

4.6 Fliesen und Platten

Begriffe

Platten	Dünne großflächige Bauteile, die als Belag für Wand oder Böden dienen.
Fliesen	Platten mit genormten Abmessungen, ursprünglich kleine Steinplatte (mittelniederdeutsch: vliese, alt: Fläche > 90 cm²).
Mosaike	Kleinformatige vieleckige Platten mit einer Ansichtsfläche < 90 cm².
Riemchen	Rechteckplatten mit einem Kantenverhältnis von mindestens 1 : 3 und einer Ansichtsfläche > 90 cm².
Formplatten	Speziell geformte Platten für Sockel, Rinnen usw.
Bodenklinker platten	Klinker mit Flächen von *b* x *l* von 95 mm x 195 mm bis 290 x 290 mm und Dicken von 10 mm bis maximal 40 mm speziell für Bodenbelagsarbeiten oder auch für Sohlbänke und Außenmauerabdeckungen. Oberflächen glatt oder genarbt für Rutschhemmung bei Nässe.
Glasur	Eine Schlämme aus Kaolin, Feldspat und Glasstaub wird vor dem „Brennen“ aufgebracht, um eine glatte Oberfläche zu erzeugen.
Engobe	Besondere Deckschicht aus speziellen Tonmaterial.

Materialien, Rohstoffe, Herstellung

Keramik	Sammelbegriff für verschiedene Materialien aus dem Rohstoff Ton (auch Glas)
Steingut	Ton, „gebrannt“ unterhalb der Sintergrenze ($\vartheta < 1150$ °C) Porenvolumen > 20 %, weißer Scherben, glasiert,
Irdengut	Ton, „gebrannt“ unterhalb der Sintergrenze ($\vartheta < 1150$ °C) Porenvolumen > 20 %, farbiger Scherben, glasiert,
Steinzeug	Ton, „gebrannt“ oberhalb der Sintergrenze ($\vartheta > 1200$ °C) Porenvolumen < 20 %, glasiert, unglasiert,
Naturstein	z. B. Granit, Kalkstein, Travertin, Marmor, Sandstein ▸ S. 56 Oberflächen glatt poliert oder geschnitten und geflammt
Beton	Betonwerkstein nach DIN 18500 ist ein Kunststein aus Beton, der besondere Zuschläge und/oder Farbstoffe enthalten kann. Die Platten werden unter hohem Druck gepresst oder in Schalungen betoniert oder aus Blockbeton gesägt. Die Platten werden ein- oder zweischichtig, bewehrt oder unbewehrt hergestellt. Die Plattenoberfläche kann werksteinmäßig behandelt oder ausgewaschen (Waschbetonplatten) sein.
Terrazzo	Zweischichtige Betonplatten, die in der oberen Schicht aus gleichkörnigen, farbigen Natursteinsplitt besteht und geschliffen ist.

4

Klassifizierung (DIN EN 14411)

Wasseraufnahme E_b ▸	< 0,5 %	0,5 % ... 3 %	3 % ... 6 %	6 % ... 10 %	> 10 %
Stranggepresste Fliesen und Platten	AI_a	AII_a	AII_{a-1} oder AII_{a-2}	AII_{b-1} oder AII_{b-2}	AIII
Trockengepresste Fliesen und Platten	BI_a	BI_b	BII_{a-1}	BII_{b-1}	BIII

Die Fußzeiger unterteilen Fliesen mit verschiedenen Produkteigenschaften. Die häufigsten Fliesen gehören zum Produkt AII_{a-1}.

Wasseraufnahmegruppe I:	niedrige Wasseraufnahme	$E_b \leq 3$ %
Wasseraufnahmegruppe II:	mittlere Wasseraufnahme	$3\,\% < E_b \leq 6\,\%$ bzw. $6\,\% < E_b \leq 10\,\%$
Wasseraufnahmegruppe III:	hohe Wasseraufnahme	$E_b > 10$ %

Formate und Abmessungen der Fliesen

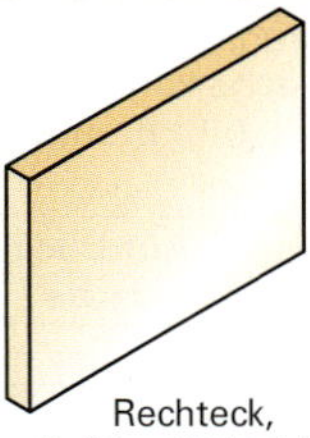

Rechteck,
z. B. 30 x 15 / 1,2 [cm]
Rechteckformat

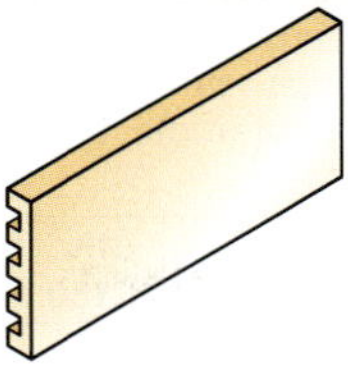

Riemchenformat

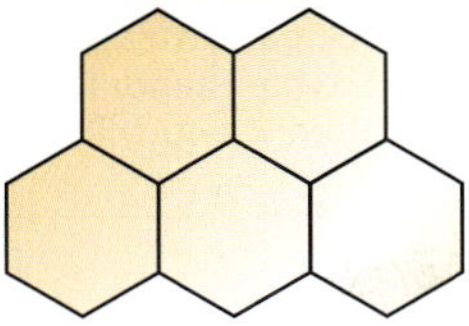

Sechseckformat
Mosaikformate ($A < 90\ cm^2$)

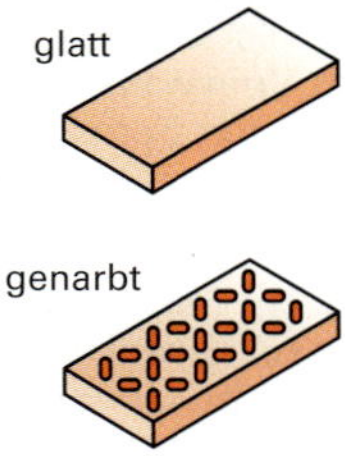

Bodenklinkerplatten

Abmessungen

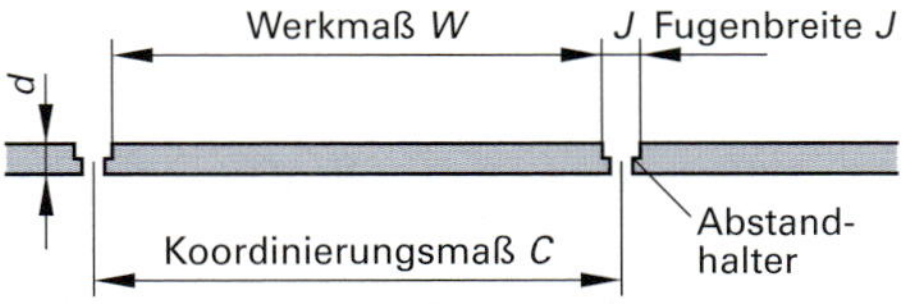

Nennmaß/Koordinierungsmaß $C = W + J$

für modulare Fliesen, d.h. Fliesen mit Breiten von 100 mm sowie Teilen oder Vielfachen dieses Modulmaßes

Plattendicke *d*
üblicherweise 5 mm bis 20 mm

Fugenbreiten

Fliesen- und Plattenart	Seitenlänge Fliese	übliche Fugenbreite
trockengepresst	bis 10 cm über 10 cm	1 mm bis 3 mm 2 mm bis 8 mm
stranggepresst	bis 30 cm über 30 cm	4 mm bis 8 mm ≥ 10 mm
Bodenklinkerplatten	alle Seitenlängen	8 mm bis 15 mm

Abschlussfugen zu Wänden, Säulen oder Ecken werden mit einer Mindestbreite von 4 mm bis 5 mm ausgeführt. 4

Modulare Vorzugsmaße (Auswahl)

Koordinierungsmaß *C* mm x mm	Herstellmaß Werkmaß mm x mm x mm[1]	Bedarf theoretisch Stück/m²	Bedarf + 5 % Verschnitt[2] Stück/m²
50 x 50	48 x 48 x 6	400	420
100 x 100	98 x 98 x 8	100	105
100 x 150	98 x 148 x 8	67	70
100 x 200	98 x 198 x 8	50	53
150 x 150	148 x 148 x 8	44	47
200 x 200	198 x 198 x 8	25	26
200 x 300	198 x 298 x 8	17	18
300 x 300	298 x 298 x 8	11,1	12
400 x 400	397 x 397 x 9	6,25	7
400 x 600	397 x 597 x 9	4,17	5
500 x 500	496 x 496 x 10	4,00	4,2
600 x 600	595 x 595 x 10	2,77	2,9
600 x 900	595 x 895 x 10	1,85	2,0
600 x 1200	595 x 1195 x 10	1,38	1,5
800 x 1200	795 x 1195 x 10	1,04	1,1
1000 x 1000	995 x 995 x 10	1	1,05

[1] Bodenfliesen sind meist etwas dicker als Wandfliesen. Die Soll-Dicken sind – je nach Hersteller – auch 2 mm dünner oder dicker

[2] Die Bruch- und Verschnittverluste können im Einzelfall, insbesondere bei großen Fliesen, deutlich höher sein.

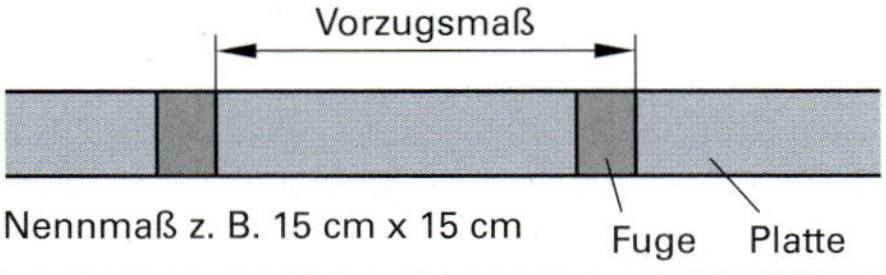

Nennmaß z. B. 15 cm x 15 cm

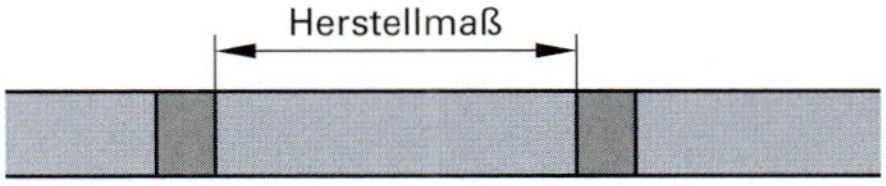

Werkmaß z. B. 144 mm x 144 mm x 6 mm

4.7 Gipsplatten, Wandbauplatten (DIN 18180 und DIN EN 520)

Gipsplatten sind ebene rechteckige Platten, die aus einem Gipskern und einer daran fest haftenden Ummantelung aus festem widerstandsfähigem Karton bestehen. Die Oberfläche kann variieren, der Kern Zusätze enthalten. Nach DIN EN 520 werden die Typen A, D, F, H, I, R, E unterschieden.

- Typ **A** Standard-Gipsplatte
- Typ **D** Gipsplatte: Dichte $\geq$ 800 kg/m^3
- Typ **F** Gipsplatte mit verbessertem Gefügezusammenhalt im Brandfall
- Typ **H** Gipsplatte mit reduzierter Wasseraufnahmefähigkeit (H1 – max. 2,5 % der Trockenmasse, H2 – max. 5 % und H3 – keine Anforderungen)
- Typ **I** Gipsplatte mit erhöhter Oberflächenhärte
- Typ **R** Gipsplatte mit erhöhter Biegezugfestigkeit
- Typ **E** Gipsplatte für die Beplankung von Außenwandelementen

DIN EN 520	DIN 18180	Kartonfarbe	Aufdruckfarbe
Typ A	GBK	weiß bis gelblich	blau
Typ DF	GKF		rot
Typ H2	GKBI	grünlich	blau
Typ DFH2	GKFI		rot
Typ P	GKP	grau	blau

Mit DIN EN 520 wird das **Brandverhalten** nach DIN EN 13501-1 klassifiziert. In der Regel nicht brennbar: **A2-s1, d0**

A2 nicht brennbar, s1 kein Rauch,
d0 kein brennendes Abfallen/Abtropfen

Abmessungen (DIN 18 180)

Dicke [mm]	Breite [mm]	Länge [mm]
9,5 12,5 15,0 18,0	1250 (Sonderbreite 1200)	2000; 2250; 2500; 2750; 3000; 3500; 3750; 4000
20,0 25,0	600 und 625	2500; 2750; 3000; 3250; 3500
9,5	400	1500; 2000

4

Die Verlegung der Gipsplatten erfolgt auf:

senkrechten Bauteilen

- ohne Unterkonstruktion als Wand-Trocken-Putz im Klebeverfahren mit Ansetzgips
- als Wandsysteme auf Metall- oder Holzständerwänden, verschraubt

waagerechten Bauteilen

- als Deckensysteme auf Metall- oder Holzkonstruktionen planeben und schwingungsfrei, verschraubt

Kantenausbildungen

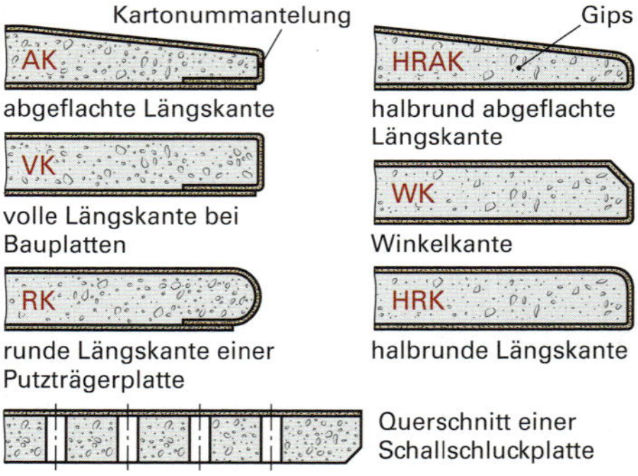

abgeflachte Längskante

halbrund abgeflachte Längskante

volle Längskante bei Bauplatten

Winkelkante

runde Längskante einer Putzträgerplatte

halbrunde Längskante

Querschnitt einer Schallschluckplatte

Beispiel

Gipsplattentyp: Feuerschutzplatte mit minimaler Wasseraufnahme

Plattenabmessungen: Breite/Länge/Dicke in mm

Gipsplatte F H1 1250/2500/12,5 abgeflachte Kante
DIN EN 520

Plattenbezeichnung – Plattennorm – Kantenausbildung

Wandbauplatten aus Gips (DIN EN 12859)

Wände aus großformatigen Wandbauplatten sind äußerst brandsicher (10 cm dicke Platten sind hoch feuerbeständig (F 180)) und ausreichend schalldämmend.

Beispiel

d = 6 cm F 30
d = 8 cm F 120
d = 10 cm F 180

Beispiel

l = 66,6 cm
h = 50 cm
d = 8 cm

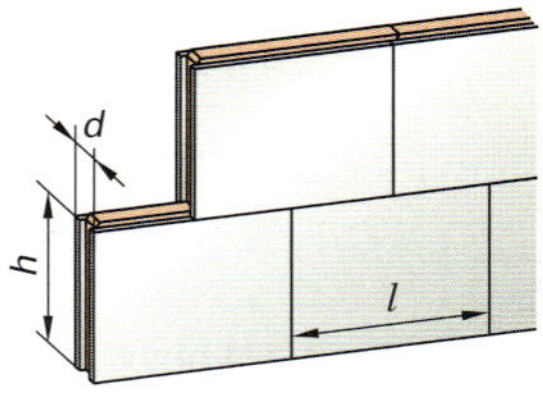

Plattenmaße in cm			Plattenrohdichten [kg/dm^3]		
			0,7	0,9	1,2
l	*h*	*d*	Wandgewicht [kg/m^2]		
66,6	50	6	42	54	72
66,6	50	8	56	72	96
66,6	50	10	70	90	–

4.8 Pflastersteine

Betonpflastersteine

Für Betonpflastersteine (DIN EN 1338), für Gehwegplatten (DIN EN 1339) sowie für Bordsteine (DIN EN 1340) enthalten die genannten Normen jeweils mehrere Klassen für Qualitätsmerkmale und die Prüfverfahren. Die TL Pflaster (Technische Lieferbedingungen für Bauprodukte zur Herstellung von Pflasterdecken, Pflasterbelägen und Einfassungen) schreibt für Deutschland die jeweils höchsten Qualitätsklassen für die Maßhaltigkeit, den Frost-Tausalz-Widerstand sowie die Festigkeit vor.
Als Betonziersteine oder Gestaltungspflaster werden Betonpflastersteine in verschiedenen Farben oder mit runden oder gebrochenen Kanten bezeichnet. Die Oberfläche kann strukturiert, gewaschen oder steinsetzmäßig bearbeitet sein.

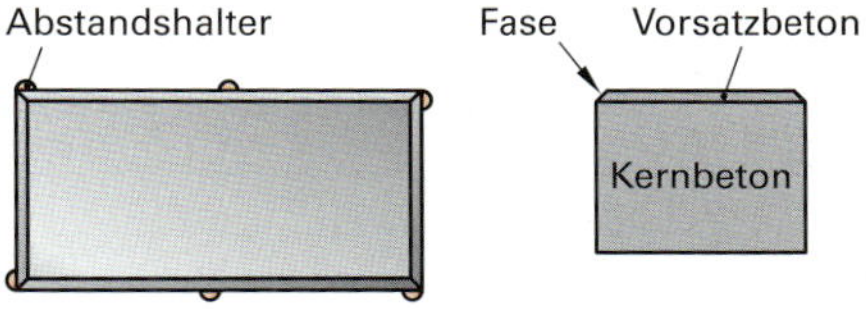

Draufsicht Schnitt

Rechteckstein

Rastermaße von Betonpflastersteinen	
Länge/Breite [mm/mm]	Dicke [mm]
100/100; 80/80; 60/60	60
200/100; 120/120; 100/100; 300/100	60; 80; 100
240/160; 160/160; 240/240; 160/120	80; 100; 120; 140
Steinabmessungen jeweils etwa 2 mm geringer	

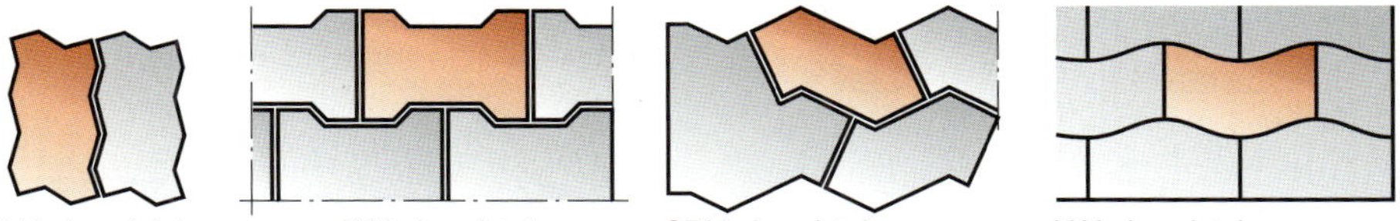

All-Verbundstein $d = 6$ cm, 8 cm, 10 cm

H-Verbundstein

SF-Verbundstein Normal- und Randstein

V-Verbundstein Normal- und Anfangsstein

Formen von Beton-Verbundpflastersteinen

Gehwegplatten

Gehwegplatten aus Beton haben Abmessungen von
300 mm × 300 mm × 40 mm, 400 mm × 400 mm × 50 mm und 500 mm × 500 mm × 60 mm.

Naturstein-Pflastersteine (DIN EN 1342)

Pflastersteine aus Natursteinen bestehen aus witterungsbeständigen Gesteinen wie Granit, Diorit, Basalt, Grauwacke u. a.

Zulässige Abweichungen von den Nennmaßen Art der Flächen	**Abweichungen von den/der Nenn-Flächenmaßen**	**Nenndicke Klasse 1**	**Nenndicke Klasse 2**
Zwischen zwei spaltrauen Flächen	± 15 mm	± 30 mm	± 15 mm
Zwischen bearbeiteter und spaltrauer Fläche	± 10 mm	± 30 mm	± 10 mm
Zwischen zwei bearbeiteten Flächen	± 5 mm	± 30 mm	± 5 mm

Pflasterklinker, Pflasterziegel (DIN EN 1344)

Pflasterziegel nach DIN EN 1344 werden für die Verwendung in Deutschland aus Lehm oder Ton bis zur Sinterung gebrannt (Pflasterklinker). Die rechteckigen oder quadratischen Grundflächen haben Formate für ein Fugenraster zwischen 100 mm und 300 mm. Man unterscheidet Pflasterklinker für engfugige Verlegung (Kennzeichnung durch Buchstabe E) und für Verlegung mit einer Fuge von ≈ 10 mm (Kennzeichnung Buchstabe F).

4.9 Rohre für Abwasserleitungen (DIN EN 1916, DIN EN 295-1)

Betonrohre – Querschnittsformen

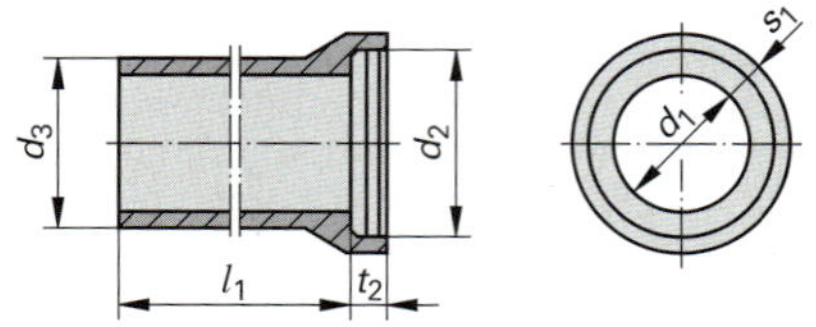

Kreisförmiges Rohr mit Muffe ohne Fuß
Typ1-B-K-GM

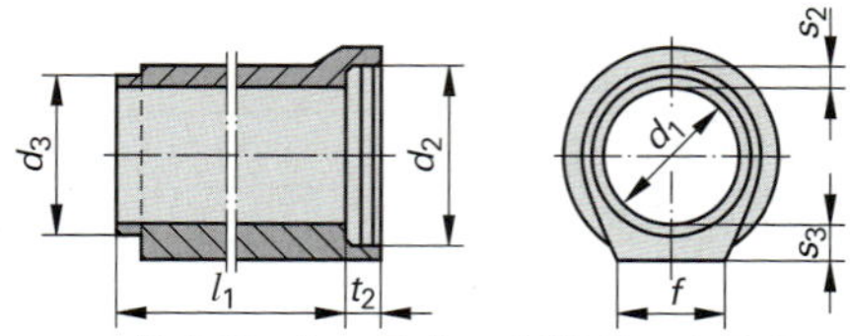

Kreisförmiges Rohr mit Muffe mit Fuß
Typ1-B-KF-GM

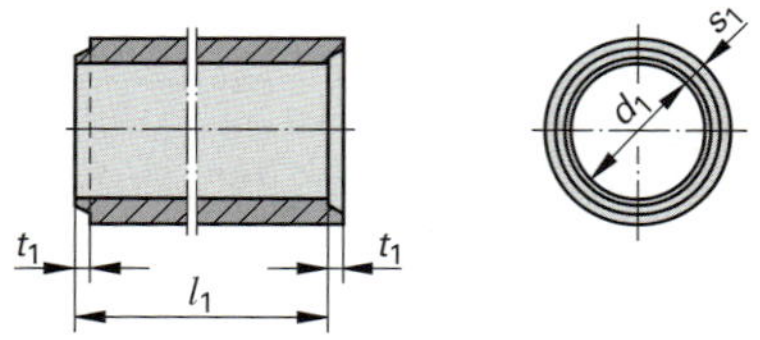

Kreisförmiges Rohr mit Falz ohne Fuß
Typ1-B-K-FM

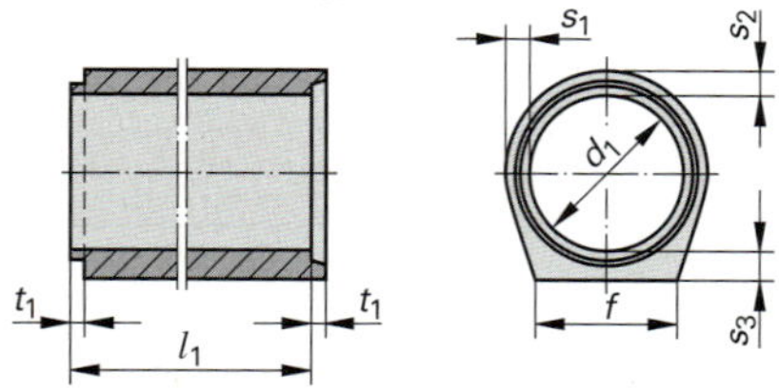

Kreisförmiges Rohr mit Falz mit Fuß
Typ1-B-KF-FM

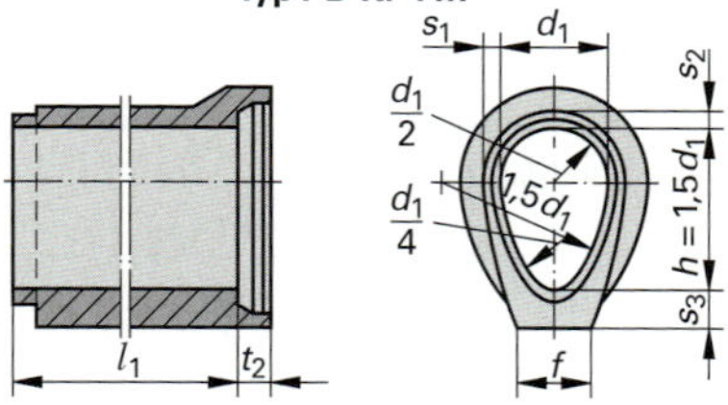

Eiförmiges Rohr mit Muffe, Typ1-B-E-GM

Mindesgefälle von Abwasserleitungen

Nennweite DN	Regenwasser	Schmutz- und Mischwasser
100	1 %	2,0 %
125	1 %	1,5 %
150	1 %	1,5 %
200	1 %	1,0 %

Formstücke aus Steinzeug

Übergangsstücke (Baulänge 25 cm)

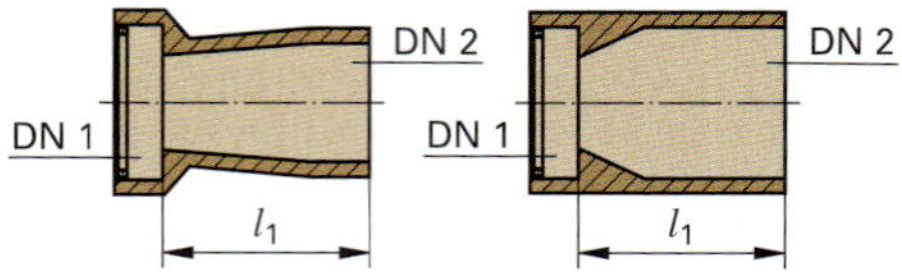

DN 1	DN 2	Steckmuffe	Verbindungssystem	Masse [kg/St]
100	125	L	F	6
100	150	L	F	7
125	150	L	F	8
150	200	L	F	11
150	200	LK	FC	11
200	250	LK	CC	15
200	250	KK	CC	15
250	300	KK	CC	21

Abschlussstück/Abzweige
(45° und 90° am Beispiel DN 150)

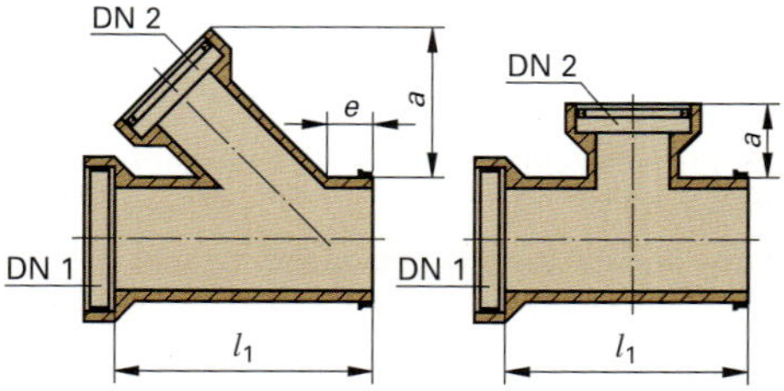

DN 1	Winkel	DN 2	Baulänge [cm]	Masse [kg/St]
150	45°	100	40	16
150	45°	125	40	18
150	45°	150	50	20
150	90°	150	50	18

Krümmer/Bögen (15° und 90° am Beispiel DN 150)

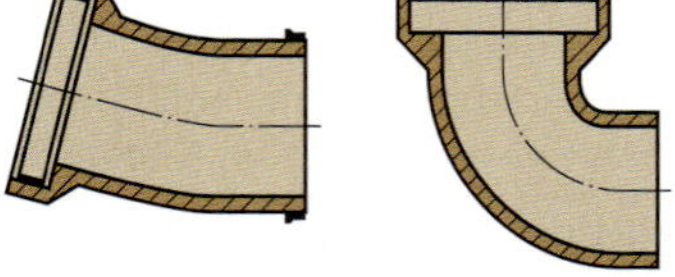

DN	Winkel	Steckmuffe	Verbindungssystem	Masse [kg/St]
150	15° ± 3°	L	F	10
150	30° ± 4°	L	F	10
150	45° ± 5°	L	F	10
150	90° ± 5°	L	F	10

4.10 Baukalk DIN EN 459

Rohstoffe, Herstellung und Abbinden

Baukalke (englisch: Lime) sind Bindemittel für Mauer- und Putzmörtel.
Kalkstein $CaCO_3$, Dolomitstein $MgCO_3 + CaCO_3$, Kalkmergel $CaCO_3$ + Ton (Hydraulefaktoren)

„Brennen“ Erhitzen von Kalkstein auf ϑ = 1000 °C ... 1200 °C
$CaCO_3$ + Energie ⇒ CaC + CO_2 (CO_2 = Kohlendioxid)

„Löschen“ Zugabe von Wasser zum Branntkalk CaO
CaO + H_2O ⇒ $Ca(OH)_2$ + Energie (Vorsicht beim Löschen)

„Abbinden“ Chemische Reaktion des Kalkhydrates an der Luft
$Ca(OH)_2 + CO_2$ ⇒ $CaCO_3 + H_2O$

Arten von Baukalken

Luftkalk Erhärtung nur an der Luft		Hydraulischer Kalk Erhärtung an der Luft und unter Wasser	
Weißkalk 90 [1]	CL 90	Hydraulischer Kalk 2 [3]	HL 2
Weißkalk 80	CL 80	Hydraulischer Kalk 3,5	HL 3,5
Weißkalk 70	CL 70	Hydraulischer Kalk 5	HL 5
Dolomitkalk 90-30 [2]	DL 90-30	Natürlicher hydraulischer Kalk 2	NHL 2
Dolomitkalk 80-5	DL 80-5	Natürlicher hydraulischer Kalk 5	NHL 5

[1] Die Zahl bei den Luftkalken gibt den CaO-und MgO-Anteil in % an
[2] Die zweite Zahl bei den Dolomitkalken gibt den MgO-Anteil an
[3] Die Zahl bei den hydraulischen Kalken gibt die Mindest-Druckfestigkeit nach 28 Tagen in N/mm² an

4

Lieferformen der Kalke		Bezeichnung der Kalke
Symbol nach DIN EN 459		**Beispiele**
Q	ungelöschter Kalk	Weißkalk DIN EN 459 - CL 90 Q
S	Kalkhydrat	Hydraulischer Kalk DIN EN 459 - HL 5
S PL	Kalkteig	Natürlicher hydraulischer Kalk DIN EN 459 - NHL 5
S ML	Kalkmilch	

Anwendung von Baukalken

Kalkart	Anwendungsbereiche	Schüttdichte
Weißkalk CL	nichttragendes Mauerwerk, Innenputz	0,3 kg/ℓ ... 0,6 kg/ℓ
Dolomitkalk DL	Zusatz zum Kalkzementmörtel	0,4 kg/ℓ ... 0,6 kg/ℓ
HL 2, NHL 2	Kellermauerwerk, Innen-, Außenputz	0,4 kg/ℓ ... 0,8 kg/ℓ
HL 3,5, NHL 3,5	Tragendes Mauerwerk	0,5 kg/ℓ ... 0,9 kg/ℓ
HL 5, NHL 5	Mauerwerk mit hoher Feuchtigkeitsbelastung	0,6 kg/ℓ ... 1,0 kg/ℓ

Formulierter Kalk

Formulierte Kalke bestehen aus Kalkhydrat sowie aus hydraulisch erhärtenden Stoffen (natürliches Puzzolan, Trass) und werden zusammen gemahlen. Sie haben eine gute Verarbeitbarkeit und ein großes Wasserrückhaltevermögen. Sie werden einerseits bei der Restaurierung historischer Bauten, weil u.a. das Ausblühen schädlicher Salze verringert wird, und andererseits im ökologisch orientierten Wohnungsbau bevorzugt.

Lieferformen: FL A 2, FL B 2, FL C 2, FL A 3,5, FL B 3,5, FL C 3,5

Die Zahl gibt wie bei den Hydraulischen Kalken die Mindestdruckfestigkeit an.
Die Buchstaben A, B und C geben den Kalkhydratanteil [$Ca(OH)_2$] an:
A mit 40 M.-% ... 80 M.-% $Ca(OH)_2$, B mit 25 M.-% ... 50 M.-% , C mit 15 M.-% ... 40 M.-%

4.11 Zement (DIN 1164, DIN EN 197-1)

Beton ▶ S. 88

Zement ist ein hydraulisches Bindemittel für Beton, Mauer- und Putzmörtel, das in Verbindung mit Wasser sowohl an der Luft als auch unter Wasser erhärtet und wasserfest bleibt.

Herstellung

- **Rohstoffe:** Kalkstein ($CaCO_3$) sowie Ton als Träger der **Hydraulefaktoren** Siliziumoxid (SiO_2), Aluminiumoxid (Al_2O_3) und Eisenoxid (Fe_2O_3) im Verhältnis 3 : 1.
- **Klinkerphasen:** Als Klinkerphasen werden Tricalciumsilikat, Dicalciumsilikat, Tricalciumaluminat und Calciumaluminatferrit bezeichnet.

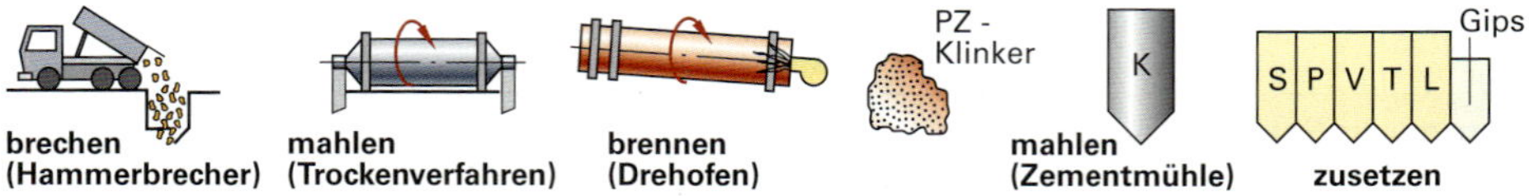

Zement = Kalkstein + Hydraulefaktoren + Hüttensand/Puzzolane/Flugasche/gebrannter Ölschiefer/Kalkstein + Gips

↓ PZ-Klinker + ↓ latent-selbstständig erhärtend hydraulische Stoffe + ↓ Verzögerer

Zementbestandteile

4

Portlandzement-klinker (K)	**Portlandzementklinker (K)** ist ein selbstständig erhärtender hydraulischer Stoff. Ausgangsmaterialien sind Kalkstein und Ton im Verhältnis 3 : 1, die bei ca. 1450 °C bis zur Sinterung im Drehrohrofen gebrannt werden. Fein gemahlen und mit Wasser erhärtet der PZ-Klinker i.W. zu Calciumsilikaten.
Hüttensand (S)	**Hüttensand (S)** ist schnell gekühlte, granulierte Hochofenschlacke, feinkörnig und glasig. Er benötigt zum Abbinden einen Anreger (z.B. Kalk im Zementklinker), entwickelt eine niedrige Hydratationswärme und ist sehr widerstandsfähig gegenüber chemischen Angriffen.
Natürliche Puzzolane (P)	**Natürliche Puzzolane (P)** (Trass, Lava, Phonolith) sind vulkanische Stoffe, die einen hohen Anteil an Kieselsäure und Tonerde aufweisen. In Verbindung mit Wasser und Kalkhydrat entwickeln sie hydraulische Eigenschaften und bilden dann wasserunlösliche Verbindungen. Natürlich getemperte Puzzolane werden mit **Q** gekennzeichnet.
Flugasche (V)	**Flugasche (V)** ist ein künstliches Puzzolan, das als Verbrennungsrückstand in industriellen Großfiltern bei der Abgasreinigung von Kohlekraftwerken anfällt. Es ist wie das natürliche **P** erst dann hydraulisch, wenn die reaktionsfähige Kieselsäure mit Wasser und Kalkhydrat in Verbindung kommt. Kalkreiche Flugasche wird mit **W** gekennzeichnet.
Gebrannter Ölschiefer (T)	**Gebrannter Ölschiefer (T)** ist ein fein gemahlener bitumenhaltiger, kalkhaltiger Schiefer, der durch Brennen bei ca. 800 °C zum selbstständig erhärtenden hydraulischen Zusatzstoff wird.
Kalkstein (L) (LL)	Kalkstein ist ein Sedimentgestein mit einem $CaCO_3$-Anteil von mind. 75 Masse-%. Tonanteile bis 30 Masse-% werden als Kalksteinmergel bezeichnet.
Silicastaub (D)	Silicastaub (D), auch Mikrosilica genannt, ist glasartig erstarrtes Siliziumdioxid (SiO_2), das entsteht, wenn Filterstaub aus der Herstellung von Siliziummetall abkühlt. Dabei bilden sich Kugeln mit einem Durchmesser von etwa 0,1 µm.
Gips	Gips, z.B. als Calciumsulfat-Halbhydrat ($CaSO_4 \cdot \frac{1}{2} H_2O$), wird in geringen Mengen zugegeben, um den Erstarrungsbeginn hinauszuzögern. Zu viel Gips fördert das Ettringittreiben (Zementbazillus).

Zementarten und Zusammensetzung (DIN EN 197-1 + A1, DIN EN 197-5)

Hauptzementart	Benennung Normalzementarten	Kurzzeichen	Hauptbestandteile (Masse-%) Portlandzementklinker K	Hüttensand S	Silicastaub D	Puzzolan 1) P	Puzzolan 1) Q	Flugasche 2) V	Flugasche 2) W	Gebrannter Schiefer T	Kalkstein 3) L	Kalkstein 3) LL
CEM I	Portlandzement PZ	CEM I	95 … 100	–	–	–	–	–	–	–	–	–
CEM II	Portlandhüttenzement	CEM II/A-S	80 … 94	6 … 20	–	–	–	–	–	–	–	–
		CEM II/B-S	65 … 79	21 … 35	–	–	–	–	–	–	–	–
	Portlandsilicastaubzement	CEM II/A-D	90 … 94	–	6 … 10	–	–	–	–	–	–	–
	Portlandpuzzolanzement	CEM II/A-P	80 … 94	–	–	6 … 20	–	–	–	–	–	–
		CEM II/B-P	65 … 79	–	–	21 … 35	–	–	–	–	–	–
		CEM II/A-Q	80 … 94	–	–	–	6 … 20		–	–	—	–
		CEM II/B-Q	65 … 79	–	–	–	21 … 35		–	–	—	–
	Portlandflugaschezement	CEM II/A-V	80 … 94	–	–	–	–	6 … 20	–	–	–	–
		CEM II/B-V	65 … 79	–	–	–	–	21 … 35	–	–	–	–
		CEM II/A-W	80 … 94	–	–	–	–	–	6 … 20	–	–	–
		CEM II/B-W	65 … 79	–	–	–	–	–	21 … 35	–	—	–
	PZ-Schieferzement	CEM II/A-T	80 … 94	–	–	–	–	–	–	6 … 20	–	–
		CEM II/B-T	65 … 79	–	–	–	–	–	–	21 … 35	–	–
	Portlandkalksteinzement	CEM II/A-L	80 … 94	–	–	–	–	–	–	–	6 … 20	–
		CEM II/B-L	65 … 79	–	–	–	–	–	–	–	21 … 35	–
		CEM II/A-LL	80 … 94	–	–	–	–	–	–	–	–	6 … 20
		CEM II/B-LL	65 … 79	–	–	–	–	–	–	–	–	21 … 35
	PZ-Kompositzement	CEM II/A-M	80 … 94	← 6 … 20 →								
		CEM II/B-M	65 … 79	← 21 … 35 →								
CEM III	Hochofenzement	CEM III/A	35 … 64	36 … 65	–	–	–	–	–	–	–	–
		CEM III/B	20 … 34	66 … 80	–	–	–	–	–	–	–	–
		CEM III/C	5 … 19	81 … 95	–	–	–	–	–	–	–	–
CEM IV	Puzzolanzement	CEM IV/A	65 … 89	–	← 11 … 35 →					–	–	–
		CEM IV/B	45 … 64	–	← 36 … 55 →					–	–	–
CEM V	Kompositzement	CEM V/A	40 … 64	18 … 30	–	← 18 … 30 →			–	–	–	–
		CEM V/B	20 … 58	31 … 50	–	← 31 … 50 →			–	–	–	–

1) P natürliches Puzzolan, Q getempertes (temperaturbehandeltes) Puzzolan.
2) V kieselsäurereiche Flugasche, W kalkreiche Flugasche.
3) L hoher organischer Kohlenstoffgehalt ≤ 0,5 M.-%;
LL niedriger organischer Kohlenstoffgehalt ≤ 0,2 M.-%
*) Schüttdichten: lose eingelaufen 0,9 kg/dm³ … 1,2 kg/dm³, eingerüttelt 1,6 kg/dm³ … 1,9 kg/dm³.

Dichte

Zementart	**Dichte ϱ 1)**	**Zementart**	**Dichte ϱ 1)**
Portland-Zement	3,10 kg/dm³	Portland-Schiefer-Zement	3,05 kg/dm³
Portlandhütten-Zement	3,05 kg/dm³	Portland-Kalkstein-Zement	3,05 kg/dm³
Portland-Silicastaub-Zement	3,20 kg/dm³	Portland-Komposit-Zement	2,95 kg/dm³
Portland-Puzzolan-Zement	2,90 kg/dm³	Hochofen-Zement	3,00 kg/dm³
Portland-Flugasche-Zement	2,98 kg/dm³	Puzzolan-Zement	2,90 kg/dm³

1) Dichte = Rohdichte für Stoffraumrechnung
Schüttdichten: lose eingelaufen: 0,9 kg/dm³ … 1,2 kg/dm³ eingerüttelt: 1,6 kg/dm³ … 1,9 kg/dm³

4

Festigkeitsklassen und Kennfarben für die Sackware

Festigkeitsklasse	Norm	Druckfestigkeit in N/mm² bzw. MPa Anfangsfestigkeit 2 Tage	7 Tage	Normfestigkeit 28 Tage		Sackfarbe	Erstarrungsbeginn	Raumbeständigkeit
22,5	DIN EN 14 216	–	–	$\geq 22,5$	$\leq 42,5$	–	≥ 75 min	≤ 10 mm
32,5 L	DIN EN 197-1 (DIN EN 197-4 und DIN EN 197-1/A1 wurden zusammengefasst)	–	≥ 12	$\geq 32,5$	$\leq 52,5$	hellbraun	≥ 75 min	≤ 10 mm
32,5 N		–	≥ 16					
32,5 R		≥ 10	–					
42,5 L		–	≥ 16	$\geq 42,5$	$\leq 62,5$	grün	≥ 60 min	≤ 10 mm
42,5 N		≥ 10	–					
42,5 R		≥ 20	–					
52,5 L		≥ 10	–	$\geq 52,5$	–	rot	≥ 45 min	≤ 10 mm
52,5 N		≥ 20	–					
52,5 R		≥ 30	–					

R Rapid (schnellhärtende Zemente); **N** Normalhärtende Zemente; **L** langsamhärtende Zemente.

Besondere Eigenschaften der Normalzemente

LH (Low Heat) Niedrige Hydratationswärme	Wärmemenge nach 7 Tagen ≤ 270 J/g Zement. Kalkarmer Zement reagiert langsamer mit Wasser als kalkreicher.	DIN EN 197-1 + A1
VLH (Very Low Heat) Sehr niedrige Hydratationswärme	Wärmemenge nach 7 Tagen ≤ 220 J/g Zement Hochofenzement VLH III/B, VLH III/C Puzzolanzement VLH IV/A, VLH IV/B Kompositzement VLH V/A, VLH V/B	DIN EN 14216
SR (Sulfat Resisting) Hoher Sulfatwiderstand	Bei CEM I Begrenzung des C_3A auf 3 %, des Al_2O_3 auf 5 % CEM III/B Hüttensandanteil ≥ 66 M.-%	DIN EN 197-1
(na) Niedrig wirksamer **A**lkaligehalt	Bei CEM I Begrenzung des Natriumoxids (Na_2O) CEM II mit ≥ 50 M.-% Hüttensand	DIN 1164-10
FE-Zement	Zement mit frühem Erstarren	DIN 1164-11
SE-Zement	Zement mit schnellem Erstarren	DIN 1164-11
HO-Zement	erhöhter Anteil an organischen Bestandteilen	DIN 1164-12

Bezeichnung der Zemente

Zemente sind mindestens nach der Zementart und dem Zahlenwert für die Normfestigkeit zu kennzeichnen

Beispiel CEM III/B - 32,5 N - SR

CEM III: Hochofenzement; **B:** hoher Anteil an Hüttensand; **32,5:** Festigkeitsklsse 32,5 (N/mm²)
N: normal erhärtender Zement; **SR:** Hoher Sulfatwiderstand

Tonerdezement

Tonerdezement ist ein Sonderzement mit einer sehr schnellen Erhärtung in wenigen Minuten. Verwendung; Abdichtung gegen Wasser. Dieser ist nicht für tragende Bauteile zugelassen.

Abbinden und Erhärten

Nach Kontakt der Zementkörner mit Wasser bildet sich zunächst ein Gel und anschließend erfolgt eine chemische Reaktion, die Hydratation. Es entsteht ein fester Zementstein aus **Calcium-Silikat-Hydraten** (CSH).

$2\,(3\,CaO \cdot SiO_2) + 6\,H_2O \Rightarrow 3\,CaO \cdot 2\,SiO_2 \cdot 3\,H_2O + 3\,Ca(OH)_2$

$2\,(2\,CaO \cdot SiO_2) + 4\,H_2O \Rightarrow 3\,CaO \cdot 2\,SiO_2 \cdot 3\,H_2O + Ca(OH)_2$

$3\,CaO \cdot Al_2O_3 + 6 \cdot H_2O \Rightarrow 3\,CaO \cdot Al_2O_3 \cdot 6\,H_2O$

$4\,CaO \cdot Al_2O_3 \cdot Fe_2O_3 + 2\,(CaO \cdot H_2O) + 10\,H_2O \Rightarrow 3\,CaO \cdot Al_2O_3 \cdot 6\,H_2O + 3\,CaO_3 \cdot Fe_2O_3 \cdot 6\,H_2O$

Während der chemischen Reaktion entsteht **Hydratationswärme**.

Die **Mahlfeinheit** bestimmt im Wesentlichen die Frühfestigkeit der Zemente. Je feiner der Zement, desto schneller hydratisiert das wasserbenetzte Zementkorn (Oberfläche 2700 cm²/g für PZ 32,5R bzw. 5200 cm²/g für PZ 52,5R).

4.12 Gips, Gips-Trockenmörtel, Calciumsulfatmörtel

Herstellung

Rohstoff: Gipsstein $CaSO_4 + 2 \cdot H_2O$
Durch „Brennen" ($\vartheta > 150$ °C) wird das Kristallwasser entfernt. Es entsteht – je nach Temperatur und Dauer – Halbhydrat $CaSO_4 + \frac{1}{2} \cdot H_2O$ oder Anhydrit $CaSO_4$ (Calciumsulfat) ohne Kristallwasser. Die Erhärtung nur an der Luft erfolgt indem das „herausgebrannte" Kristallwasser über das Anmachwasser wieder aufgenommen wird. Je höher die Brenntemperatur desto länger die Erhärtungszeit. Diese wird heutzutage durch Zusätze und Gips aus der Rauchgasentschwefelung gesteuert.

Technologische Merkmale: atmungsaktiv; gut haftend; feuerhemmend; nicht raumbeständig; fördert Rostbild; fault in dauerfeuchten Räumen

Arten von Gipsbindern und Gips-Trockenmörteln (KZ = Kurzzeichen) (DIN EN 13279-1)

Gipsbinder (A)	KZ	Gips-Trockenmörtel (B)	KZ	Gips-Trockenmörtel für besondere Zwecke (C)	KZ
Gipsbinder zur Direktverwendung oder Weiterverarbeitung (Trockenpulver-Produkte)	A1	Gips-Putztrockenmörtel	B 1	Gips-Trockenmörtel für faserverstärkte Gips-elemente	**C 1**
		gipshaltiger Putz-trockenmörtel	B 2	Gips-Mauermörtel	C 2
		Gipskalk-Putztrocken-mörtel	B 3	Akustikputz-Gips-Trockenmörtel	C 3
Gipsbinder zur Direktverwendung auf der Baustelle	A2	Gipsleicht-Putztrocken-mörtel	B 4	Wärmedämmputz-Gips-Trockenmörtel	C 4
Gipsbinder zur Weiterverarbeitung (z. B. Gips-Wandbauplatten, Gipsplatten, Gipselemete für Unterdecken)	A3	gipshaltiger Leicht-Putz-trockenmörtel	B 5	Brandschutz-Gips-Trockenmörtel	C 5
		Gipskalkleicht-Putz-trockenmörtel	B 6	Dünnlagenputz-Gips-Trockenmörtel	C 6
		Gips-Trockenmörtel für Putz mit erhöhter Oberflächenhärte	B 7		

4

Anforderungen für Gipsbinder und Gips-Trockenmörtel

Gips-Trocken-mörtel (B)		$CaSO_4$-Binder	Versteifungsbeginn Gips-Handputz	Versteifungsbeginn Gips-Maschinenputz	Biege-zugfestigkeit	Druck-festigkeit	Oberflächen-härte
Putzmörtel-arten ▶ S. 84	B 1	> 50 %	> 20 Min.	> 50 Min.	≥ 1,0 N/mm²	≥ 2,0 N/mm²	–
	B 2	< 50 %					
	B 3	a					
	B 4	> 50 %					
	B 5	< 50 %					
	B 6	a					
	B 7	> 50 %			≥ 2,0 N/mm²	≥ 6,0 N/mm²	≥ 2,5 N/mm²

Gipsbinder (A) ist der (bekannte) Stuckgips. Stuckgips wird zur werksmäßigen Herstellung von Gipskartonplatten und Gipsplatten sowie als Innenputz verwendet. Die alten Bezeichnungen der Gipsputze: Hand- und Maschinenputzgips, Fertigputz- und Haftputzgips sind ersetzt durch die Gips-Trockenmörtel (**B, C**). Der Gehalt an Calciumsulfat muss mind. 50 % betragen.

Druckfestigkeiten von Calciumsulfat-Werkmörtel (CA) (empfohlene Klasse ⁝‐‐‐‐‐⁝)

Klasse	C5	C7	C12	C16	C20	C25	C30	C35	C40	C50	C60	C80
Druckfestigkeit in N/mm²	5	7	12	16	20	25	30	35	40	50	60	80

Biegezugfestigkeiten von Calciumsulfat-Werkmörtel (CA) (empfohlene Klasse ⁝‐‐‐‐‐⁝)

Klasse	F1	F2	F3	F4	F5	F6	F7	F10	F15	F20	F30	F40	F50
Biegezugfestigkeit in N/mm²	1	2	3	4	5	6	7	10	15	20	30	40	50

4.13 Gesteinskörnungen

Gesteinskörnung (alt: Zuschlag)	Körniges Material für die Verwendung im Bauwesen. Gesteinskörnungen können natürlich, industriell hergestellt oder recycelt sein.
Natürliche Gesteinskörnung	Gesteinskörnung aus mineralischen Vorkommen, die ausschließlich einer mechanischen Aufbereitung unterzogen worden ist
Industriell hergestellte Gesteinskörnung	Gesteinskörnung mineralischen Ursprungs, die in einem industriellen Prozess unter Einfluss einer thermischen oder sonstigen Veränderung entstanden ist
Recycling-Gesteinskörnung	Gesteinskörnung aus aufbereitetem anorganischem Material, das zuvor als Baustoff eingesetzt war
Gesteinskörnung	**Feine:** Bezeichnung für kleinere Korngruppen mit $D \leq 4$ mm **Grobe:** Bezeichnung für Korngrößen mit $D \geq 4$ mm und $d \geq 2$ mm
Natürliche Gesteinskörnung 0/8	Bezeichnung für natürliche Gesteinskörnung glazialen (während der Eiszeit entstandenes Gestein) und/oder fluvialen (von einem Fließgewässer mitgeführtes zerkleinertes Gestein) Ursprungs mit $D \leq 8$ mm
Korngemisch	Gesteinskörnung, die aus einer Mischung grober Gesteinskörnung und feiner Gesteinskörnung besteht
Größt- und Kleinstkorn	Die obere bzw. untere Korngröße einer Korngruppe bzw. Lieferkörnung
Kornzusammensetzung	Korngrößenverteilung, ausgedrückt durch die Siebdurchgänge als Massenanteil (bzw. Volumenanteil ▶ S. 78 Sieblinien) in Prozent durch eine festgelegte Anzahl von Sieben
Korngruppe Lieferkörnung	Bezeichnung einer Gesteinskörnung mittels unterer (*d*) und oberer (*D*) Siebgröße, ausgedrückt *d/D*, jeweils in mm
Kornklasse	Bereich zwischen benachbarten Prüfkorngrößen, z. B. 4 mm bis 8 mm (4/8)
Unter- und Überkorn	Unterkorn ist der Anteil, der bei der Prüfsiebung durch das untere Prüfsieb *d* der jeweiligen Korngruppe hindurchfällt (max. 20 M.-%); Überkorn der Anteil, der auf einem entsprechenden oberen Sieb *D* liegen bleibt (max. 20 M.-%).
Füllkorn	Körner mit einer Korngröße, die gerade in die Zwickel zwischen den nächstgrößeren passt
Einkorn	Körner aus nahezu gleicher Korngröße (ca. 33 Vol.-% Haufwerksporen)
Füller (Gesteinsmehl)	Gesteinskörnung, deren überwiegender Teil durch das 0,063-mm-Sieb hindurchgeht und den Baustoffen zur Erreichung bestimmter Eigenschaften zugegeben werden kann
Kernfeuchte	Wassermenge, die in den Gesteinsporen enthalten ist, auch Porenfeuchte genannt
Oberflächenfeuchte	Wassermenge, die an der Kornoberfläche haftet. Sie ist beim Zugabewasser des Betons zu berücksichtigen ▶ S. 96 (Zugabewasser + Oberflächenfeuchte = Wasseranspruch des Frischbetons)
Eigenfeuchte	Summe aus Kernfeuchte und Oberflächenfeuchte
Siebsatz	Der Prüfsiebsatz für Gesteinskörnungen besteht i.d.R. aus Einzelsieben mit Maschen oder quadratischen Öffnungen. Der **Grundsiebsatz** umfasst die Siebgrößen: **0,063; 0,125; 0,25; 0,5; 1; 2; 4; 8; 16; 31,5 (32); 63 mm.** Der **Ergänzungssiebsatz 1** enthält zusätzlich zum Grundsiebsatz die Siebgrößen **5,6 (5); 11,2 (11); 22,4 (22) und 45 mm.** Die Zahlen in Klammern können zur vereinfachten Benennung von Lieferkörnungen verwendet werden. Der **Ergänzungssiebsatz 2** enthält zusätzlich zum Grundsiebsatz die Siebgrößen **6,3 (6); 10; 12,5 (12); 14; 20 und 40 mm.**
Mehlkorn	Anteile der Körnung bis max. 0,125 mm, Zement, mineralische Zusatzstoffe
Siebdurchgang/ Siebrückstand	Menge der Gesteinskörnung, die durch das Sieb fällt/ Menge der Gesteinskörnung, die auf dem Sieb liegen bleibt
Alkali-Empfindlichkeit	Gesteinskörnungen, die schädliche Mengen alkalilöslicher Kieselsäure enthalten (z. B. Opal, Flint), können mit den Zementbestandteilen reagieren und wegen der Volumenzunahme zu Betonschäden führen.

4.14 Gesteinskörnung für Beton

Durch die Vorgabe der Bauproduktenrichtlinie der Europäischen Gemeinschaft gibt es verschiedene Anforderungsklassen für Gesteinskörnungen, die in 5 europäischen Normen enthalten sind.

Europäische Anforderungsnormen DIN EN/(Nationales Anwendungsdokument NA)	
DIN EN 12620	Gesteinskörnungen für Beton/(DIN V 20000-103, TL Gestein-StB)
DIN EN 13055-1	Leichte Gesteinskörnungen für Beton, Mörtel und Einpressmörtel
DIN EN 13139	Gesteinskörnungen für Mörtel
DIN EN 13242	Gesteinskörnungen für ungebundene und hydraulisch gebundene Gemische (TL Gestein-StB)

Art der Gesteinskörnung		**nicht gebrochen**	**Rohdichte** [kg/dm³]	**gebrochen**	**Rohdichte** [kg/dm³]
Leichte Gesteinskörnung	$\varrho \leq 2\,\frac{kg}{dm^3}$	Naturbims } Lava } Tuff	0,2 … 1,3 1,3 … 2,0	Hüttenbims Blähton } Blähschiefer }	0,5 … 1,5 0,7 … 1,7
Normale Gesteinskörnung	$2\,\frac{kg}{dm^3} < \varrho \leq 3\,\frac{kg}{dm^3}$	Quarzit Kalkstein Granit Basalt	2,6 … 2,7 2,4 … 2,8 2,6 … 2,8 2,8 … 3,0	Hochofenschlacke Schmelzgranulat Hüttensand	2,5 … 2,6 2,6 … 2,7 2,5
Schwere Gesteinskörnung	$\varrho > 3\,kg/dm^3$	Schwerspat } Baryt } Magnetit Hämatit	4,0 … 4,3 4,6 … 4,8 4,9 … 5,3	Schwermetallschlacke Sintererz Stahlsand	~ 3,5 4,4 … 5,3 7,5
Rezyklierte Gesteinskörnung		––	––	Betonsplitt } Betonbrechsand } Mauerwerksbruch }	≥ 2,0

Allgemeine Anforderungen an die Kornzusammensetzung (DIN EN 12620)

Gesteinskörnungen	**Korngröße**	**Durchgang in Massenanteil in Prozent**[1]					**Kategorie** G[2]	**Korngruppe** *d/D* z. B.
		2 *D*	1,4 *D*	*D*	*d*	*d*/2		
Grob (Kies) (Kies-Sand)	*D/d* ≤ 2 oder *D* ≤ 11,2 mm	100 100	98 … 100 98 … 100	85 … 99 80 … 99	0 … 20 0 … 20	0 … 5 0 … 5	G_C 85/20 G_C 80/20	4/8 2/4
	D/d > 2 und *D* > 11,2 mm	100	98 … 100	90 … 99	0 … 15	0 … 5	G_C 90/15	4/16 4/32
Fein (Sand)	*D* ≤ 4 mm und d = 0	100	95 … 100	85 … 99	–	–	G_F 85	0/4 0/2
natürlich zusammengesetzte Gesteinskörnung	*D* = 8 mm und *d* = 0	100	98 … 100	90 … 99	–	–	G_{NG} 90	0/8
Korngemisch	*D* ≤ 45 mm und *d* = 0	100 100	98 … 100 98 … 100	90 … 99 85 … 99	–	–	G_A 90 G_A 85	0/16 0/32

D Siebweite des oberen Begrenzungssiebes *d* Siebweite des unteren Begrenzungssiebes

[1] Erklärung: Bei einer groben Gesteinskörnung, Kategorie G_C 85/20, z. B. Korngruppe 4/8, dürfen max. 15 M.-% müssen mind. 1 M.-% auf dem oberen Sieb *D* als Überkorn liegen bleiben (Siebdurchgang 8 mm: 85 M.-% bis 99 M.-%) und max. 20 M.-% als Unterkorn durch das untere Sieb *d* hindurchfallen (Siebdurchgang 4 mm: 0 M.-% bis 20 M.-%).

[2] G = Grading ⇒ Kornzusammensetzung/Korngrößenverteilung; C = Coarse ⇒ grobkörnig; F = Fine ⇒ feinkörnig; NG = Natural Grading ⇒ natürlich zusammengesetzte Gesteinskörnung; A = All-in ⇒ (Korn-)Gemisch

Sieblinien (DIN 1045-2)

Bei Sand und Kies mit annähernd gleichen Rohdichten ist die Angabe in Massenprozenten üblich und ausreichend.

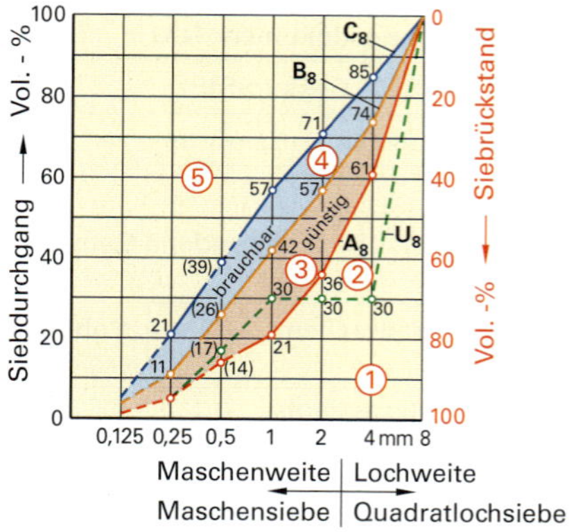

Regelsieblinien für Größtkorn 8 mm

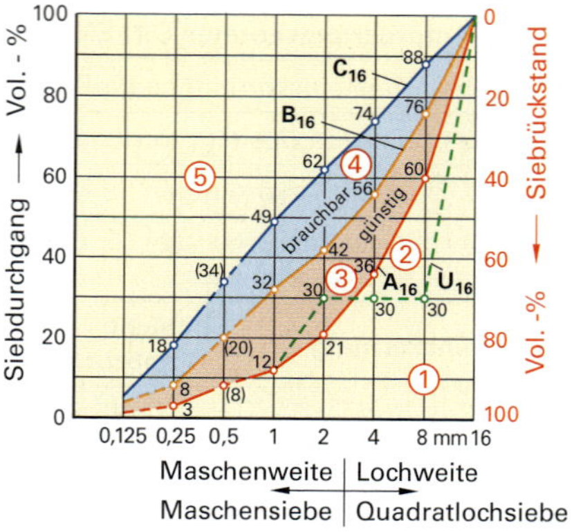

Regelsieblinien für Größtkorn 16 mm

4

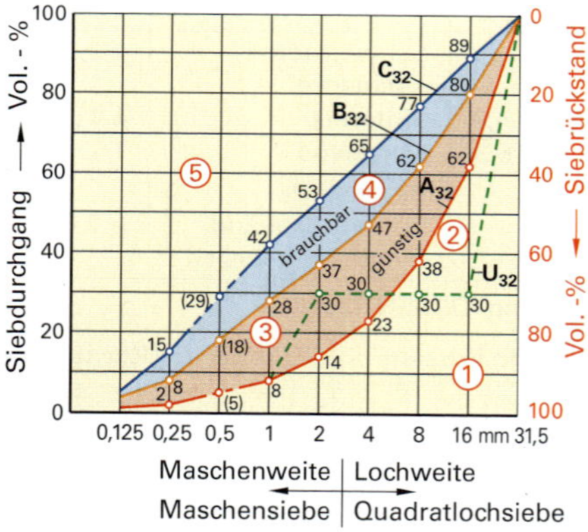

Regelsieblinien für Größtkorn 32 mm

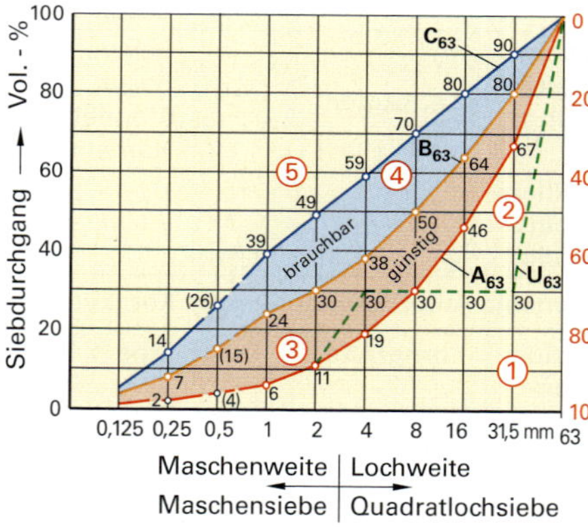

Regelsieblinien für Größtkorn 63 mm

① grobkörnig (zu grob, unterhalb A)
② Ausfallkörnung (günstig für Ausfallkörnung, zwischen U und B)
③ grob- bis mittelkörnig (günstig, zwischen A und B)
④ mittel- bis feinkörnig (brauchbar, zwischen B und C)
⑤ feinkörnig (zu fein, oberhalb von C)

Stetige Sieblinien: Eine Sieblinie ist stetig, wenn jede Korngruppe vorhanden ist. Stetige Sieblinien für Beton sollen zwischen den Sieblinien A und C verlaufen.

Unstetige Sieblinie: Eine Sieblinie ist unstetig, wenn einzelne Korngruppen fehlen **(Ausfallkörnung, Sieblinie U)**. Unstetige Sieblinien sollen zwischen der unteren Grenzsieblinie U und der Sieblinie C verlaufen.

Betontechnologische Forderungen

- Die Gesteinskörnung soll ein dichtes, hohlraumarmes Kornhaufwerk bilden.
- Die Oberfläche des Korngemisches soll klein sein.
- Die Gesteinskörnung soll einen gut verarbeitbaren und gut verdichtbaren Beton ermöglichen.

- **Konstruktive Forderung**
- Der Größtkorndurchmesser soll $\leq \frac{1}{3}$ des kleinsten Bauteilmaßes sein.
- Die Gesteinskörnung soll kleiner sein als der Abstand der Bewehrungsstäbe untereinander und von der Schalung.

Siebversuch (DIN EN 933-1)

Arbeitsschritte

- Messproben bei 110 °C ± 5 °C trocknen, danach wiegen.
- Messprobe mit Schutzsieb und 0,125-mm-Sieb waschen.
- Waschwasser mit Schlämme trocknen, wiegen.
- Siebprobe trocknen.
- Siebprobe auf das oberste Sieb schütten, gründlich sieben, bei Siebüberlastung teilen und über heller Unterlage von Hand nachsieben.
- Rückstand des obersten Siebes wiegen, Ergebnis eintragen.
- Die weiteren Kornklassen der Reihe nach dazuwiegen oder jede Kornklasse getrennt wiegen (vgl. Beispiel).
- Mit der Menge des Auffangkastens (K) und der getrockneten Schlämme (Schl) darf der Gewichtsunterschied zur Ausgangsmenge (Siebverlust) 1 Masse-% nicht überschreiten.

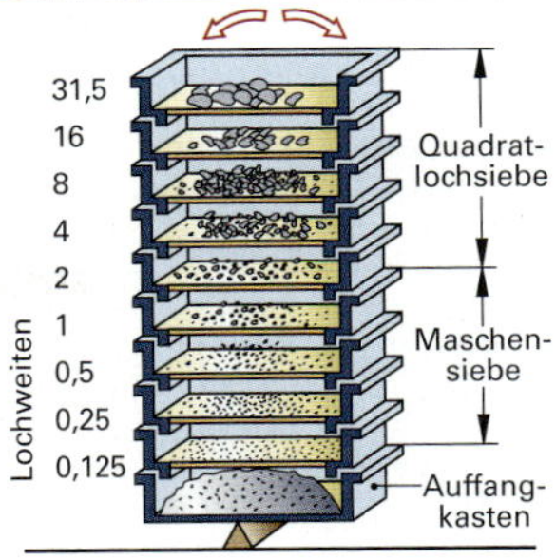

Prüfsiebsatz

Mindestprobenmengen (DIN EN 933-1)

Größtkorn	32 mm	16 mm	8 mm	≤ 4 mm
Menge normale GK: 2,0 kg/dm³ ≤ ϱ ≤ 3,0 kg/dm³	10,0 kg	2,6 kg	0,6 kg	0,2 kg
Volumen leichte Gesteinskörnung	2,1 ℓ	1,7 ℓ	0,8 ℓ	0,3 ℓ

Maximale Belastung der Siebböden für übliche Gesteine: $A \cdot \sqrt{d} / 200$ in g

Sieböffnungsweite *d* in mm	63	32	16	8	4	2	1	0,5	0,25	0,125
Siebsatz Ø 200 mm, *A* = 31 416 mm²	1247	889	628	444	314	222	157	111	79	56
Siebsatz Ø 300 mm, *A* = 70 686 mm²	2805	1999	1414	1000	707	500	353	250	177	125
Siebsatz Ø 400 mm, *A* = 125 664 mm²	4987	3554	2513	1777	1256	889	628	444	314	222

Der Siebversuch dient u.a. zur Berechung des Wasseranspruchs:

Körnungsziffer *k* Summe aller prozentualen Siebrückstände (ab Sieb 0,25 mm) dividiert durch 100

$$k = \frac{\Sigma \text{ Siebrückstände [\%]}}{100}$$

Durchgangssumme *D* Summe aller prozentualen Siebdurchgänge vom 63-mm-Sieb bis 0,25-mm-Sieb

Feinheitsziffer *F* $F = 30 \cdot k + 25$ (auch *F*-Wert genannt)

Beispiel

Siebnennweite [mm]	63	32	16	8	4	2	1	0,5	0,25	0,125	K	Schl	Σ
Einzelsiebrückstand in g	0	0	2020	1947	1951	1022	978	821	779	340	82	60	10 000
Einzelsiebrückstand in Masse-%	0,0	0,0	20,2	19,5	19,5	10,2	9,8	8,2	7,8	3,4	0,8	0,6	100,0
Σ Siebrückstände in Masse-%	0,0	0,0	20,2	39,7	59,2	69,4	79,2	87,4	95,2	98,6	100,0		
Siebdurchgang in Masse-%	100,0	100,0	79,8	60,3	40,8	30,6	20,8	12,6	4,8	1,4	–	–	

Körnungsziffer $k = \frac{20{,}2 + 39{,}7 + \ldots + 95{,}2}{100} = 4{,}50$

Durchgangssumme
$D = 100{,}0 + 100{,}0 \ldots + 4{,}8 = 449{,}7$

Feinheitsziffer $F = 30 \cdot 4{,}50 + 25 = 160$

Fortsetzung des Beispiels: ▶ Folgeseite

Je grobkörniger die Gesteinskörnung, desto größer ist die Körnungsziffer und umso geringer ist der Wasseranspruch.

Bei gleicher (jeweiliger) Dichte sind die Siebdurchgänge in Masse-% und Volumen-% gleich.

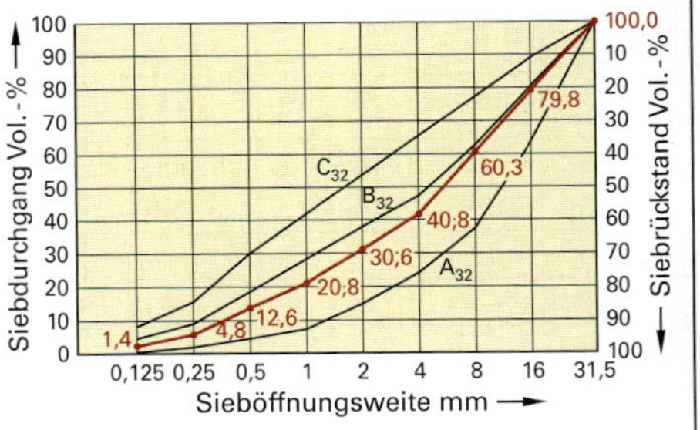

Wasseranspruch

Anhaltswerte für hohen Wasseranspruch
Quelle: Informationszentrum Beton

Sieblinie	Körnungsziffer k	Wasseranspruch *w* (ℓ) für 1 m³ Frischbeton der Konsistenz F1	F2	F3
A8	3,64	155 ℓ	190 ℓ	210 ℓ
B8	2,89	175 ℓ	205 ℓ	225 ℓ
C8	2,27	200 ℓ	230 ℓ	250 ℓ
U8	3,87			
A16	4,61	140 ℓ	170 ℓ	190 ℓ
B16	3,66	150 ℓ	185 ℓ	205 ℓ
C16	2,75	185 ℓ	215 ℓ	235 ℓ
U16	4,88			
A32	5,48	130 ℓ	155 ℓ	175 ℓ
B32	4,20	140 ℓ	175 ℓ	195 ℓ
C32	3,30	165 ℓ	200 ℓ	220 ℓ
U32	5,65			
A63	6,15	120 ℓ	145 ℓ	160 ℓ
B63	4,91	135 ℓ	160 ℓ	180 ℓ
C63	3,72	145 ℓ	180 ℓ	200 ℓ
U63	6,57			

Beispiel
Die Körnungsziffer betrage bei einer 0/32-er Körnung $k = 4{,}50$. Der Wasseranspruch *w* für 1 m³ Frischbeton ist zu bestimmen, wenn die Konsistenz F3 angestrebt wird.
Lösung; Interpolation nach den **Richtwerten** für hohen **Wasseranspruch**

$$y = \frac{y_0 + y_1 - y_0}{x_1 - x_0} \cdot (x - x_0)$$

$x_0 = 5{,}48$; $x_1 = 4{,}20$; $k = x = 4{,}50$
$y_0 = 175\ \ell/m^3$; $y_1 = 195\ \ell/m^3$;

$$\mathbf{y} = 175 + \frac{195 - 175}{4{,}20 - 5{,}48} \cdot (4{,}50 - 5{,}48) = 190{,}3\ \ell/m^3$$

Der Wasseranspruch ***w*** beträgt **190 ℓ/m³**.

Wasseranspruch für oberflächentrockene Gesteinskörnung
Quelle: in Anlehnung an HeidelbergCement

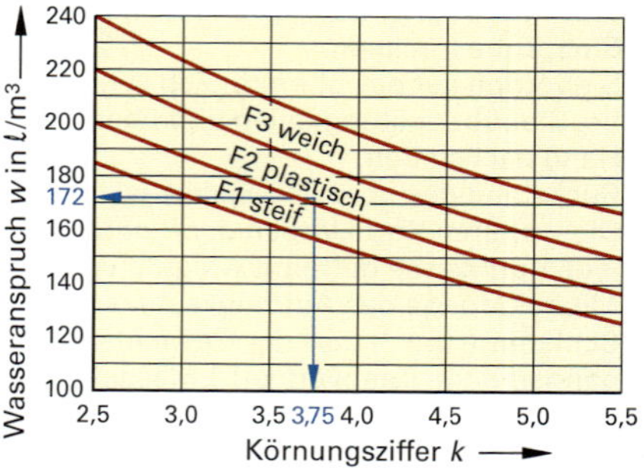

Beispiel Wasseranspruch
Gesteinskörnung mit *k*-Wert 3,75, Ausbreitmaßklasse F2,
Ergebnis: 172 kg/m³ verdichteter Beton
Der Wasseranspruch kann – je nach Gesteinskörnung – um bis zu ± 20 ℓ/m³ abweichen.
Hoher Wasseranspruch: gebrochene, porige Oberfläche;
niedriger Wasseranspruch: Kiese mit glatter Oberfläche

$$w = \frac{1100}{k + 3} + a$$

Richtwerte für durchschnittlichen Wasseranspruch

$a = 0$	bei Konsistenz **steif**	**F1**
$a = 20$	bei Konsistenz **plastisch**	**F2**
$a = 40$	bei Konsistenz **weich**	**F3**
k	Körnungsziffer der Gesteinskörnung	

Beispiel (Aufgabenstellung wie links)

$$w = \frac{1100}{4{,}50 + 3} + 40$$
$$w = 187\ \ell/m^3$$

4

Mehlkorngehalt

Als Mehlkorn ist der Kornanteil ≤ 0,125 mm aus der Gesteinskörnung, die Zementmenge sowie gegebenenfalls die Menge an Zusatzstoffen definiert. Dieser fördert die Verarbeitbarkeit des Frischbetons und bewirkt ein dichtes Gefüge des Festbetons: gut und wichtig bei Pumpbeton, Sichtbeton, wu-Beton und für dünnwandige, eng bewehrte Bauteile.

Höchstzulässiger Mehlkorngehalt (kg/m³)

Zementgehalt [kg/m³]	Expositionsklassen ▶ S. 89 XF, XM 8 mm	XF, XM 16…63 mm	X0, XC, XD, XS, XA 8…63 mm	alle 8…63 mm	Betonfestigkeitsklasse [N/mm²]
≤ 300	450[1]	400[1]	550	–	≤ C50/60 ≤ LC50/55
≥ 350	500[1]	450[1]	550	–	
≤ 400	–	–	–	500[2]	≥ C55/67 ≥ LC55/60
450	–	–	–	550[2]	
≥ 500	–	–	–	600[2]	

1) Die Werte dürfen insgesamt um max. 50 kg/m³ erhöht werden, wenn
- der Zementgehalt 350 kg/m³ übersteigt, um den über 350 kg/m³ hinausgehenden Zementgehalt,
- ein puzzolanischer Zusatzstoff Typ II (z. B. Flugasche, Silica) verwendet wird, dann um dessen Gehalt.

2) Bei 8 mm Größtkorn darf der Mehlkorngehalt um zusätzlich 50 kg/m³ erhöht werden.

4.15 Estrichmörtel (DIN 18560-2, DIN EN 13813)

Estrich ist eine Mörtelschicht, die auf tragendem Untergrund (z. B. Rohdecke) entweder

- direkt als **Verbundestrich (V)** aufgebracht oder
- durch eine z. B. PE-Folie mit $d > 0{,}1$ mm getrennt als **Estrich auf Trennschicht (T)** oder
- durch eine nachgiebige Dämmschicht getrennt als **schwimmender Estrich (S)** verlegt wird.
- Die Mindestnenndicke d ist abhängig von der Estrichart, der Konstruktionsart, besonderen Anforderungen, der Härteklasse und der Zusammendrückbarkeit der Dämmschicht.

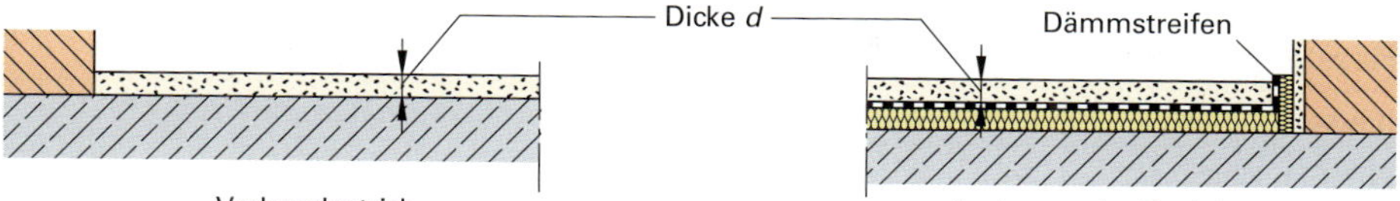

Verbundestrich

schwimmender Estrich

Estrichart/Kurzzeichen	Eigenschaften und Verwendung	Dicke d
Calciumsulfatestrich CA (Calciumsulfat Screed)	Im Wohnungsbau als Verbund- und schwimmender Estrich. Mindestens 450 kg/m^3 Anhydritbinder.	min d = 35 mm max d = 60 mm
Calciumsulfatfließestrich CAF	Fließestrich der großflächig und fugenlos verlegt werden kann. raumstabil, selbstnivelierend, selbstverdichtend	min d = 35 mm max d = 50 mm
Magnesiaestrich MA (Magnesia Screed)	Im Wohnungs- und Industriebau: angenehme Begehbarkeit, sehr gute Wärmedämmung.	min d = 35 mm max d = 75 mm
Zementestrich CT (Cement Screed)	Für Böden mit Fußgängerverkehr, Fahrverkehr, Gütertransporte. Industrieböden mit hohem Verschleißwiderstand.	min d = 40 mm max d = 65 mm
Gussasphaltestrich AS (Asphalt Screed)	Verbund- und schwimmender Estrich. Feuchtigkeitsfreie Belagunterlage. Einteilung nach Eindringtiefe am Probewürfel unter definierten Prüfbedingungen.	min d = 25 mm max d = 40 mm
Kunstharzestrich SR (Synthetic Resin Screed)	Bindemittel: Epoxidharz, Polyesterharz, Polymethacrylharz, Polyurethanharz. Für schwerste mechanische Beanspruchungen, wärmeempfindlich.	min d = 30 mm max d = 60 mm

Druckfestigkeitsklassen (C ⇒ Compression, englisch: Druck)

Klasse	C5	C7	C12	C16	C20	C25	C30	C35	C40	C50	C60	C70	C80
Druckfestigkeit in N/mm^2	5	7	12	16	20	25	30	35	40	50	60	70	80

Biegezugfestigkeitsklassen (F ⇒ Flexural, englisch: Biegezug)

Klasse	F1	F2	F3	F4	F5	F6	F7	F10	F15	F20	F30	F40	F50
Biegezugfestigkeit in N/mm^2	1	2	3	4	5	6	7	10	15	20	30	40	50

Bezeichnung

Verbundestriche sind angegeben mit der Bezeichnung „Estrich", der DIN-Hauptnummer, dem Kurzzeichen, den Festigkeits-/Härteklassen, dem Verschleißwiderstand nach Böhme (**A**, **A**brasion in cm^3/50 cm^2), dem Buchstaben **V** (**V**erbund), der Nenndicke in mm	**Schwimmende Estriche** sind angegeben mit der Bezeichnung „Estrich", der DIN-Hauptnummer, dem Kurzzeichen, den Festigkeits-/Härteklassen, dem Buchstaben „S" (schwimmend), der Nenndicke in mm, H für Heizestrich mit Überdeckung
Estrich DIN 18560 – CT – C30 – F5 – A 15 – V 25	**Estrich DIN 18560 – CA – F4 – S 40**
Estrich DIN 18560 – SR – C40 – F10 – AR 2 – IR 20 – B 1,5 – V 3	**Estrich DIN 18560 – CT – F4 – S 70 – H 45**

4.16 Mauermörtel

Mauerwerksbau ▸ Kap. 5

Mauermörtel hat die Aufgabe, Mauersteine miteinander zu verbinden und in ihrer Lage festzuhalten sowie Maßabweichungen und Ungenauigkeiten auszugleichen.
Mörtel besteht überwiegend aus mineralischen Bindemitteln, mineralischer feiner Gesteinskörnung (Sand bis 4 mm Korndurchmesser) und Wasser. Er wird auf der Baustelle gemischt oder als Werkmörtel, Werkvormörtel und Werkfrischmörtel angeliefert. Einige Bindemittel können mit anderen gemischt werden, z. B. Kalk mit Zement oder Luftkalk mit Gips. Zement und Gips jedoch sind unverträglich.

Herstellungsarten

Baustellenmörtel	BM	wird auf der Baustelle gemischt, auch Rezeptmörtel
Werk-Frischmörtel	WF	wird verbrauchsfertig in verarnbeitbarer Konsistenz geliefert
Werk-Trockenmörtel	WT	fertiges Gemisch der Ausgangsstoffe
Werk-Vormörtel	WV	Gemisch aus Sand und Kalk, Zement und Wasser werden auf der Baustelle dazugegeben

Mörtel- und Fugendruckfestigkeit (DIN EN 998-2)

Mörtelart	Kurzzeichen	Mörtelgruppe[1]	Mörtelklasse	Fugendruckfestigkeit[2]	Herstellungsart
Normal-Mauermörtel	G (NM)	MG I MG II MG IIa MG II MG IIIa	M1 M2,5 M5 M10 M15 M20 Md	– 2,5 N/mm² 5,0 N/mm² 10,0 N/mm² 15,0 N/mm² 20,0 N/mm² Eignungspr.	BM, WF, WT, WV BM, WF, WT, WV BM, WF, WT, WV BM, WF, WT, WV WT WT
Leicht-Mauermörtel	L (LM)	LM 21 LM 36	M5 M5	5,0 N/mm² 5,0 N/mm²	WT WF
Dünnbett-Mörtel ▸ S. 86	T (DM)	MG III	M10	10,0 N/mm²	WT

[1] ursprüngliche bauübliche Bezeichnung nach DIN 1053
[2] Prüfung nach 28 Tagen, Prüfkörper Plattenförmig, Druckstempel quadratisch

Anforderungen an die Mörteleigenschaften

Mörtelgruppen	Trockenrohdichte [kg/m³]	Wärmeleitfähigkeit [W/(m·K)]	Haftscherfestigkeit Anfangswert [N/mm²]	Haftscherfestigkeit Mittelwert [N/mm²]	Chloridgehalt [M.-%]	Bestandteile	Brandverhaltensklasse
Normalmauermörtel (NM)							
I	≥ 1500	–	–	–	≤ 0,1	Kalk, Sand	A1
II		–	≥ 0,04	≥ 0,10		Kalk, Zement, Sand	A1
IIa		–	≥ 0,08	≥ 0,20		Kalk, Zement, Sand	A1
III		–	≥ 0,10	≥ 0,25		Zement, Sand	A1
IIIa		–	≥ 0,12	≥ 0,30		Zement, Sand	A1
Leichtmauermörtel (LM)							
LM 21	≤ 700	≤ 0,21	≥ 0,08	≥ 0,20	≤ 0,1	Perlite, Blähton, Zement, Baukalk, Zusätze	A1
LM 36	> 700 ≤ 1000	≤ 0,36	≥ 0,08	≥ 0,20			A1

4

Baustellenmörtel / Rezeptmörtel

Mischungsverhältnisse in Raumteilen für Normalmörtel (DIN V 18580)

Mörtelgruppe [1] Mörtelklasse [2]	Luftkalk Kalkteig 1,3 kg/ℓ [3]	Luftkalk Kalkhydrat 0,6 kg/ℓ [4]	Hydraulischer Kalk HL2, NHL2 0,8 kg/ℓ [4]	Hydraulischer Kalk HL5, MC5 [5] 1,0 kg/ℓ [4]	Zement 1,2 kg/ℓ [4]	Sand [6] 1,3 kg/ℓ [4]
MG I **M1**	1					3,5 ... 4
		1				3
			1			3
				1		4,5
MG II **M2,5**	1,5				1	8
		2			1	8
			2		1	8
				1		3
MG IIa **M5**		1			1	6
				2	1	8
MG III **M10**					1	4

1) Ursprüngliche Bezeichnung nach DIN 1053 2) Bezeichnung nach DIN EN 998-2
3) Dichte 4) Schüttdichte 5) Putz-und Mauerbinder
6) Sand aus natürlichem Gestein, lagerfeuchter Zustand (DIN EN 13139)

Mörtelfaktor und Mörtelausbeute

3 Eimer Sand, 1 Eimer Bindemittel + Wasser ergeben statt 5 Eimer nur 2 ½ Eimer Mörtel

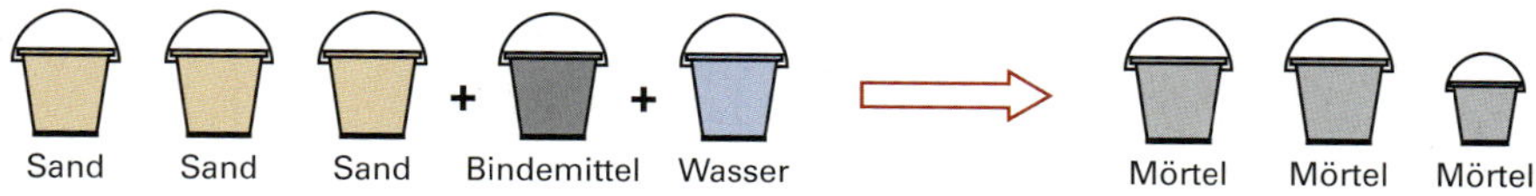

Durch die Zugabe von Wasser „verdichtet" sich der Mörtel und es tritt ein Volumenverlust ein. Dieses „Phänomen" wird als Mörtelausbeute (%) oder Mörtelfaktor (ohne Einheit) benannt. Der Mörtel wird nach Raumteilen (RT) zusammengesetzt. Die Zugabemenge von Wasser ist abhängig vom Feuchtegehalt des Sandes sowie von der erforderlichen Konsistenz des Mörtels.

$$\downarrow \mathbf{MA} = \frac{\text{Volumen angemachter Mörtel}}{\text{Volumen Trockenmörtel}} \cdot 100\ \%$$

Mörtel-ausbeute	Feuchtigkeit des Zuschlags	**Mörtel-faktor**
71 %	trockener Sand	1,4
63 %	lagerfeuchter Sand	1,6
71 %	nasser Sand	1,4

$$\frac{\text{Volumen Trockenmörtel}}{\text{Volumen angemachter Mörtel}} = \mathbf{MF} \uparrow$$

Beispiel

Bestimme das Volumen an Zementmörtel, das sich aus 26 ℓ lagerfeuchtem Sand bei einem Mischungsverhältnis MV in Raumteilen RT von 1 : 4 bei 63 % Mörtelausbeute (MA) herstellen lässt.

Zementmenge: $z = 26\,\ell \cdot \frac{1}{4} = 6{,}5\,\ell$

Trockenmörtel: $V = 26\,\ell + 6{,}5\,\ell = 32{,}5\,\ell$

Mörtelmenge:
MA ≙ 63 % $32{,}5\,\ell \cdot 0{,}63 = 20{,}5\,\ell$

Putz- und Mauerbinder (DIN EN 413-1)

Festig-keits-klasse	Druckfestigkeit in N/mm² nach 7 Tagen	28 Tagen mind.	28 Tagen max.	Luftporen-bildner
MC 5	–	≥ 5	≥ 15	mit
MC 12,5 MC 12,5 X	≥ 7	≥ 12,5	≥ 32,5	mit X ohne
MC 22,5 MC 22,5 X	≥ 10	≥ 22,5	≥ 42,5	mit X ohne

Putz- und Mauerbinder (MC) ist ein werkmäßig hergestelltes, hydraulisches Bindemittel. Es besteht im Wesentlichen aus Portlandzement und anorganischen Stoffen, wie z. B. Gesteinsmehl. Beim Mischen mit Sand und Wasser erhält man einen Mörtel, der für Putz- und Mauerarbeiten geeignet ist.
Die Zugabe luftporenbildender Zusatzmittel verbessert die Verarbeitbarkeit und die Dauerhaftigkeit.

4

4.17 Putzmörtel

Putz soll Gebäude von außen vor Witterungseinflüssen schützen, innen Unebenheiten im Mauerwerk ausgleichen und einen glatten Untergrund für Tapeten und Farbanstriche abgeben.

Putzmörtelarten (DIN 18550-1)

Bezeichnung	Beschreibung	Eigenschaften	Putzmörtelgruppe	Anwendungsbeispiele
Mörtel mit Luftkalk (CL)	Putzmörtel mit Luftkalk als Hauptbindemittel (Kalkhydrat)	CS I	**P I**	Innenputz, Denkmalpflege
Mörtel mit hydraulischem Kalk (NHL, HL)	Putzmörtel mit hydraulischem Kalk als Hauptbindemittel	CS I/CS II	**P I**	Außenputz, Innenputz, Denkmalpflege
Kalkzementmörtel	Putzmörtel mit Baukalk (Kalkhydrat) und Zement	CS II/CS III	**P II**	Außenbereich, Sockelbereich, Innenbereich, Feuchträume
Zementmörtel	Putzmörtel mit Haupbindemittel Zement	CS III/CS IV	**P III**	Außenbereich, Sockelbereich, Innenbereich, Feuchträume, Keller
Gips-/Gipskalkmörtel DIN EN 13279-1	Putzmörtel mit Calciumsulfat als Hauptbindemittel	B1 bis B7	**P IV**	Innenbereich, Küchen, Bäder
		GIPSMASCHINENPUTZ-TROCKENMÖRTEL DIN EN 13279-1-B1-50-2		
Dispersions-Silikatputz DIN EN 15824	Putz, der als Hauptbindemittel Kali-Wasserglas und Polymerdispersion enthält	Wasseraufnahme W2	**P Org 1**	Außenbereich (bis starker Schlagregen)
		Wasseraufnahme ––	––	Innenbereich
Dispersionsputz DIN EN 15824	Putz, der als Hauptbindemittel Polymerdispersion enthält	Wasseraufnahme W2	**P Org 1**	Außenbereich (bis starker Schlagregen)
		Wasseraufnahme ––	**P Org 2**	Innenbereich
Silkonharzputz DIN EN 15824	Putz mit Hauptbindemittel Silikonharzdispersion und Polymerdispersion	Wasseraufnahme W2 vgl. Schlagregenbeanspruchung	**P Org 1**	Außenbereich (bis starker Schlagregen)
Lehmmörtel DIN 18947	Putzmörtel mit Lehm als Bindemittel	S I/S II	––	Innenbereich, Küchen, Bäder
Kunstharzputz DIN 18558	Kunstharz als Bindemittel	geringe Wasserdampfdurchlässigkeit	**P Org 1** **P Org 2**	Außenputz

Klassifizierung der Eigenschaften von Festmörteln (DIN EN 998-1)

Druckfestigkeit nach 28 Tagen	CS I CS II CS III CS IV	$0{,}4\ N/mm^2 \dots 2{,}5\ N/mm^2$ $1{,}5\ N/mm^2 \dots 5{,}0\ N/mm^2$ $3{,}5\ N/mm^2 \dots 7{,}5\ N/mm^2$ $\geq 6\ N/mm^2$	Kapillare Wasseraufnahme	W_c0 W_c1 W_c2	nicht festgelegt $c \leq 0{,}4\ kg/(m^2 \cdot min^{0,5})$ $c \leq 0{,}2\ kg/(m^2 \cdot min^{0,5})$

Mischungsverhältnisse von Putzmörteln (DIN 18550 Teile 1 und 2)

Angaben in Raumteilen Mörtelart	i = innen, a = außen	Kalkhydrat DIN EN 459-1	Hydraulischer Kalk DIN EN 459-1	Mauerbinder DIN EN 459-1	Zement DIN EN 197-1	Gips DIN EN 13249-1	Sand DIN EN 12620
Luftkalkmörtel	i, a	1,0	–	–	–	–	3,5 ... 4,0
mit hydraulischem Kalk	i, a	–	1,0	–	–	–	3,0 ... 4,0
mit Putz und Mauerbinder	i, a	–	–	1,0	–	–	3,0 ... 4,0
Kalkzementmörtel	i, a	–	1,5 ... 2,0	–	1,0	–	9,0 ... 11,0
Zementmörtel mit Kalkhydrat	i, a	≤ 0,5	–	–	2,0	–	6,0 ... 8,0
Zementmörtel	i, a	–	–	–	1,0	–	3,0 ... 4,0
Gipsmörtel	i	–	–	–	–	1,0	1,0 ... 3,0
Gips mit Kalkhydrat	i	1,0	–	–	–	0,5 ... 1,0	3,0 ... 4,0
Kalkmörtel mit Gips	i	1,0	–	–	–	0,1 ... 0,5	3,0 ... 4,0

Putzsysteme

Die Lagen eines Putzes, die in ihrer Gesamtheit und in der Wechselwirkung mit dem Putzgrund die Anforderungen an den Putz erfüllen, werden als Putzsystem bezeichnet. Dieses kann auch ein einlagiger Putz sein.

Innenputze (Auswahl)

Anforderung bzw. Putzanwendung	Druckfestigkeitsklasse (CS) bzw. Putzgruppe (P) Unterputz	Oberputz
ohne besondere Anforderung	–	CS I
	CS I	CS I
	–	CS II
	CS II	CS I
	CS III	CS II
	CS III	CS III
	P IV	P IV
	–	P IV 2)
	P IV	P Org 1
	P IV	P Org 2
Feucht-räume	CS III	CS II
	CS III	CS III
	CS III	Dispersions
	–	putz

Außenputze (Auswahl)

Anforderung bzw. Putzanwendung	Druckfestigkeitsklasse (CS) Unterputz	Oberputz
ohne besondere Anforderung	CS I	CS I
	CS II	CS I
	CS III	CS II
wasser-hemmend	CS II	CS I
	CS II	CS II
wasser-abweisend	CS II	CS II
	-	CS III
Kellerwand	-	CS III 1)
Außensockel	CS III	CS III 1)
	CS III	CS II 1)
	CS II	CS II 1)

1) Erdberührte Bereiche sind stets abzudichten.
2) auch als Gipsmaschinenputz

4

Putzdicken

Außenputze, die den allgemeinen Anforderungen genügen	mittlere Putzdicke	d = 20 mm
Außenputze, aus einlagigem wasserabweisenden Werkmörtel		d = 15 mm
Innenputze, die den allgemeinen Anforderungen genügen		d = 15 mm
Innenputze, aus einlagigem Werk-Trockenmörtel		d = 10 mm
Dünnlagenputz		d = 3 mm

4.18 Dünnbettmörtel (DIN EN 998-2)

Dünnbettmörtel (T) sind werksmäßig vorgefertigte Trockenmörtel zur Errichtung von Mauerwerk mit Lager- und Stoßfugen von etwa 1 mm bis 3 mm. Das damit verbundene Dünnbettverfahren ist das heute überwiegende Mauerverfahren für das Hintermauerwerk mit planebenen Steinen (umgangssprachlich „Kleben"). Kunststoffvergütete Dünnbettmörtel werden auch für die Verlegung von Fliesen und Platten auf ebenen Ansatz- oder Verlegeflächen verwendet.

Kenndaten für Dünnbettmörtel

Lieferform	Werktrockenmörtel in Säcken (20 kg, teilweise 25 kg)
Bindemittel	Zement nach DIN EN 197
Gesteinskörnung	Größtkorn maximal 2 mm, in der Regel 1 mm
Zusatzstoffe	gemahlener Trass, Kalkstein, Flugasche
Verarbeitungszeit	etwa 3 h bis 3,5 h
Korrigierbarkeitszeit	etwa 5 min bis 10 min
Verarbeitungstemperatur	5 °C bis 30 °C
Festigkeitsklassen	M10, M15 nach DIN EN 988-2
Bauaufsichtliche Zulassung	ist nur für tragendes Hintermauerwerk erforderlich
Druckfestigkeit	≥ 10 N/mm², ≥ 15 N/mm² (entsprechend Festigkeitsklasse)
Haftzugfestigkeit	≥ 1,0 N/mm²
Haftscherfestigkeit	≥ 0,7 N/mm²

Lagerung
- witterungsgeschützt
- kühl und trocken lagern, am besten auf Holzrost
- angebrochene Gebinde sofort verschließen

4

4.19 Mörtel und Kleber für Fliesen und Platten

Arbeitsverfahren und Mörtelart

Ansetzen an Wand Verlegung auf Boden	Dicke der Mörtelschicht	Mörtelart
Dünnbettverfahren	2 mm ... 10 mm	Dünnbettmörtel ▶ Kap 4.18
Dickbettverfahren	15 mm ... 30 mm	Zementmörtel 1 : 4 ▶ Kap 4.16 (MG III)
direkt auf Dämmschicht	45 mm ... 55 mm	Zementmörtel 1 : 4; Größtkorn bis 8 mm

Fliesenkleber (DIN EN 12004)

Bindemittel	Lieferform	Verarbeitungs-, Erhärtungszeit
Zement	Trockenmörtel in Säcken	< 2 Stunden, 28 Tage
Dispersionsklebstoffe	Eimer geschlossen	je nach Produkt unterschiedlich
Reaktionsharz	Behälter geschlossen	je nach Produkt unterschiedlich

Kunstharzmörtel (DIN EN 15824)

Vorteile von Kunstharzmörtel gegenüber Zementmörtel ▶ S. 87
Nachteile von Kunstharzmörtel gegenüber Zementmörtel: brennbar, mittlere Temperaturbeständigkeit von -40 °C bis + 100 °C, ca. 5-mal höhere Kosten; Rostgefahr bei Bewehrungen

Bedeutung der Abkürzungen

C1	Zementmörtel Haftfestigkeit > 0,5 N/mm²
C2	Zementmörtel Haftfestigkeit > 1,0 N/mm²
F	Schnell erhärtend
T	hohe Standfestigkeit ⇒ verringerte Abrutschgefahr
E	lange Verarbeitungszeit
D	Dispersionsklebstoff
EP	Epoxidharz (Hautkontakt vermeiden)
2K	2 Komponenten, Harz und Härter (meist Epoxidharz)

4.20 Spezialmörtel und Kleber

Mörtelart	Zusammensetzung	Eigenschaften, Anwendung
Fugenmörtel	Sand bis 2,0 mm, Zement, Kalk, Trass	Dichtigkeit für die Fugen des Verblendmauerwerks
Leichtmauermörtel	Bimsstein, Hüttenbims, Blähton, Perlite bis 2 mm	geringe Wärmeleitfähigkeit $\lambda = 0{,}18$ W/(m·K) ... 0,36 W/(m·K)
Wärmedämmmörtel	Microhohlglaskugeln Spezialbindemittel	geringe Wärmeleitfähigkeit $\lambda \approx 0{,}040$ W/(m·K)
Schachtbaumörtel	Sand, Zement CEM III (Hochofenzement)	hoher Widerstand gegen sulfathaltige Abwässer
Einpressmörtel für Spannkanäle	Sand bis 2,0 mm, Bentonit, Gesteinsmehl, Zement CEM 32,5R Fließmittel, *w*/*z*-Wert < 0,44	Hohe Fließfähigkeit zur Umhüllung des Stahls in den Spannkanälen, Festigkeit > 30 N/mm²
Zementsuspension	Zement, Gesteinsmehl, Sand < 2 mm, Fließmittel	Abdichtung gegen Wasser im Tunnelbau, Verfestigung lockerer Gesteine
Kunststoffmodifizierte Zementmörtel (polymermodifiziert PCC)	Zement, Gesteinsmehl, Sand < 2 mm, Kunststoffdispersion 5 bis 10 Masse-%	hohe Festigkeit, hoher Luftporengehalt, hohes Wasserrückhaltevermögen, Reparaturarbeiten
Epoxidharz modifizierter Zementmörtel	Sand, Zement, Flüssigharz als Emulsion, Härter	hohe Festigkeit, Reparaturarbeiten
Kunstharzmörtel ohne Härter (1K)	Sand gemischt mit Harz im geschlossenen Behälter	Erhärtung durch Reaktion mit der Luft, Pflasterfugen
Kunstharzmörtel mit Härter (2K)	Sand gemischt mit Harz, Härter in extra Flasche wird unmittelbar vor der Verarbeitung zugegeben	Hohe Festigkeit abhängig von Harzart und Harzanteil, Harz und Härter verbinden sich zu festem Stoff, Reparaturen, Pflasterfugen
Dispersionsklebstoffe	Polymere in Form von wässrigen Dispersionen, organische Zusätze, mineralische Füllstoffe	Abbinden durch Verdunstung des Wassers, Polymere verfließen und bilden Film ⇒ Klebwirkung, Fliesenverklebung, wasserempfindlich
Bitumen-Dickbeschichtung	Sand, Gesteinsmehl, Polymermodifizierte Bitumenemulsion	Dichtigkeit gegen nicht drückendes Wasser, Risseüberbrükung bis 3 mm (5 mm)
Bitumen-Vergussmasse	Sand, Gesteinsmehl, Bitumen	Verarbeitung heiß bei > 110 °C Fugenabdichtung

Kunstharzmörtel DIN EN 15824 ▶ S. 86

Gegenüber Zementmörteln haben kunstharzgebundene Mörtel (Putze, Betone) folgende Vorteile: schnelle Erhärtung – hohe Festigkeit – Chemikalienbeständigkeit – Abriebfestigkeit – Haftvermögen

	Druckfestigkeit [N/mm²]	Biegezugfestigkeit [N/mm²]	Zugfestigkeit [N/mm²]	*E*-Modul [N/mm²]
Zement	5 ... 50	3 ... 6	2 ... 4	25000 ... 40000
Polyesterharz	80 ... 140	15 ... 35	10 ... 20	20000 ... 40000
Epoxydharz	80 ... 130	30 ... 50	15 ... 30	20000 ... 35000
Methacrylatharz	100 ... 140	25 ... 45	10 ... 20	18000 ... 38000

4

4.21 Beton

Definition: Baustoff Beton, erzeugt durch Mischen von Zement, groben und feinen Gesteinskörnungen und Wasser, mit oder ohne Zugabe von Zusatzstoffen oder Zusatzmitteln. Er erhält seine Eigenschaften durch das Erhärten des Zementleims.

Beton nach Eigenschaften	Grundangaben (für die Leistungsbeschreibung) a) Bezug auf die Norm DIN 1045-2:2008-08, b) Druckfestigkeitsklasse, c) Expositionsklasse(n), d) Festigkeitsentwicklung, e) Konsistenzklasse, f) Rohdichteklasse (nur für Leicht- und Schwerbeton).
Beton nach Zusammensetzung	Beton, bei dem die Zusammensetzung des Betons und die verwendeten Ausgangsstoffe dem Hersteller gegenüber festgelegt sind und bei dem der Hersteller für die Bereitstellung eines Betons mit der festgelegten Zusammensetzung verantwortlich ist.
Erstprüfung	Prüfung, die bei Produktionsbeginn einer neuen Betonsorte oder einer Produktionseinrichtung als erste Prüfung unter Produktionsbedingungen durchgeführt wird, um zu ermitteln, wie ein neuer Beton zusammengesetzt sein und hergestellt werden muss, um alle festgelegten Anforderungen im frischen und erhärteten Zustand zu erfüllen.
Expositionsklasse	Klassifizierung der chemischen und physikalischen Umgebungsbedingungen, denen der Beton ausgesetzt werden kann und die auf den Beton, die Bewehrung oder auf metallische Einbauteile einwirken können und die nicht als Lastannahmen in die Tragwerksplanung eingehen.
Festbeton	Beton, der sich in einem festen Zustand befindet und eine betimmte Festigkeit entwickelt hat.
Fremdüberwachungsprüfung	Prüfung, die unter der Verantwortung einer Zertifizierungsstelle durchgeführt wird, um das Vertrauen in die Prüfungsergebnisse der Produktionslenkung sicherzustellen.
Frischbeton	Beton, der fertig gemischt ist, sich noch in einem verarbeitbaren Zustand befindet und durch das gewählte Verfahren verdichtet werden kann.
hochfester Beton	Beton mit einer Festigkeitsklasse ab C55/67 Normalbeton oder Schwerbeton und einer Festigkeitsklasse ab LC55/60 Leichtbeton.
Kubikmeter Beton	Verdichteter Frischbeton mit einem Volumen von 1 m^3.
Leichtbeton LC	Beton mit einer Trockenrohdichte von nicht weniger als 800 kg/m^3 und nicht mehr als 2000 kg/m^3. Er wird ganz oder teilweise unter Verwendung von Leichtzuschlag hergestellt. Gesteinskörnung: Blähschiefer, Blähton, Bims.
Normalbeton C	Beton mit einer Trockenrohdichte über 2000 kg/m^3, höchstens aber 2600 kg/m^3. Gesteinkörnung; Quarz, Grauwacke, Basalt, Granit, Kalkstein.
Normalzuschlag	Gesteinskörnung mit einer Kornrohdichte $\varrho > 2000$ kg/m^3 und $\varrho <$ 3000 kg/m^3, bestimmt nach DIN 4226-3.
Ortbeton	Beton, der als Frischbeton in Bauteile in ihrer endgültigen Lage eingebracht wird und dort erhärtet.
Schwerbeton HC	Beton mit einer Trockenrohdichte über 2600 kg/m^3. Gesteinskörnung: Schwerspat, Eisenerz, Stahlschrott.
Standardbeton	Beton niedriger Festigkeit für eingeschränkte Anwendungsfälle, für den in dieser Norm ein auf der sicheren Seite liegender Mindestzementgehalt vorgeschrieben ist.
Transportbeton	Beton, der im frischen Zustand dem Verwender von einem Hersteller geliefert wird. Transportbeton im Sinne dieser Norm ist auch: – Beton, der vom Verwender außerhalb der Baustelle hergestellt wird. – Beton, der auf der Baustelle hergestellt wird, jedoch nicht vom Verwender.
Wasserzementwert *w/z*	Masseverhältnis des wirksamen Wassergehalts zum Zementgehalt im Frischbeton.
äquivalenter *w/z*-Wert	Massenverhältnis des wirksamen Wassergehalts zum Zementgehalt und zu den anderen anrechenbaren Zusatzstoffen f, z. B. $w/z_{(eq)} = w/(z + 0{,}4 \cdot f)$.
wu-Beton	Wasserundurchlässiger Beton übernimmt neben der tragenden auch eine abdichtende Funktion; XC4 für Bauteildicke $d \leq 40$ cm.

4

Einteilung des Betons in Klassen (DIN EN 1992-1/DIN EN 206)

Umgebung	Frischbeton	Festbeton	Betonkategorien	
7 Expositionsklassen: X0, XC1, XC2, XC3, XC4 XD1, XD2, XD3 XS1, XS2, XS3 XF1, XF2, XF3, XF4 XA1, XA2, XA3 XM1, XM2, XM3	**Konsistenzklassen** mit 4 Messverfahren ■ Setzmaß ■ Setzzeit ■ Verdichtungsmaß ■ Ausbreitmaß	**Druckfestigkeitsklassen:** ■ je 16 Klassen für C, HC ■ 14 Klassen für LC	Kategorie 1 X0, XC1, XC2	≤ C16/20 ■ Normalbeton ■ Standardbeton mit Auflagen
	4 Klassen bezogen auf das Größtkorn des Zuschlags (8, 16, 32, 63 mm)	**3 Rohdichteklassen** ■ Normalbeton C ■ Leichtbeton LC ■ Schwerbeton HC	Kategorie 2	alle Festigkeitsklassen alle Betone alle X

X = Umgebungsbedingungen, **C, D, S** = Bewehrungskorrosionen, **F** = Frostangriff, **A** = chemischer Angriff a.d. Beton, **M** = Verschleiß; **0 ... 4** = kein ... extremer Angriff

Konsistenzklassen des Frischbetons

Die Konsistenz des Betons kann nach mehreren Verfahren geprüft werden.
Das bevorzugte Prüfverfahren ist die Ermittlung des Ausbreitmaßes *a*.
Hochfester Beton muss eine Konsistenzklasse F3 oder weicher haben.

Setzmaß-Klassen (Slump)			**Setzzeit-Klassen** (Vébé)		
Klasse	Setzmaß (mm)	Konsistenzbereich	Klasse	Setzzeit (s)	Konsistenzbereich
			V0	≥ 31	sehr steif
S1	10 ... 40	plastisch	V1	30 ... 21	steif
S2	50 ... 90	weich	V2	20 ... 11	noch plastisch
S3	100 ... 150	(sehr) weich	V3	10 ... 6	plastisch
S4	160 ... 210	sehr weich	V4	5 ... 3	(eher) weich
S5	≥ 220	fließfähig			

Verdichtungsmaß-Klassen			**Ausbreitmaß-Klassen**		
Klasse	Verdichtungsmaß *v*	Konsistenzbereich	Klasse	Ausbreitmaß *a* (mm)	Konsistenzbereich
C0	≥ 1,46	sehr steif	–		
C1	1,45 ... 1,26	steif	F1 (KS)	≤ 340	steif
C2	1,25 ... 1,11	plastisch	F2 (KP)	350 ... 410	plastisch
C3	1,10 ... 1,04	weich	F3 (KR)	420 ... 480	weich
–			F4 (KF)	490 ... 550	sehr weich
–			F5 (KF)	560 ... 620	fließfähig
–			F6	≥ 630	sehr fließfähig

4

Ausbreitprüfung, Prüfung der Konsistenz (DIN EN 12350)

In einem Blechbehälter von der Form eines Kegelstumpfes, aufgesetzt auf den „Ausbreittisch", wird der Beton in 2 Schichten eingefüllt und mit einem Stampfer verdichtet. 30 Sekunden nach dem bündigen Abziehen mit einem Stahllineal hebt der Prüfer die Form langsam ab und die Tischplatte 4 cm bis zum Anschlag hoch und lässt sie dann fallen (15-mal innerhalb von 15 sec. ... 45 sec.).
Das Ausbreitmaß ist durch Mittelung der Durchmesser a_1 und a_2 anzugeben.
Ab Ausbreitmaß $a > 700$ gilt die DAStb-Richtlinie für selbstverdichtenden Beton.

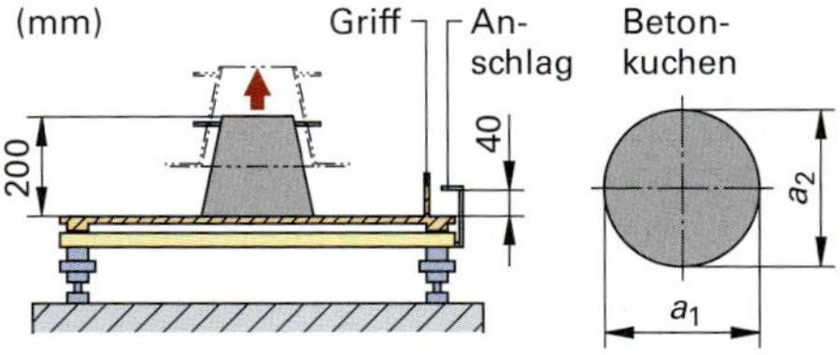

$a_1 = 440$ mm; $a_2 = 460$ mm $\Rightarrow$ $a_m = 450$ mm
Konsistenz F3 (weicher Beton)
$a_m = 420$ mm ... 480 mm

Betonanforderungen nach Expositionsklassen (DIN 1045-2:2023-08)

Der Beton muss so zusammengesetzt und hergestellt werden, dass unter Berücksichtigung des gewählten Ausführungsverfahrens für die Betonarbeiten die festgelegten Anforderungen für Frischbeton und Festbeton, einschließlich Konsistenz, Rohdichte, Festigkeit, Dauerhaftigkeit und Schutz des eingebetteten Stahls gegen Korrosion, erfüllt werden.
Anmerkungen: Zwischen der EN 206 und der DIN1045-2 gibt es abweichende Zahlenwerte.
Die aufgeführten Betonanforderungen gelten nicht für Leichtbeton.

Klasse	Umgebung	Beispiele	max w/z [1)] –	min f_{ck} [2)] [N/mm²]	min z [3)] [kg/m³]	min z [4)] [kg/m³]
kein Korrosions- oder Angriffsrisiko: Bauteile ohne Bewehrung oder eingebettetes Metall in nicht Beton angreifender Umgebung						
X0	alle Klassen außer XF, XA, XM	Fundamente ohne Bewehrung und ohne Frost; Innenbauteile ohne Bewehrung	–	C8/10	–	–
Bewehrungskorrosion durch Karbonatisierung: Beton, der Bewehrung oder anderes eingebettetes Metall enthält und Luft sowie Feuchtigkeit ausgesetzt ist						
XC1	trocken oder ständig nass	Bauteile in Innenräumen mit üblicher Luftfeuchte (einschl. Küche, Bad und Waschküche); Beton, der ständig unter Wasser ist	0,75	C16/20	240	240
XC2	nass, selten trocken	Teile von Wasserbehältern, Gründungsbauteile				
XC3	mäßige Feuchte	Bauteile, zu denen die Außenluft häufig oder ständig Zugang hat; Innenräume mit hoher Luftfeuchtigkeit	0,65	C20/25	260	240
XC4	wechselnd nass/trocken	Außenbauteile mit direkter Beregnung;	0,60	C25/30	280	270
Bewehrungskorrosion, verursacht durch Chloride außer Meerwasser: Beton, der Bewehrung enthält und chloridhaltigem Wasser einschließlich Taumittel ausgesetzt ist						
XD1	mäßige Feuchte	Bauteile im Sprühnebelbereich von Verkehrsflächen; Verkehrsflächen mit Oberflächenschutz	0,55	C30/37 [5)]	300	270
XD2	nass, selten trocken	Solebäder; Bauteile, die chloridhaltigen Industrieabwässern ausgesetzt sind	0,50	C35/45 [5)]	320	270
XD3	wechselnd nass und trocken	Teile von Brücken mit häufiger Spritzwasserbeanspruchung: Fahrbahndecken; Parkdecks; befahrbare Verkehrsflächen mit rissvermeidenden Bauweisen	0,45	C35/45 [5)]	320	270
Bewehrungkorrosion durch Chloride aus Meerwasser: Beton, der Bewehrung oder anderes eingebettetes Metall enthält und Chloriden aus Meerwasser oder salzhaltiger Seeluft ausgesetzt ist						
XS1	salzhaltige Luft, kein Meerwasserkontakt	Außenbauteile in Küstennähe	0,55	C30/37 [5)]	300	270
XS2	unter Wasser	Bauteile in Häfen, die ständig unter Wasser liegen	0,50	C35/45 [5)]	320	270
XS3	Tidebereiche, Spritzwasser- und Sprühnebel	Kaimauern in Hafenanlagen	0,45	C35/45 [5)]	320	270

C, D, S = Bewehrungskorrosion durch **C**arbonatisierung, **D**eicing-Salt (Streusalz), **S**eawater (Meersalz/salzhaltige Seeluft)

Betonanforderungen nach Expositionsklassen (Fortsetzung von Vorseite)

Klasse	Umgebung	Beispiele	max w/z [1] –	min f_{ck} [2] [N/mm²]	min z [3] [kg/m³]	min z [4] [kg/m³]
Frostangriff mit und ohne Taumittel: Durchfeuchteter Beton, der in erheblichem Umfang Frost-Tau-Wechseln ausgesetzt ist						
XF1	mäßige Wassersättigung ohne Taumittel	Außenbauteile	0,60	C25/30	280	270
XF2	mäßige Wassersättigung mit Taumitteln	Bauteile im Sprühnebelbereich von taumittelbehandelten Verkehrsflächen, Bauteile im Sprühnebelbereich von Meerwasser	0,55	C25/30 mit LP [6]	300	270 [7]
			0,50	C35/45	320	270 [7]
XF3	hohe Wassersättigung ohne Taumittel	offene Wasserbehälter, Bauteile in der Wechselzone von Süßwasser; horizontale Bauteile mit stehendem Wasser	0,55	C25/30 mit LP [6]	300	270 [7]
			0,50	C35/45	320	270 [7]
XF4	hohe Wassersättigung mit Taumittel	Verkehrsflächen; Bauteile im Spritzwasserbereich; Kläranlagen; Meerwasserbauteile in der Wasserwechselzone	0,50	C30/37 mit LP [6]	320	270 [7]
Betonkorrosion durch chemischen Angriff: Beton, der chemischem Angriff durch Böden, Grundwasser, Meerwasser und Abwasser ausgesetzt ist						
XA1	chemisch schwach angreifende Umgebung	Behälter von Kläranlagen; Güllebehälter 6,5 ≥ pH-Wert ≥ 5,5	0,60	C25/30 [5]	280	270
XA2	chemisch mäßig angreifende Umgebung	Bauteile, die mit Meerwasser in Berührung kommen; Bauteile in Beton angreifenden Böden 5,5 > pH-Wert ≥ 4,5	0,50	C35/45 [5]	320	270
XA3	chemisch stark angreifende Umgebung	Industrieabwasseranlagen mit chemisch angreifenden Abwässern 4,5 > pH-Wert ≥ 4,0; Kühltürme mit Rauchgasableitung	0,45	C35/45 [5]	320	270
Betonkorrosion durch Verschleißbeanspruchung: Beton, der einer erheblichen mechanischen Beanspruchung ausgesetzt ist						
XM1	mäßige Verschleißbeanspruchung	tragende oder aussteifende Industrieböden mit Beanspruchung durch luftbereifte Fahrzeuge	0,55	C30/37 [5]	300	270
XM2	starke Verschleißbeanspruchung	tragende o. aussteifende Industrieböden mit Beanspruchung durch luft- oder vollgummibereifte Gabelstapler [8]	0,55	C30/37 [5] mit OB [8]	300	270
			0,45	C35/45 [5]	320	270
XM3	sehr starke Verschleißbeanspruchung	tragende oder aussteifende Industrieböden mit Beanspruchung durch elastomer- oder stahlrollenbereifte Gabelstapler; Oberflächen, die häufig mit Kettenfahrzeugen befahren werden; Wasserbauwerke in geschiebebelasteten Gewässern	0,45	C35/45 [5]	320	270

4

F, A, M = Betonangriff durch **F**reezing (Frost), Chemical **A**ttack (chemischen Angriff), **M**echanical Abrasion (Verschleiß)

1) w/z Wasserzementwert

2) f_{ck} Charakteristische Druckfestigkeit Zylinder/Würfel ▸ S. 92

3) z Mindestzementgehalt ohne Zusatzstoffe, bei 63 mm Größtkorn darf der Zementgehalt (min z) um 30 kg/m³ verringert werden.

4) z Mindestzementgehalt, bei Anrechnung von Zusatzstoffen.

5) Bei Verwendung von LP wegen XF eine Festigkeitsklasse niedriger.

6) Luftporenbeton (BK-E) mit weiteren Anforderungen

7) Nur Anrechnung von Flugasche; Hinweise DIN 1045-2 beachten

8) OB = Oberflächenbehandlung durch Flügelglätten erforderlich

Druckfestigkeitsklassen des Festbetons

Festigkeitsklassen für Normalbeton [C], Schwerbeton [HC] und Leichtbeton [LC]

$f_{c,cube}$ = Entwurfsfestigkeit = $f_{ck,cube}$ + Vorhaltemaß (8 N/mm²)

$f_{ck,cyl}$ = am Zylinder (d/h = 150 mm/300 mm) bestimmte Festigkeit; sie ist mit der im EC 2 verwendeten charakteristischen Festigkeit (Normfestigkeit) identisch, 28 Tage Wasserlagerung.

$f_{ck,cube}$ = am 150-mm-Würfel bestimmte Festigkeit

Festigkeitsklassen für C und HC	$f_{ck,cyl}$ in N/mm²	$f_{ck,cube}$ in N/mm²	$f_{c,cube}$ in N/mm²	Festigkeitsklasse für LC	$f_{ck,cyl}$ in N/mm²	$f_{ck,cube}$ in N/mm²
C8/10	8	10	≥ 18	LC8/9	8	9
C12/15	12	15	≥ 23	LC12/13	12	13
C16/20	16	20	≥ 28	LC16/18	16	18
C20/25	20	25	≥ 33	LC20/22	20	22
C25/30	25	30	≥ 38	LC25/28	25	28
C30/37	30	37	≥ 45	LC30/33	30	33
C35/45	35	45	≥ 53	LC35/38	35	38
C40/50	40	50	≥ 58	LC40/44	40	44
C45/55	45	55	≥ 63	LC45/50	45	50
C50/60	50	60	≥ 68	LC50/55	50	55
C55/67	55	67	≥ 75	LC55/60	55	60
C60/75	60	75	≥ 83	LC60/66	60	66
C70/85	70	85	≥ 93	LC70/77	70	77
C80/95	80	95	≥ 103	LC80/88	80	88
C90/105	90	105	≥ 113			
C100/115	100	115	≥ 123			

4

Wasserzementwert

Walz-Diagramm: Zusammenhang zwischen Betondruckfestigkeit, Normfestigkeit des Zementes und Wasserzementwert. Das Diagramm dient im Wesentlichen zum Verständnis der Zusammenhänge, um eine Abschätzung der zu erwartenden Festigkeit vorzunehmen.

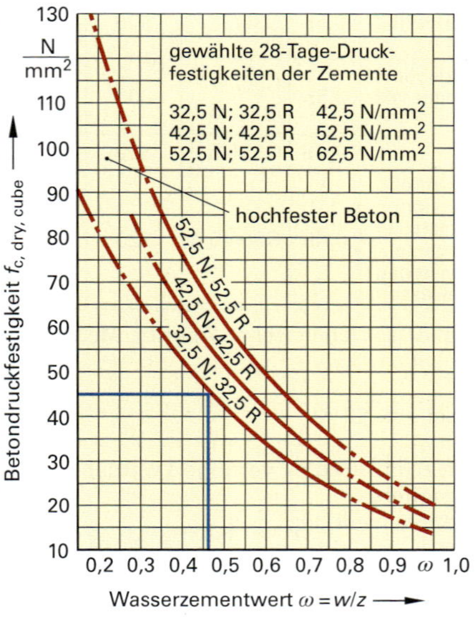

Beispiel

Bestimmen Sie die Zementmenge z (CEM 32,5 R) für ein Bauvorhaben (140 m³ Beton der Ausbreitmaß-Klasse F2, Expositionsklasse XS1), wenn die Betondruckfestigkeitsklasse C30/37 angestrebt wird.

Körnungsziffer $k = 4{,}20$; Sieblinie B_{32}

Erforderliche Druckfestigkeit:

$f_{ck,cube}$ + Vorhaltemaß $f_{c,cube}$ = 45 N/mm²

Wasserzementwert ω

nach Diagramm links $w/z = 0{,}47$

Wasseranspruch w

nach Tabelle ▸ S. 80 w = 175 ℓ/m³

Zementmenge z

$z = w/\omega = 175/0{,}47$ z = 372,3 kg/m³

für 140 m³ z ≅ 52 150 kg

Vergleich mit den Grenzwerten der XS1 ▸ S. 90

$\omega \leq 0{,}55$ $f_{ck} \geq$ C30/37

$z \geq 300$ kg/m³ erfüllt!

$f_{c,dry,cube}$: mittlere 28-Tage-Betondruckfestigkeit von 150-mm-Probewürfeln; Lagerung nach DIN EN 12390-2, Nationaler Anhang (1 Tag in Form, 6 Tage in Wasser, 21 Tage an der Luft)

Feuchtigkeitsklassen

Einige Gesteinskörnungen enthalten alkaliempfindliche Bestandteile, die in Verbindung mit bestimmten Zementarten zu einer Volumenvergrößerung und damit der Zerstörung des Betongefüges (Alkali-Kieselsäure-Reaktion) führen. Die Größe dieses Einflusses hängt unter anderem ab von den das Bauteil umgebenden Feuchtigkeitsbedingungen. DIN 1045-2 legt Feuchtigkeitsklassen (W) fest und beschreibt die Bedingungen, denen ein Bauteil ausgesetzt ist.

Feuchtigkeitsklassen	Abkürzung	Beispiele
trocken Beton, der nach normaler Nachbehandlung nicht längere Zeit feucht und während der Nutzung trocken bleibt	**WO**	■ Innenbauteile eines Hochbaus ■ Bauteile, auf die Außenluft, aber kein Niederschlag, kein Oberflächenwasser, keine Bodenfeuchte einwirken und/oder die nicht ständig einer relativen Luftfeuchte > 80 % ausgesetzt sind
feucht Beton, der während der Nutzung häufig oder längere Zeit feucht ist	**WF**	■ ungeschützte Außenbauteile ■ Innenbauteile des Hochbaus für Feuchträume, in denen die relative Luftfeuchte überwiegend > 80 % ist ■ Bauteile mit häufiger Taupunktunterschreitung ■ massige Bauteile, deren kleinstes Maß > 0,50 m ist
feucht + Alkalizufuhr von außen Beton wie WF, der jedoch häufiger oder langzeitiger Alkalizufuhr von außen ausgesetzt ist	**WA**	■ Bauteile mit Meerwassereinwirkung ■ Bauteile mit Tausalzeinwirkung ohne zusätzliche hohe dynamische Beanspruchung ■ Bauteile von Industriebauten und landwirtschaftlichen Bauwerken mit Alkalisalzeinwirkung
feucht + Alkalizufuhr von außen + starke dynamische Beanspruchung	**WS**	■ Bauteile unter Tausalzeinwirkung mit zusätzlicher hoher dynamischer Beanspruchung (z. B. Betonfahrbahnen)

4

Rohdichteklassen

Beton	Trockenrohdichte	Gesteinskörnung
Leichtbeton (LC)	$800\ kg/m^3 \leq \varrho \leq 2000\ kg/m^3$	Blähschiefer, Blähton, Bims
Normalbeton (C) (Beton)	$2000\ kg/m^3 < \varrho \leq 2600\ kg/m^3$	Quarz, Grauwacke, Basalt, Granit, Kalkstein
Schwerbeton (HC)	$\varrho > 2600\ kg/m^3$	Schwerspat, Eisenerz, Stahlschrott

Standardbetonrezepte

Normalbeton ohne Betonzusatzmittel und Betonzusatzstoffe gilt als Standardbeton, wenn der Zementgehalt mindestens den Bedingungen der Tabelle entspricht.

Mindestzementgehalt für Standardbeton (DIN EN 206-1)
Größtkorn von 32 mm, Zement der Festigkeitsklasse 32,5, Expositionsklassen X0, XC1, XC2

Festigkeitsklasse des Betons	Mindestzementgehalt in kg je m³ verdichteten Betons für Konsistenzbereich		
	steif	plastisch	weich
C8/10	210	230	260
C12/15	270	300	330
C16/20	290	320	360

Der Zementgehalt **muss vergrößert** werden
- um 10 % bei einem Größtkorn der Gesteinskörnung von 16 mm.
- um 20 % bei einem Größtkorn der Gesteinskörnung von 8 mm.

Der Zementgehalt **darf verringert** werden
- um 10 % bei Zement der Festigkeitsklasse 42,5.
- um 10 % bei einem Größtkorn der Gesteinskörnung von 63 mm.

Betonrezepte für Standardbeton

Folgende Annahmen wurden bei der Berechnung der Betonrezepte zugrunde gelegt: Oberflächenfeuchte der Gesteinskörnung 4,5 Gew.-%, Kornrohdichte $\varrho_g = 2{,}60\ kg/dm^3$, Dichte des Zementes $\varrho_z = 3{,}00\ kg/dm^3$, Luftporengehalt $p = 2$ Vol.-%.

Betonrezepte für 1 m³ verdichteten Frischbeton der Festigkeitsklasse C8/10

Festigkeitsklasse des Zementes CEM	Größtkorn Gesteinskörnung [mm]	Konsistenz	Zement z [kg]	Zugabewasser w_z [ℓ]	Gesteinskörnung g [kg]
32,5	16	steif	231	107	1937
		plastisch	253	130	1864
		weich	286	153	1780
	32	steif	210	83	2011
		plastisch	230	107	1937
		weich	260	130	1856
42,5	32	steif	189	83	2029
		plastisch	207	106	1959
		weich	234	129	1880

Beispiel

Gegeben: CEM 42,5; Größtkorn 16 mm; Konsistenz: steif

Gesucht: z; w_z; g; V_g

Lösung:

$z = 210$ kg

$w_z = 106$ ℓ

$g = 1956$ kg

$$V_g = \frac{m_g}{\varrho_g} = \frac{1956}{2{,}60}\ \frac{kg \cdot dm^3}{kg}$$

$$\mathbf{V_g = 752\ dm^3 = 0{,}752\ m^3}$$

Betonrezepte für 1 m³ verdichteten Frischbeton der Festigkeitsklasse C12/15

Festigkeitsklasse des Zementes CEM	Größtkorn Gesteinskörnung [mm]	Konsistenz	Zement z [kg]	Zugabewasser w_z [ℓ]	Gesteinskörnung g [kg]
32,5	16	steif	297	109	1878
		plastisch	330	133	1793
		weich	363	156	1709
	32	steif	270	86	1956
		plastisch	300	109	1875
		weich	330	133	1793
42,5	16	steif	270	108	1902
		plastisch	300	132	1820
		weich	330	155	1739
	32	steif	243	85	1980
		plastisch	270	108	1902
		weich	297	131	1824

4

Beispiel

Wie groß ist die trockene Masse der Gesteinskörnung für CEM 32,5; Größtkorn 32 mm; Konsistenz: weich?

Lösung:

$g_{feucht} = 1793$ kg

$104{,}5\ \% \triangleq 1793$ kg

$100\ \% \triangleq g_{tr}$

$$\mathbf{g_{tr}} = \frac{1793 \cdot 100}{104{,}5} = \mathbf{1716\ kg}$$

Die Feuchtigkeitsangabe (4,5 Gew.-%) bezieht sich immer auf die trockene Gesteinskörnung.

Betonrezepte für 1 m³ verdichteten Frischbeton der Festigkeitsklasse C16/20

Festigkeitsklasse des Zementes CEM	Größtkorn Gesteinskörnung [mm]	Konsistenz	Zement z [kg]	Zugabewasser w_z [ℓ]	Gesteinskörnung g [kg]
32,5	16	steif	319	110	1878
		plastisch	352	134	1774
		weich	396	158	1679
	32	steif	290	87	1937
		plastisch	320	110	1856
		weich	360	134	1766
42,5	16	steif	290	109	1883
		plastisch	320	132	1802
		weich	360	156	1712
	32	steif	261	85	1965
		plastisch	288	109	1885
		weich	324	133	1798

Beispiel

Wie groß ist der Wasser-Zementwert w/z bei der Mischung (CEM 32,5; 32 mm; plastisch)?

Lösung:

$$w_o = \frac{1856 \cdot 4{,}5}{104{,}5} = 79{,}9\ kg$$

$$w = w_o + w_z = 79{,}9 + 110 = 189{,}9\ ℓ$$

$$\frac{\mathbf{w}}{\mathbf{z}} = \frac{189{,}9}{320} = \mathbf{0{,}59}$$

Der Wassergehalt w setzt sich aus der Oberflächenfeuchte w_o und dem Zugabewasser w_z zusammen.

Betonzusatzmittel (DIN EN 934-2/A1)

Zusatzmittel (i.d.R. flüssige Stoffe) werden dem Beton in geringer Menge zugegeben (≤ 50 g bzw. cm^3 je kg Zement), sie haben daher keinen Einfluss auf den **Stoffraum** ▶ S. 96 des Betons. Die Ausführungen sind nach DIN 1045-2 geregelt.

Zusatzmittel und Wirkung	Farbkennzeichnung gemäß DIN 18998 – zurückgezogen
Betonverflüssiger (BV) vermindern die Oberflächenspannung des Wassers. Bei gleichem Wassergehalt verbessern sie die Verarbeitbarkeit des Frischbetons. Bei gleich guter Verarbeitbarkeit setzen sie den Wasseranspruch herab und erhöhen damit Festigkeit und Dichtigkeit des Festbetons.	**Gelb**
Fließmittel (FM) vermindern den Wasseranspruch und/oder verbessern die Verarbeitbarkeit zur Herstellung von Beton mit fließfähiger Konsistenz (Fließbeton). Die hohe Verflüssigungswirkung klingt schnell ab (30 min bis 60 min).	**Grau**
Luftporenbildner (LP) erzeugen Luftporen (∅ ≤ 0,3 mm), die den Frost- und Frosttauwiderstand erhöhen. 1 Vol.-% Poren ersetzt ungefähr 15 kg/m^3 Mehlkorn. ▶ S. 80	**Blau**
Dichtungsmittel (DM) vermindern die Wasseraufnahme des Festbetons.	**Braun**
Verzögerer (VZ) verlängern die Verarbeitungszeit, verzögern den Erstarrungsvorgang und verlangsamen die Wärmeentwicklung.	**Rot**
Beschleuniger (BE) werden auch als Frostschutzmittel angewendet, dienen der Frühfestigkeitssteigerung	**Grün**
Einpresshilfen (EH): hohe Fließfähigkeit, geringerer Wasseranspruch.	**Weiß**
Recyclinghilfen (RH): Sollen eine Wiederverwendung von Waschwasser, das beim Reinigen von Mischfahrzeugen anfällt, ermöglichen.	**Schwarz**
Schaumbildner (SB) dienen der Herstellung von Schaumbeton bzw. Beton mit porosiertem Zementleim durch hohen Luftporengehalt.	**Orange**

4

Anwendungsmöglichkeiten von Fließmitteln (FM)

① Verflüssigung bis zum Fließbeton bei
- ⇒ filigranen Bauteilen (leichter Betoneinbau mit kürzeren Betonierzeiten)

② niedriger Wasserzementwert bei gleicher Konsistenz
- ⇒ Verbesserung der Betonqualität (Dauerhaftigkeit, Festigkeit, Verformungseigenschaften)
- ⇒ Erhöhung der Frühfestigkeit (z. B. in Betonfertigteilen)
- ⇒ Verringerung des Schwindmaßes

③ Wassereinsparung und gleichzeitig Verflüssigung
- ⇒ einfacher Betoneinbau und gleichzeitige Verbesserung der Betonqualität
- ⇒ breites Anwendungsfeld im konstruktiven Ingenieurbau

Betonzusatzstoffe (DIN EN 934-2/A1)

Betonzusatzstoffe (i. d. R. pulverförmige Stoffe) werden im Gegensatz zu den Betonzusatzmitteln in größeren Mengen zugegeben und bei der Stoffraumrechnung ▶ S. 96 berücksichtigt. Die Ausführungen sind nach DIN 1045-2 und DIN EN 12620 (Gesteinsmehl), DIN EN 12 878 (Pigmente), DIN EN 450-1 (Flugasche), DIN 51043 (Trass) und DIN EN 13263-1 (Silicastaub) geregelt.

Zusatzstoffe	Typ	Spezifische Oberfläche [cm^2/g]	Dichte [kg/dm^3]	Schüttdichte [kg/dm^3]	Anmerkungen
Quarzmehl	I[1]	≥ 1000	~ 2,65	1,3 … 1,5	verbessern die Siebline und die Verarbeitbarkeit des Betons
Kalksteinmehl		≥ 3500	2,6 … 2,7	1,0 … 1,3	
Pigmente		50 000 … 200 000	4,0 … 5,0	–	mineralische Farbstoffe
Flugasche	II[2]	2000 … 8000	2,2 … 2,4	0,9 … 1,1	künstliches Puzzolan
Trass		≥ 5000	2,4 … 2,6	0,7 … 1,0	natürliches Puzzolan, vulkanisches Gesteinsmehl
Silicastaub (SF)		180 000 … 220 000	~ 2,2	0,3 … 0,6	künstliches Puzzolan, extrem feinkörnger, mineralischer Zusatz
Silicasuspension		–	~ 1,4	–	wie Silicastaub, nur wässrig

[1] inaktive Zusatzstoffe [2] aktive Zusatzstoffe (Puzzolane oder latent hydraulische Stoffe)

Betonzusammensetzung – Mischungsentwurf – Stoffraumrechnung

Der rechnerischen Abschätzung der Betonzusammensetzung liegt die sog. Stoffraumgleichung zugrunde. Sie besagt, dass das Volumen von 1 m^3 verdichtetem Frischbeton sich aus der Summe der Volumenanteile an **Zement (*z*), Wasser (*w*), Gesteinskörnung (*g*), Betonzusatzstoffen (*f*) und Luftporen (*p*)** ergibt. (***z*** Zement in kg/m^3; ***g*** Gesteinskörnung in kg/m^3; ***w*** Wasser in kg/m^3)

Stoffraumgleichung für 1 m³ Frischbeton

$$1000\ dm^3 = \frac{z}{\varrho_z} + \frac{g}{\varrho_g} + \frac{w}{\varrho_w} + \frac{f}{\varrho_f} + p$$

Menge der Gesteinskörnung

$$g = \varrho_g \cdot \left(1000 - \frac{z}{\varrho_z} - \frac{w}{\varrho_w} - \frac{f}{\varrho_f} - p\right)$$

- **Rohdichten der Zemente** ▶ S. 73
- **Rohdichte von Flugasche i.M.** $\varrho_f = 2{,}45\ kg/dm^3$
- **Rohdichte der Gesteinskörnung i.M.** $\varrho_g = 2{,}60\ kg/dm^3$
- **Luftporengehalt für 1 m³ Frischbeton beträgt i.M.** $p = 1{,}5\ \% \ldots 2{,}0\ \%$ oder $15\ dm^3/m^3 \ldots 20\ dm^3/m^3$
- **Flugasche *f*** und/oder **Silicastaub *s*** dürfen dem **Zement *z*** anteilig zugemischt werden: Äquivalenter Wasserzementwert $(\omega)_{eq}$

Flugasche *f*	Silicastaub *s*	Flugasche *f* + Silicastaub *s*
$(\omega)_{eq} = w/(z + 0{,}4 \cdot f)$ mit $f \leq 0{,}33 \cdot z$ $z = \frac{w}{\omega \cdot (1 + 0{,}4 \cdot 0{,}33)}$	$(\omega)_{eq} = w/(z + 1{,}0 \cdot s)$ mit $s \leq 0{,}11 \cdot z$ $z = \frac{w}{\omega \cdot (1 + 1{,}0 \cdot 0{,}11)}$	$(\omega)_{eq} = w/(z + 0{,}4 \cdot f + 1{,}0 \cdot s)$ mit $f \leq 0{,}33 \cdot z$ und $s \leq 0{,}11 \cdot z$ $z = \frac{w}{\omega \cdot (1 + 0{,}4 + 1{,}0 \cdot 0{,}11)}$

4

Beispiel Für eine Kläranlage soll wasserundurchlässiger Beton C30/37 hergestellt werden. Verfügbar sind: CEM 32,5, Gesteinskörnung 0/32 im günstigen Bereich mit der Körnungsziffer $k = 5{,}00$ und einer Rohdichte von $\varrho_g = 2{,}60\ kg/dm^3$, Konsistenz F2.

Entwurfsfestigkeit $f_{c,\,cube}$ $f_c = 45\ N/mm^2$
charakteristische Festigkeit und Vorhaltemaß
$37\ N/mm^2 + 8\ N/mm^2 = 45\ N/mm^2$

Wasserzementwert ω
nach Diagramm ▶ S. 92 $\omega = 0{,}47$
Der ermittelte Wert ist kleiner als der Grenzwert für Expositionsklasse XA1 ($\omega = 0{,}60$).

Erforderlicher Wasseranspruch *w*
nach Tabelle ▶ S. 80 Tabellenwerte
A32: $k = 5{,}48 \rightarrow w = 155\ \ell$
B32: $k = 4{,}20 \rightarrow w = 175\ \ell$
nach Interpolation $w = 162{,}5\ \ell$

Zementmenge *z*

$$z = \frac{w}{\omega} = \frac{162{,}5\ kg}{0{,}47} \qquad z = 346\ kg$$

Dichte ϱ_z vom CEM I $\varrho_z = 3{,}1\ kg/dm^3$

Luftporengehalt *p* gewählt 1,5 %
1,5 % von 1000 dm^3 $p = 15\ dm^3$

Wenn kein LP zugegeben wird, kann der Luftporengehalt *p* mit 1 Vol-% bis 3 Vol-% angenommen werden.

Gesteinskörnung *g*

$$g = 2{,}6\ kg/dm^3 \cdot \left(1000\ dm^3 - \frac{346\ kg}{3{,}1\ kg/dm^3} - 162{,}5\ dm^3 - 15\ dm^3\right) \Rightarrow g = \mathbf{1848\ kg}$$

Beispiel
Bei Betonen nach Eigenschaften können zusätzliche Anforderungen nach DIN 1045-2 an die Gesteinskörnung gestellt werden, z. B. Verwendung von 3 abgestuften Korngruppen.

Zuschlag	Anteile	Rohdichte	Feuchte
0/2	20 Vol.-%	2,62 kg/dm³	4,5 %
2/8	25 Vol.-%	2,75 kg/dm³	3,0 %
8/32	55 Vol.-%	2,90 kg/dm³	1,0 %

Aus Lösung des linken Beispiels:

- $w = 162{,}5\ kg$ ▪ $z = 346\ kg$ ▪ $p = 1{,}5\ \%$
- Stoffmenge $1848\ kg/2{,}6\ kg/dm^3 = 711\ dm^3$

Zu berechnen sind:

- Rohdichte der Gesteinskörnung
- Masse der trockenen und feuchten Gesteinskörnung
- Masse der trockenen und feuchten Korngruppen
- Menge des Zugabewassers
- Rohdichte der Gesteinskörnung

$$\varrho_g = 0{,}20 \cdot 2{,}62\ kg/dm^3 + 0{,}25 \cdot 2{,}75\ kg/dm^3 + 0{,}55 \cdot 2{,}90\ kg/dm^3 = 2{,}81\ kg/dm^3$$

Tabellarische Auswertung

	Korngruppe 0/2	Korngruppe 2/8	Korngruppe 8/32
Masse trocken	372 kg	490 kg	1134 kg
Masse feucht	389 kg	504 kg	1145 kg
Masse trocken		1996 kg	
Masse feucht		2038 kg	
Wasseranteil	17 kg	14 kg	11 kg
Zugabewasser		120,5 ℓ	

Wasserundurchlässiger Beton (wu-Beton)

Wasserundurchlässige Beton-Bauteile übernehmen sowohl lastabtragende Funktion als auch die der Wasserundurchlässigkeit ohne zusätzliche Abdichtungsmaßnahmen. Es handelt sich um Betone mit hohem Wassereindringwiderstand (Wassereindringtiefe von ≤ 50 mm).

Anforderungen an die Betonzusammensetzung (nach DIN EN 206-1/ DIN 1045-2):

- Wasserzementwert: $w/z \leq 0{,}60$
- Mindestdruckfestigkeitsklasse: C25/30
- Mindestzementgehalt: 280 kg/m³ (bei Anrechnung von Zusatzstoffen 270 kg/m³)
- Bauteildicke $d > 40$ cm:

Mindestbauteildicken in mm (nach wu-Richtlinie)

Bauteil	Beanspruchungsklasse[1]	Ortbeton	Elementwände	Fertigteile
Wände	1	240	240	200
	2	200	240 (200)	100
Bodenplatte	1	250		200
	2	150		100

[1] Beanspruchungsklasse 1: drückendes und nichtdrückendes Wasser, zeitweise aufstauendes Sickerwasser
Beanspruchungsklasse 2: Bodenfeuchte und nichtstauendes Sickerwasser

Flüssigkeitsdichter Beton

Flüssigkeitsdichte einschalige Beton-Bauteile ohne Oberflächenabdichtung beim Umgang mit flüssigen oder pastösen, wassergefährdenden Stoffen müssen den Anforderungen gemäß DIN EN 206-1 und DIN 1045-2 und den Regelungen der DAfStb-Richtlinie „Betonbau beim Umgang mit wassergefährdenden Stoffen" (BUmwS) genügen. Bezüglich der Dichtheit werden flüssigkeitsdichte Betone (FD-Beton) und flüssigkeitsdichte Betone nach Eindringprüfung (FDE-Beton) unterschieden. Bei letzteren handelt es sich entweder um gleich dichte Betone wie FD-Betone mit erweiterter Stoffauswahl oder um dichtere als FD-Betone.

Flüssigkeitsdichter Beton

- Wasserzementwert: $w/z \leq 0{,}50$
- Mindestdruckfestigkeitsklasse: C30/37
- Zementleimgehalt: ≤ 290 ℓ/m³
- weiche Konsistenz (F3 bzw. KR) ohne Entmischungsneigung
- Größtkorn: 16 mm $\leq D_{max} \leq$ 32 mm (Verwendung unlöslicher Gesteinskörnung bei Beaufschlagung mit starken Säuren)
- Sieblinie: Bereich A/B
- Herstellung und Verarbeitung in Eigen- und Fremdüberwachung

Flüssigkeitsdichter Beton nach Eindringprüfung

- Wasserzementwert: $w/z \leq 0{,}50$
- Mindestdruckfestigkeitsklasse: ohne Einschränkung
- Zementleimgehalt: ohne Einschränkung
- weiche Konsistenz (F3 bzw. KR) ohne Entmischungsneigung
- Größtkorn: $D_{max} \leq 32$ mm
- Fasern nach DAfStb-Richtline „Stahlfaserbeton" zulässig
- Prüfverfahren, z. B. Prüfungen der Eindringtiefe von Flüssigkeiten in Beton, des Säurewiderstands, der Dampfdiffusion

4

Anhaltswerte für Ausschalfristen

Die DIN EN 1992 gibt keine Ausschalfristen mehr vor. Insbesondere sind Erhärtungs- oder Reifegradprüfungen vorzunehmen. Der Bauleiter darf das Ausschalen nur anordnen, wenn er sich von der ausreichenden Festigkeitsentwicklung $r = f_{cm2}/f_{cm28}$ des Betons überzeugt hat.

Betontemperatur °C	Festigkeitsentwicklung r		
	$r \geq 0{,}50$ schnell	$r \geq 0{,}30$ normal	$r \geq 0{,}15$ °C langsam
≥ 5 °C … < 15 °C	6 Tage	12 Tage	14 Tage
≥ 15 °C	4 Tage	8 Tage	14 Tage

Zementfestigkeitsklassen MN/m²	Wände, Stützen und seitliche Balkenschalung	Deckenplatten	Weitgespannte Stahlbetonbauteile
32,5	3 Tage	8 Tage	20 Tage
32,5 R	2 Tage	5 Tage	10 Tage
42,5	2 Tage	5 Tage	10 Tage
42,5 R + 52,5	1 Tag	3 Tage	6 Tage

Verantwortlichkeiten (DIN EN 206-1, DIN 1045-2)

Die am Bau Beteiligten können während der Planung und Herstellung des Bauwerkes Anforderungen an den Frisch- und Festbeton bestimmen. Beton kann festgelegt werden als Beton nach Eigenschaften, Beton nach Zusammensetzung und Standardbeton. Bei der Betonbestellung sind grundlegende Anforderungen und ggf. zusätzliche Anforderungen anzugeben.

Verantwortlichkeiten	Beton nach Eigenschaften	Beton nach Zusammensetzung	Standardbeton
Verfasser der Festlegung	Festlegen der Frisch-, Festbetoneigenschaften und der Expositionsklassen	▪ Einhalten der allgemeinen Anforderungen nach Norm Festlegen der Betonzusammensetzung i.d.R. Erstprüfung	Auswahl von Normalbeton C8/10, C12/15 bzw. C16/20 für Expositionsklassen X0, XC1 und XC2
Betonhersteller	▪ Einhalten der allgemeinen Anforderungen nach Norm ▪ Ermitteln der Betonzusammensetzung ▪ Bereitstellen des Betons ▪ Erst-, Konformitätsprüfung	▪ Einhalten der festgelegten Betonzusammensetzung ▪ Bereitstellen des Betons	▪ Einhalten der allgemeinen Anforderungen nach Norm ▪ Bereitstellen des Betons
Betonverwender	▪ Überwachungsprüfung ▪ Einbau des Betons	▪ Konformitätsprüfung ▪ Einbau des Betons	▪ Lieferschein ▪ Beton einbauen
Grundlegende Anforderungen	▪ Bezug auf DIN EN 206-1 ▪ Druckfestigkeitsklasse ▪ Expositionsklassen ▪ Nennwert des Größtkorns der Gesteinskörnung ▪ Feuchtigkeitsklassen ▪ Art der Verwendung ▪ des Betons	▪ Bezug auf DIN EN 206-1 ▪ Zementgehalt ▪ Zementart, Festigkeitsklasse des Zements ▪ *w/z*-Wert oder Konsistenzklasse ▪ Nennwert des Größtkorns der Gesteinskörnung ▪ Zusatzmittel, Zusatzstoffe	▪ Druckfestigkeitsklasse ▪ Expositionsklassen ▪ Festigkeitsentwicklung ▪ Nennwert des Größtkorns der Gesteinskörnung ▪ Feuchtigkeitsklassen

4

Nachbehandlung von Beton (DIN 1045-3, DIN EN 13 670)

Zweck der Nachbehandlung
Der junge Beton ist zu schützen gegen ...

- vorzeitiges Austrocknen
- extreme Temperaturen
- mechanische Beanspruchungen
- chemische Angriffe
- schädliche Erschütterungen

Arten der Nachbehandlung
Schutzmaßnahmen gegen Austrocknen

- Belassen in der Schalung
- Abdecken mit Kunststofffolien
- Aufbringen wasserspeichernder Abdeckungen (Jutegewebe, Sandschichten)
- Aufbringen flüssiger Nachbehandlungsmittel
- kontinuierliches Besprühen mit Wasser

Mindestdauer der Nachbehandlung in Tagen
Für alle Expositionsklassen außer X0, XC1, XM

Oberflächen-/morgendliche Lufttemperatur ϑ in °C	Festigkeitsentwicklung des Betons $r = f_{cm2}/f_{cm28}$[1]			
	$r \geq 0{,}50$	$r \geq 0{,}30$	$r \geq 0{,}15$	$r < 0{,}15$
$\vartheta \geq 25$	1	2	2	3
$25 > \vartheta \geq 15$	1	2	4	5
$15 > \vartheta \geq 10$	2	4	7	10
$10 > \vartheta \geq 5$	3	6	10	15

Festigkeitsentwicklung von Beton bei 20 °C
(2-Tage-/28-Tage-Festigkeit)

Festigkeitsentwicklung	Schätzwert des Festigkeitsverhältnisses $r = f_{cm2}/f_{cm28}$[1]
schnell	$\geq 0{,}5$
mittel	$\geq 0{,}3$ bis $< 0{,}5$
langsam	$\geq 0{,}15$ bis $< 0{,}3$
sehr langsam	$< 0{,}15$

[1] Zwischenwerte dürfen ermittelt werden.

Betonüberwachung

Probekörper (DIN EN 12390-1)

Würfel mit Kantenlänge > 3 x Größtkorn
Normgrößen der Kantenlänge a = 100 mm; 150 mm; 200 mm; 250 mm; 300 mm
Normgrößen der Zylinder d = 100 mm; 150 mm; 200 mm; 300 mm; Höhe $h = 2 \cdot d$

Lagerung der Probekörper (DIN EN 12390-2)

Referenzverfahren: 1 Tag in der Form, 6 Tage in Wasser, 21 Tage an der Luft bei 20 °C ⇒ $f_{ck,cube}$ oder $f_{ck,cyl}$
Alternativverfahren: Lagerung in Luft bei 20 °C und 95 % Luftfeuchtigkeit ⇒ $f_{ck,dry\ cube}$

Zeitpunkt des Druckfestigkeitsprüfung: 28 Tage nach Herstellung

Ergebnisse der Druckfestigkeitsprüfung
Prüfung Zylinder ⇒ $f_{ck,cyl}$ ⇒ 1. Zahlenwert der Betonbezeichnung
Prüfung Würfel ⇒ $f_{ck,cube}$ ⇒ 2. Zahlenwert der Betonbezeichnung

Umrechnungen: $f_{ck,cube} = 0{,}92 \cdot f_{ck,dry\ cube}$ für ≤ C50/60, $f_{ck,cube} = 0{,}95 \cdot f_{ck,dry\ cube}$ für ≥ C55/67

Betonprüfung (Qualitätssicherung) (DIN EN 12390-3, Festbeton)

Prüfungsart	Zeitpunkt	Aufgabe	Anforderungen
Erstprüfung	vor der Verwendung des Betons	Prüfungen vor Herstellungsbeginn, um die geforderten Frisch- und Festbetoneigenschaften eines Betons/ einer Betonfamilie sicherzustellen	$f_c \geq f_{ck}$ + Vorhaltemaß (Vorhaltemaß 6 N/mm² … 12 N/mm²)
Konformitätskontrolle	während der Produktion des Betons	statistische Produktionskontrolle	**Erstherstellung:** Mittelwert: $f_{cm} \geq f_{ck} + 4$ N/mm² Einzelwert: $f_{ci} \geq f_{ck} - 4$ N/mm² **stetige Herstellung:** Mittelwert: $f_{cm} \geq f_{ck} + 1{,}48 \cdot \sigma$ $\sigma \geq 3$ N/mm² Einzelwert: $f_{ci} \geq f_{ck} - 4$ N/mm²
Im Rahmen der Konformitätskontrolle wird geprüft, ob der Beton den festgelegten Anforderungen nach DIN EN 206-1/ DIN 1045-2 entspricht.			
Überwachungsprüfung der Baustelle	während der Bauausführung	Beurteilung der Identität des gelieferten Betons mit der Grundgesamtheit, für die eine Übereinstimmungsbescheinigung (ÜH) erstellt wurde	**3 … 4 Probewürfel** Mittelwert: $f_{cm} \geq f_{ck} + 1$ N/mm² Einzelwert: $f_{ci} \geq f_{ck} - 4$ N/mm² **5 … 6 Probewürfel** Mittelwert: $f_{cm} \geq f_{ck} + 2$ N/mm² Einzelwert: $f_{ci} \geq f_{ck} - 4$ N/mm²

4

Qualitätssicherung

Überwachungsklasse ▶ **▼ Gegenstand**	1 Bauunternehmen	2 Bauunternehmen[1)]	3 Fremdüberwachung
Festigkeitsklasse für Normal- und Schwerbeton	≤ C25/30	≥ C30/37 und ≤ C50/60	≥ C55/67
Festigkeitsklasse für Leichtbeton der Rohdichteklassen D1,0 … D1,4	nicht anwendbar	≤ LC25/28	≥ LC30/33
D1,6 … D2,0	≤ LC25/28	LC30/33 und LC35/38	≥ LC40/44
Expositionsklassen	X0, XC, XF1	XS, XD, XA, XM, XF2, XF3, XF4	
besondere Betoneigenschaften	Stahlfaserbeton	▪ Unterwasserbeton ▪ wu-Beton (weiße Wanne) ▪ Beton für hohe Gebrauchstemperaturen ▪ Strahlenschutzbeton (außer Kernkraftwerke)	

[1)] ständige Betonprüfstelle, Eigenüberwachung

Zur Überprüfung der Frisch- und Festbetoneigenschaften wird der Beton in 3 Überwachungsklassen eingeteilt. Bei mehreren zutreffenden Überwachungsklassen ist die höchste maßgebend.

Transportbeton

Transportbeton ist Beton, der „außerhalb der Baustelle“, oder Beton, der „auf der Baustelle, aber nicht vom Verwender“ hergestellt wird. Er wird im Transportbetonwerk zusammengesetzt, in geeigneten Fahrzeugen zur Baustelle befördert und dort einbaufertig übergeben.

Transport von Beton zur Baustelle und Übergabe

- Frischbeton steifer Konsistenz (F1) darf mit Fahrzeugen ohne Mischer transportiert werden.
- Fahrzeuge ohne Mischer sollen 45 Minuten nach der ersten Wasserzugabe vollständig entladen sein!
- Fahrzeuge mit Mischer sollen 90 Minuten nach der ersten Wasserzugabe vollständig entladen sein!
- Bei kühler Witterung und bei Frost muss der Transportbeton eine „gewisse Mindesttemperatur“ aufweisen.
- Im Allgemeinen ist jede Zugabe von Zusatzmitteln und Wasser bei und nach Lieferung verboten.
- Derjenige, der eine „nicht zulässige Zugabe“ veranlasst (Wasser, Verflüssiger, ...), ist auf dem Lieferschein zu vermerken!

Auszug aus einem Betonsortenverzeichnis

Betonsorten-Nr.	Festigkeitsklasse	Konsistenz	Verwendungszweck	Zement	Gehalt kg/m³		w/z	Gesteinskörnung		Zusatzstoff		Zusatzmittel	
					z	*w*		Bereich	Gehalt kg/m³	Art	Gehalt kg/m³	Art	% CEM
31230.F	C12/15	F3	b c	CEM I 32,5 R	240	180	0,71	A/B 32	1872	FA	40	BV 1	0,30
41930	C20/25	F3	b d e	CEM I 32,5 R	350	190	0,54	A/B 32	1798				
62433	C30/37 NW/HS	F3	b d h	CEMI-II/B 32,5	385	182	0,47	A/B 16	1780			BV 1	0,40

Betonsorten-Nr.: **1.** Ziffer: Betonfestigkeit, 2. Ziffer: Körnung, **3.** Ziffer: Eignung, **4.** Ziffer: Konsistenz, **5.** Ziffer: Zement/Festigkeitsklasse
Verwendungszweck: ***a*** unbewehrter Beton, ***b*** bewehrter Beton, ***c*** Innenbauteile, ***d*** Außenbauteile, ***e*** wu-Beton, ***h*** starker chem. Angriff
Wasserzementwert *w*/(*z* + 0,3 · *f*) Die Flugasche FA wird mit 30 % ihres Gewichtes bei der Berechnung des *w/z*-Wertes berücksichtigt.

Angaben für die Bestellung von Transportbeton

Angaben zum Besteller des Betons	■ Name des Bestellers ■ Name des Rechnungsempfängers mit Anschrift
Angaben zur Baustelle	■ Anschrift der Baustelle ■ Abnahmestelle des Betons ■ Zufahrtswege ■ Baustellenverhältnisse, z. B. Hindernisse ■ Gewichtsbeschränkungen und Rangiermöglichkeiten für Fahrzeuge
Angaben zur Lieferung Der Abnehmer auf der Baustelle erhält vor dem Entladen einen nummerierten Lieferschein. Dieser ist von dem Beauftragten der Lieferfirma und dem Abnehmer zu unterschreiben.	■ Liefertermin, Lieferzeit und Betonierbeginn ■ Betonmenge in m³ verdichteten Frischbetons ■ Betonsorte aus dem Betonsortenverzeichnis des Transportbetonherstellers, alternativ: festgelegter Beton gemäß Bauausführungs- oder Ausschreibungsunterlagen ▶ S. 98 Verantwortlichkeiten, bei Stahlfaserbeton zusätzlich Faserart und Fasergehalt ■ Art der Verwendung, z. B. unbewehrter Beton, Stahlbeton, Spannbeton ■ Nennwert des Größtkorns der Gesteinskörnung ■ Verarbeitbarkeit des Betons, z. B. Konsistenzklasse ■ Besondere Anforderungen, z. B. leichtverdichtbar selbstverdichtend ■ Verwendungszweck, z. B. Beton mit erhöhtem Wassereindringwiderstand (wasserundurchlässige Bauteile) ■ Zusatzmittel und Zusatzstoffe

4.22 Stahl

Ausgangsstoff aller Eisenwerkstoffe ist das Roheisen aus dem Hochofen. Durch verschiedenartige Verarbeitungsverfahren entstehen **Gusseisen** und **Stahl**.

Gusseisen, Kohlenstoffgehalt > 2 %		**Stahl,** Kohlenstoffgehalt ≤ 2 % (nach DIN EN 10020)		
Sorte	Verwendung	unlegiert nur Kohlenstoffanteil	niedrig legiert < 5 % Legierungsanteile	hoch legiert > 5 % Legierungsanteile
Gusseisen mit Lamellengrafit DIN EN 1561	Bodeneinläufe, Sinkkästen, Schachtabdeckungen	Baustahl, Betonstahl, Spannstahl, Werkzeugstahl	Baustahl, Spannstahl, Werkzeugstahl	Nichtrostender Stahl, Hochleistungswerkzeugstahl
Gusseisen mit Kugelgrafit	Druckrohre, Ventile, Pumpenteile	Benennung nach der Zugfestigkeit z. B. St 52	**Legierung von Stahl** Zur gezielten Veränderung der Eigenschaften des Stahls werden während der Herstellung Metalle hinzugegeben. **Legierungselemente** sind Chrom, Silizium, Nickel, Mangan, Vanadium, Wolfram, Kupfer	
Temperguss weiß schwarz DIN EN 1562	Beschläge, Kupplungen, Fittings			

Unlegierte Baustähle für warmgewalzte Flach- und Langerzeugnisse (Auszug DIN EN 10025)

Stahlsorte			Stahlart[2]	Streckgrenze R_{eH} in ≥ N/mm²	Zugfestigkeit R_m in N/mm²
Kurzname nach DIN EN 10027	Frühere nationale Bezeichnung: DIN 17100[1] Kurzname	Frühere nationale Bezeichnung: Werkstoffnummer			
S235JR	St 37-2	1.0037	GS	235	–
S235JRG1	USt 37-2	1.0036	GS	225 bis 235	340 bis 470
S235JRG2	RSt 37-2	1.0038	GS	215 bis 235	
S235J0	St 37-3 U	1.0114	QS		
S235J2G3	St 37-3 N	1.0116	QS		
S355J0	St 52-3 U	1.0553	QS	315 bis 355	490 bis 630
S355J2G3	St 52-3 N	1.0570	QS		

[1] zurückgezogen [2] GS Grundstahl; QS Qualitätsstahl

Stahl-Fertigerzeugnisse (Profile, Auswahl)

breite I-Träger
DIN 1025-2
DIN EN 10034

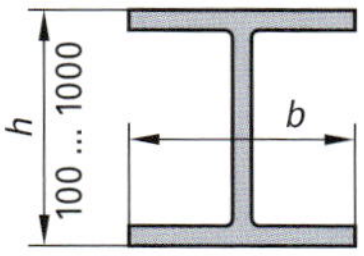

HE-100 B ... HE-1000 B

schmale I-Träger
DIN 1025-1
DIN EN 10034

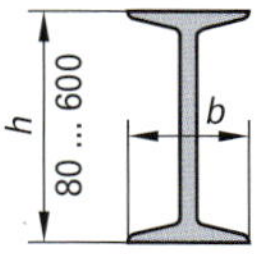

I 80 ... I 600

rundkantiger U-Stahl
DIN 1026-1
DIN EN 10279

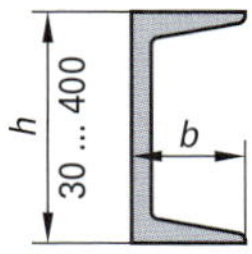

U 30 ... U 400

nahtlose Stahlrohre
DIN EN 10210-1

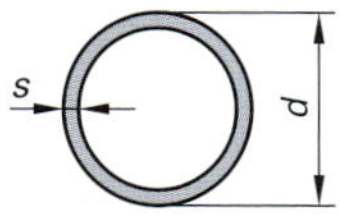

2,3 mm ≤ *s* ≤ 25 mm
21,3 mm ≤ *d* ≤ 101,6 mm

Flachstahl
DIN EN 10025
DIN EN 10084

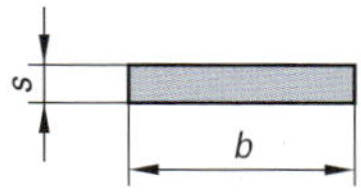

5 mm ≤ *s* ≤ 80 mm
160 mm ≤ *b* ≤ 600 mm

L-Winkelstahl
DIN EN 10056-1

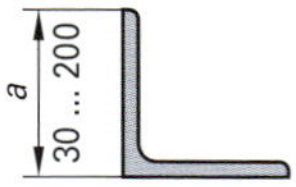

L 30 x 3 bis 200 x 24

Gewalzte Vollstäbe
DIN EN
10060 | 10059 | 10061

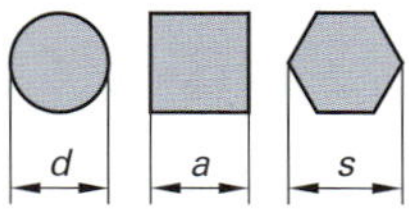

8 mm ≤ *a* ≤ 150 mm
2 mm ≤ *d* *s* ≤ 100 mm

rechteckige Hohlprofile
DIN EN 10210-2

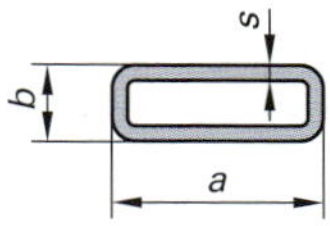

50 mm ≤ *a* ≤ 260 mm
30 mm ≤ *b* ≤ 180 mm

4.23 Betonstähle (DIN 488/DIN EN 1992-1-1/NA)

Stahlbetonbau ▸ S. 129

Lieferform	Betonstabstahl, Betonstahlmatten, Betonstahl in Ringen, Bewehrungsdraht
Festigkeit	B500A B = Betonstahl, 500 = Streckgrenze (f_{yk}) in N/mm², A/B = Duktilität B500B annähernd kreisförmigem Querschnitt
Oberfläche	gerippt (2 Rippen, 3 Rippen, 4 Rippen)
Herstellung	▪ warmgewalzt, ohne Nachbehandlung ▪ warmgewalzt und wärmebehandelt ▪ warmgewalzt und kaltgereckt ▪ kaltverformt Das Herstellverfahren bleibt dem Herstellerwerk überlassen, sofern die Nachweise nach DIN 488-6 erbracht werden.
Duktilität (Dehnfähigkeit)	Gruppe **A**: normale Duktilität ⇒ charakt. Dehnung $\varepsilon_{uk} \geq 25$ ‰ mit $(f_t/f_y)_k \geq 1{,}05$ Gruppe **B**: hohe Duktilität ⇒ charakt. Dehnung $\varepsilon_{uk} \geq 50$ ‰ mit $(f_t/f_y)_k \geq 1{,}08$
Bauaufsichtliche Zulassung	Gruppe **C**: Bauaufsichtlich zugelassene (DIBt) Betonstähle erfüllen i.d.R. besondere Anforderungen, z.B.: sehr hohe Duktilität (B500 mit $\varepsilon_{uk} \geq 75$ ‰), Feuerverzinkung

Einteilung der Betonstähle (DIN 488 und bauaufsichtliche Zulassung)

Lieferform und Bezeichnung	Darstellung Alle Stähle sind schweißgeeignet (DIN EN 1992-1-1/NA)	Bemessungswert f_{yd}	Streckgrenze f_{yk}	Zugfestigkeit f_t
Betonstabstahl (DIN 488-2) B500A B500B Ø mm 6, 8, 10, 12, 14, 16, 20, 25, 28, 32, 40	**Gerippte Stahlsorten** 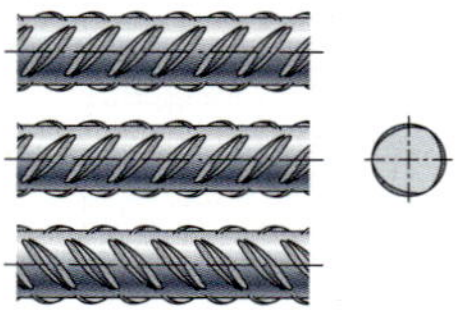 **B500A** (3 Rippenreihen)			für **A** ≥ 525 $\frac{N}{mm^2}$
Betonstahlmatten (DIN 488-4) B500A B500B Ø mm 6, 7, 8, 9, 10	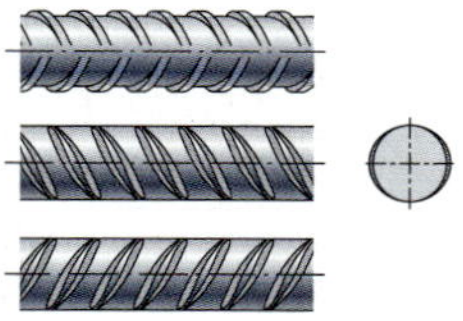 **B500B** (2 Rippenreihen)			
Betonstahl in Ringen (DIN 488-3) B500A B500B Ø mm 4 … 16	 **B500B** (4 Rippenreihen)	435 $\frac{N}{mm^2}$	500 $\frac{N}{mm^2}$	für **B** ≥ 540 $\frac{N}{mm^2}$
Bewehrungsdraht (DIN 488-3) B500A B500B Ø mm 4 … 16 Ring, Stahl	**Profilierte oder glatte Stahlsorten** 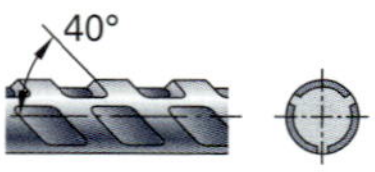 **B500A+P**  **B500A+G**			für **C** ≥ 575 $\frac{N}{mm^2}$

Kennwerte von geripptem Betonstahl

Durchmesser d_s in mm	6	8	10	12	14	16	20	25	28	32	40
Querschnitt A_s in cm²	0,283	0,503	0,785	1,13	1,54	2,01	3,14	4,91	6,16	8,04	12,57
Gewicht m in kg/m	0,22	0,395	0,617	0,888	1,21	1,58	2,47	3,85	4,83	6,31	9,86

Land 1: Deutschland
Werk 8: Baustahlgewebe, Produktionsgesellschaft mbH Aalen

Betonstahlmatten (DIN 488/DIN EN 1992-1-1/NA)

Betonstahlmatten bestehen aus rechtwinklig sich kreuzenden, kalt verformten Einzelstäben, die scherfest miteinander verschweißt sind. Die Durchmesser der Einzelstäbe liegen zwischen 6,0 mm (5,0 mm = Mindest-B) und 14,0 mm, Doppelstäbe sind nur in Längsrichtung möglich.

Lagermatten für den schnellen Einsatz	Lagermatten sind standardisierte normalduktile (B500A) oder hochduktile Betonstahlmatten (B500B) mit festgelegten Abmessungen (*B* = 2,30 m (2,35 m bei der Q636A); *L* = 6,00 m) und festgelegtem Aufbau. Das Lieferprogramm umfasst, 6 Q-Matten (quadratische Maschenweiten) und 5 R-Matten (rechteckige Maschen).
Listenmatten punktgenau: Bewehrung nach Bedarf	Listenmatten sind normalduktile oder hochduktile Betonstahlmatten (B500B), die vom Anwender nach dessen individuellen Anforderungen konstruiert werden. Länge *L* (3,00 m ... 12,00 m), Breite *B* (1,85 m ... 3,00 m), Stabdurchmesser und Stababstand können nach statischen und konstruktiven Gesichtspunkten frei gewählt werden.
Vorratsmatten Standard (Design-matten)	Vorratsmatten sind standardisierte normalduktile oder hochduktile Betonstahlmatten bis Ø 14 mm, die die Vorteile der Lagermatten (schnelle Verfügbarkeit) und Listenmatten (passgenauer Querschnitt) miteinander verknüpfen. Sie werden häufig direkt vom Werk zur Verwendungsstelle geliefert.
Sonderformen aus Mattenstahl	Um die Bewehrungsarbeit zu erleichtern, werden speziell gebogene Formen angeboten: z. B. Unterstützungskörbe für die obere Bewehrung. Bügelkörbe für stabförmige Bauteile, Listenmatten für Randbereiche von Flächentragwerken.

A **Normalduktile, geschweißte Betonstahlmatten aus kaltverformten Stäben.**
B **Hochduktile, geschweißte Betonstahlmatten aus warmgewalzten Stäben.** ▶ S. 140

4

Lagermatten – Aufbauprinzip

150 ×	9,0 /	8,0 –	2 / 2	Überstand	250 ×	8,0	Überstand
Stababstand der Längsstäbe mm	Ø innen mm	Ø Rand mm	links / rechts Anzahl Randstäbe	oben / unten 125 / 125 mm	Stababstand der Querstäbe mm	Ø mm	links / rechts 25 / 25 mm

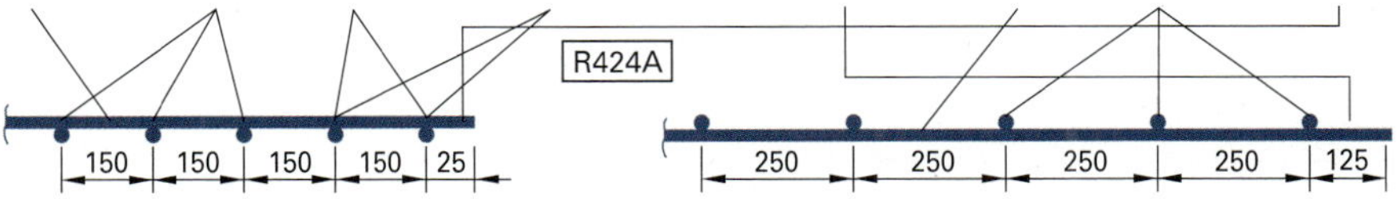

Bestellung: 48 Stück Betonstahlmatten DIN 488 – B500A (Lagermatten)
– 150 × 9,0/8,0 – 2/2 Längs 125/125: L = 6,00 m; $ü_L$ = 125 mm
– 250 × 8,0 – 25/25: Quer B = 2,30 m; $ü_Q$ = 25 mm

Wichtig für Kalkulation und Abrechnung

Bezeichnung nach 100-fachem Querschnitt

Stahlquerschnitt cm² pro Meter in Längsrichtung a_{sl}

Stahlquerschnitt cm² pro Meter in Querrichtung a_{sq}

Maschenabstand in
- Längsrichtung 15 cm
- Querrichtung 25 cm

Mattentyp	Querschnitte längs / quer	Länge / Breite	Gewicht je Matte	Mattenaufbau in Längs- und Querrichtung: Stababstände	Stabdurchmesser Innenbereich	Stabdurchmesser Randbereich	Anzahl der Längsrandstäbe (Randeinsparung) links	rechts	Überstände Anfang/Ende links/rechts
	cm²/m	m	kg	mm	mm	mm			mm
Q188A	1,88 1,88	6,00 / 2,30	41,7	150 150	6,0 6,0				75 25
Q257A	2,57 2,57		56,8	150 150	7,0 7,0				75 25
Q335A	3,35 3,35		74,3	150 150	8,0 8,0				75 25
Q424A	4,24 4,24		84,4	150 150	9,0 9,0	7,0	4	4	75 25
Q524A	5,24 5,24		100,9	150 150	10,0 10,0	7,0	4	4	75 25
Q636A	6,36 6,28	6,00 / 2,35	132,0	100 125	9,0 10,0	7,0	4	4	62,5 25
R188A	1,88 1,13	6,00 / 2,30	33,6	150 250	6,0 6,0				125 25
R257A	2,57 1,13		41,2	150 250	7,0 6,0				125 25
R335A	3,35 1,13		50,2	150 250	8,0 6,0				125 25
R424A	4,24 2,01		67,2	150 250	9,0 8,0	8,0	2	2	125 25
R524A	5,24 2,01		75,7	150 250	10,0 8,0	8,0	2	2	125 25

Überstände in
- Längsrichtung
- Querrichtung

Randeinsparung s. u. Randausbildung

ø Längsstab innen

ø Längsstab außen

ø Querstab

Längsbewehrung a_{sl}

Querbewehrung a_{sq} (Verteilerstäbe)

ø der Randstäbe

Q424A, Q524A, Q636A

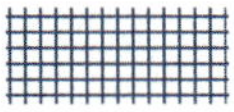

Q-Matten: Betonstahlmatten des Typs Q mit annähernd gleichem Querschnitt in Längs- und Querrichtung für **zweiachsig** gespannte Platten.
R-Matten: Betonstahlmatten des Typs R mit unterschiedl. Querschnitten in Längs- und Querrichtung (≥1/5a_{sl}) für **einachsig** gespannte Platten.

R424A, R524A

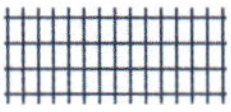

Listenmatten – Aufbauprinzip

Listenmatten sind Betonstahlmatten, die vom Statiker nach individuellen Anforderungen konstruiert werden. Länge, Breite, Stabdurchmesser und Stababstand können nach statischen und konstruktiven Erfordernissen frei gewählt werden.
Die Anordnung der Mattenstäbe ist rasterfrei möglich, wodurch sich beliebige Stababstände realisieren lassen und somit jeder Stahlquerschnitt genau umgesetzt werden kann. Als Standardabstände der Längsstäbe können jedoch 100 mm und 150 mm genannt werden. Listenmatten können mit normal- oder hochduktilen Materialeigenschaften geliefert werden.

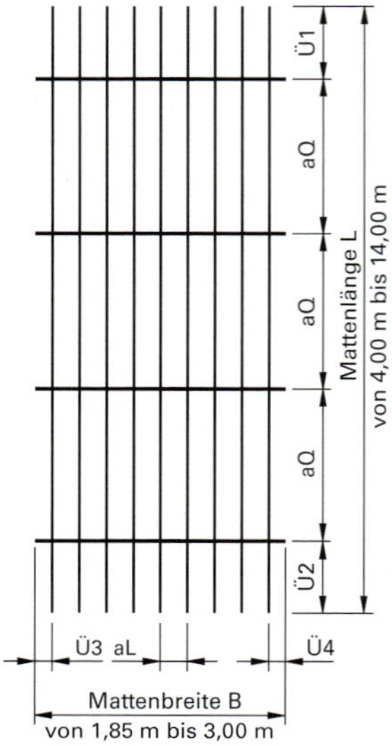

Beschreibung des Mattenaufbaus von Listenmatten
Angaben sind für die Herstellung von Listenmatten:

- Abstand der Längsstabe (aL)
- Durchmesser der Längsstäbe im Innenbereich (ds1)
- Durchmesser der Längsstäbe im Randbereich (ds2)
- Anzahl der Längs-Randstäbe links (nLinks)
- Anzahl der Längs-Randstäbe rechts (nRechts)
- Mattenlänge in mm (L)
- Längsstab-Überstand am Mattenanfang in mm (Ü1)
- Längsstab-Überstand am Mattenende in mm (Ü2)
- Abstand der Querstäbe (aQ)
- Durchmesser der Querstäbe im Innenbereich (ds3)
- Durchmesser der Querstäbe im Randbereich (ds4)
- Anzahl der Quer-Randstäbe am Mattenanfang (mAnfang)
- Anzahl der Quer-Randstäbe am Mattenende (mEnde)
- Mattenbreite in mm (B)
- Querstab-Überstand am Mattenanfang in mm (Ü3)
- Querstab-Überstand am Mattenende in mm (Ü4)

4

Mattenaufbau
Längsrichtung: aL · ds1/ds2 – nLinks/nRechts | L | Ü1 | Ü2
Querrichtung: aQ · ds3/ds4 – mAnfang/mEnde | B | Ü3 | Ü4

Betonstahlmatte – DIN 488-4 – B500A

1500 × 100/7,0 – 4/4	6,00	75/75
100 × 10,0	2,15	25/25

Vorratsmatten – Aufbauprinzip

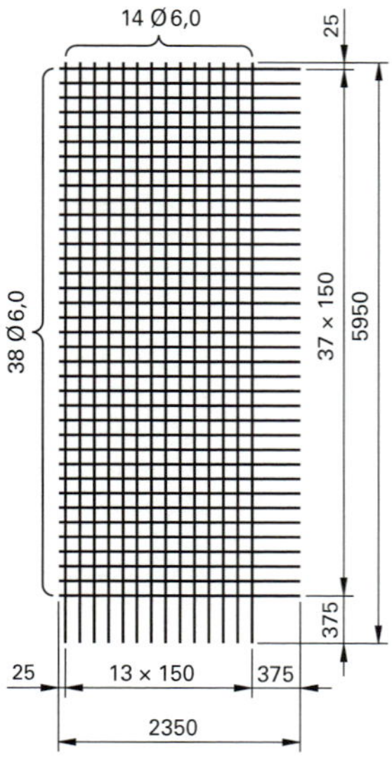

B188

Vorratsmatten vereinen die Vorteile von Lager- und Listenmatten. Durch die seitlichen Überstände an zwei Seiten der Matte ist ein Ein-Ebenen-Stoß möglich. Die Mattenlänge von 6,00 m ist eine Vorzugsgröße, die Mattenbreite beträgt 2,35 m.

Mattentyp	Stababstände in mm	Stabquerschnitte	Anzahl Stäbe mit Ø in mm		Masse der Matte
	längs/quer	längs/quer	längs	quer	
B188	150/150	1,88 cm²/m	14 Ø 6,0	38 Ø 6,0	38,3 kg
B257	190/150	2,57 cm²/m	13 Ø 7,0	37 Ø 7,0	49,6 kg
B335	150/150	3,35 cm²/m	13 Ø 8,0	37 Ø 8,0	64,9 kg
B424	150/150	4,24 cm²/m	13 Ø 9,0	37 Ø 9,0	82,0 kg
B524	150/150	5,24 cm²/m	13 Ø 10,0	37 Ø 10,0	101,4 kg
B636	100/125	6,36 cm²/m	19 Ø 9,0	44 Ø 10,0	120,2 kg

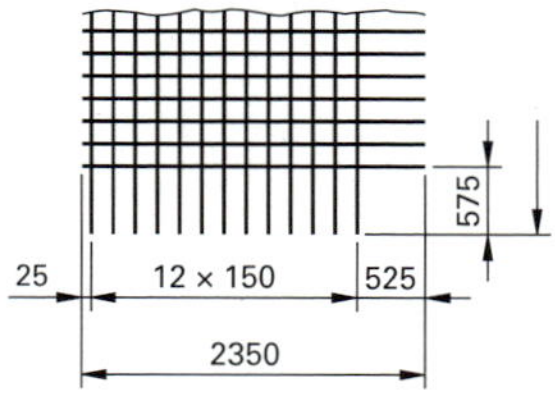

B524

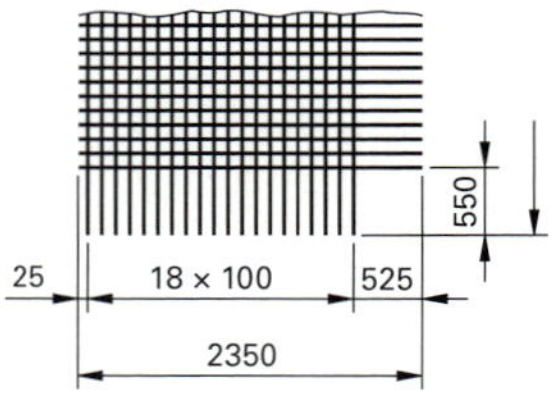

B636

4.24 Kunststoffe

Eigenschaften und Anwendungsbereiche

● beständig ▲ weitgehend beständig
◐ bedingt beständig △ wenig beständig
○ nicht beständig

Kurzzeichen DIN 7728	Chemische Bezeichnung	Handelsname ®	Dichte [g/cm³]	Zugfestigkeit bzw. Streckspannung [N/mm²]	Anwendungs-Grenztemperaturen [°C]	Chemische Beständigkeit bei 20 °C: Mineralöle	Benzin	verd. Säuren	verd. Laugen	Anwendungsbeispiele
PE	Polyethylen	Hostalen, Lupolen	0,92 ... 0,96	9 ... 28	100 ... 120	◐	◐	●	●	Rohre, Behälter, Kabelisolierungen, textile Fasern, Folien
PP	Polypropylen	Hostalen PP, Novolen	0,91	33	140	◐	◐	●	●	Rohre, Behälter, textile Fasern, Seile
PS	Polystyrol	Hostyren	1,05	56	85	◐	○	▲	●	Beschläge
	Polystyrol Hartschaum	Styropor Styrodur	0,01 ... 0,03			◐	○	◐	▲	Wärmedämmung, Trittschalldämmung
PVC hart	Polyvinylchlorid, hart	Hostalit, Vinoflex	1,38	55	70	●	▲	●	●	Wasserleitungen, Behälter, Dränrohre
PVC schlagzäh	Polyvinylchlorid, schlagzäh	Hostalit Z Vinnol K	1,35	50	70	●	▲	▲	●	Fensterrahmen, Dachrinnen
PVC weich	Weich-Polyvinylchlorid	Dynadur Trodal	1,2 ... 1,3	10 ... 30	40 ... 60	▲	▲	▲	▲	Schläuche, Folien, Fußbodenbeläge, Unterspannbahnen, Fugenbänder
PTFE	Polytetrafluorethylen	Hostaflon TF Teflon	2,1 ... 2,2	20 ... 40	260	●	●	●	●	Gleitbahnenlager, Brückenlager, Beschichtungen
PMMA	Polymethylmethacrylester	Plexiglas, Resorit, Degalan	1,18	70	70 ... 90	●	●	◐	◐	Acrylglas, Leuchten, Badewannen
PC	Polycarbonat	Makrolon	1,20	50	90 ... 130	●	●	▲	▲	Schusssichere Verglasungen, Duschkabinenwände
PA	Polyamid	Ulramid	1,01 ... 1,14	50 ... 70	60 ... 140	●	●	◐	●	Schutzhelme, Schläuche
UP	Polyesterharz	Leguval Palatal	1,2 ... 1,3	30	120	●	●	●	●	Bindemittel für Kunstharzmörtel
EP	Epoxidharz	Compacta, Epoxin Epobit	1,2	40 ... 60	120					Zweikomponentenkleber, Metallkleber, Rostschutzbeschichtung, glasfaserverstärkte Kunststoffe
PU	Polyurethan Ceresit	Baydur Desmodur	1,26		100 ... 130	▲	▲	▲	▲	Zweikomponentenkleber, Dichtungsmassen, rissebrückende Beschichtung
	Polyurethanschaum	Herathan	0,04		80 ... 100	▲	▲	▲	▲	Wärmedämmmaterial
UR	Harnstoff-Formaldehydharz-Ortschaum		0,008 ... 0,015		80 ... 100	▲	▲	▲	▲	Wärmedämmortschaum
SI	Silikon-Kautschuk	Baysilon Bostik	1,25		110 ... 150	◐	◐	◐	◐	Dauerelastische Dichtungsmassen

4.25 Dämmstoffe, Dichtungsstoffe und Sperrstoffe

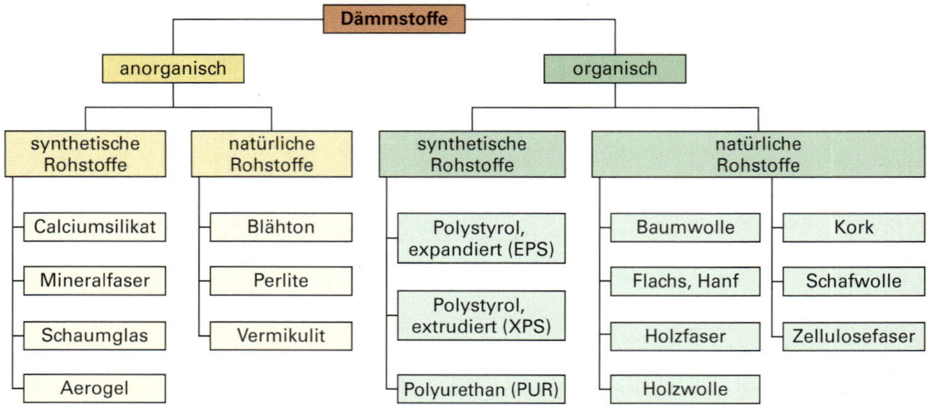

4

Baustoff	**Verwendung**	**Eigenschaften** **Brandverhalten**	**Bestandteile** **Herstellungsnorm**
Anorganische Dämmstoffe	**A1, A2 nicht brennbar**	**B brennbar**	
Blähperlit $\mu = 3 \ldots 5$	Leichtzuschlag für feuerdämmende Ummantelung	hitze-, alterungs-, säurebeständig, porig, A1, B1, B2	Abfallglimmer
Schaumglas dampfdicht	Wärmedämmung, Feuchtigkeitsschutz, Dachdämmung	unbrennbar, korrosionsbeständig, porig A1 (ohne Kaschierung)	aufgeschäumtes Glas DIN EN 13 167
Mineralische und pflanzliche Faserdämmstoffe (Mineralfaser) $\mu = 1 \ldots 2$ μ Wasserdampf-Diffusionswiderstand	als loser Füllstoff zum Ausstopfen von Hohlräumen, als trittfeste Platten zur Wärme- und Trittschalldämmung unter schwimmendem Estrich	schallschluckend, wärmedämmend, nicht brennbar, fäulnisfest, faserig A1 oder A2 oder B1 Dickenabweichung bis 15 mm beachten	dünne Fasern aus geschmolzenem Glas, Mergel, Hochofenschlacke DIN EN 13 162
Organische Dämmstoffe			
Polystyrol-Hartschaum (PS) (einschl. Extruder- und Partikelschaum) (Schaumkunststoffe) $\mu = 80/250$	Wärmedämmung, Trittschalldämmung, Dachdämmung	maßhaltig, verrottungsfest, entflammbar oder schwer entflammbar, Wasser abweisend, porig B1	aus Rohöl und Treibmitteln zu Platten geformt DIN EN 13 163 DIN EN 13 164
Polyurethan-Hartschaum (PUR) $\mu = 40 \ldots 200$	Flachdachwärmedämmung	elastisch bei Temperaturschwankungen, alterungsbeständig, porig B1 oder B2	mit oder ohne beidseitig gasdiffusionsdichte Deckschichten DIN EN 13 165
Korkdämmstoffe $\mu = 5 \ldots 10$	Dachdämmung, Körperschalldämmung, Wanddämmung	fäulnisfest, elastisch, oft imprägniert, faserig B2	gemahlene Korkrinde, mit Harzen gebunden, zu Platten geschnitten DIN EN 13 170
Holzwolle-Leichtbauplatten (Holzfaser) $\mu = 2 \ldots 5$	Wärmedämmung, verlorene Schalung, Putzträger	saugend, schwer entflammbar, schallschluckend, nicht wetterfest, biegefest B1 (ab 25 mm Dicke)	Nadelholzwolle und mineralisches Bindemittel DIN 1101 DIN EN 13 168

Genormte Bitumenbahnen (DIN SPEC 20000-201)

Trägereinlage	Bitumen-Dachbahnen	Bitumen-Dachdichtungsbahnen (DD)	Bitumen-Schweißbahnen	Polymerbitumen Dachdichtungsbahnen	Polymerbitumen-Schweißbahnen
Glasgewebe	–	G 200 DD	G 200 S4 G 200 S5	PYE-G 200 DD	PYE-G 200 S4 PYP-G 200 S4 PYE-G 200 S5 PYP-G 200 S5
	G Glasgewebe 200 – Trägergewicht in g/m² – D Dichtungsbahn – DD Dachdichtungsbahn – Sx Schweißbahn mit x Dicke in mm				
Polyester-faservlies	–	PV 200 DD	PV 200 S5	PYE-PV 200 DD	PYE-PV 200 S5 PYP-PV 200 S5
Glasvlies Bitumendach-bahn	V13		V60S4	–	–

Kunststoff Dachdichtungs- und Dichtungsbahnen

DIN-Norm	Dachbahn bzw. Dichtungsbahn	Bezeichnung	Nenndicke
7864-1	Elastomerbahnen für Abdichtungen	z. B. EPDM, CR, IIR	1,2 mm
16729[1]	Kunststoff-Dachbahnen und -Dichtungsbahnen aus Ethylencopolymerisat-Bitumen	ECB	1,5 mm
16730[1]	Kunststoff-Dachbahnen aus weichmacherhaltigem Polyvinylchlorid, nicht bitumenverträglich (NB)	PVC-P-NB	1,2 mm
16731[1]	Kunststoff-Dachbahnen aus Polyisobutylen, einseitig kaschiert	PIB	2,5 mm
16734[1] [1] zurückgezogen	Kunststoff-Dachbahnen aus weichmacherhaltigem Polyvinylchlorid mit Verstärkung aus synthetischen Fasern, nicht bitumenverträglich	PVC-P-NB-V-PW	1,2 mm
16736 (2015-12)	Kunststoff-Dachbahnen und -Dichtungsbahnen aus Polyethylen, einseitig kaschiert	PE-C-K-PV	1,2 mm
16737 (2016-09)	Kunststoff-Dachbahnen und -Dichtungsbahnen aus chloriertem Polyethylen mit einer Gewebeeinlage (G) verstärkt (PW)	PE-C-E-PW	1,2 mm
16935[1]	Kunststoff-Dichtungsbahnen aus Polyisobutylen	PIB	1,5 mm
16937 (2016-09)	Kunststoff-Dichtungsbahnen aus weichmacherhaltigem Polyvinylchlorid	PVC-P-BV	1,2 mm
16938 (2016-04)	Kunststoff-Dichtungsbahnen aus weichmacherhaltigem Polyvinylchlorid (NB)	PVC-P-NB	1,2 mm

Kurzzeichen

- G Glasgewebe oder GW Glasgewebe
- PV Polyestervlies oder GV Glasvlies
- PYE Polymerbitumen, modifiziert mit thermoplastischen Elastomeren
- PYP Polymerbitumen, modifiziert mit thermoplastischen Kunststoffen
- 200 Flächengewicht der Trägereinlage, z. B. 200 g/m² (nicht V13)
- BV bitumenverträglich
- S4/S5 Schweißbahn mit 4 mm bzw. 5 mm Dicke
- K kaschiert
- PPV Polypropylenvlies PW Polyestergewebe

Dampfsperren (Produktinformationen)

Vaporex, normal, bituminiert, besandet, $\mu = 31200$

Vaporex, super, 0,03 mm dicke Aluminiumfolie mit Vlies

Aluminiumfolie, dampf- und feuchtigkeitsdicht

Nepa-Dampfsperre, PVC-Folie verschiedene Anbieter

Polyethylen-Folie, Dampfbremsfolie, von einer Seite begrenzt dampfdurchlässig

Fertigung in Bahnen oder Planen. Durch Schmelzprozesse von Glas, Kunststoff, Bitumen oder Metall entstandene dichte Stoffe. Dampfsperren sind Schichten mit $s_d > 100$ m

4.26 Holz

Aufbau und Schnittrichtungen des Holzes

Markröhre	①	für den Baum ohne Bedeutung
Jahrring Frühholz Spätholz	② ③ ④	Zuwachszone einer Vegetationsperiode Beginn der Holzbildung im April Ende der Holzbildung im September
Holzstrahl Primär-/ Sekundär- holzstrahl	⑤ ⑥	Speicherzellen beginnen an der Markröhre oder weiter im Radius und enden im Bereich des Bastes (Parenchymzellen)
Kambium	⑦	Wachstumszone, Bereich der Zellbildung
Bast	⑧	Innenrinde
Rinde	⑨	Außenrinde
Querschnitt	Ⓠ	Hirnschnitt, senkrecht zur Stammachse
Radial-schnitt	Ⓡ	Spiegelschnitt, parallel zur Stammachse, in Richtung der Holzstrahlen
Tangential-schnitt	Ⓣ	Flader- oder Sehnenschnitt, parallel zur Stammachse, quer zu den Holzstrahlen

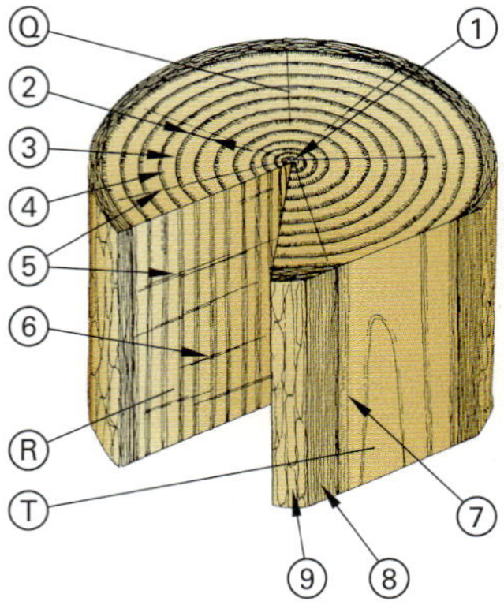

Holzeigenschaften

4

Holzart	Kurz-Zeichen neu	Kurz-Zeichen alt	Rohdichte Feuchtegehalt $u = 12\,\% \pm 1{,}5\%$	Mittlere Bruchfestigkeiten (DIN 68364) Biegefestigkeit	Mittlere Bruchfestigkeiten (DIN 68364) Druckfestigkeit
Fichte	PCAB	FI	0,47 kg/dm³	86 N/mm²	40 N/mm²
Kiefer	PNSY	KI	0,52 kg/dm³	80 N/mm²	45 N/mm²
Lärche	LADC	LA	0,59 kg/dm³	93 N/mm²	48 N/mm²
Tanne	ABAL	TA	0,45 kg/dm³	68 N/mm²	40 N/mm²
Buche	FASY	BU	0,72 kg/dm³	120 N/mm²	60 N/mm²
Eiche	QCXE	EI	0,69 kg/dm³	105 N/mm²	60 N/mm²
Robinie	ROPS	RO	0,76 kg/dm³	130 N/mm²	65 N/mm²
Esche	FXEX	ES	0,70 kg/dm³	105 N/mm²	50 N/mm²

Bauschnittholz und Konstruktionsvollholz

Rundholz-Einschnittarten

Es werden 3 Einschnittarten bzw. Einschnittrichtungen unterschieden: 1. der **Hirnschnitt** oder Querschnitt, 2. der **Spiegelschnitt** oder Radialschnitt (Längsschnitt) und 3. der **Faderschnitt**, Tangential-, Brett- oder Sehnenschnitt genannt (Längsschnitt).
Die im Hirnholz sichtbaren Jahresringe sollten kurz und in gleichmäßigem Abstand sein ⇒ vierstieliges herzfreies Kreuzholz mit Kernbohle; einstielige Hölzer mit starker Rissbildung.
Schnittholz ist **herzfrei**, wenn es keine Markröhre enthält; **herzgetrennt** ist das Schnittholz, wenn der Sägeschnitt durch die Markröhre geht und diese ganz oder teilweise sichtbar ist.

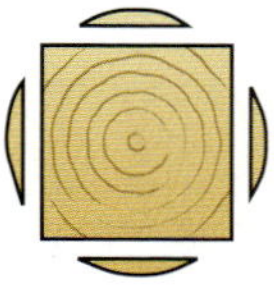

einstielig

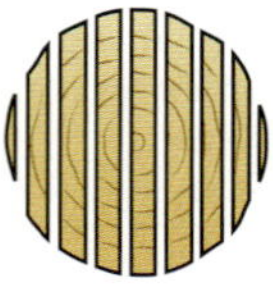

Rundschnitt

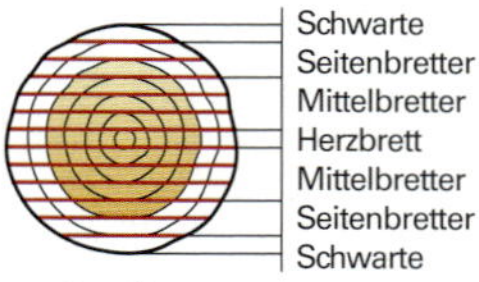

unbesäumt

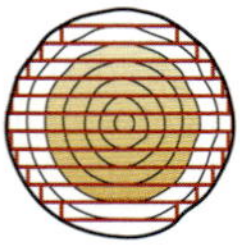

besäumt

Konstruktionsvollholz KVH®, Massivholz MH®

Güteüberwachtes Schnittholz aus Nadelholz der Sortierklasse S10

- Vorzugsdicken 60 mm, 80 mm und 100 mm
- Vorzugsbreiten 120 mm, 140 mm, 160 mm, 200 mm, 240 mm
- C24 mit $u = 15\,\% \pm 3\,\%$, Oberfläche egalisiert und gefast

Schnittholzgrößen

Schnittholzart	DIN 4074/DIN 68365		Tegernseer Gebräuche		DIN 68252	
	Dicke/Höhe	Breite	Dicke/Höhe	Breite	Dicke/Höhe	Breite
Balken	–	–	–	–	Querschnittsfläche > 200 cm²	
Kantholz	$b \leq h \leq 3 \cdot b$	$b > 40$ mm	–	–	$d \geq 60$ mm	$b \leq 3 \cdot d$
Bohle	$d > 40$ mm	$b > 3 \cdot d$	Querschnittsfläche ≥ 32 cm²	$b > 80$ mm	$d \geq 40$ mm	$b > 2 \cdot d$
Brett	$d \leq 40$ mm	$b \geq 80$ mm	Querschnittsfläche < 32 cm²	$b \geq 80$ mm	8 mm ≤ d $d \leq 40$ mm	$b > 80$ mm
Latte	$d \leq 40$ mm	$b < 80$ mm	Querschnittsfläche < 32 cm²	$b < 80$ mm	Querschnittsfläche < 32 cm²	$b < 80$ mm

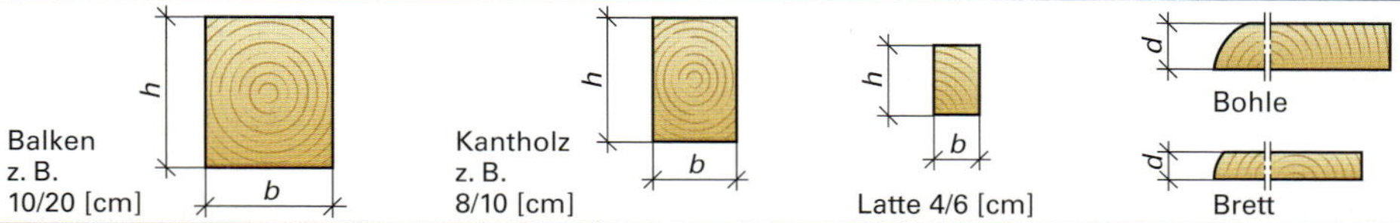

Schwinden und Quellen

Die Aufnahme von Wasser (Quellen) bzw. die Abgabe von Wasser (Schwinden) bewirken Volumen- und Formänderungen des Holzes. Beim Schwinden und Quellen unterhalb des Fasersättigungspunktes ($u \leq 30$ %) krümmen sich Bretter und Bohlen vom Kern weg, sodass stets die rechte Seite (dem Kern zugewandt) rund und die linke Seite (dem Kern abgewandt) hohl wird.

Schwind- und Quellrichtungen an typischen Querschnitten

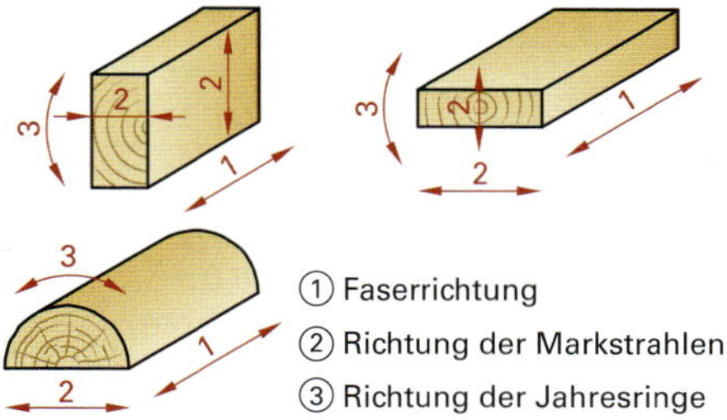

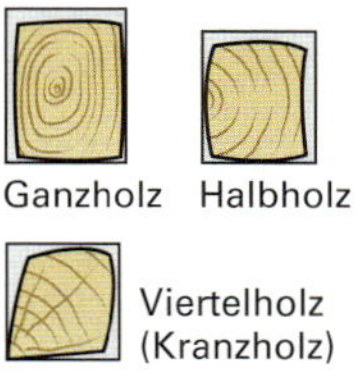

Verformung von Kanthölzern

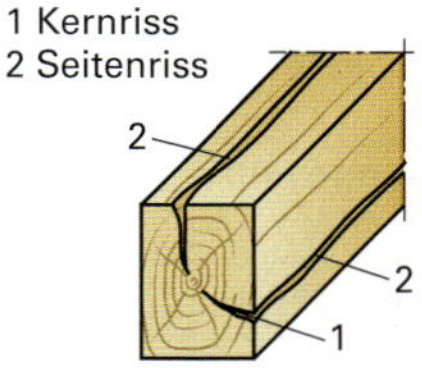

Rissbildung in einem Ganzholzquerschnitt

Schwindrichtung	maximales Schwindmaß β in %	differenzielles Schwindmaß q in % pro 1 % Feuchteänderung
axial	β_l 0,3 %	q_l 0,01 %
radial	β_r 4 %	q_r 0,13 %
tangential	β_t 8 %	q_t 0,27 %
diagonal*	β_d 6 %	q_d 0,20 %

* Mittelwert zwischen radial und tangential

Verformungserscheinung

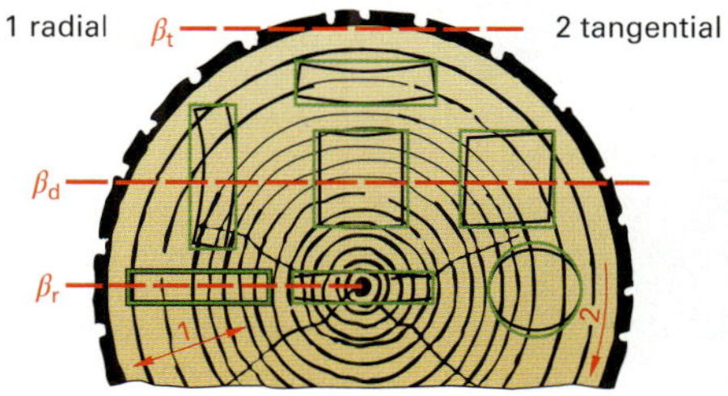

Sortierklassen und Festigkeitsklassen

Holz als Naturbaustoff hat Unregelmäßigkeiten. Der Umfang der Unregelmäßigkeiten bestimmt die Einteilung in die nachfolgend aufgeführten Klassen. Die Zahlen hinter den Festigkeitsklassen sind die Bemessungswerte in N/mm² für den Regelfall der Biegebemessung.

Sortierklassen (SK)			Festigkeitsklassen (FK)			
3 visuelle SK für NH: Nadelholz	S7, S10, S13	**S**	**NH:**	Nadelholz	12 FK:	C14 ... C50
3 visuelle SK für LH: Laubholz	L7, L10, L13	**LS**	**LH:**	Laubholz	8 FK:	D8 ... D70
Hochkant biegebeanspruchte Bretter/Bohlen		**K**	**KVH:**	Konstruktionsvollholz	2 FK:	C24, C30
Maschinelle SK mit dem Zusatz		**M**	**BSH:**	Brettschichtholz (BS)	4 FK:	GL24 ... GL32

4

Holzwerkstoffe

Massivholzplatten (DIN EN 12775 und DIN EN 13353) (englisch: solid wood panels)

Massivholzplatten bestehen aus Holzstücken, die an den Schmalseiten und bei mehrlagigen auch an den Breitseiten verklebt sind. Mehrlagige Platten werden für tragende Zwecke verwendet.

Standardformate
2500 mm × 1200 mm
4000 mm × 1200 mm

Dicken je nach Hersteller
10 mm … 56 mm

Furnierschichtholz (DIN EN 14279 und DIN EN 14374) (englisch: laminated veneer lumber)

Furnierschichtholz besteht aus mehreren Lagen verleimter Furniere. Die Furniere werden mit Phenolharz überwiegend in gleicher Faserrichtung miteinander verklebt, Querverklebungen sind jedoch möglich.

Standardformate
6000 mm × 1250 mm
12000 mm × 1250 mm

Dicken in 6-mm-Stufen
21 mm … 89 mm

Bausperrholz (DIN EN 313-2, DIN EN 636)

Sperrholz besteht aus mehreren parallel zur Plattenebene liegenden Holschichten mit entgegengesetzten Faserrichtungen. Ober- und Unterseite bestehen aus dünnen Furnieren. Kunststoffbeschichtete (z. B. mit Phenolharz) Sperrholz-Platten werden als Schalhaut für Sichtbetonflächen verwendet.

Vorzugsmaße für Sperrholz (für Hersteller nicht bindend)

4

Maße in mm	Furniersperrholz	Stab- und Stäbchensperrholz
Dicke	4, 5, 6, 8, 10, 12, 15, 18, 20, 22, 25, 30, 35, 40, 50	13, 16, 19, 22, 25, 28, 30, 38
Länge und Breite	1220, 1250, 1500, 1530, 1700, 1830, 2050, 2200, 2440, 2500, 3050	1220, 1530, 1830, 2050, 2500, 4100 2440, 2500, 3500, 5100, 5200, 5400

OSB-Platten (DIN EN 300) (Langspanplatten; OSB, englisch: oriented strand board)

OSB-Platten bestehen aus flachen, langen Spänen, die nicht richtungsorientiert verleimt sind. Sie haben einen 3-schichtigen Aufbau. Die Späne in den Außenschichten laufen parallel zu den Spänen in der Plattenlänge oder -breite.

Standardformate
4100 mm × 1250 mm
2500 mm × 675 mm

Dicken in 2-mm-Stufen
von 6 mm bis 12 mm, 15 mm, 18 mm, 22 mm, 25 mm, 28 mm, 30 mm

Spanplatten (DIN EN 312)

Spanplatten werden durch Verpressen von kleinen Teilen aus Holz und/oder anderen lignozellulosehaltigen Teilchen mit Klebstoff hergestellt. Die Späne liegen vorzugsweise parallel zur Plattenebene.

Standardformate
500 mm × 675 mm
2500 mm × 1250 mm
5600 mm × 2070 mm

Dicken 3 mm bis 30 mm

Holzfaserplatten (DIN EN 622, HB, engl.: hard board)

Holzfaserplatten werden aus Lignozellulosefasern unter Anwendung von Druck und/ oder Hitze hergestellt. Der Holzwerkstoff kann auch als kunststoffbeschichtete Holzfaserplatte im Innenausbau verwendet werden. Kunststoffbeschichtete harte Holzfaserplatten werden als Schalhaut für Sichtbetonflächen verwendet.

Standardformate
2500 mm × 1250 mm

Dicken
6 mm, 8 mm, 9 mm,
10 mm, 12 mm, 15 mm,
18 mm, 20 mm, 22 mm,
28 mm, 30 mm

5 Mauerwerksbau

5.1 Maßordnung im Hochbau (DIN 4172)

Rohbaurichtmaße sind in der DIN 4172 festgelegt, wobei 1 am (Achtelmeter) 12,5 cm entspricht. **Rohbaurichtmaße** sind Maße aus den Steinmaßen plus den Fugenmaßen.

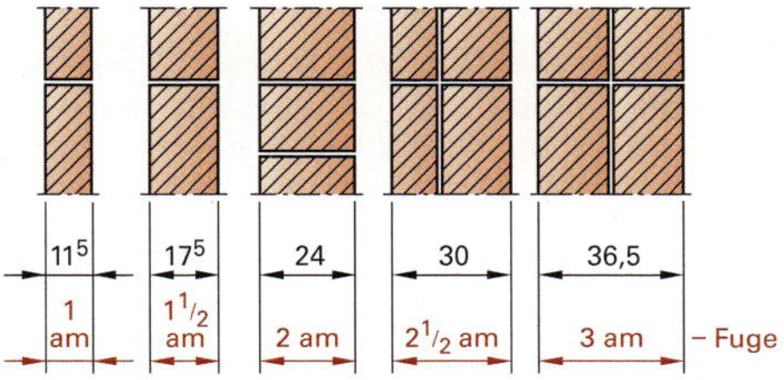

Wanddicken in cm und als am-Maß

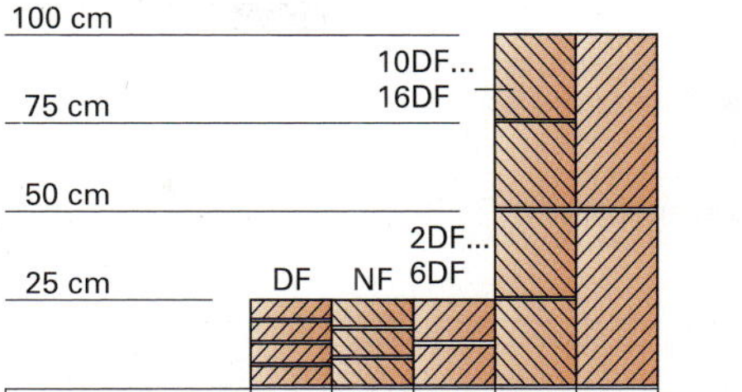

Steinhöhe cm	5,2	7,1	11,3	23,8	49,8
Schichthöhe cm	6,25	8,33	12,5	25,0	50,0
Schichten pro m	16	12	8	4	2

Gegenseitige Abhängigkeit der Steinhöhen

Rohbaunennmaße sind reale Maße der Bauteile. Diese Maße werden aus den Rohbaurichtmaßen durch Zuzählen von 1 cm bei **Innenwänden** (lichten Maßen) oder durch Abziehen von 1 cm bei Außenwänden (Pfeilermaßen) errechnet. **Anbaumaße** (anstoßendes Mauerwerk) entsprechen genau den Rohbaurichtmaßen.

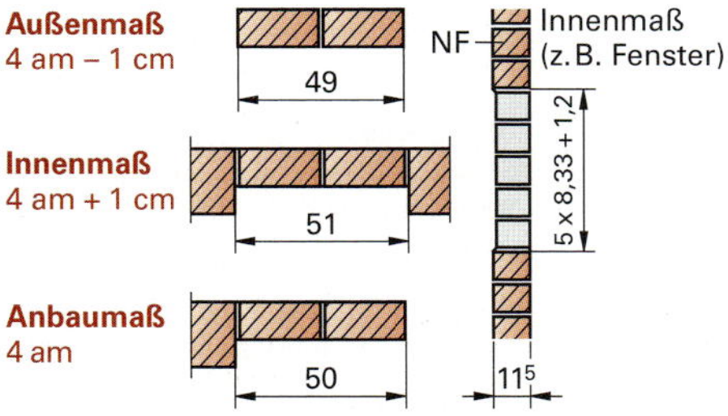

Errechnung der Rohbaunennmaße

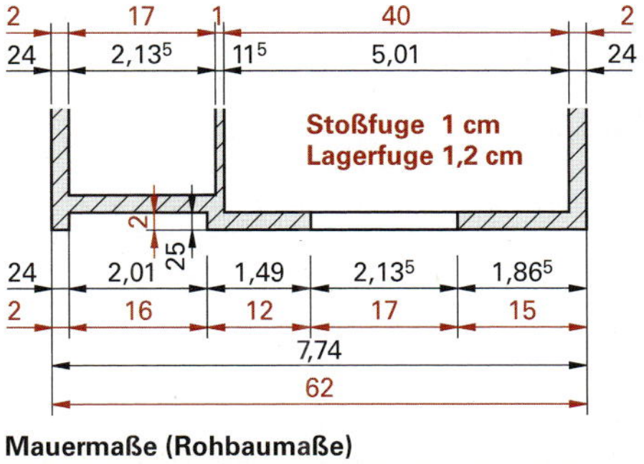

Mauermaße (Rohbaumaße)

Rohbaurichtmaße in cm

100/16	6,25	12,5	18,75	**25**	31,25	37,5	43,75	**50**	56,25	62,5	68,75	**75**	81,25	87,5	93,75	**100**
100/12	8,33		16,67	**25**	33,33		41,67	**50**	58,33		66,67	**75**	83,33		91,67	**100**
100/8		12,5		**25**		37,5		**50**		62,5		**75**		87,5		**100**
100/4				**25**				**50**				**75**				**100**

5.2 Gemauerte Wände

Mauerwerk

Mauerwerk besteht aus natürlichen Steinen ▸ S. 55 oder künstlichen Steinen ▸ S. 58 ff., die in einem bestimmten Verband ▸ S. 124 verlegt und mit Mauermörtel ▸ S. 82 zusammengefügt sind. Mörtelarten werden nach ihren Eigenschaften und/oder ihrem Verwendungszweck unterschieden in Dünnbettmörtel (DM), Leichtmauer- (LM) und Normalmauermörtel (NM). Es dürfen nur Baustoffe verwendet werden, die den Normen entsprechen. Zahlreiche Produkte für den Mauerwerksbau werden nach bauaufsichtlichen Zulassungen verwendet. Die bauaufsichtlichen Zulassungen erweitern die Regelungen der Norm. Für diese Produkte dürfen die gleichen verbindlichen Regeln der DIN EN angewendet werden.

Wandarten und Funktionen

Wänden kommen neben der raumabschließenden Funktion und den bauphysikalischen Funktionen insbesondere statisch-konstruktive Funktionen zu. Wände werden unterschieden nach:

- Lage (z. B. Außenwände, Innenwände, freistehende Wände)
- Geschosszugehörigkeit (z. B. Kellerwände, Dachgeschosswände, Erdgeschosswände)
- raum- und wohnungsbezogenen Funktionen (z. B. Treppenhauswände, Wohnungstrennwände)
- Schutzfunktionen (z. B. Brandschutzwände, Schallschutzwände, Außenwände, Vorsatzschalen)
- statischen Funktionen (tragende Wände, aussteifende Wände, nichttragende Wände)

Aussteifung tragender Wände

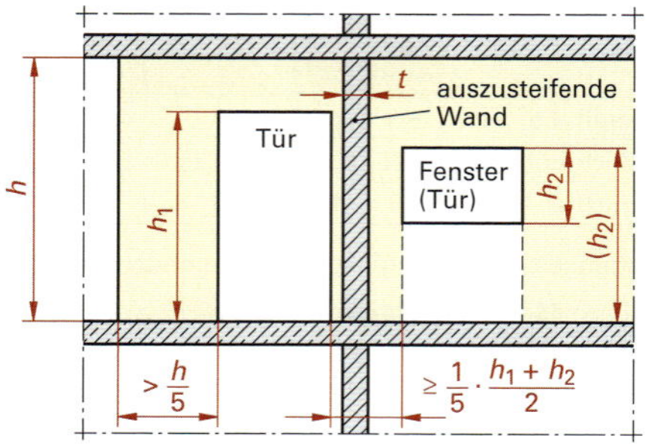

Mindestbreite der aussteifenden Wand im Bereich einer oder mehrerer Öffnungen

Tragende Wände sind ausgesteift, wenn sie rechtwinklig zur Wandfläche durch aussteifende Wände und Decken unverschiebbar gehalten werden. Dabei sollen **aussteifende Wände** mit auszusteifenden Wänden gleichzeitig im Verband gemauert werden.

Anschlüsse von Wänden an Massivdecken sind durch Haftung und Reibung sichergestellt, wenn Hauptbewehrung und Querbewehrung der Massivdecke bis zur halben Wanddicke durchgeführt sind und das aufgehende Mauerwerk über die Massivdecke weitergeführt wird.

Nischen, Aussparungen und Schlitze

Nischen sind Schwächungen in der Dicke des Mauerwerks; **Vorlagen** sind Verstärkungen. Der Abstand (Empfehlung) von Regelfuge und Nische beträgt **0,5 am** (6,25 cm) und bei 3 DF auch **1 am.**

Aussparungen und Schlitze sind nur zulässig, wenn die Standsicherheit der Wand nicht beeinträchtigt wird. Aussparungen und Schlitze sind im Mauerwerk herzustellen oder nachträglich zu fräsen.

5

Wanddicke t	Horizontale und schräge Schlitze nachträglich hergestellt Schlitzlänge $t_{ch,v}$		Vertikale Schlitze und Aussparungen				
			nachträglich hergestellt			in gemauerten Verbänden	
	unbeschränkt	≤ 1,25 m lang	Tiefe	Schlitzbreite	Abstand der Schlitze und Aussparungen	Schlitzbreite	Restwanddicke
mm	Tiefe mm	Tiefe mm	mm	mm		mm	mm
≥ 115	–	–	≤ 10	≤ 100	untereinander	–	–
≥ 150	–	≤ 10	≤ 20	≤ 100	≥ Schlitzbreite;	–	–
≥ 175	0	≤ 25	≤ 30	≤ 100		≤ 260	≥ 115
≥ 240	≤ 15	≤ 25	≤ 30	≤ 150	von Öffnungen	≤ 385	≥ 115
≥ 300	≤ 20	≤ 30	≤ 30	≤ 200	≥ 240 mm	≤ 385	≥ 175
≥ 365	≤ 20	≤ 30	≤ 30	≤ 200		≤ 385	≥ 240

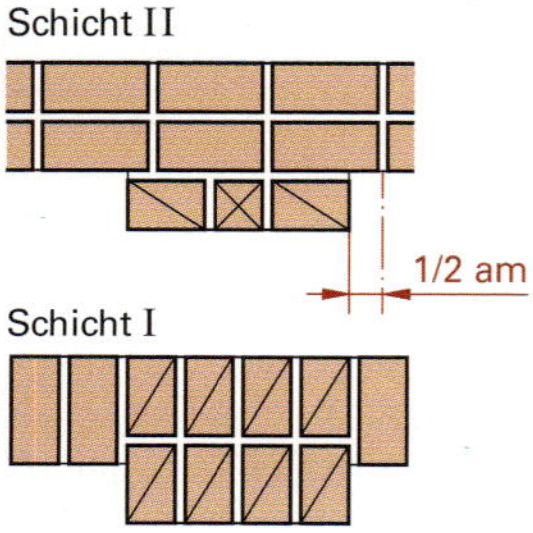

Vorlagen

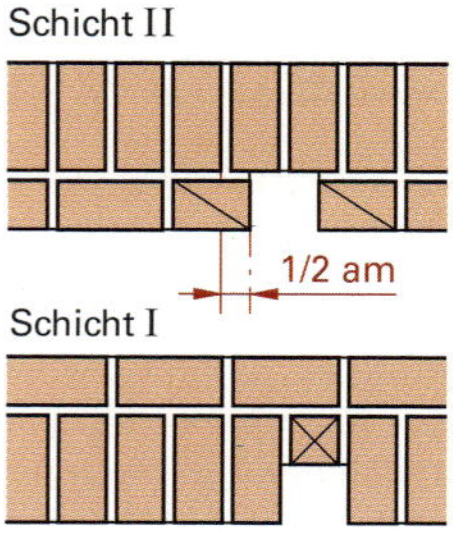

Schlitz

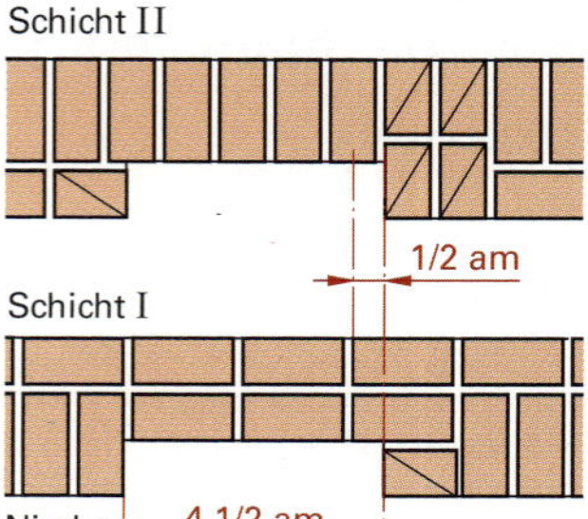

Nische

5.3 Statische und konstruktive Maßnahmen

Ringanker und Ringbalken (DIN EN 1996-1, DIN 1045)

Ringanker sind in allen Außenwänden und Querwänden mit statischer Aufgabe (Aufnahme von Zugkräften) zu verlegen:

- bei Bauten, die insgesamt länger als 18 m sind oder mehr als zwei Vollgeschosse haben
- bei Wänden mit vielen oder besonders großen Öffnungen
- wenn die Baugrundverhältnisse es erfordern
- zur Sicherstellung der horizontalen Steifigkeit der Wand (z. B. bei Decken ohne ausreichende Scheibentragwirkung)

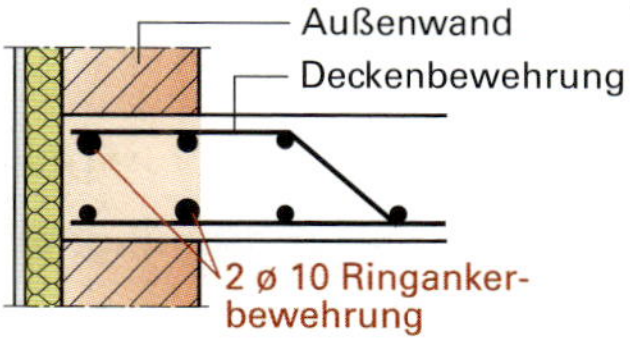

Die Ringanker sind mit zwei durchlaufenden Rundstäben mit $A \geq 150$ mm² Querschnittsfläche zu bewehren und können im Bereich der Massivdecke, der Tür- oder Fensterstürze mit diesen vereinigt werden, aber in Wänden max. 50 cm über oder unter der Deckenplatte liegen. Ringanker können in vorgefertigten U-Schalen (Sonderbauteile der Ziegel- und Mauersteinindustrie ▸ S. 61, 63) hergestellt werden.

Ringbalken sind in einer Wandebene liegende horizontale Balken, die Biegebeanspruchungen aufnehmen können. Ringbalken können auch Ringankerfunktionen übernehmen. Voraussetzung ist ein geschlossener Ring um das Gebäude.

Bewehrtes Mauerwerk (DIN EN 1996-1-1)

Stahlbewehrungen in Lagerfugen werden angeordnet, um die Biegefestigkeit des Baukörpers zu steigern.

Formsteine ▸ S. 61, 63 wie z. B. **U-Schalen** sind für die horizontale Bewehrungsführung gut einsetzbar. Die Konstruktion und Ausführung eines **Ringankers** aus bewehrtem Mauerwerk erfordert in zwei Lagerfugen insgesamt 4 Ø 6 B500. Folgende Anforderungen sind einzuhalten:

- Die Wanddicke darf 11,5 cm nicht unterschreiten.
- Die Steinfestigkeit darf 15 N/mm² nicht unterschreiten.
- Die Fugen dürfen mit Bewehrung nicht dicker als 2 cm sein.
- Der Durchmesser der Stäbe darf 8 mm nicht überschreiten.
- Der Mauerverband darf nicht zerstört werden.
- Die Stahleinlagen sind satt in Mörtel MG III, IIIa zu verlegen.

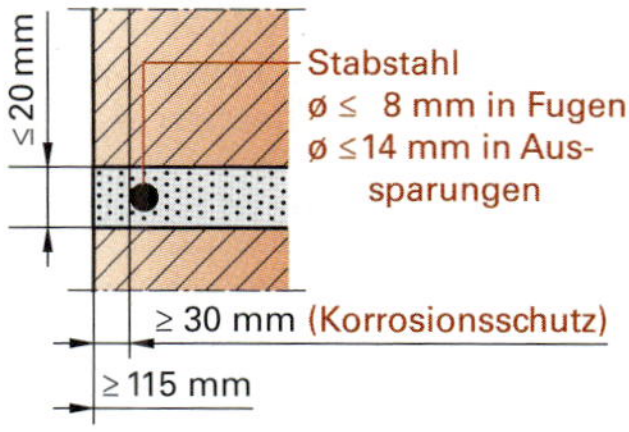

Füllziegel/Hohlkammersteine eignen sich für senkrecht bewehrtes Mauerwerk. Hier ist ein Beton ≥ C12/15 notwendig. Das Größtkorn darf 8 mm nicht überschreiten.

Ausfachungen

Ausfachungswände von Fachwerk, Skelett- und Schottensystemen sind nichttragende Außenwände, bei denen auf einen Nachweis verzichtet werden kann, wenn

- die Wände vierseitig gehalten sind (z. B. durch Verzahnung, Versatz, Anker)
- die zulässigen Größtwerte der Ausfachungsfläche nicht überschritten werden
- Mörtel der Mörtelgruppe IIa, III oder IIIa verwendet werden

$$\varepsilon = \frac{l_i}{h_i}$$

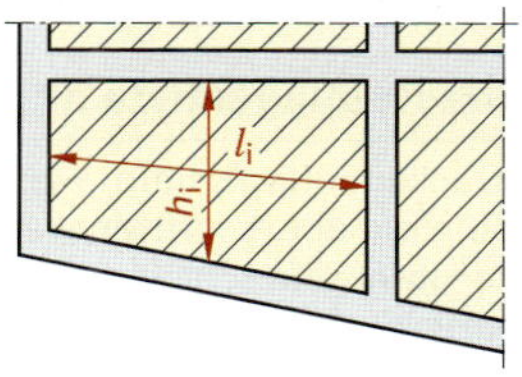

Wanddicke t nicht tragender Außenwände	Zulässiger Größtwert der Ausfachungsfläche bei einer Höhe über Gelände von			
	0 m bis 8 m		8 m bis 20 m²⁾	
	ε = 1,0	$\varepsilon \geq 2{,}0$	ε = 1,0	$\varepsilon \geq 2{,}0$
11,5 cm¹⁾	12 m²	8 m²	–	–
17,5 cm	20 m²	14 m²	13 m²	9 m²
24 cm	36 m²	25 m²	23 m²	16 m²
≥ 30 cm	50 m²	33 m²	35 m²	23 m²

1) Bei Verwendung von Steinen der Festigkeitsklasse 12 N/mm² und höher dürfen die Werte dieser Zeile um 1/3 vergrößert werden.

2) In Windlastzone 4 nur im Binnenland.

Für $1{,}0 < \varepsilon \leq 2{,}0$ dürfen die Ausfachungsflächen interpoliert werden.

5.4 Vereinfachte Mauerwerksbemessung

In der heutigen Mauerwerkspraxis ist es zumeist ausreichend, unbewehrte Mauerwerksbauten nach den vereinfachten Berechnungsmethoden (DIN EN 1996-3/NA) für tragende Mauerwände nachzuweisen. Es gelten die folgenden Anwendungsbedingungen:

- vertikal und durch Windlast beanspruchte Wände
- Wandscheiben
- Kellerwände, beansprucht durch horizontalen Erddruck und vertikale Lasten
- Wände unter Einzellasten
- horizontal beanspruchte Wände

Anwendungsbedingungen

Bauteil	Wanddicke t in mm	lichte Wandhöhe h in m	Nutzlast[1)] der Decke q_k in kN/m²
tragende Innenwände	≥ 115 < 240	≤ 2,75	≤ 5
	≥ 240	–	
tragende Außenwände und zweischalige Haustrennwände	≥ 115[2)] < 150[2)]	≤ 2,75	≤ 3[3)]
	≥ 115[3)] < 175[3)]		
	≥ 175 < 240		
	≥ 240	≤ 12 · t	≤ 5

Teilsicherheitsbeiwerte:

Mauerwerk (Material) $\gamma_M = 1{,}5$
Einwirkungen ständig $\gamma_G = 1{,}35$
veränderliche $\gamma_Q = 1{,}5$

Folgende Voraussetzungen müssen erfüllt sein:

- Gebäudehöhe ≤ 20,00 m
- Wanddicke t
- mittiger Lastangriff
- Einwirkung q_k
- Deckenstützlänge $l_{ef} \leq 6{,}00$ m
- lichte Wandhöhe h, laut Tabelle links, max. 3 Vollgeschosse
- Überbindemaß $l_{ol} \geq 45$ mm
- vollfugiges Vermauern

1) Einschließlich Zuschlag für nichttragende innere Trennwände.
2) Als einschalige Außenwand nur bei eingeschossigen Garagen und Bauwerken, die nicht zum dauerhaften Aufenthalt von Menschen vorgesehen sind.
Als Tragschale zweischaliger Außenwände und bei zweischaligen Haustrennwänden bis maximal zwei Vollgeschosse zuzüglich ausgebautes Dachgeschoss; aussteifende Querwände im Abstand ≤ 4,50 m bzw. Randabstand von einer Öffnung ≤ 2,00 m.
3) Bei charakteristischen Mauerwerksdruckfestigkeiten $f_k < 1{,}8$ N/mm² gilt zusätzlich Fußnote 2).

Knicklänge von Mauerwerkswänden

- Wände müssen durch Decken, Dächer, Querwände oder steife Bauteile ausgesteift werden.
- Wenn die aussteifende Wand durch Öffnungen unterbrochen ist, sind die Vorgaben für die Mindestbreite der aussteifenden Wand gemäß Abbildung ▸ S. 112 zu beachten.
- Die effektive Wanddicke t_{ef} entspricht der Dicke der inneren, tragenden Schale.
- Als Schlankheit wird der Quotient aus effektiver Höhe h_{ef} und der effektiven Wanddicke t_{ef} (t) bezeichnet. Die Schlankheit darf nicht größer als 27 sein. Beim stark vereinfachten Nachweis muss die Schlankheit kleiner 21 sein.

$h_{ef}/t_{ef} < 27$
$h_{ef}/t_{ef} < 21$

Mindestauflagertiefe und Stützlänge

Die Deckenauflagertiefe a ist so zu wählen, dass die zulässigen Pressungen in der Auflagerfläche nicht überschritten werden und die Verankerungslängen der Bewehrung der Stahlbetondecke untergebracht werden können. Die Deckenauflagertiefe a muss mindestens die halbe Wanddicke t betragen, Ausnahme für $t = 365$ mm mit $a = 0{,}45 \cdot t$.

Mindestauflagerdicke a in Abhängigkeit der Wanddicke t		
t in mm	a in mm	
115	100	$a \geq t/2 \geq 100$ mm
200	100	
240	120	
300	150	
365	165	
425	213	
490	245	

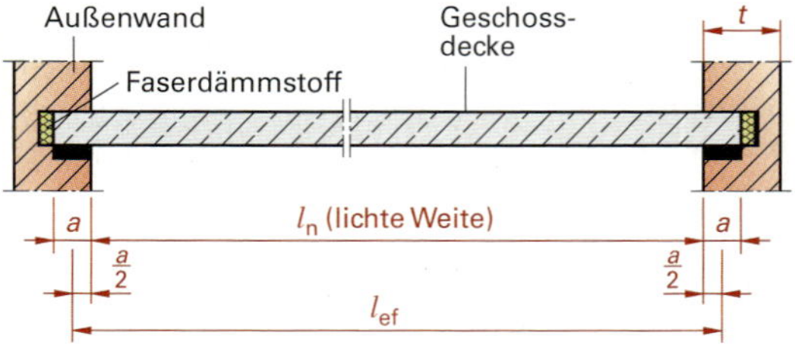

$l_{ef} \geq l_n + a$ statische Länge oder Spannweite

5.5 Charakteristische Druckfestigkeiten (DIN EN 1996-3/NA)

Charakteristische Druckfestigkeiten f_k für Mauerwerk ausgewiesen in Abhängigkeit der Druckfestigkeitsklassen der Mauersteine und Planelemente, der Mauerstein- und der Mörtelarten.

- Die Verwendung von Normalmauermörtel der Mörtelgruppen II, IIa und III, von Leichtmauermörtel LM 21 und LM 36 und Dünnbettmörtel DM ist zulässig.
- Die charakteristischen Festigkeiten f_{k2} für **Verbandsmauerwerk mit Normalmörtel** sind durch Multiplikation des Tabellenwertes mit $\boldsymbol{f_{k2} = f_k \cdot 0{,}8}$ zu ermitteln. Verbandsmauerwerk entspricht einem Mauerwerk mit mehr als einem Stein in Richtung der Wanddicke.
- ( ) nicht in der DIN EN 1996-3/NA/A1
- NM IIIa nicht mehr in DIN EN 998-2

$$f_d = \zeta \cdot \frac{f_k}{\gamma_{M1}} \quad \text{mit} \quad \begin{matrix} \zeta = 0{,}85 \text{ (Allgemein)} \\ \zeta = 1{,}00 \text{ (Kurzzeitbelastung)} \end{matrix}$$

Einsteinmauerwerk aus Hochlochziegeln HLzA, HLzB und HLzB-T1, Kalksand-Loch- und Hohlblocksteinen KS L mit Normalmörtel

Steinfestigkeitsklasse	Charakteristische Druckfestigkeiten f_k in N/mm²			
	M2,5	M5	M10	M20
	NM II	NM IIa	NM III	NM IIIa
4	2,1	2,4	2,9	(3,3)
6	2,7	3,1	3,7	(4,2)
8	3,1	3,9	4,4	(4,9)
10	3,5	4,5	5,0	5,6
12	3,9	5,0	5,6	6,3
16	4,6	5,9	6,6	7,4
20	5,3	6,7	7,5	8,4
28	5,3	6,7	9,2	10,3
36	5,3	6,7	10,2	11,9
48	5,3	6,7	12,2	14,1
60	5,3	6,7	14,3	16,0

Einsteinmauerwerk mit Normalmörtel aus Vollziegeln Mz, VMz, Kalksandstein-Vollsteinen und Kalksandstein-Blocksteinen KS

Steinfestigkeitsklasse	f_k in N/mm²			
	M2,5	M5	M10	M20
	NM II	NM IIa	NM III	NM IIIa
2	–	–	–	–
4	2,8	(3,2)	(3,5)	(4,0)
6	3,6	4,0	(4,5)	(5,0)
8	4,2	4,7	(5,3)	(5,9)
10	4,8	5,4	6,0	(6,8)
12	5,4	6,0	6,7	7,5
16	6,4	7,1	8,0	8,9
20	7,2	8,1	9,1	10,1
28	8,8	9,9	11,0	12,4
36	10,2	11,4	12,6	14,3
48	10,2	11,4	14,4	16,9
60	10,2	11,4	14,4	16,9

Einsteinmauerwerk mit Normalmörtel (NM) aus Leichtbetonsteinen und Betonsteinen

Steinfestigkeitsklasse	f_k in N/mm²					
	Hbl, Hbn			Vn, Vbl		
	M2,5	M5	M10	M2,5	M5	M10
	NM II	NM IIa	NM III	NM II	NM IIa	NM III
2	1,4	1,5	1,7	1,5	1,6	1,8
4	2,2	2,4	2,6	2,5	2,7	3,0
6	2,9	3,1	3,3	3,4	3,7	4,0
8	2,9	3,7	4,0	3,4	4,5	5,0
10	2,9	4,3	4,6	3,4	5,4	5,9
12	2,9	4,8	5,1	3,4	6,1	6,7
16	–	–	–	3,4	6,1	8,3
20	–	–	–	3,4	6,1	9,8
28	–	–	–	–	–	–
36	–	–	–	–	–	–

Einsteinmauerwerk mit Normalmörtel aus Hochlochziegeln HLzW, Mauertafelziegeln T2, T3 und T4, Leichtlochziegeln LLz

Steinfestigkeitsklasse	f_k in N/mm²			
	M2,5	M5	M10	M20
	NM II	NM IIa	NM III	NM IIIa
2	–	–	–	–
4	1,7	2,0	2,4	2,6
6	2,2	2,5	2,9	3,3
8	2,5	3,2	3,5	4,0
10	2,8	3,6	4,0	4,5
12	3,1	4,0	4,5	5,0
16	3,7 [3,1]	4,7 [4,0]	5,3 [4,5]	5,9 [5,0]
20	4,2 [3,1]	5,5 [4,0]	6,0 [4,5]	6,7 [5,0]

Werte in [...] gelten für Hochlochziegeln mit Lochung W (HLzW) und Mauertafelziegeln T4

Einsteinmauerwerk mit Normalmörtel (NM) aus Leichtbeton-Vollblöcken mit Schlitzen Vbl S, Vbl SW

Steinfestigkeitsklasse	f_k in N/mm²		
	M2,5	M5	M10 und M20
	NM II	NM IIa	NM III und IIIa
2	1,4	1,6	1,8
4	2,1	2,4	2,9
6	2,7	3,1	3,7
8	2,7	3,9	4,4
10	2,7	4,5	5,0
12	2,7	5,0	5,6

Charakteristische Druckfestigkeiten von Mauerwerk Einsteinmauerwerk Stein-Mörtelkombinationen					Kalksand-Plansteine und Kalksandsteinelemente		
Steinfestigkeitsklasse	f_k in N/mm²				f_k in N/mm²		
	Mauerziegel und Kalksandsteine		Voll- u. Lochsteine aus Leichtbeton	Porenbetonsteine	Elemente KS XL	Plansteine KS P	KS L-P
	LM 21	LM 36	LM 21 und LM 36	Dünnbettmörtel	Dünnbettmörtel		
2	1,2	1,3	1,4	1,8	–	–	–
4	1,6	2,2	2,3	3,0	2,9	2,9	2,9
6	2,2	2,9	3,0	4,1	4,0	4,0	3,7
8	2,5	3,3	3,6	5,1	5,0	5,0	4,4
10	2,8	3,3	–	–	6,0	6,0	5,0
12	3,0	3,3	–	–	9,4	7,0	5,6
16	3,0	3,3	–	–	11,2	8,8	6,6
20	3,0	3,3	–	–	12,9	10,5	7,6
28	3,0	3,3	–	–	16,0	13,8	7,6
≥ 38	3,0	3,3	–	–	16,0	16,8	7,6

5.6 Nichttragende innere Trennwände

Trennwände dienen der Raumtrennung. Sie dürfen für die Gebäudeaussteifung nicht genutzt werden. Nach DIN 4103-1 werden folgende Einbaubereiche unterschieden:

- **Einbaubereich I** mit geringer Menschenansammlung (Wohnungen, Büros, Flure, Hotels)
- **Einbaubereich II** mit großer Menschenansammlung (Schulen, Hörsäle, Kaufhäuser)

Maximale Wandlängen

Anschluss durch Metallwinkel und geeignete U- oder I-Profile, Anschlussschienen, Einlegen von Ankern, Türzargen, Verzahnung; am Fußende sollte immer eine Trennlage angeordnet werden.

Grenzmaße für dreiseitig gehaltene Wände ohne Auflast (der obere Rand ist frei)

Wanddicke	Wandhöhe in m							
	2,0	2,25	2,5	3,0	3,5	4,0	4,5	≤ 6,0
5,0 cm	3,0 1,5	3,5 2,0	4,0 2,5	5,0 –	6,0 –	– –	– –	– –
6,0 cm	5,0 2,5	5,5 2,5	6,0 3,0	7,0 3,5	8,0 4,0	9,0 –	– –	– –
7,0 cm	7,0 3,5	7,5 3,5	8,0 4,0	9,0 4,5	10,0 5,0	10,0 6,0	10,0 7,0	– –
10,0 cm	8,0 5,0	9,0 5,0	10,0 6,0	12,0 7,0	12,0 8,0	12,0 9,0	12,0 10,0	– –
11,5 cm	8,0 6,0	9,0 6,0	10,0 7,0	12,0 8,0	12,0 9,0	12,0 10,0	12,0 10,0	– –
≥ 17,5 cm	12,0 8,0	12,0 9,0	12,0 10,0	12,0 12,0	12,0 12,0	12,0 12,0	12,0 12,0	12,0 12,0

Blauer Wert für Einbaubereich I, roter Wert für Einbaubereich II.

Die Werte gelten allgemein bei Verwendung von Normalmauermörtel der Mörtelgruppe III oder Dünnbettmörtel, bei Verwendung von Kalksandsteinen und Wanddicke $t \geq 11{,}5$ cm darf Mörtelgruppe IIa verwendet werden.

Grenzmaße für vierseitig gehaltene Wände ohne Auflast

Wanddicke	Wandhöhe in m					
	2,5	3,0	3,5	4,0	4,5	≤ 6,0
5,0 cm	3,0 1,5	3,5 2,0	4,0 2,5	– –	– –	– –
6,0 cm	4,0 2,5	4,5 3,0	5,0 3,5	5,5 –	– –	– –
7,0 cm	5,0 3,0	5,5 3,5	6,0 4,0	6,5 4,5	7,0 5,0	– –
10,0 cm	7,0 5,0	7,5 5,5	8,0 6,0	8,5 6,5	9,0 7,0	– –
11,5 cm	10,0 6,0	10,0 6,5	10,0 7,0	10,0 7,5	10,0 8,0	
≥ 17,5 cm	12,0 12,0	12,0 12,0	12,0 12,0	12,0 12,0	12,0 12,0	12,0 12,0

Blauer Wert für Einbaubereich I, roter Wert für Einbaubereich II.

Die Werte gelten allgemein bei Verwendung von Normalmauermörtel der Mörtelgruppe III oder Dünnbettmörtel, bei Verwendung von Kalksandsteinen und Wanddicke $t \geq 11{,}5$ cm darf Mörtelgruppe IIa verwendet werden.

Bei dreiseitiger Halterung (ein freier vertikaler Rand) sind die Tabellenwerte zu halbieren.

5.7 Kelleraußenwände

Außenwände des Kellergeschosses und Sockel bis mindestens 50 cm über OK Gelände sollen mindestens aus Mauerwerk mit der Steinfestigkeitsklasse 6 N/mm^2 und Mauermörtel der Gruppe III, IIa oder II erstellt werden. Die waagerechte Abdeckung (Querschnittsabdeckung) in oder unter Wänden muss aus

- besandeter Bitumendachbahn R500 oder
- mineralischer Dichtungsschlämme nach DIN 18195-2 oder gleichwertigen Materialien bestehen.

Kelleraußenwände werden durch die lotrechten Lasten auf Druck und durch den Erddruck auf Biegung belastet. Der Erddruck wirkt sich besonders ungünstig aus, wenn die vertikale Belastung durch die Geschosse gering ist und wenn in unmittelbarer Nähe des Gebäudes eine Straße verläuft.

Nach DIN EN 1996-3 (NA nationaler Anhang) darf ein Nachweis entfallen, wenn gilt:

- lichte Höhe des Kellergeschosses $h \leq 2{,}60$ m
- Anschütthöhe $h_e \leq h$, laut NA $h_e \leq 1{,}15 \cdot h$ möglich
- Kellerdecke wirkt als Scheibe
- Nutzlast $q \leq 5{,}0$ kN/m^2
- keine Einzellast $F_k \geq 15$ kN im Abstand von 1,50 m
- Mindestwanddicke $t_{ef} \geq 20$ cm, laut NA besser 24 cm

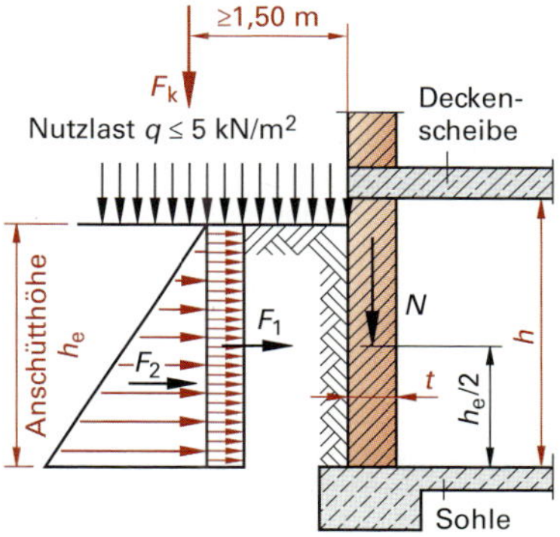

Vereinfachter Nachweis
(auf halber Anschütthöhe, oben und unten gehalten)
Kellerwände müssen bei Erdanschüttung einerseits eine minimale Auflast $N_{Ed,min}$ haben und andererseits muss die vorhandene Normalkraft $N_{Ed} \leq N_{Rd}$ sein.

$$N_{Ed} \leq N_{Rd}$$

$$N_{Rd} = 0{,}33 \cdot f_d \cdot t_{ef} \cdot b$$

$$N_{Ed,min} \geq \frac{\gamma \cdot h_e^2 \cdot h \cdot b}{\beta \cdot t}$$

γ Wichte der Anschüttung
h_e Anschütthöhe
b Wandlänge (hier 1,00 m)
h lichte Kellerhöhe
β = 20 (vereinfachter Nachweis)

Verfüllen und Verdichten des Arbeitsraumes nur mit nicht bindigem Boden und wenn alle Auflasten vorhanden sind.

Minimale Auflast $N_{Ed,min}$ für Kellerwände bei $h = 2{,}50$ m und $\gamma = 18$ kN/m^3

Wanddicke t	$h_e = 1{,}00$ m	$h_e = 1{,}50$ m	$h_e = 2{,}00$ m	$h_e = 2{,}50$ m	$h_e = 2{,}75$ m	$h_e = 2{,}875$ m
24 cm	9 kN/m	21 kN/m	38 kN/m	59 kN/m	71 kN/m	77 kN/m
30 cm	8 kN/m	17 kN/m	30 kN/m	47 kN/m	57 kN/m	62 kN/m
36,5 cm	6 kN/m	14 kN/m	25 kN/m	39 kN/m	47 kN/m	51 kN/m
49 cm	5 kN/m	10 kN/m	18 kN/m	29 kN/m	35 kN/m	38 kN/m

Kellerwände müssen bei Erdanschüttungen eine minimale Auflast haben, damit der Lastabtrag rechnerisch angesetzt werden kann. Je nach Wichte γ der Anschüttung, gestaffelt nach der Wanddicke t und der Anschütthöhe h_e kann die Mindestauflast $N_{Ed,min}$ annähernd angegeben werden.

Wird die zur Sicherstellung der Tragwirkung erforderliche Auflast $N_{Ed,min}$ am Wandkopf nicht erreicht oder soll diese reduziert werden, kann die Dicke der Kellerwand erhöht werden. Weitere konstruktive Maßnahmen zur Reduzierung der erforderlichen Vertikalkraft ist das Anordnen von vertikalen Stahlbetonbauteilen, sodass sich zwischen diesen Stützen eine horizontale Gewölbewirkung einstellt.

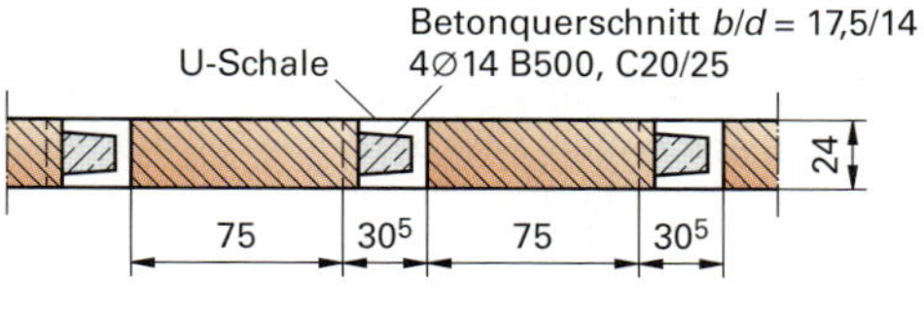

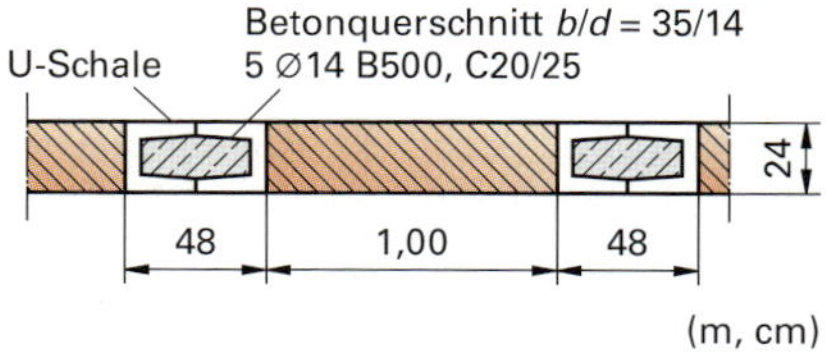

(m, cm)

5.8 Mauerwerksarten

Grundsätzlich sind einschaliges und zweischaliges Mauerwerk zu unterscheiden. Außenwände müssen eine Vielzahl von Anforderungen erfüllen.

- bauordnungsrechtlich relevanten Aspekte wie Standsicherheit, Brandschutz, Wärmeschutz, Feuchteschutz, Schallschutz, Schutz vor geotechnische Gefahren
- architektonische und städtebaurelevante Aspekte
- politische und gesellschaftliche Kriterien wie Ökologie, Wertbeständigkeit, Schadstoff- und Emissionsfreiheit

Einschalige Außenwände

Verblendmauerwerk, das mit der Hintermauerung im Verband ausgeführt wird, wird als Sichtmauerwerk bezeichnet. Werden Vormauersteine oder Klinker einer Steinsorte und einer Steinhöhe verwendet, bildet das Mauerwerk eine homogene Konstruktion. Diese kann als ein- oder beidseitiges Sichtmauerwerk ausgeführt werden. Nach DIN EN 1996-2 muss es aus Gründen der **Schlagregensicherheit** je Mauerschicht mindestens zwei Steinreihen aufweisen, zwischen denen eine durchgehende – schichtenweise versetzte – hohlraumfreie, vermörtelte **2 cm dicke Längsfuge** verläuft. **Mindestwanddicke 31 cm** für geringe Schlagregenbeanspruchung; für mittlere Schlagregenbeanspruchung 37,5 cm ► S. 124.

37^5-er Verblendmauerwerk mit 2 cm Längsfuge

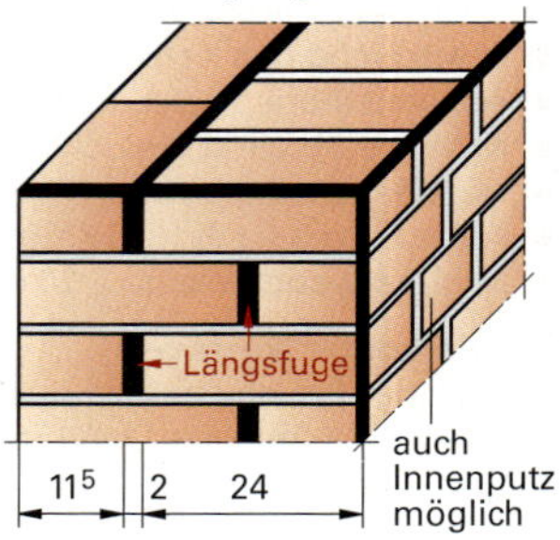

Wärmedämm-Verbundsystem, Thermohaut

Wärmedämm-Verbundsysteme (WDVS) bestehen aus der statisch erforderlichen Außenwand, einer Wärmedämmschicht sowie einem 2-lagigen Außenputz. Für die Wärmedämmung aus EPS (expandiertes Polystyrol ≡ Styropor) oder Mineralwolle gibt es folgende Arten der Verankerung:

- über Schienen befestigt und verklebt
- teilflächig oder vollflächig verklebt
- mit Dübeln befestigt und zusätzlich verklebt

Der Putz besteht aus 2 Lagen. Der Unterputz erhält zur Aufnahme thermisch erzeugter Spannungen ein Armierungsgewebe, beispielsweise Glasfasergewebe. Durch farbige Anstriche ist eine architektonische Gestaltung möglich.

Außenwand mit WDVS ► S. 156

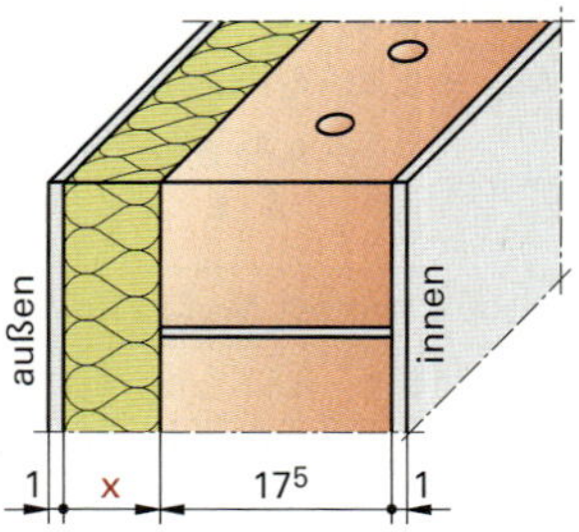

$x \geq 100$ mm, $x \leq 300$ mm

Außenwände mit wetterbeständiger Fassadenbekleidung

Einschalige Außenwände müssen entweder DIN 18515 „**Fassadenbekleidung** aus Naturstein, Betonwerkstein und keramischen Baustoffen" oder DIN 18516 „Außenverkleidungen, hinterlüftet" entsprechen. Bei der Planung und Ausführung ist eine Mindestporigkeit zum Atmen der Außenwand, die Regenschutzwirkung und eine sichere Verbindung mit dem Hintermauerwerk zu beachten. Wandkonstruktionen für starke Schlagregenbeanspruchung sind nach DIN 4108-3 auszuführen ► S. 124.

Hinterlüftete Fassadenbekleidung

Naturwerkstein, Betonwerkstein, Spaltplatten, kleinformatiger Dachschiefer, kleinformatige Dachplatten, großformatige Fassadenplatten.

Luftschicht ≥ 2 cm; die Ausführung muss wegen des notwendigen Ableitens des Niederschlagswassers überwacht werden.

Plattengröße ≤ 0,1 m^2 und ≤ 3 cm dick.

Angemauerte, angemörtelte oder verankerte Fassadenbekleidung:
keramische Platten, Sparverblender, Spaltklinker.
Die Platten werden in vorgefertigte Rahmen gesetzt und mit einer verdeckten Befestigung anmontiert oder auf einer Polymerbetonplatte aufgeklebt. Fugen sollten möglichst mit Hinterschneidung und 5 mm Schwellenhöhe ausgeführt werden.

Einschaliges Außenmauerwerk aus großformatigen Wärmedämmsteinen

Großformatige Wärmedämmsteine erfüllen die erhöhten Anforderungen des mehrgeschossigen Bauens überdurchschnittlich gut. Die am Markt verfügbaren Produkte decken mit unterschiedlichen Lochbildern und Dämmstofffüllungen ein großes Leistungsspektrum ab.

Verwendung großformatiger Mauersteine

- vermindert den Zeitaufwand beim Mauern
- vermindert den Fugenanteil im Mauerwerk und die Mörtelmenge
- sind im Verband zu mauern, das Überbindemaß l_{ol} ist einzuhalten
- für über 25 kg Einzelmauerstein sind Versatzgeräte zu verwenden

Wanddicke 30,0 cm

1. Schicht

2. Schicht

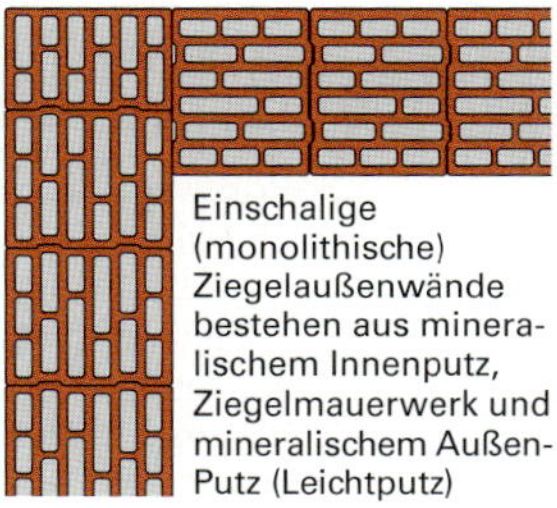

Einschalige (monolithische) Ziegelaußenwände bestehen aus mineralischem Innenputz, Ziegelmauerwerk und mineralischem Außen-Putz (Leichtputz)

Wanddicke 36,5 cm

1. Schicht

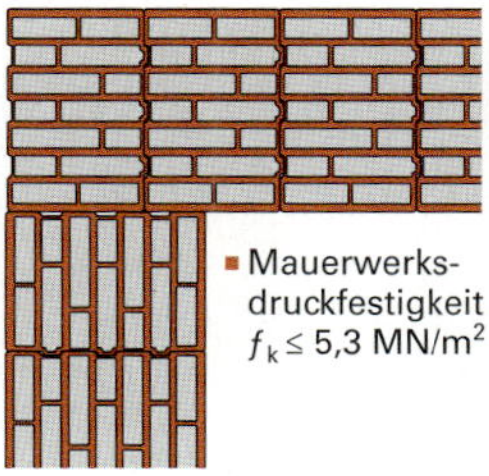

- Mauerwerks-druckfestigkeit $f_k \leq 5{,}3$ MN/m²

2. Schicht

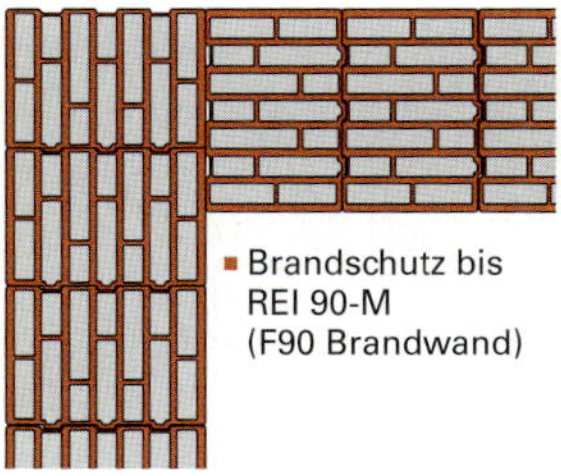

- Brandschutz bis REI 90-M (F90 Brandwand)

Wanddicke 42,5 cm

1. Schicht

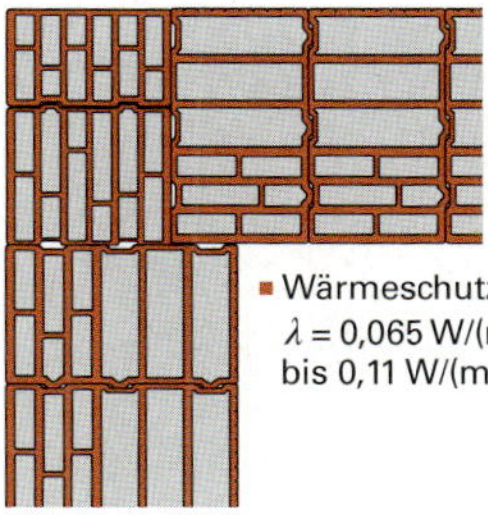

- Wärmeschutz $\lambda = 0{,}065$ W/(m·K) bis 0,11 W/(m·K)

2. Schicht

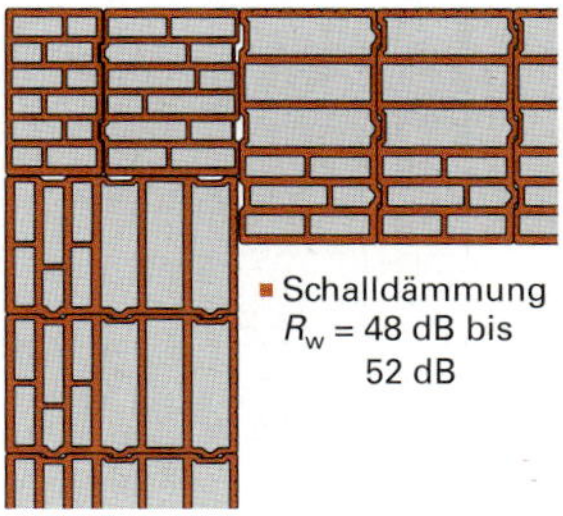

- Schalldämmung R_w = 48 dB bis 52 dB

Mauerverbände an Wandecken mit großformatigen Steinen

Wohnungstrennwände

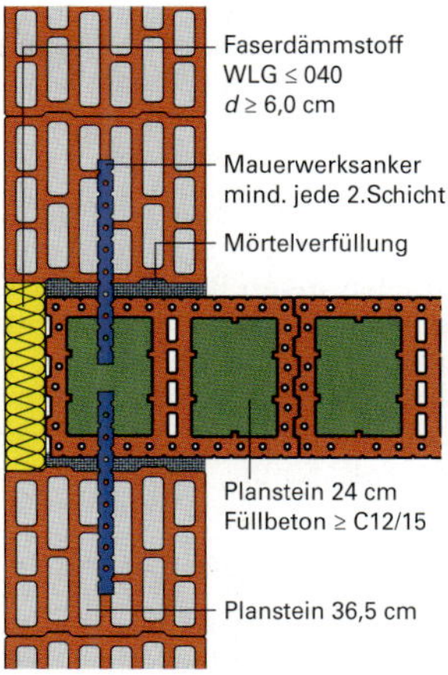

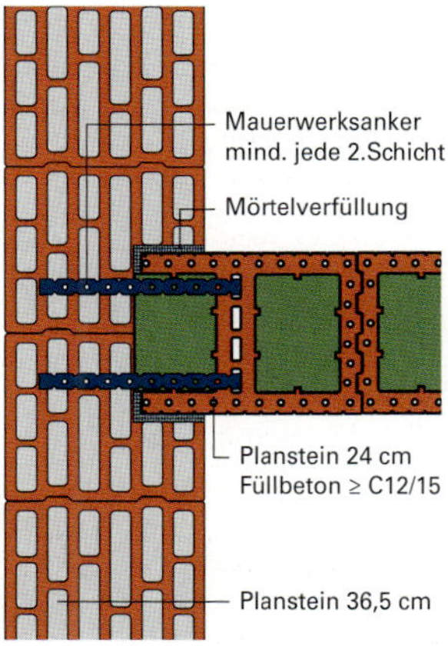

Haustrennwand

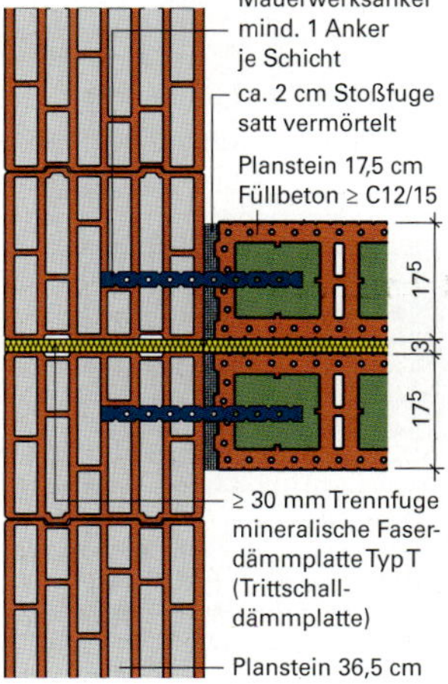

Anschlüsse bei Trennwänden

5

Zweischaliges Mauerwerk für Außenwände

Zweischalige Außenwände bestehen aus zwei massiven Mauerschalen mit dazwischen liegender Luftschicht und/oder Wärmedämmschicht. Statisch wirksam ist nur die Dicke der Innenschale. Die Außenschalen müssen mindestens 90 mm dick sein.

Die Mauerschalen sind durch Drahtanker aus nichtrostendem Stahl ⌀ 4 mm zu verbinden. An allen freien Rändern (z.B. Gebäudeecken, Fensteröffnungen, Türöffnungen, Dehnungsfugen, Gebäudeabschluss) sind zusätzlich mindestens 3 Drahtanker je m freier Rand einzubauen. Der lotrechte Abstand der Drahtanker soll 50 cm, der waagerechte Abstand 75 cm nicht überschreiten.

Mindestanzahl von Drahtankern je m² Wandfläche

Windzonen DIN EN 1991-1-4/NA	Gebäudehöhe		
	$h \leq 10$ m	10 m < h $h \leq 18$ m	18 m < h $h \leq 25$ m
I bis **III**, **IV** im Binnenland	7 (5 bei I, II Binnen)	7 (5 bei I)	7
IV an Nord- und Ostsee, Ostseeinseln	7	8	8
IV Nordsee-inseln	8	9	–

Zweischalige Außenwand

A mit Wärmedämmung (Kerndämmung)
⑤ Drahtanker/Luftschichtanker
⑧ Kerndämmung

B mit Wärmedämmung und Luftschicht
① Vormauerschale $d \geq 90$ mm
② Luftschicht SRZ ≥ 40 mm
③ Wärmedämmplatten
④ Innenschale $d \geq 115$ mm

C mit Wärmedämmung und verputzter Vormauerschale
⑥ Außenputz
⑦ Innenputz

D Sonderfall mit Luftschicht

Luftschichtankersysteme

Länge 100 mm bis 170 mm eingelegt

Länge 120 mm bis 250 mm eingelegt

Länge 40 mm bis 150 mm eingelegt

Porenbeton Luftschichtanker 100 mm bis 250 mm eingebohrt

Luftschichtanker zum Einlegen werden beim Aufmauern in die Lagerfugen der Innenschale eingelegt. Für Mauerwerk mit Normalmauermörtel ist dabei mindestens die Mörtelgruppe NM IIa erforderlich.

5

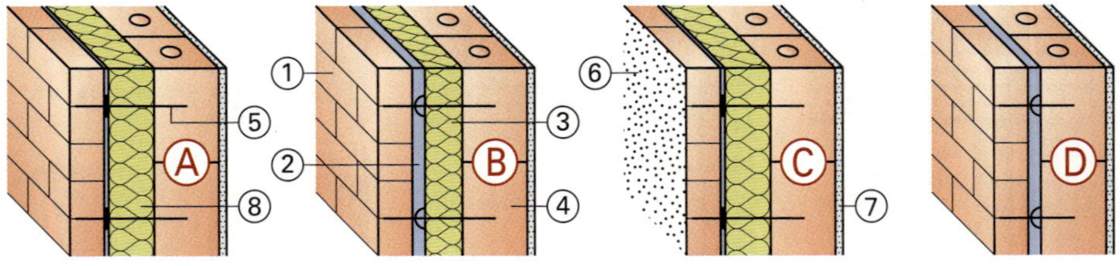

mit Wärmedämmung | mit Wärmedämmung und Luftschicht | mit Wärmedämmung und verputzter Vormauerschale | mit Luftschicht (Sonderfall)

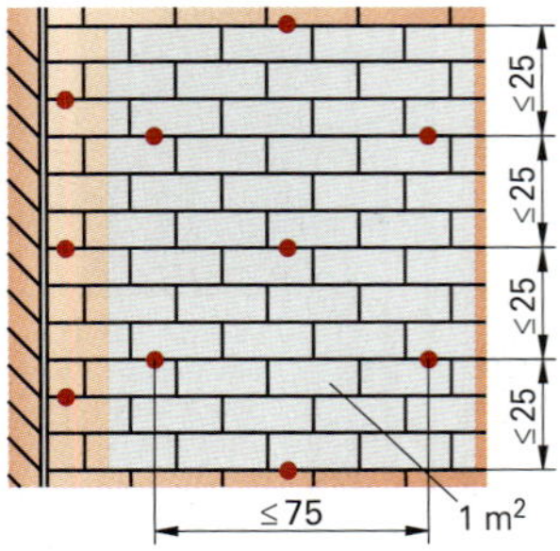

Verankerung der Außenschale mit der Innenschale

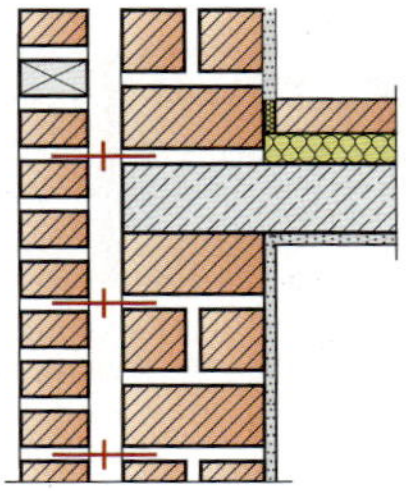

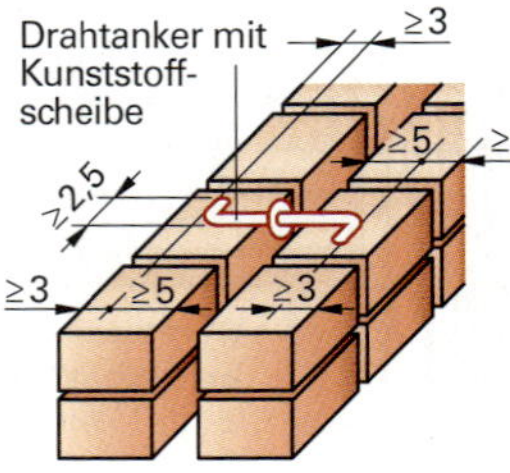

Drahtanker ø 3 mm...5 mm

5.9 Bauteile und Konstruktionsdetails

Waagerechte Überdeckungen

Waagerechte Überdeckungen wie Stahlträger, Stahlbetonbalken oder vorgefertigte Flachstürze aus Ziegel oder Kalksandstein sind statisch nachzuweisen. Bei Überschreitung des Bemessungswertes des Tragwiderstands N_{Rd} im Auflager kann eine Verstärkung des Auflagers aus

- Mauerwerk mit einer höheren Steinfestigkeit
- Beton und Stahlbeton

vorgenommen werden, um durch den Lastausbreitungswinkel von 60° die Auflagerlasten auf einen größeren Mauerquerschnitt zu verteilen. Unter Einzellasten darf eine geichmäßig verteilte Auflagerpressung angenommen werden.

Wände mit Teilflächenlasten

Im Grenzzustand der Tragfähigkeit muss der Bemessungswert der vertikalen Einzellast N_{Ed} kleiner oder gleich dem Bemessungswert des Tragwiderstandes N_{Rd} sein. Lastaußermittigkeit $\leq 0{,}25 \cdot t$.

$$\boldsymbol{N_{Ed} \leq N_{Rd}} \quad \textbf{mit} \quad \boldsymbol{N_{Rd} = \beta \cdot A_b \cdot f_d} \text{ bei Regelanwendung } \beta = 1{,}0$$

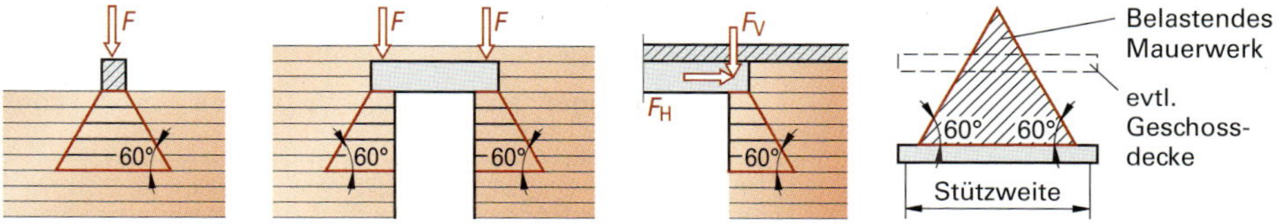

Last unter 60° | symmetrische Last | einseitige Last | Wandlast über Wandöffnungen

Mauerbögen

Mauerbögen bzw. Bogenkonstruktionen haben die Aufgabe, Öffnungen zu überdecken und die vorhandenen Einzellasten, Deckenlasten und Wandlasten des Einzugsbereiches auf das angrenzende Mauerwerk zu übertragen. Der **Rundbogen** ist die optimale Lösung für die Überdeckung, da die Druckkräfte lotrecht zum Auflagenmauerwerk übertragen werden. Andere Bogenformen bewirken am Auflager aus der Stützlinie abzuleitende Schubkräfte, die rechnerisch in Vertikalkräfte und Horizontalkräfte zerlegt werden. 5

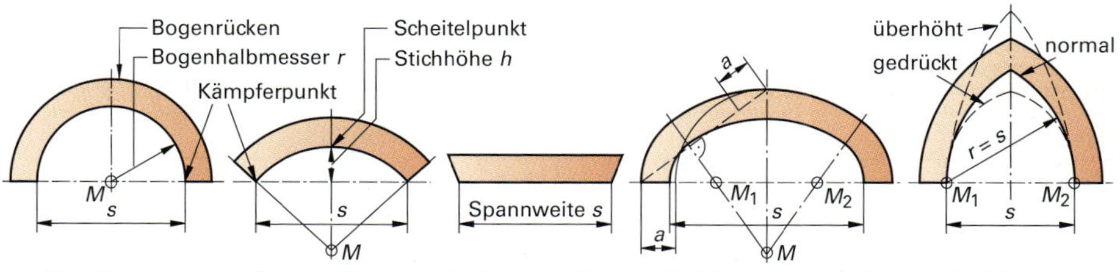

Rundbogen | Segmentbogen | scheitrechter Bogen | Korbbogen aus drei Kreisbögen | Spitzbogen

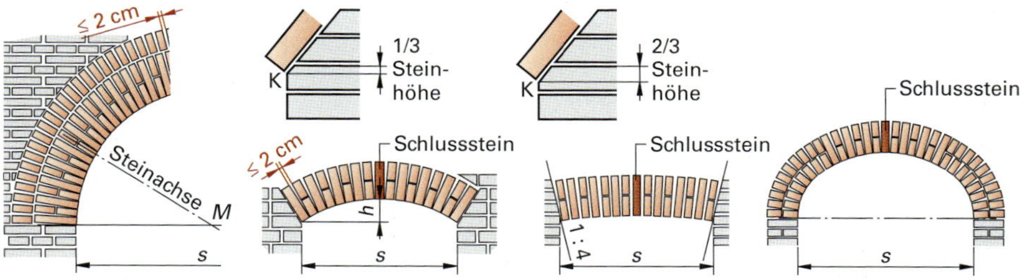

Rundbogen (Ausschnitt) | Segmentbogen | Flachbogen | Korbbogen

Gemauerte Bögen

$h = \left(\frac{1}{6}\right) \cdot s$ bis $\left(\frac{1}{12}\right) \cdot s$

Segmentbogen

Der Segmentbogen ist ein flacher Bogen, der am Widerlager Horizontalkräfte bewirkt, bei gleicher Stützweite wie der Rundbogen wesentlich niedriger ist und eine optisch gelungene Schichteinteilung zulässt.

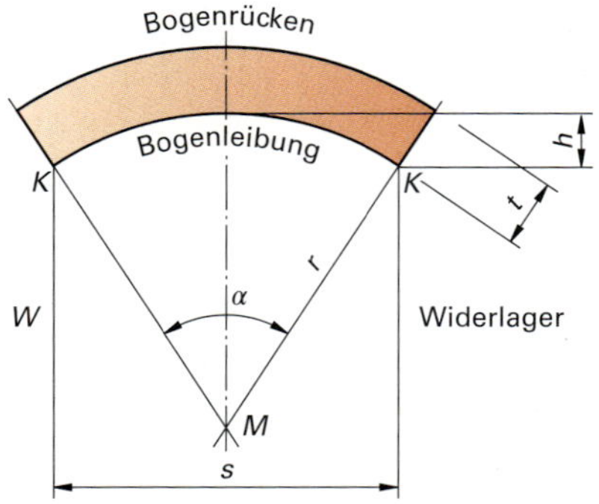

- *W* Widerlager, Wandbereich
- *s* Spannweite, lichte Weite
- *r* Bogenradius
- b_a Bogenrückenlänge (außen)
- b_i Bogenleibungslänge (innen)
- *K* Kämpferpunkt, Bogenanfang
- *h* Stichhöhe, Bogenhöhe
- *t* Bogendicke

Anfängerstein, der erste Stein an den Widerlagern.

Schlussstein, der zuletzt gesetzte Stein im Scheitel.

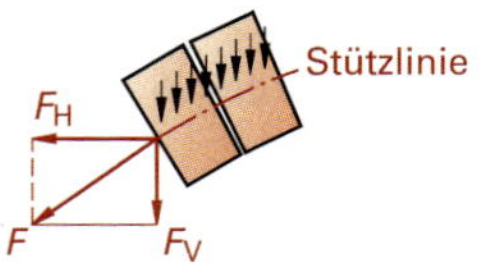

Stoßfugen am Bogenrücken ≤ 2 cm.

Stoßfugen an der Bogenleibung ≥ 0,5 cm, aber ≤ 2 cm.

$$r = \frac{h}{2} + \frac{s^2}{8 \cdot h}$$

$$b_i = \frac{2 \cdot r \cdot \pi \cdot \alpha}{360°}$$

$$\sin\frac{\alpha}{2} = \frac{s}{2 \cdot r}$$

s	1,01 m	1,51 m	1,76 m	2,01 m	2,51 m
h	0,15 m	0,15 m	$\frac{1}{8}s$	$\frac{1}{10}s$	$\frac{1}{12}s$
r	0,926 m	1,975 m	1,87 m	2,62 m	3,855 m
α	~ 66°	~ 45°	~ 56°	~ 45°	~ 38°

Dehnungsfugen

5

Dehnungsfugen sind geplante Risse, die sonst wegen der behinderten Verformung unkontrolliert entstehen würden. Gebäudetrenn- und Dehnfugen sollen Ausdehnungen der Baukörper infolge Setzungen, Schwinden, Spannungen und Temperaturbelastungen ermöglichen. Fugen müssen schlagregendicht und winddicht ausgeführt werden.

Empfohlene Abstände l_m für Verblendmauerwerk zwischen Dehnungsfugen (DIN EN 1996-2)

Art des Mauerwerks	l_m in m	Art des Mauerwerks	l_m in m
Ziegelmauerwerk	≤ 12	Betonstein + Dünnbettmörtel	≤ 18
Kalksandsteinmauerwerk	≤ 8	Porenbetonmauerwerk	≤ 6
Mauerwerk aus Betonsteinen	≤ 6	Natursteinmauerwerk	≤ 12

Bezeichnung von Dichtstoffen (D)

- Dehnspannung
  L für low, max. 0,20 N/mm² bei 25 % Dehnung
  H für high, max. 30 N/mm² bei 25 % Dehnung
- **RS** für raumseitig verwendbar
- Außen- und Innenanwendung
  La und **Ha** für außen, **Li** und **Hi** für innen
- **N** für Verträglichkeit mit Natursteinen
- **A1, A2** und **A3** für Anstrichverträglichkeit

Abdichtungsstoffe

- spritzbare Dichtstoffe aus Silikon, Polysulfid, Polyurethan, Polyester, Acryldispersion
- imprägnierte Dichtungsbänder aus Schaumkunststoff, vorkomprimierbar
- Dichtungsbahnen aus Bitumenfolien
- Dichtungsbänder aus Butyl, Polyisobutylen
- Elastomer-Fugenbänder aus Polysulfid, Silikon, Polyurethan
- Gesamtverformung i. d. R. ≤ 25 %, d. h. eine 10 mm breite Fuge hat eine max. Gesamtverformung von 2,5 mm.

5.10 Mauerwerk aus Naturstein

Natursteinmauerwerk gehört zu den ältesten Bauweisen für massive Bauwerke. Der heutige Anwendungsbereich liegt vorwiegend in der architektonischen Gestaltung. Natursteine ▸ S. 55 für Mauerwerk dürfen nur aus fehlerfreiem Gestein gewonnen werden.

- Es dürfen nirgends mehr als drei Fugen zusammenstoßen.
- Es dürfen keine Stoßfugen durch mehr als zwei Schichten verlaufen.
- Läuferschichten und Binderschichten müssen abwechseln oder auf zwei Läufer muss mindestens ein Binder kommen.
- Die Dicke der Binder muss mindestens 30 cm betragen und möglichst das 1,5-fache der Schichthöhe betragen.
- Die Dicke der Läufer soll etwa gleich der Schichthöhe sein.
- An den Ecken sind die größeren Steine einzubauen.
- Die Überdeckung der Stoßfugen muss mindestens 10 cm beim Schichtenmauerwerk und 15 cm beim Quadermauerwerk betragen.
- Zwischenräume oder weite Fugen sind zu vermeiden, ansonsten mit allseits ummörtelten Steinstücken auszufüllen.
- Sichtflächen sind nachträglich zu verfugen.

Bruchsteinmauerwerk

Quadermauerwerk

Feldsteinmauerwerk	unbearbeitete Steine, steifer Mörtel
Trockenmauerwerk (nicht genormt)	geringe Bearbeitung der Steine, ohne Mörtel, im Verband
Zyklopenmauerwerk und Bruchsteinmauerwerk N1	geringe Bearbeitung der Steine, satt im Mörtel, im Verband, verschiedene Höhen, Ausgleich alle 1,50 m
Hammergerechtes Schichtenmauerwerk N2	Mindesttiefe der Steine 12 cm, verschiedene Steinhöhen, Ausgleich alle 1,50 m

Unregelmäßiges Schichtenmauerwerk N3	mindestens 15 cm Tiefe der Steine der Sichtfläche bearbeitet, Lager- und Stoßfugen ungefähr rechtwinklig zueinander, Fugendicke maximal 3 cm, die Steinhöhe darf innerhalb einer Schicht mäßig wechseln
Quadermauerwerk N4	Steine sind nach angegebenen Maßen bearbeitet, nummeriert und nach Setzplänen vermauert
Mischmauerwerk oder Verblendmauerwerk	mittragendes Verblendmauerwerk, Hintermauerung aus künstlichen Steinen, Beton oder Leichtbeton, Verzahnung durch Einbindung von mindestens 30 % der Bindersteine

Die Güteklassen N1 bis N4 unterteilen das Natursteinmauerwerk nach Ausführungsart, Lagerfugenneigung α, dem Verhältnis „Fugenhöhe zu Steinlänge" und einem Verhältniswert „Natursteinfläche zu Wandquerschnitt im Grundriss". Die charakteristischen Werte f_k der Druckfestigkeit ergeben sich in Abhängigkeit von der Güteklasse, der Steinfestigkeit und der Mörtelgruppe. Bei Fugendicken über 40 mm sind die Werte f_k um 20 % zu vermindern.

Güteklasse	Grundeinstufung	Fugendicke in mm (Empfehlung)	Neigung der Lagerfuge (Empfehlung)	Steinfestigkeit f_{bk} N/mm²	Werte der Druckfestigkeit f_k unter Beachtung der DIN V 18580: I N/mm²	II N/mm²	II a N/mm²	III N/mm²
N1	Bruchsteinmauerwerk	≤ 30	~ 5°	≥ 20	0,6	1,4	2,2	3,3
				≥ 50	0,8	1,7	2,5	3,9
N2	Hammerrechtes Schichtmauerwerk	≤ 30	~ 2,5°	≥ 20	1,1	2,5	3,9	5,0
				≥ 50	1,7	3,0	4,4	5,5
N3	Schichtenmauerwerk	≤ 30	~ 2°	≥ 20	1,4	4,2	5,5	6,9
				≥ 50	1,9	5,5	6,9	9,7
				≥ 100	2,8	6,9	8,3	11,1
N4	Quadermauerwerk	≤ 20	ca. 0°	≥ 20	3,3	5,5	6,9	8,3
				≥ 50	5,5	9,7	11,1	13,9
				≥ 100	8,3	12,5	15,2	19,4

5.11 Umweltbedingungen des Mauerwerks (DIN EN 1996-2)

Klasse	Mikrobedingungen des Mauerwerks und Beispiele für Mauerwerk in diesem Zustand	
MX1	**In trockener Umgebung** Innenmauerwerk für normale Wohn- und Bürohäuser, einschließlich der Innenschale von zweischaligen Außenwänden, die i.d.R. nicht durchfeuchtet werden. Verputztes Mauerwerk, das keinem mittleren oder starken Schlagregen ausgesetzt ist und von Feuchte in angrenzenden Bauteilen getrennt ist.	
MX2 MX2.1	**Feuchte oder Durchnässung ausgesetzt** Feuchte, aber keinen Frost-Tau-Wechselbedingungen oder Sulfattreiben oder angreifenden Chemikalien ausgesetzt.	Innenmauerwerk, das großen Mengen an Wasserdampf ausgesetzt ist. Außenwände, die von einem Dachüberstand oder einer Mauerabdeckung geschützt und keinem starken Schlagregen ausgesetzt sind. Abdichtung gegen nicht drückendes Wasser. Mauerwerk frostfrei gegründet und in gut entwässerten Böden.
MX2.2	Durchnässung, aber keinen Frost-Tau- Wechselbedingungen oder Sulfattreiben oder angreifenden Chemikalien ausgesetzt.	Mauerwerk, das weder Frost noch angreifenden Chemikalien ausgesetzt ist, z.B. in Außenwänden mit Mauerkronen oder mit Dachüberstand, in Brüstungsmauern, freistehenden Mauern, im Boden, unter Wasser.
MX3	**Feuchte oder Durchnässung und Frost- Tau-Wechseln ausgesetzt**	
MX3.1	Feuchte oder Durchnässung und Frost-Tau- Wechselbedingungen, aber keinem Sulfattreiben oder angreifenden Chemikalien ausgesetzt. Wie Klasse MX2.1, aber zusätzlich Frost-Tau-Wechsel ausgesetzt. Starker Durchnässung und Frost-Tau-Wechselbedingungen, aber keinem Sulfattreiben oder angreifenden Chemikalien ausgesetzt.	
MX3.2	Wie Klasse MX2.2, aber zusätzlich Frost-Tau-Wechsel ausgesetzt.	
MX4	**Der Einwirkung von salzhaltiger Luft, Meerwasser oder Tausalzen ausgesetzt** Mauerwerk im Küstenbereich und an Straßen, auf denen Tausalz gestreut wird.	
MX5	**In einer Umgebung mit stark angreifenden Chemikalien** Mauerwerk in Berührung mit gewachsenen oder aufgefüllten Böden oder Grundwasser, wobei Feuchte und Sulfate vorhanden sind. Mauerwerk in Berührung mit stark sauren Böden, kontaminiertem Boden oder Grundwasser. Mauerwerk in der Nähe von Industriegebieten.	

5

Anforderungen an den Regenschutz (DIN 4108-3, DIN 18550-1, DIN EN 998-1)			
Beanspruchungsgruppen (Belastung der Bauteile durch Schlagregen)			
Bezeichnung nach DIN 4108	**I geringe Schlagregenbeanspruchung**; Jahresniederschlag unter 600 mm	**II mittlere Schlagregenbeanspruchung**; Jahresniederschlag 600 mm bis 800 mm	**III starke Schlagregenbeanspruchung**; Jahresniederschlag über 800 mm
Anforderung an den Putz (gilt als erfüllt, wenn eine Lage des Außenputz diese erfüllt)			
Putz nach DIN EN 998-1 (Schlagregenbeanspruchung, kapillare Wasseraufnahme *c*)	W 0, W 1, W 2 W 0 gering, nicht festgelegt	W 1, W 2 W 1 Beanspruchung mittel ⇒ $c \leq 0{,}4$ kg/(m² · min^{0,5})	W 2 W 2 Beanspruchung stark ⇒ $c \leq 0{,}2$ kg/(m² · min^{0,5})
Putz nach DIN EN 15824 (Wasserdurchlässigkeit W)	W_1, W_2, W_3 W_1 hoch > 0,5 kg/(m² · min^{0,5})	W_2, W_3 W_2 mittel	W_2, W_3 W_3 niedrig ≤ 0,4 kg/(m² · min^{0,5})

5.12 Mauerwerksverbände

Nach DIN EN 1996 muss im Verband gemauert werden, d.h. die Stoßfugen und die Längsfugen übereinanderliegender Schichten müssen versetzt sein. Für das **Überbindemaß l_{ol}** gilt:

Die Überbindung sollte möglichst nach der Baumaßordnung mit **0,5 am** (6,25 cm) oder **1 am** (12,5 cm) erfolgen, um so ein entsprechend gutes Fugenbild zu erhalten.

Steinformate	Überbindemaße
DF NF 2 DF 3 DF 5 DF	≥ 4,5 cm
7,5 DF 9 DF	≥ 7,0 cm
10 DF 12 DF 16 DF	≥ 9,5 cm
z.B. Steinhöhe 23,8 cm ⇒ l_{ol} = 9,5 cm	

$l_{ol} \geq 0{,}4 \cdot h_u \geq 4{,}5$ cm mit $h_u \triangleq$ Steinhöhe

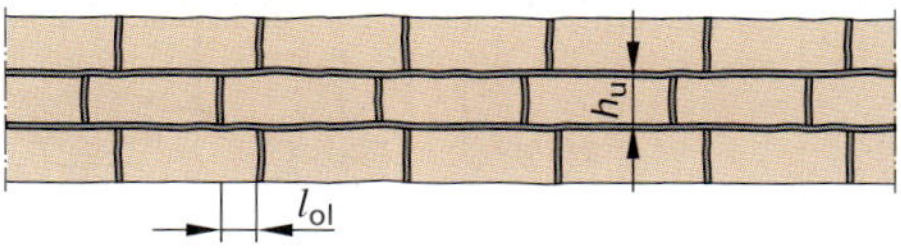

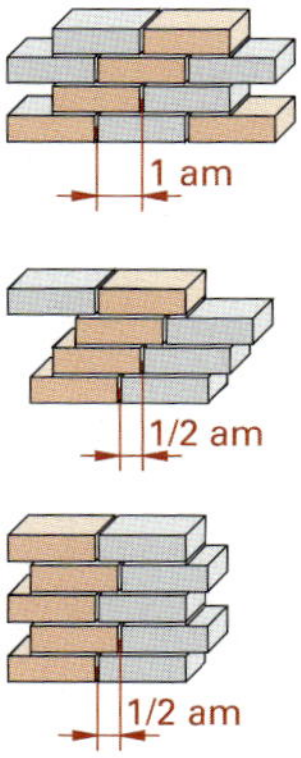

Läuferverbände

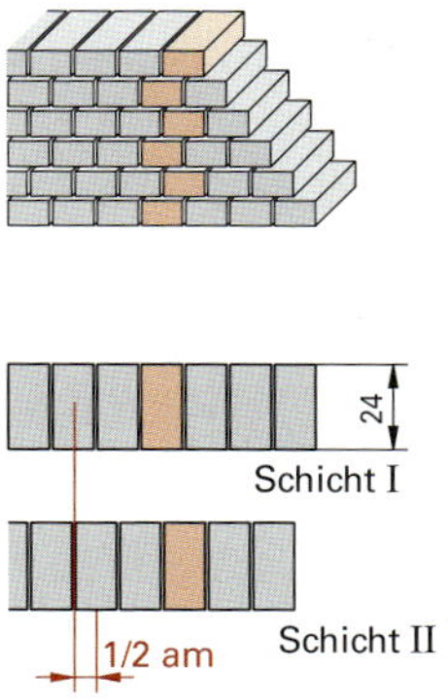

Binderverband

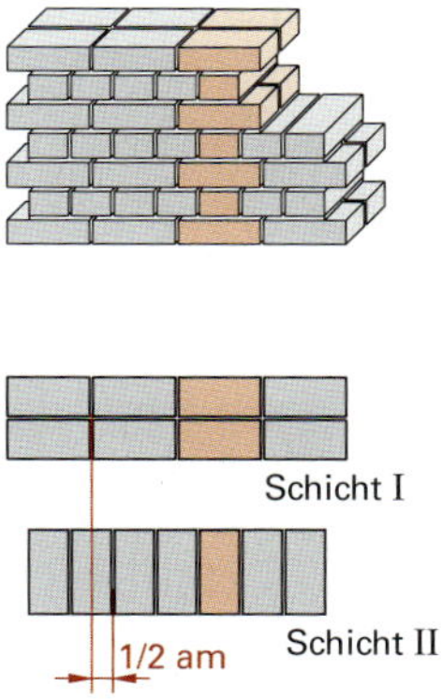

Blockverband

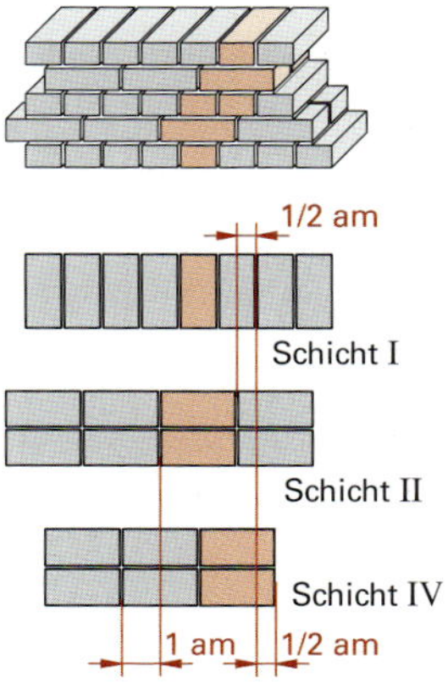

Kreuzverband

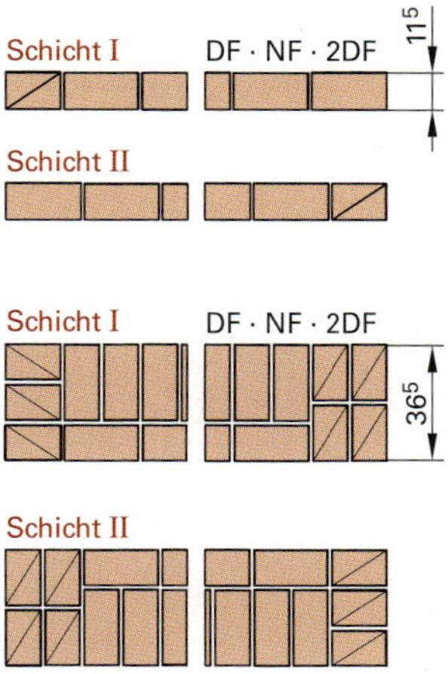

Köpfe durch 1/2 teilbar

Dreiviertelsteinverbände

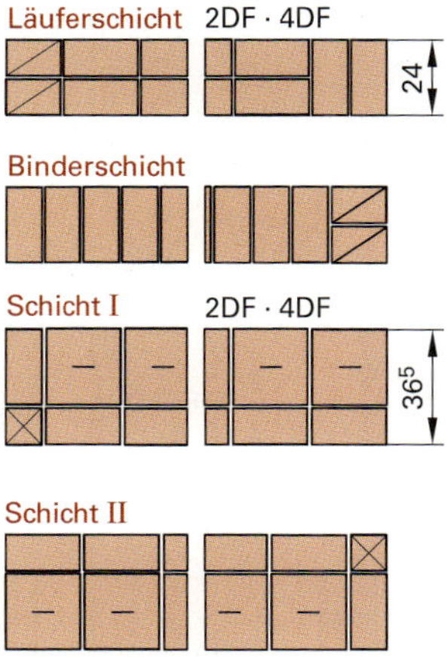

Läuferverband mit ungerader Kopfanzahl

Umgeworfene Verbände

Mauerenden und Mauerpfeiler sind meist sehr hoch, daher sind unnötige Teilsteine zu vermeiden.

Maueranschlüsse und Mauerkreuzungen sind gleichzeitig oder mit Abtreppungen hochzumauern.

- liegende Verzahnung
- stehende Verzahnung
- Verzahnung mit Vorlage

Die liegende Verzahnung (Abtreppung) ist der beste vorläufige Mauerabschluss, da später die Anschlussfugen regelgerecht vermörtelt werden können.

Stehende Verzahnung (Lochverzahnung) und Verzahnung mit Vorlage sind für tragende und aussteifende Wände nicht zugelassen.

5

Anschläge (auch Tür- und Fensterleibungen) werden als gerade oder abgesetzte Mauerenden ausgeführt. Die häufigsten Anschlagtiefen betragen **0,5 am** und **1 am.**

Allgemeine Verbandsregeln

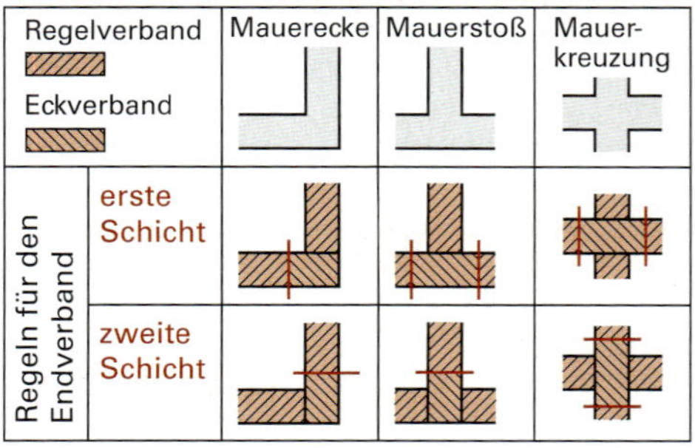

Gotischer Verband

Märkischer Verband

Holländischer Verband

(durch Verschieben der Schichten noch veränderbar)

Wilder Verband mit bewussten Unregelmäßigkeiten. In jeder Schicht wechseln Läufer und Binder unregelmäßig.

Regelfugen durchbindender Schichten

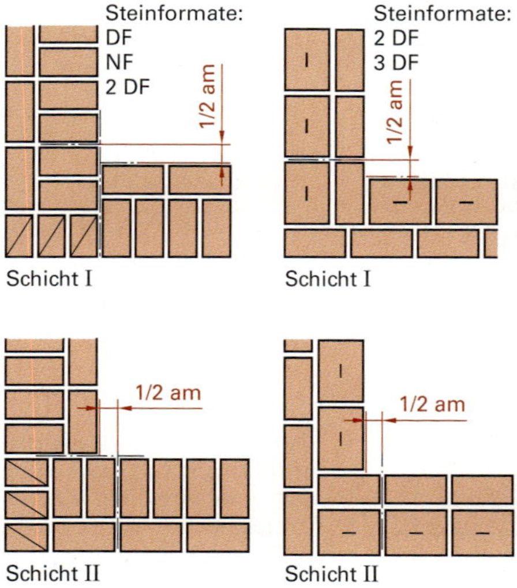

5

Zierverbände

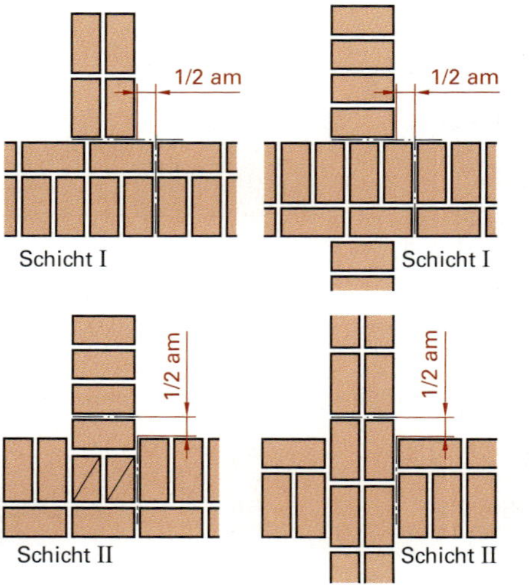

rechtwinklige Mauerkreuzung

Mauerecken

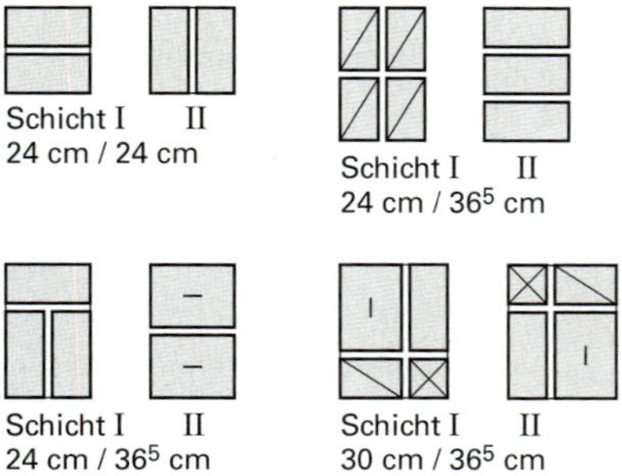

Mauerstoß und Mauerkreuzung

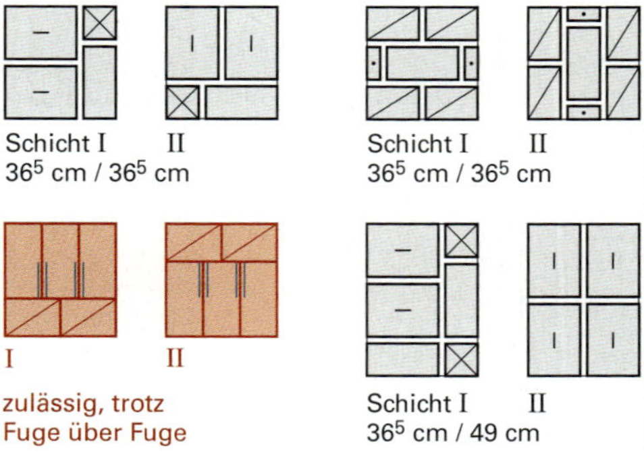

Rechteckige und quadratische Mauerpfeiler

5.13 Hausschornsteine (DIN 18160-1)

Hausschornsteine sind Schächte in oder an Gebäuden, die Abgase von Feuerstätten für feste, flüssige oder gasförmige Brennstoffe über das Dach ins Freie ableiten. Es gibt:

- Rauchschornsteine für Kohle-, Koks- und Ölfeuerung
- Abgasschornsteine für Gasfeuerstätten
- offene Kamine

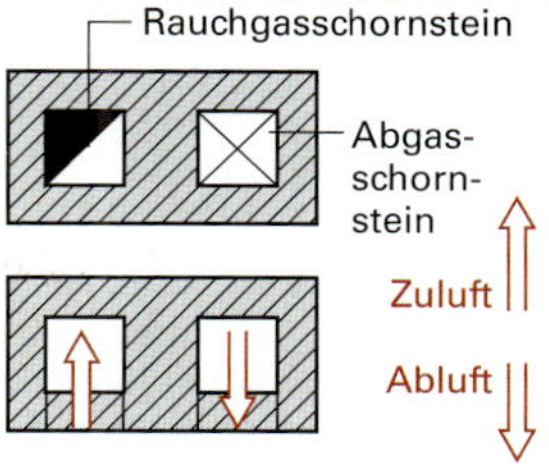

Lage des Schornsteins im Gebäude, Dachdurchführung möglichst in Firstnähe, Schornsteine dürfen nur einmal schräg bis zu 60° Neigung gezogen werden.

Ein Schornstein zieht, weil die heißen Verbrennungsgase im Schornstein leichter sind als die Außenluft. Die warme Luft steigt nach oben, während der Unterdruck im Schornstein die schwerere Frischluft zur Brennstelle nachströmen lässt.

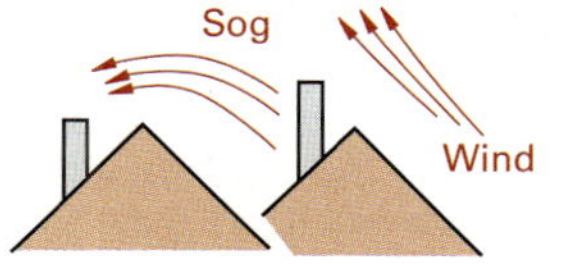

Windeinwirkung auf den Schornsteinzug

Lichter Querschnitt

- Mindestquerschnitt 100 cm^2
- kreisförmig oder rechteckig
- kleinste Seitenlänge 10 cm
- bei gemauerten Schornsteinen kleinste Seitenlänge 13,5 cm
- Seitenverhältnis ≥ 1 : 1,5
- Die richtige Querschnittsgröße richtet sich nach der planmäßigen Wärmeleistung der angeschlossenen Feuerstätten.

Höhe des Schornsteins

- Mindesthöhe 4 m
- Maximalhöhe richtet sich nach dem lichten Querschnitt.
- Schornsteinmündungen dürfen nicht in unmittelbarer Nähe von Fenstern und Balkonen liegen.
- mindestens 40 cm über den höchsten Kanten des Daches von mehr als 20° Dachneigung

Zusätzliche Anforderungen

- Abstand zu Bauteilen aus brennbaren Stoffen ≥ 5 cm, im Ausnahmefall ≥ 2 cm
- Reinigungsöffnungen mindestens 20 cm tiefer als der unterste Feuerstättenanschluss, 10 cm/18 cm
- Standsicher auf tragfähigen Fundamenten errichten
- Schornsteinkopf dämmen

Mindesthöhen von Schornsteinen am Dach

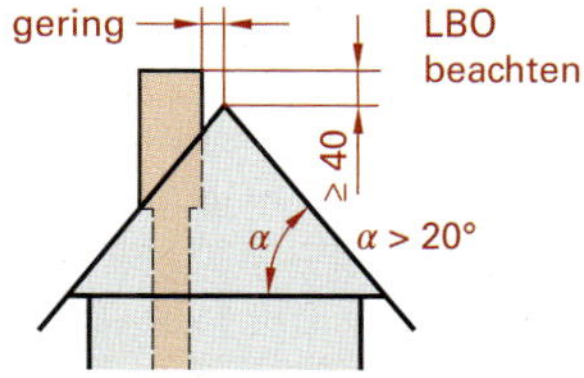

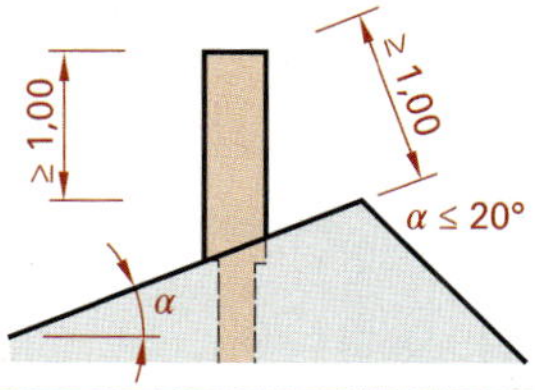

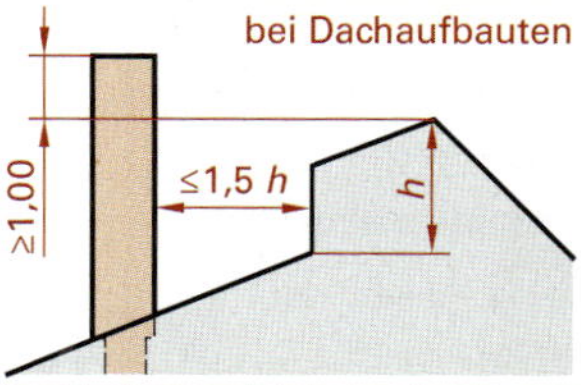

Schornsteine aus Formsteinen

Mehrschalige Montageschornsteine mit Dämmstoffschicht und beweglicher Innenschale sind komplett gleichzeitig hochzuziehen. Die Schornsteine bestehen aus einer Innenschale (Innenrohr aus Schamotte 2 cm ... 3 cm dick; glasierte Schamotte oder Edelstahl nach DIN 18147), einer nicht brennbaren Dämmstoffschicht und einer Außenschale (aus künstlichen Steinen, Leichtbeton oder Edelstahl). Schamottesteine sind feuerfeste Steine, hergestellt aus Ton und Quarzsand. Höhen 24,3 cm, 32,6 cm oder 49,3 cm plus jeweils Fuge von 7 mm ergeben das Raster der Rohbaurichtmaße.

Ein- und zweizügige Schornsteine

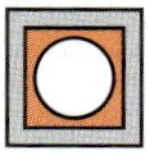		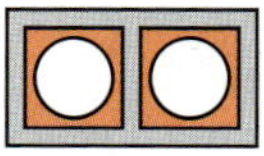	
lichter Ø [cm]	Außenmaß [cm]	lichter Ø [cm]	Außenmaß [cm]
14	34/34	14 + 14	38/68
16	36/36	16 + 16	40/72
18	40/40	18 + 12	43/73
20	40/40	18 + 14	43/73
25	50/50	20 + 14	43/73
12 L	38/52 (einzügig mit Lüftung)		

5

Gemauerte Schornsteine

Gemauerte Schornsteine werden aus wirtschaftlichen Gründen nur noch selten hergestellt. Schornsteine sind rauchdicht mit glatten Innenflächen im Verband herzustellen. Zur Sanierung durchfeuchteter Schornsteine werden Sanierungssysteme angeboten.

Schornsteine mit **Innenrohr aus nichtrostendem Stahl** innerhalb von Gebäuden mit Überbrückung von Geschossen bestehen aus dem einwandigen oder doppelwandigen Innenrohr und einer Außenschale nach DIN 18160.

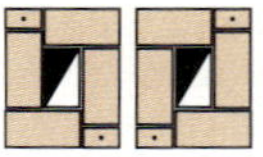
umlaufender Verband

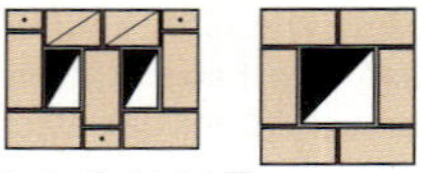
jede Schicht II um 180° bzw. 90° drehen

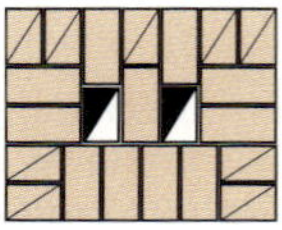
für Schicht II um 180° drehen

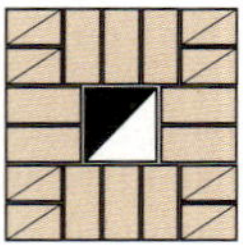
für Schicht II um 90° drehen

Beispiel Durchdringung Schornstein – Steildach
Bei zweischaligen Schornsteinen mit belüftetem Zwischenraum ist der Abstand Sparren/Sparrenwechsel an die Schornsteinaußenflächen bis auf 2 cm möglich. Bei herkömmlichen Schornsteinen (z.B. im Altbau) müssen mindestens 5 cm Abstand eingehalten werden. Unterspannbahnen und Dampfsperren dürfen an den Schornstein angeschlossen werden.

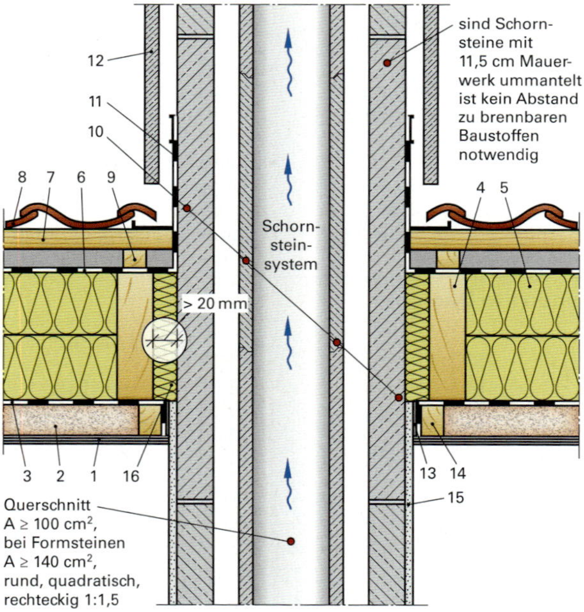

Erläuterung der Punkte 1 ... 16

1 Gipsplatte
2 PS-Schaum
3 Dampfsperre, auch aus ALU-Folie oder PE-Pappe möglich
4 Dachsparren 8 cm/16 cm
5 Mineralfaser
6 Unterspannbahn
7 Lattung 4 cm/6 cm
8 Dachziegel
9 Konterlattung
10 zweischaliger Schornstein (Schornsteinsystem)
11 Abdeckblech mit Anschlussstreifen
12 Schornsteinkopf-Haube
13 Fugen-Dichtungsband
14 Ausgleichslattung
15 Innenputz
16 Dämmplatte 2 cm

Dreiteiliger Schornstein

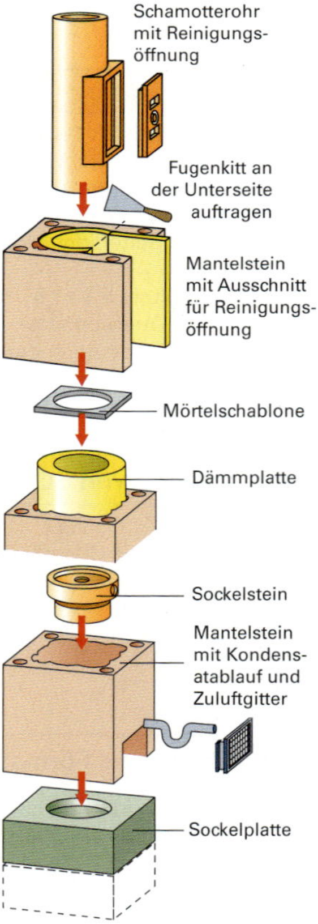

Innnendurchmesser 140 mm ... 250 mm
Mantelstein 50 mm stark
Temperatur bis 400 °C
Feuerwiderstandsdauer 90 min.

5

6 Beton- und Stahlbetonbau

Die Einzelbaustoffe Beton und Stahl verbinden sich auf physikalische Weise zum Verbundbaustoff Stahlbeton.

- Zement und Wasser hydratisieren zu Calciumhydroxid, das den Stahl dauerhaft vor Korrosion schützt, wenn der Beton ausreichend dicht und die Betondeckung genügend dick ist.
- Die Haftung zwischen Beton und Stahl ist ausreichend groß (Stahl mit gerippter Oberfläche).
- Die Wärmedehnungszahlen (auch Längenausdehnungskoeffizient α_0 oder α sind annähernd gleich groß.

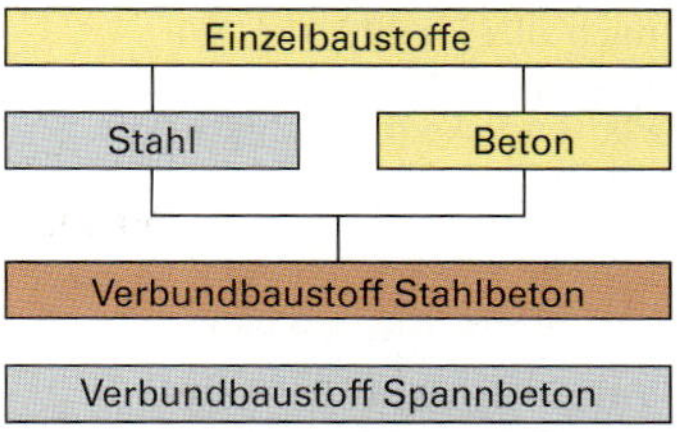

Stoffkonstanten	Beton	Stahl
Wärmeausdehnungskoeffizient α_0	0,010 mm/(m·K) oder 0,00001 1/K	0,012 mm/(m·K) oder 0,000012 1/K
Temperaturleitzahl *a*-Wert	1,04 mm²/s	16 mm²/s, Temperatur pflanzt sich im Stahl schneller fort
Wärmeeindringungskoeffizient *b*-Wert	≈ 1550 $W \cdot s^{0,5}/(m^2 \cdot K)$	≈ 12590 $W \cdot s^{0,5}/(m^2 \cdot K)$, nimmt mehr Wärme auf als der Beton
Spezifische Wärmekapazität *c*	1000 J/(kg·K)	400 J/(kg·K)
Wärmeleitfähigkeit λ	2,0 W/(m·K) bei Stahlbeton 2,5 W/(m·K)	50 W/(m·K)
Rohdichte	24 kN/m³ bei Stahlbeton 25 kN/m³	78,5 kN/m³

Betonbau	Stahlbetonbau	Spannbetonbau
Beton nimmt die Druckkräfte σ_c auf (Index c für Beton); Bauteile: Steine und Platten; Betonrohre, Deckenformstücke, unbewehrte Stützen, Wände, Fundamente, Schwergewichtswände	Beton nimmt die Druckkräfte σ_c auf, Stahl nimmt die Zug- und Biegezugspannungen σ_s auf (Index s für Stahl); Bauteile: Platten, Balken, Fertigteile, Stützen, Wände, Fundamente	Spannstahl überbrückt die Zugspannungen im Beton; Bauteile: TT-Deckenplatten, Decken, Balken, Brückenquerschnitte, Bahnschwellen

6.1 Betondruck- und Betonzugfestigkeiten

Festigkeitswerte des Betons in N/mm² (DIN EN 1992-1-1/NA)

Kenngröße	Festigkeitsklasse C									Erläuterungen
	12/15	16/20	20/25	25/30	30/37	35/45	40/50	45/55	50/60	
Druckfestigkeit $f_{ck,cyl}$	12	16	20	25	30	35	40	45	50	charakteristischer Wert
$f_{ck,cube}$	15	20	25	30	37	45	50	55	60	
f_{cm}	20	24	28	33	38	43	48	53	58	mittlere Druckfestigkeit $f_{cm} = f_{ck,cyl} + 8$
Bemessungswert $f_{cd,pl}$	5,6	7,5	9,3	11,7	14,0	16,3	16,3	16,3	16,3	unbewehrter Beton $f_{cd,pl} = \alpha_{cc,pl} \cdot f_{ck}/\gamma_c$ mit $\alpha_{cc,pl} = 0{,}7$ und $\gamma_c = 1{,}5$
Bemessungswert f_{cd}	6,8	9,1	11,3	14,2	17,0	19,8	22,7	25,5	28,3	bewehrter Beton $f_{cd} = \alpha \cdot f_{ck}/\gamma_c$ mit $\alpha = 0{,}85$ und $\gamma_c = 1{,}5$
Zugfestigkeit f_{ctm}	1,6	1,9	2,2	2,6	2,9	3,2	3,5	3,8	4,1	$f_{ctm} = 0{,}30 \cdot f_{ck}^{2/3}$
Bemessungswert f_{ctd}	0,6	0,7	0,9	1,0	1,1	1,2	1,4	1,5	1,6	$f_{ctd} = 0{,}7 \cdot f_{ctm}/1{,}8$

[1] Der maßgebende Festigkeitswert ist allein die Zylinderdruckfestigkeit $f_{ck,cyl}$, da diese der vorhandenen einachsigen Druckfestigkeit im Bauwerk am ehesten entspricht.

6.2 Deckensysteme (Auswahl)

Vollplatte aus Stahlbeton
nach DIN EN 1992-1-1/NA
Auflagertiefe $a = 10$ cm $\geq t/2$
Plattendicke $h \geq 7$ cm;
i.d.R. 14 ... 18 cm;
Faustformel $h = l_{ef}/35 + 0{,}03$ cm
l_{ef} in m, d in cm, h statische Höhe

Stahlbetonrippendecke
mit Zwischenbauteilen nach DIN 4160
lichter Rippenabstand $e = 70$ cm, $p \leq 5$ kN/m²
Aufbeton $d = 5$ cm bzw. 1/10 e; Rippenbreite $b \geq 5$ cm
als Kassettendecke längs und quer gespannt,
Stützlänge $\leq 9{,}00$ m
Füllkörper aus Ziegel, Leichtbeton, Profil- bzw. Schalblech oder Trapezprofil nach DIN 18807

Vollplatte aus Leichtbeton
nach DIN 4219 (zurückgezogen),
DIN EN 1992-1-1/NA-10, $h \geq 7$ cm

Gitterträgerdecke als vorgefertigte Gitterträgerplatten aus dünnen Fertigteilplatten mit Ortbetonschicht (teilweise als *Massivdecke* bekannt), Elementbreite i.d.R. 2,50 m

Vollplatte aus Porenbeton
nach DIN 4223
Stützlänge $l_{ef} < 5{,}90$ m
Plattendicke $h = 15$ cm bis 30 cm
Schlankheit $l_{ef}/h < 30$ beachten

Gitterträgerdecke als Balkendecke aus Gitterträgerbalken mit Zwischenbauteilen als statisch nicht wirksame Füllkörper (als *Filigran-D-Träger* bekannt); Elementbreite i.d.R. 2,50 m, teilweise mit Tonhohlkörper als Zwischenbauteil, Deckendicke $h = 6$ cm bis 20 cm (variabel),
Stützlänge l_{ef} nach Herstellerangaben (variabel)

Stahlbeton-Hohlplatte
(als *Röhbau-Decke* bekannt)

Plattendicke h in cm

23	28	33	38	43	48	53

Plattenbreite b in cm

18	23	28	33	38	45	50

mit Vergussbeton bzw. Ortbeton

Stahlbeton-Balkendecken nach DIN EN 1992-1-1/NA aus aneinandergereihten Fertigteilbalken (als *Raab-Balkendecke* oder komplett als *Filigran-Unterplatte* bekannt)

Plattendicke h in cm	18	20	22	vereinzelt bis 30	
Plattenbreite b in cm	25	33,3	50	62,5	75

Stützlänge $l_{ef} = 6{,}00$ m;
als Unterplatte großflächig 6,00 m × 2,50 m

Stahlbeton-Hohldielenplatte
(auch als Balkendecke bekannt)
(als *Hourdis-Platte, Raab-Hohlbalkenplatte* bekannt)

Plattendicke h in cm

6	18	20	22

Plattenbreite b in cm

25	33,3	50

Auflagertiefe $a = 5$ cm (Stahl),
$a = 7$ cm
mindestens $t/2$ mit Vergussbeton

Fertigteildecken
Trogplattenbreite 2,40 m bis 2,50 m,
Gesamthöhe 0,40 m ... 0,80 m
Aufbeton $d = 4$ cm; $h_0 \geq 10$ cm (aus Transportgründen)
Stützlänge $l_{ef} \leq 20{,}00$ m
(als TT-*Platte* oder π-*Platte* oder *System Kaiser* bekannt)

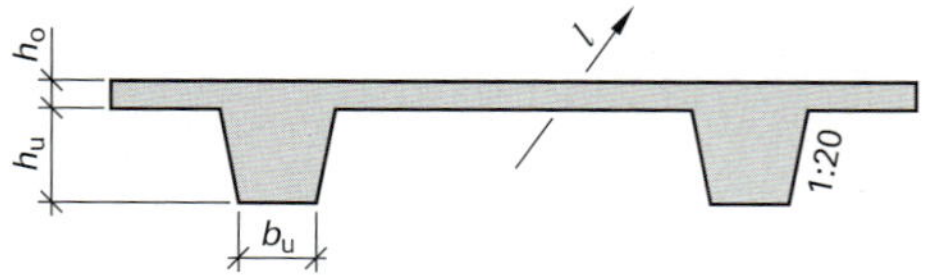

6

Spannbeton-Hohlplattendecke
nach DIN 4227
(teilweise auch als *Balkendecke* bekannt)
Stützlänge $l = 7{,}20$ m bis 12,40 m
Plattendicke h in cm,

12 (7,20)	15 (8,10)
18 (9,00)	20 (12,40)

in Klammern (l), mit Vergussbeton, einachsig gespannt

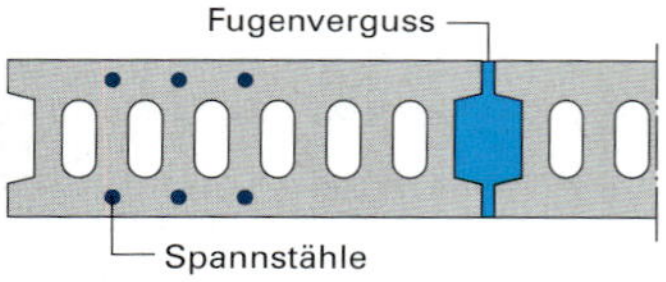

Stahlbeton-Plattenbalkendecken nach DIN EN 1992-1-1
Plattendicke $h \geq 7$ cm
lichter Balkenabstand $e \geq 70$ cm: i.d.R. 2,50 m bis 3,00 m
als Fertigteil mit einer Plattenbreite von 2,50 m

Stahlbeton-Pilzdecke
(Pilzkopfdecke) nach DIN EN 1992-1-1/NA,
Deckendicke $h \geq 15$ cm
Achsabstand der Stützen bzw. Rundsäulen 6,00 m (Erfahrungswert); großer Schalungsbedarf

Dach- und Deckenplatten aus Bimsbeton oder Porenbeton
Stützlänge Dachplatten $l_{ef} < 4{,}90$ m, es gilt DIN 4223, sonst der Zulassungsbescheid
Stützlänge Deckenplatten $l_{ef} < 5{,}90$ m, es gilt DIN 4223, sonst der Zulassungsbescheid
Plattendicke $h = 10$ cm bis 30 cm; Schlankheit $l/h < 30$ beachten

6.3 Fundamente aus unbewehrtem Beton

Bei Flächengründungen werden die Bauwerkslasten über Streifen- oder Einzelfundamente in den Baugrund geleitet. Die Sohle muss in frostfreier Tiefe mindestens 0,80 m unter dem Gelände liegen. Der Bemessungswert der Einwirkungen ergibt sich aus den charakteristischen Einwirkungen/Beanspruchungen multipliziert mit dem Teilsicherheitsbeiwert γ. Annähernd zentrisch belastete Streifenfundamente können unter feststehenden Bedingungen ohne Bewehrung ausgeführt werden.

mit h_F Fundamenthöhe
b_F Fundamentbreite
a Fundamentüberstand
σ_{Ed} Bemessungsspannung in kN/m²
$1 : n$ Lastausbreitungswinkel
F_{Ed} vertikale Bemessungslast je m Fundament in kN/m (tatsächliche Last mal Teilsicherheitsbeiwert)

$$\text{erf } b_F = \frac{F_{Ed}}{\sigma_{Ed}} \qquad \sigma_{Ed} = \frac{F_{Ed}}{b_F}$$

$$\text{erf } h_F = \frac{b_F - b_W}{2} \cdot n \qquad \sigma_{Ed} = \frac{F_{Ed}}{A} = \frac{F_{Ed}}{a_F \cdot b_F}$$

$$\sigma_{Ed} < \sigma_{Rd}$$

Bemessungswerte
E_d der Beanspruchung
R_d des Widerstands

Lastausbreitungswinkel 1 : *n*

Betonfestigkeit	*n* bei Bemessungswert des Sohlwiderstandes [kN/m²] von				
	140	280	420	560	700
C12/15	1,0	1,3	1,6	1,8	2,0
C16/20	1,0	1,2	1,4	1,6	1,8
C20/25	1,0	1,1	1,3	1,5	1,7
C25/30	1,0	1,0	1,2	1,4	1,6

Beispiel
Welche Last F_{Ed} (Bemessungswert) darf eine Stütze (30 cm/30 cm) auf ein Fundament aus C12/15 ableiten?

C12/15 $\Rightarrow$ zul $\sigma_D = f_{cd,pl} = 5{,}6\ \frac{N}{mm^2}$

Fläche (300/300) $\Rightarrow$ $A = 90\,000\ mm^2$

Maßgebend für den Spannungsnachweis: Fuge I–I

zul $\sigma_D = \frac{F_{Ed}}{A}$ $\Rightarrow$ F_{Ed} = zul $\sigma_D \cdot A$

$\mathbf{F_{Ed}} = 5{,}6\ \frac{N}{mm^2} \cdot 90\,000\ mm^2 = 504\,000\ N =$ **504 kN**

Lastausbreitung
$\alpha \leq 26{,}5°$
DIN EN 1992-1-1
Fundamente
$F_{Ed} \leq F_{Rd}$

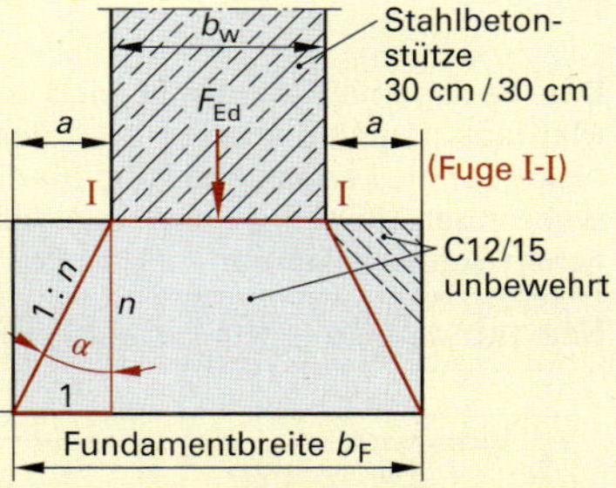

Bemessungswerte des Sohlwiderstandes σ_{Rd} in kN/m² für Streifenfundamente

Nichtbindiger und schwach feinkörniger Baugrund (GE, GW, GI, SE, SW, SI, GU, GT, SU)

Einbindetiefe *t* des Fundaments	Fundamentbreite b_F in m										
	Setzung bis etwa 2 cm							stärkere Setzung als 2 cm			
	0,30	0,50	1,00	1,50	2,00	2,50	3,00	1,50	2,00	2,50	3,00
≥ 0,3 m	210										
≥ 0,5 m		280	420	560	390	350	310	560	700	700	700
≥ 1,0 m		380	520	660	430	380	340	660	800	800	800
≥ 1,5 m		480	620	760	480	410	360	760	900	900	900
≥ 2,0 m		560	700	840	500	430	390	840	980	980	980

Bindiger und gemischtkörniger Baugrund

Einbindetiefe *t* des Fundaments	Fundamentbreite b_F bis 2,00 m									
	Schluff UL	gemischtkörnige Böden $\overline{SU}$, ST, $\overline{ST}$, $\overline{GU}$, $\overline{GT}$			tonig-schluffige Böden UM, TL, TM			fetter Ton TA		
	steif	steif	halbfest	fest	steif	halbfest	fest	steif	halbfest	fest
≥ 0,5 m	180	210	310	460	170	240	390	130	200	280
≥ 1,0 m	250	250	390	530	200	290	450	150	250	340
≥ 1,5 m	310	310	460	620	220	350	500	180	290	380
≥ 2,0 m	350	350	520	700	250	390	560	210	320	420

6

6.4 Allgemeine Bewehrungsregeln

Betondeckung *c* und Expositionsklassen

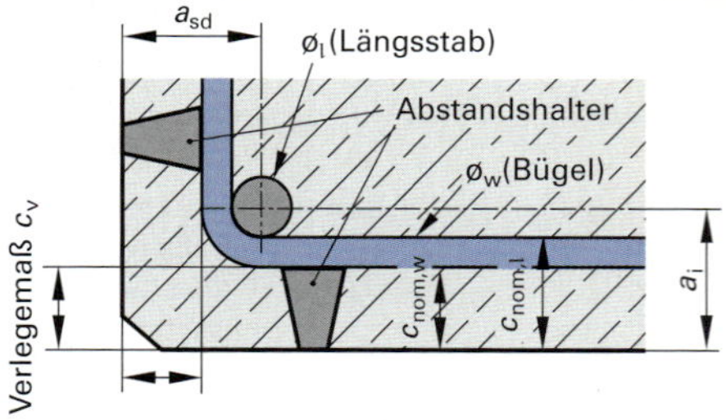

Verlegemaß $c_v \geq c_{nom,w}$
$\geq c_{nom,l} - ø_w$ } DIN EN 1992-1-1

$\geq a_{sd} - \frac{ø_l}{2} - ø_w$
$\geq a_i - \frac{ø_l}{2} - ø_w$ } DIN EN 1992-1-2 (Brandschutz)

Das Verlegemaß c_V ergibt sich als größtes Maß aus den Nennmaßen c_{nom} der Betondeckung für die Längsstäbe *l* und für die Querbewehrungen (Bügel, *w*) bzw. aus den erforderlichen Betondeckungen für den Brandschutz.

Expositionsklasse[1]	Stabdurchmesser d_s [mm]	Mindestmaße c_{min}	Nennmaße Verlegemaß c_{nom} (c_V)
XC1	bis 10	1,0 cm	2,0 cm
	12, 14	1,5 cm	2,5 cm
	16,20	2,0 cm	3,0 cm
	25	2,5 cm	3,5 cm
	28	3,0 cm	4,0 cm
	40	4,0 cm	5,0 cm
XC2, XC3	bis 20	2,0 cm	3,5 cm
	25	2,5 cm	3,5 cm
	28	3,0 cm	4,0 cm
	32	3,5 cm	4,5 cm
	40	4,0 cm	5,0 cm
XC4	bis 25	2,5 cm	4,0 cm
	28	3,0 cm	4,0 cm
	32	3,5 cm	4,5 cm
	40	4,0 cm	5,0 cm
XD1, XD2, XD3	bis 40	4,0 cm	5,5 cm
XS1, XS2, XS3	bis 40	4,0 cm	5,5 cm

[1] Höchste Anforderung ist maßgebend.

Stababstände *s* für Einzelstäbe und Stabbündel

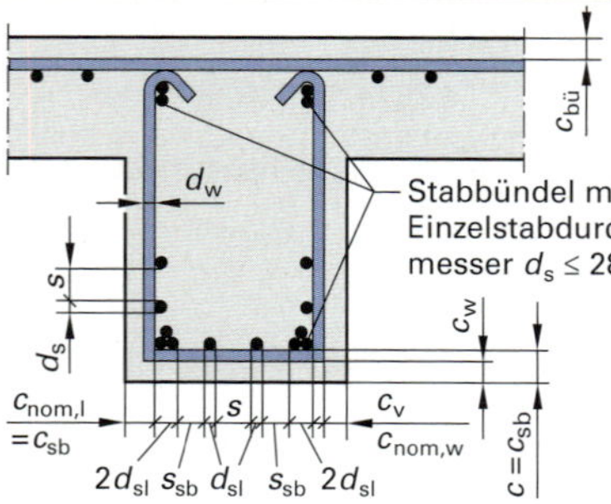

Betondeckung *c* und gegenseitiger Abstand *s* der Bewehrung.

$s \geq 2$ cm $\geq d_s$ **$s \geq d_g + 5$ mm**

d_{sw} Bügeldurchmesser
d_{sl} Durchmesser des Tragstabs
s Abstand der Stäbe untereinander
c_w Betondeckung Bügel
c Betondeckung Tragstab

Stabbündel (sb)

Nach DIN bestehen Stabbündel aus zwei bis drei Einzelstäben, die auf der Baustelle zusammengerödelt werden können.

Einzelstabdurchmesser $d_{sl} \leq 28$ mm
Vergleichsdurchmesser $d_{sn} = d_s \cdot \sqrt{n_b} \leq 55$ mm

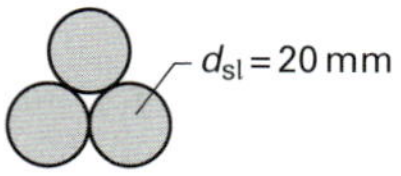

n Anzahl der Einzelstäbe
$d_{sn} = 20 \text{ mm} \cdot \sqrt{3}$
$= 34{,}6$ mm

n_b Anzahl der Bewehrungsstäbe

Bei allen Nachweisen wird der Vergleichsdurchmesser d_{sn} eingesetzt, auch bei der Begrenzung des Mindestabstandes.

$s_{sb} \geq 2$ cm $\geq d_{sn}$

s_{sb} Abstand der Stabbündel untereinander
c_{sb} Betondeckung des Stabbündels wie bei Einzelstäben (s. Bild links)
d_g Größtkorndurchmesser > 16 mm

Beispiel

C20/25, Expositionsklasse XC1

Längsstäbe ∅ 25 mm, Bügel ∅ 8 mm
für Bügel erf $c_{nom,w}$ = 2,0 cm (gewählt 2,7 cm)
für Längsstäbe erf $c_{nom,l}$ = 3,5 cm

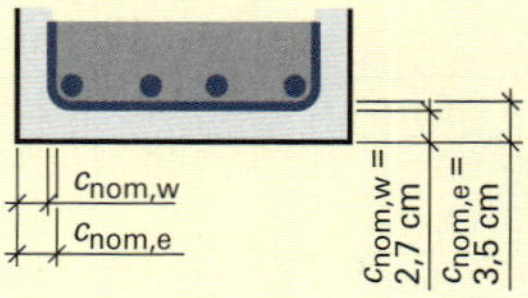

Biegen von Betonstählen

Haken, Winkelhaken, Schlaufen und Bügel haben wegen der gekrümmten Stabenden den Vorteil, dass bei Zugstäben die Verankerungslänge gegenüber geraden Stabenden verkürzt werden darf. Um beim Biegen Risse im Stahl und Abplatzungen im Beton zu vermeiden, müssen untenstehende Mindestwerte des Biegerollendurchmessers D_{min} eingehalten werden.

wenn $a \geq 4 \cdot d_s$ ⇒ Tabellenwert unten
wenn $a < 4 \cdot d_s$ ⇒ $D_{min} \geq 20 \cdot d_s$
a = Abstand zwischen Schweißstelle und Biegeanfang

Biegungen an geschweißten Bewehrungen

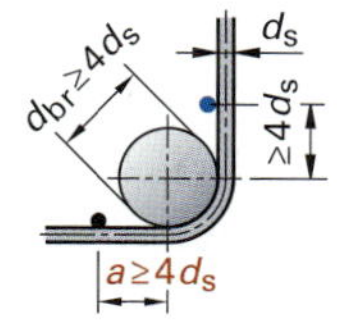

Schweißstoß bei Betonstabstahl

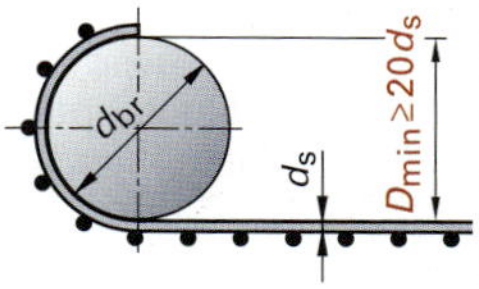

Schweißung innerhalb des Biegebereiches

Biegen von Betonstählen

Bei Leichtbeton LC sind die Werte um 50 % zu erhöhen! (Faktor 1,5)	Haken, Winkelhaken, Schlaufen, Bügel		Schrägstäbe oder andere gebogene Stäbe		
	Stabdurchmesser		vorhandene Betondeckung rechtwinklig zur Biegeebene		
	$d_s < 20$ mm	$d_s \geq 20$ mm	$c_V > 100$ mm $c_V > 7 \cdot d_s$	$c_V > 50$ mm $c_V > 3 \cdot d_s$	$c_V \leq 50$ mm $c_V \leq 3 \cdot d_s$
Mindestwerte der Biegerollendurchmesser D_{min}	$4 \cdot d_s$	$7 \cdot d_s$	$10 \cdot d_s$	$15 \cdot d_s$	$20 \cdot d_s$

Hin- und Rückbiegen von Betonstählen bedeutet zusätzliche Gefügeschädigung für den Betonstahl. Beim Kaltbiegen sind folgende Bedingungen zu beachten:

- Stabdurchmesser $d_s \leq 14$ mm
- mehrfaches Hin- und Herbiegen unzulässig
- Rollendurchmesser $D_{min} \geq 6 \cdot d_s$ bei vorwiegend ruhender Einwirkung

Beispiel
Ein Betonstahl B500 mit $d_s = 20$ mm soll mit einem Winkelhaken ausgebildet werden.
Normalbeton C: $D \geq 7 \cdot d_s = 7 \cdot 20$ mm = 140 mm
Leichtbeton LC: $D \geq 7 \cdot d_s = 7 \cdot 20$ mm = 140 mm; Erhöhung um 50 %: $D = 1{,}5 \cdot 140$ mm = 210 mm

Schnittlängen bei Aufbiegungen

Biegemaße sind Außenmaße. Ausnahme: schräge Aufbiegungen sind Achsmaße.

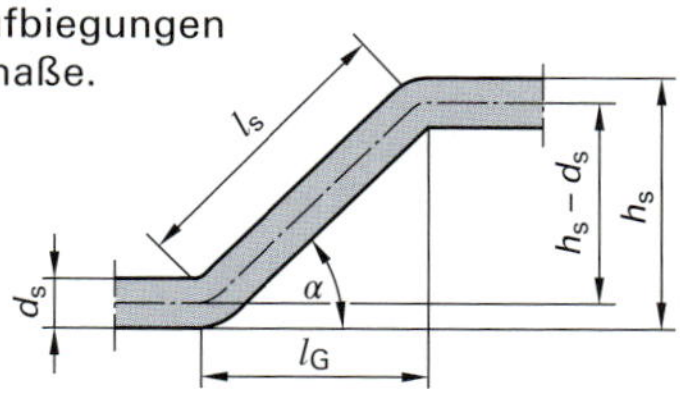

Aufbiegungen unter 30°, 45° oder 60°
Geometrie der schrägen Aufbiegung
Berechnung der schrägen Aufbiegung l_S (Schmiege) und des Grundmaßes l_G

α	l_s	l_G
30 °	$2{,}000 \cdot (h_s - d_s)$	$1{,}732 \cdot (h_s - d_s)$
45 °	$1{,}414 \cdot (h_s - d_s)$	$1{,}000 \cdot (h_s - d_s)$
60 °	$1{,}154 \cdot (h_s - d_s)$	$0{,}577 \cdot (h_s - d_s)$

Beispiel
Auszuweisen sind: • Endhaken $ü$ • Schmiege l_s • Grundmaß l_G • Länge l bis zum Schnitt

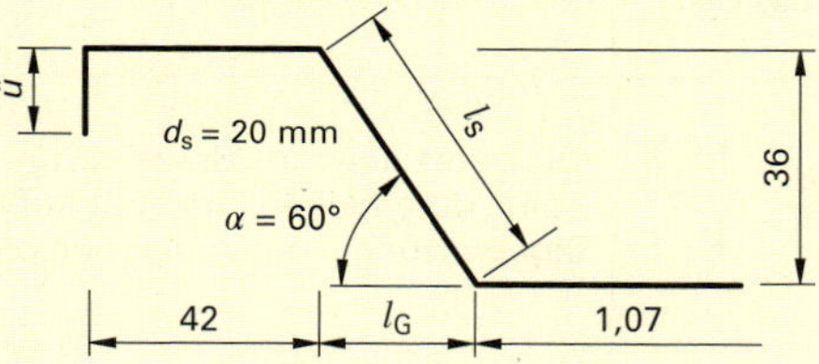

Hakenlänge $ü = 8 \cdot d_s = 8 \cdot 2{,}0$ cm = **16 cm**
Schmiege $l_s = 1{,}154 \cdot (h_s - d_s)$
$= 1{,}154 \cdot (36{,}0 - 2{,}0)$ = **39,2 cm**
Grundmaß $l_G = 0{,}577 \cdot (h_s - d_s)$
$= 0{,}577 \cdot (36{,}0 - 2{,}0)$ = **19,6 cm**
Länge l = 0,16 m + 0,42 m + 0,392 m + 1,07 m = **2,04 m**

6

Querkraftbewehrung

- Die Querkraftbewehrung sollte mit der Bauteilachse einen Winkel von **45°** $\leq \alpha \leq$ **90°** bilden.
- Sie kann aus **Bügeln** (mind. 50 %), **Schrägstäben** und **angeschweißten Querstäben** bestehen.
- Die Verankerung muss in der **Druckzone** erfolgen.
- Bügel müssen die **Zugbewehrung** umfassen.

Das freie Hakenende muss mind. $5 \cdot d_s$ lang sein; der Winkelhaken beim Bügel sogar $10 \cdot d_s$. Damit der Stahlbetonbauer an der Biegemaschine nicht jede Hakenlänge berechnen muss, wird dem Außenmaß des Bewehrungsstabes l die Hakenlänge l_H zugegeben.

Haken, allgemein und für Bügel	**Winkelhaken,** allgemein	**Winkelhaken,** für Bügel
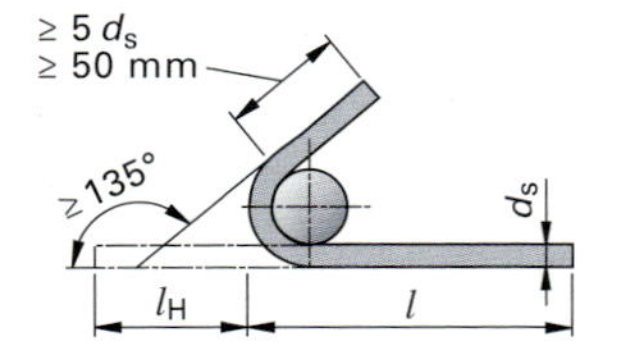	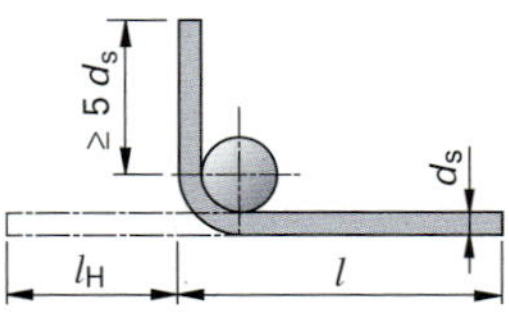	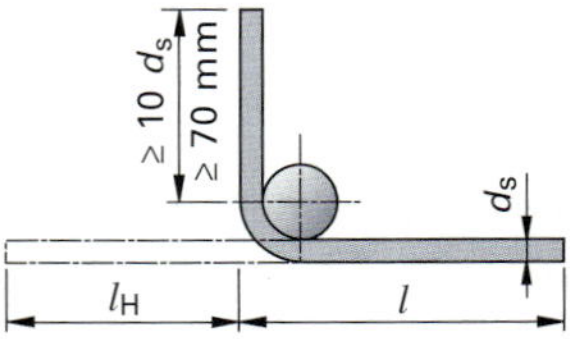

Längenzugaben l_H für Betonstahl B500A und B500B					
$10 \cdot d_s$	**$13 \cdot d_s$**	**$7 \cdot d_s$**	**$8 \cdot d_s$**	**$12 \cdot d_s$**	**$13 \cdot d_s$**
$\varnothing < 20$	$20 \leq \varnothing \leq 32$	$\varnothing < 20$	$20 \leq \varnothing \leq 32$	$\varnothing < 20$	$20 \leq \varnothing \leq 32$

Beispiel

Ein Stahlbetonbalken 25 cm/60 cm erhält für die Aufnahme der Querkräfte eine Bügelbewehrung d_{sw} = 8 mm. Auf welche Länge muss der Stabstahl geschnitten werden, damit bei einer Verankerung durch Winkelhaken eine Betondeckung von c_V = 3 cm eingehalten wird?

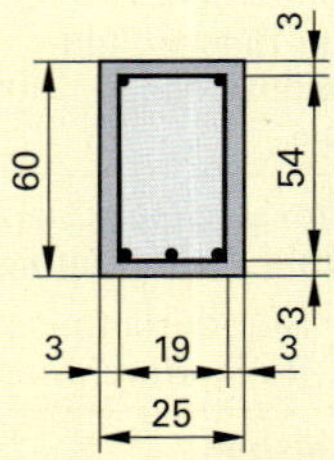

Winkelhaken: $l_H = 12 \cdot d_s$

da $d_{sw} < 20$ mm $\Rightarrow$ $l_H = 12 \cdot 8$ mm = 96 mm = 9,6 cm

Breite des Bügels: $b_{bü} = 25 - 2 \cdot 3 = 19$ cm

Höhe des Bügels: $h_{bü} = 60 - 2 \cdot 3 = 54$ cm

Länge des Stahls: $l_{bü} = 2 \cdot 54 + 2 \cdot 19 + 2 \cdot 9{,}6 = 165{,}2$ $\Rightarrow$

= 165 cm (gerundet) = **1,65 m**

Verankerungsbereiche und Verankerungslängen

► S. 136

Verankerungsbereiche	**Verankerungslängen l_{bd}, $l_{b,min}$**
außerhalb von Auflagern 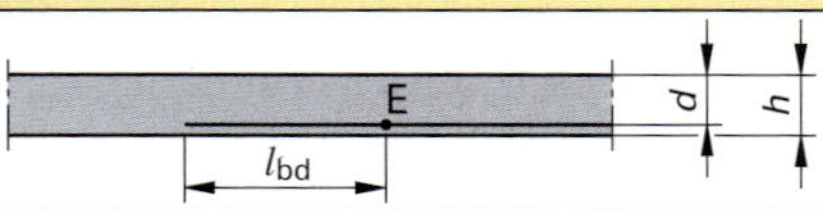	$l_{b,min} \geq l_{bd}$ vom rechnerischen Endpunkt E
direktes Auflager **indirektes Auflager** 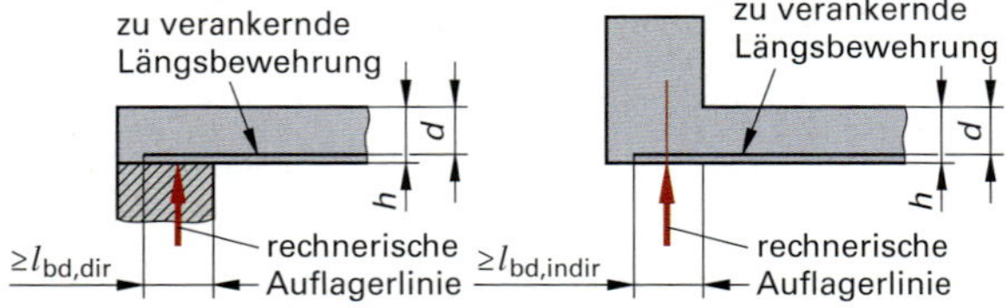 Ein Bauteil gilt als indirekt gelagert, wenn es seitlich in das Last abtragende Bauteil einbindet.	bei **dir**ekter/**indir**ekter Auflagerung $l_{bd,dir} \geq \left(\frac{2}{3}\right) \cdot l_{bd} \geq 6{,}7 \cdot d_s$ $l_{bd,indir} \geq l_{bd} \geq 10 \cdot d_s$ Die Bewehrung ist in allen Fällen mindestens über die rechnerische Auflagerlinie zu führen.
Zwischenauflager 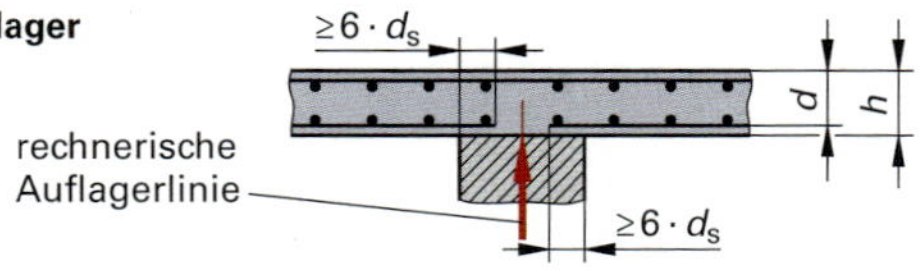	$l_{bd} \geq 6 \cdot d_s$ Die unten liegende Bewehrung sollte durchgehen, um evtl. Auflagersetzungen aufzunehmen.

6

Übergreifungsstöße von Matten

Der Regelstoß ist der **Zwei-Ebenen-Stoß:**

- Stöße sollten **nicht** in hoch beanspruchten Bereichen (z.B. dem max. Biegemoment) liegen.
- **Mattenquerschnitt** in Trag-/Längsrichtung $a_{s,l}$ und Querrichtung $a_{s,q}$ in **cm²/m**
- Matten mit Bewehrungsquerschnitten $a_s \leq 12$ cm²/m dürfen ohne Längsversatz gestoßen werden.
- Bei mehrlagiger Bewehrung sind die Stöße der einzelnen Lagen mindestens um die 1,3-fache Übergreifungslänge in Längsrichtung versetzt anzuordnen.

Tragstoß
(Übergreifungsstoß in Längsrichtung)

Die Übergreifungslänge l_0 darf die Tabellenwerte nicht unterschreiten.

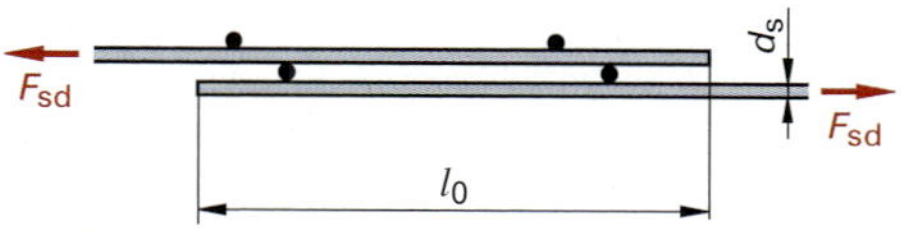

Übergreifungsstoß in Längsrichtung

Verteilerstoß
(Übergreifungsstoß in Querrichtung)

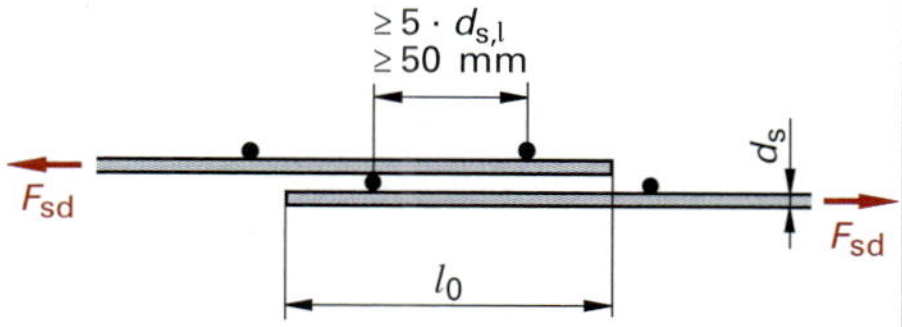

Übergreifungsstoß in Querrichtung

Maschenregel für den Zwei-Ebenen-Stoß

Die Übergreifungslänge l_0 in cm ist rot gesetzt.

Q-Matten	Maschenanzahl im **guten** Verbundbereich I						Maschenanzahl im **mäßigen** Verbundbereich II					
	Tragstoß Längsrichtung			Tragstoß Querrichtung			Tragstoß Längsrichtung			Tragstoß Querrichtung		
	0/25	25/30	30/37	20/25	25/30	30/37	20/25	25/30	30/37	20/25	25/30	30/37
Q 188 A	1–29	1–25	1–22	2–29	2–25	2–22	2–41	2–35	2–32	3–41	2–35	2–32
Q 257 A	2–34	1–29	1–26	2–34	2–29	2–26	3–48	2–41	2–37	3–48	3–41	3–37
Q 335 A	2–38	2–33	1–29	3–38	2–33	2–29	3–55	3–47	2–42	4–55	3–47	3–42
Q 424 A	2–43	2–37	2–33	3–50	3–50	3–50	4–61	3–52	3–47	4–61	4–52	3–50
Q 524 A	3–50	2–43	2–39	3–50	3–50	3–50	4–72	4–61	3–55	5–72	4–61	4–55
Q 636 A	4–51	3–44	3–39	6–57	5–48	4–43	5–73	4–62	4–56	8–81	7–69	6–62
R-Matten	Tragstoß Längsrichtung			Tragstoß Querrichtung			Tragstoß Längsrichtung			Tragstoß Querrichtung		
	0/25	25/30	30/37	20/25	25/30	30/37	20/25	25/30	30/37	20/25	25/30	30/37
R 188 A	1–29	1–25	1–25	1–15	1–15	1–15	1–41	1–35	1–32	1–15	1–15	1–15
R 257 A	1–34	1–29	1–26	1–15	1–15	1–15	1–48	1–41	1–37	1–15	1–15	1–15
R 335 A	1–38	1–33	1–29	1–15	1–15	1–15	2–55	1–47	1–42	1–15	1–15	1–15
R 424 A	1–43	1–37	1–33	2–25	2–25	2–25	2–61	2–52	1–47	2–25	2–25	2–25
R 524 A	1–50	1–43	1–39	2–25	2–25	2–25	2–72	2–61	2–55	2–25	2–25	2–25

6

Verbundbedingungen und Verbundspannungen f_{bd}

Die Qualität des Verbundes hängt von der Oberfläche des Betonstahls, den Abmessungen des Bauteils und der Lage und dem Neigungswinkel der Bewehrung während des Betonierens ab.

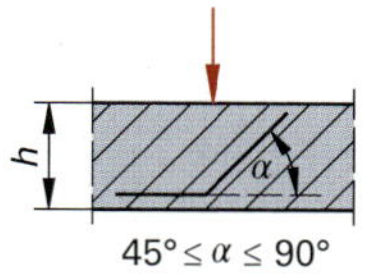

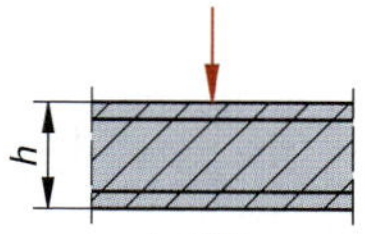

gute Verbundbedingungen I
alle Stäbe im schraffierten Bereich

- mit Neigung zwischen 45° und 90°
- mit Neigung zwischen 0° und 45°, wenn $h \leq 30$ cm

mäßige Verbundbedingungen II
alle Stäbe im nicht schraffierten Bereich

- für alle Stäbe von Bauteilen, die im Gleitverfahren hergestellt werden

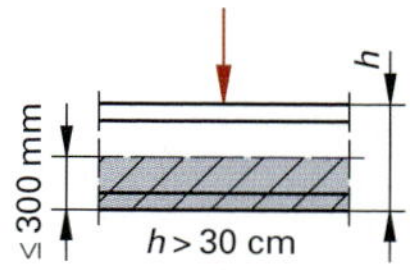

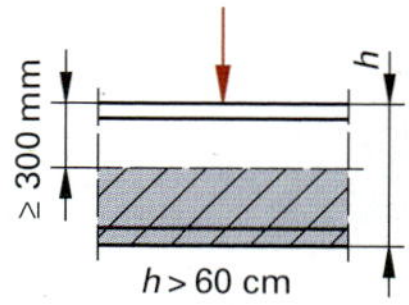

Betonierrichtung ist immer von unten nach oben

Übergreifungsstöße von zugbeanspruchten Stabstählen

- Übergreifungsstöße sind **versetzt** anzuordnen.
- Stöße/Übergangsstöße (indirekte Stöße) sollen nach Möglichkeit vermieden werden; i. d. R. bei einer Stablänge zwischen 12,00 m und 14,00 m möglich.

Längsversatz und Querabstand

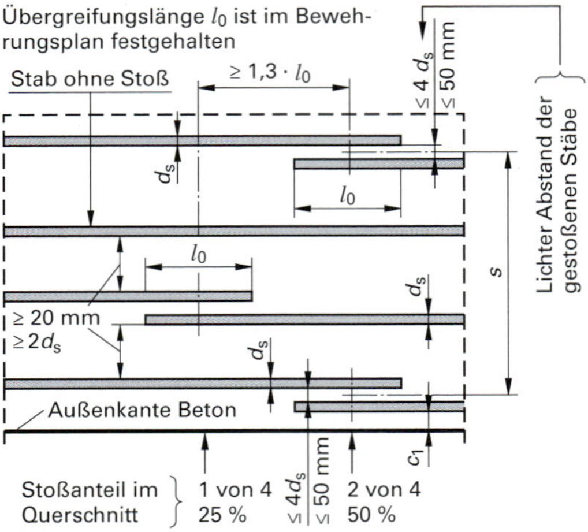

Stoßausbildung

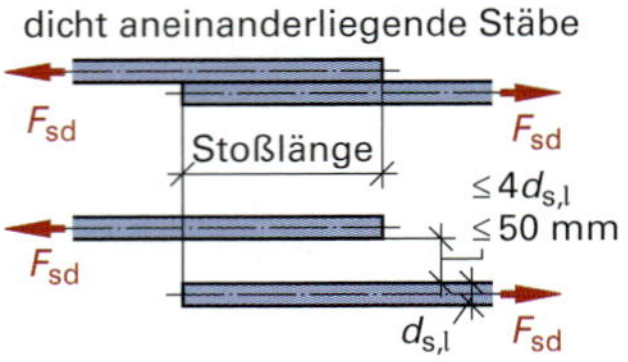

Direkte Stöße werden durch Schweißen oder durch mechanische Verbindungen hergestellt.
Indirekte Stöße werden durch Übergreifstoß gemäß Zeichnung hergestellt. Stäbe sollen im Stoßbereich möglichst dicht aneinanderliegen. Der Größtabstand der zu stoßenden Stäbe darf 4 · $d_{s,l}$ bzw. 50 mm nicht überschreiten.

Verankerung der Längsbewehrung

Vereinfachte Berechnung der Verankerungslänge l_{bd} (DIN EN 1992-1-1)

Grundwert der Verankerungslänge $l_{b,rqd}$ in cm

$$l_{b,rqd} = \frac{d_s}{4} \cdot \frac{\sigma_{sd}}{f_{bd}} \qquad \text{mit } \sigma_{sd} = \frac{F_d}{A_s}$$

- d_s Durchmesser/Vergleichsdurchmesser $d_{sn} = d_s \cdot \sqrt{2}$ des Einzelstabs/Doppelstabs
- σ_{sd} vorhandene Stahlspannung (angenommen $\sigma_{sd} = f_{yd} = 435$ N/mm²)
- f_{bd} Bemessungswert der Verbundspannung in Abhängigkeit vom Beton (entsprechend der Verbundbedingungen)
- F_{Sd} Stabkraft A_s Stahlquerschnitt

Bemessungswert der Verankerungslänge

$$l_{bd} = \alpha_1 \cdot \alpha_4 \cdot l_{b,rqd} \cdot \frac{A_{s,erf}}{A_{s,vorh}} \geq l_{b,min}$$

- α_1 Beiwert zur Berücksichtigung der Verankerungsart der Stäbe (≤ 1,0)
- α_4 Beiwert zur Berücksichtigung angeschweißter Querstäbe (≤ 1,0)
- $l_{b,min}$ Mindestwert der Verankerungslänge
- bei Zugstäben $l_{b,min} \geq 0{,}3 \cdot \alpha_1 \cdot \alpha_4 \cdot l_{b,rqd}$ $\geq 10 \cdot d_s$
- bei Druckstäben $l_{b,min} \geq 0{,}6 \cdot l_{b,rqd} \geq 10 \cdot d_s$

6

Grundwert der Verankerungslänge $l_{b,rqd}$ in cm

Betonfestigkeitsklasse	Verbundbedingung		Betonstahl B500B, Stabdurchmesser d_s in mm: 6	8	10	12	14	16	20	25	28	32
C12/15	gut	I	40	53	66	79	92	105	132	165	184	217
	mäßig	II	56	75	94	113	132	150	188	235	263	311
C16/20	gut	I	33	43	54	65	76	87	109	136	152	174
	mäßig	II	47	62	78	93	109	124	155	194	217	248
C20/25	gut	I	28	37	47	56	66	75	94	117	131	151
	mäßig	II	40	54	67	80	94	107	134	167	187	216
C25/30	gut	I	24	32	40	48	57	65	81	101	113	129
	mäßig	II	35	46	58	69	81	92	115	144	161	184
C30/37	gut	I	21	29	36	43	50	57	71	89	100	116
	mäßig	II	31	41	51	61	71	82	102	128	143	184
C35/45	gut	I	19	26	32	39	45	52	64	81	90	102
	mäßig	II	28	37	46	55	64	74	92	115	129	146

6.5 Konstruktionshinweise für Stahlbetonbauteile

Auflagerungsarten und Stützweiten l_{eff} bei Balken und Platten

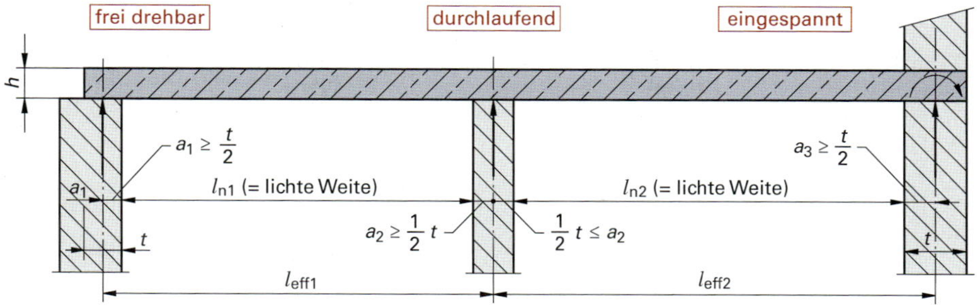

Balken $b/h < 5$ und $l_{eff}/h \geq 3$

- Auflagertiefe $a \geq$ **10 cm**
- $A_{s,Auflager} \geq \frac{1}{4} \cdot A_{S,Feld}$ als konstruktive Randbewehrung
- Eine Querkraftbemessung ist durchzuführen.
- $A_{s,max} = A_{s1} + A_{s2} = 0{,}08 \cdot A_c$
- $A_{s,max} = \dfrac{f_{ctm}}{f_{yk}} \cdot \dfrac{b \cdot h^2}{6 \cdot 0{,}9 \cdot d}$ f_{ctm} ▸ S. 129 $f_{yk} = 500$ N/mm²
- Druckbewehrung A_{s2} bei hochbelasteten Querschnitten möglich (A_{s1} Zugbewehrung, A_{s2} Druckbewehrung)

Stützweiten

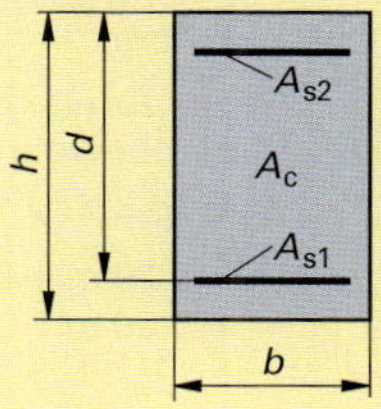

Einfeldträger
$l_{eff} = l_n + a$

Mehrfeldträger Endfeld
$l_{eff} = l_n + a_1 + a_2$

Mittelfeld
$l_{eff} = l_n + a$

Beispiel Bewehrungsführung Balken

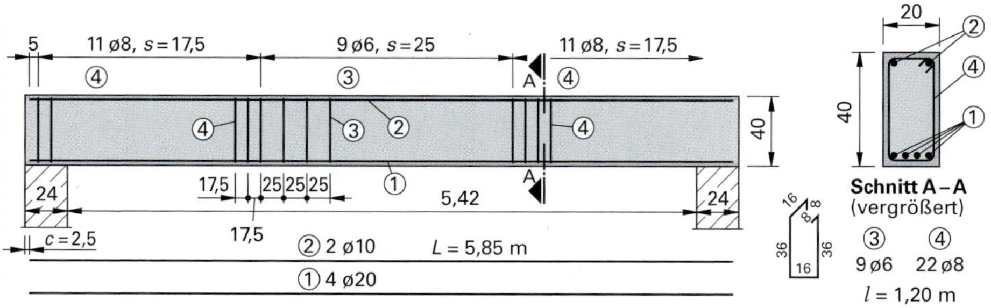

Platten $b/h \geq 5$ und $l_{min} \geq 3 \cdot h$

- Auflagertiefe
  - $a \geq$ **7 cm** auf Mauerwerk oder Beton C8/10
  - $a \geq$ **5 cm** auf Beton C12/15 ... C50/60 oder Stahl
  - $a \geq$ **3 cm** auf Stahlbeton oder Stahlträgern
  - } **Empfehlung $a = h$**
- Mindestdicke $h \geq$ **7 cm** Deckenhöhe; im Wohnungsbau i. d. R. $h \geq$ **16 cm** (Schallschutz)
- Lastabtragung: einachsig ($l_y/l_x > 2$) → Hauptbewehrung a_{sl}
  Querbewehrung $\mathbf{a_{sq} = (1/5) \cdot a_s}$ mit $\mathbf{d_s \geq 6}$ **mm** (B500) und $\mathbf{d_s \geq 5}$ **mm** (B500)
  zweiachsig ($l_y/l_x \leq 2$) → Tragbewehrung in Längs- und Querrichtung (Q-Matten)

- Biegeschlankheit (Faustformel nach DIN 1045)
  Biegeschlankheit nach DIN EN 1992-1-1/NA

  $l_i = \alpha \cdot l_{eff}$ allgemein $\text{erf } d = \dfrac{l_i}{35}$

- Bewehrung
  Betonstahlmatten, R- und Q-Matten
  Stabstahl 6 mm $\leq d_s \leq h/10$
- $a_{s,Auflager} \geq (1/2) \cdot a_{s,Feld}$

6

Beispiel Stahlbetondecke

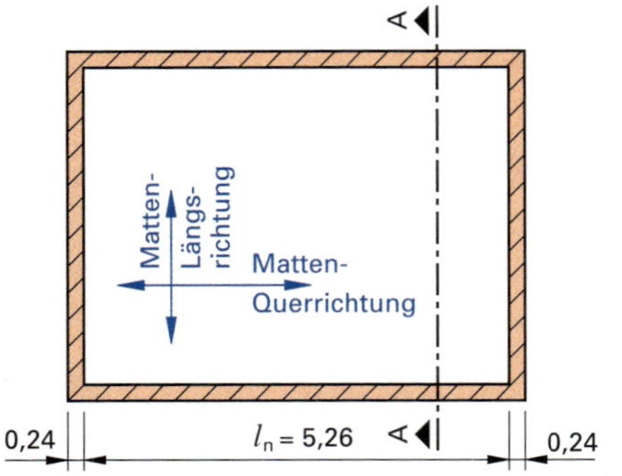

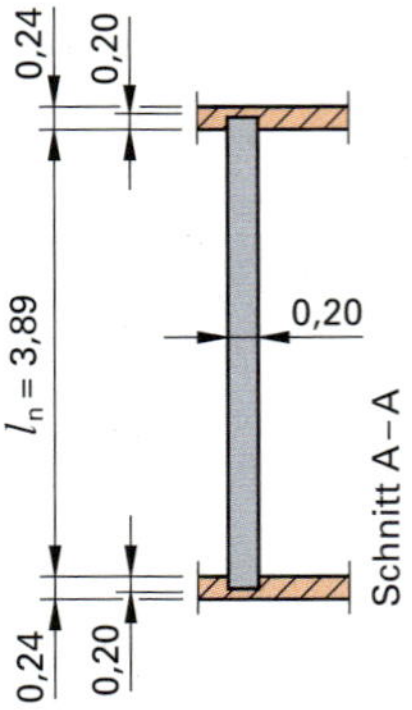

Baustoffe

Lagermatten

Q335 A, $d_{sl} = 8,0$; $d_{sq} = 8,0$

R188 A, $d_{sl} = 6,0$; $d_{sq} = 6,0$

Beton	Stahl
C20/25	B500

Umgebungsbedingung
Trockene Innenräume

Betondeckung
$c_{nom} = c_v = 2,0$ cm

Einbindetiefe in die Wand

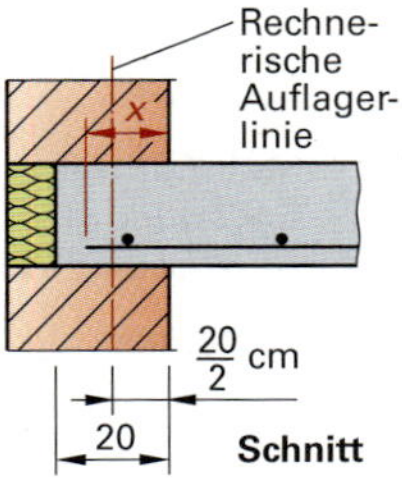

gewählte Einbindetiefe der Mattenbewehrung

$x = 12$ cm.

Gesamtbreite für Mattenbewehrung

$b_M = l_m + 2 \cdot x$

$b_M = 5,26 \text{ m} + 2 \cdot 0,12 \text{ m} = 5,50 \text{ m}$

Konstruktive Randbewehrung
Rechnerisch nicht erfasste Einspannwirkungen müssen berücksichtigt werden:
25 % der Feldbewehrung ($0,25 \cdot a_{s,Feld}$)
über 1/4 der Länge des Endfeldes ($0,25 \cdot l_{eff}$).

Schlankheit

Literaturempfehlung $l / d \leq 28$

hier: $l_{eff} = 3,89 \text{ m} + 2 \times 0,10 \text{ m} = 4,09 \text{ m}$

$4,09 \text{ m} / 0,175 \text{ m} = 23,4 < 28$

Die Verformung gilt damit als ausreichend begrenzt.

Obere Bewehrung

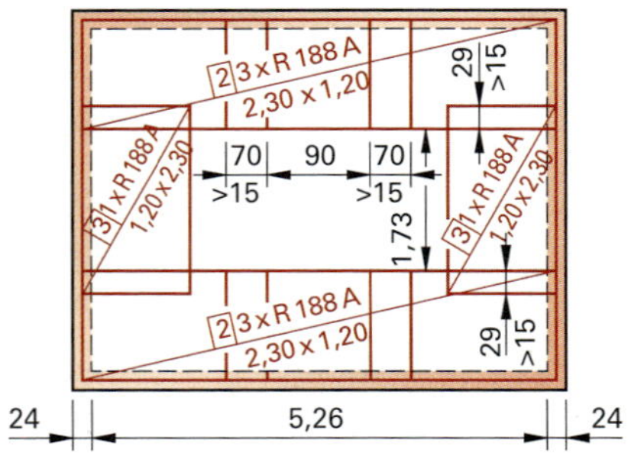

Untere Bewehrung

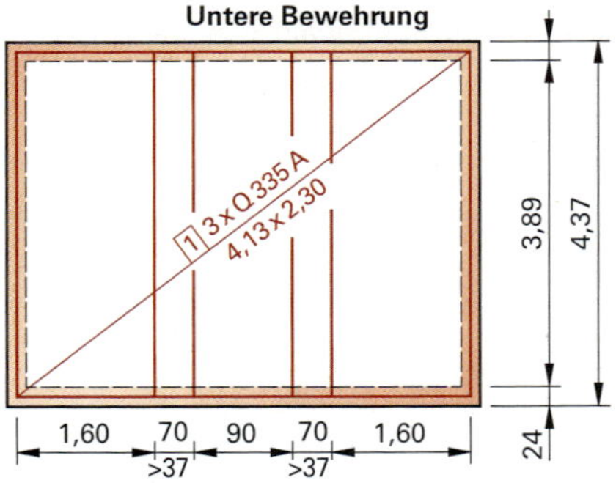

Wände ($b/h > 4$)

Lotrechte und waagerechte Bewehrung

- Der Bewehrungsgehalt sollte an beiden Seiten im Allgemeinen gleich groß sein.
- $d_{sq} \geq 0,25 \cdot d_{sl}$
- $a_{sq} \geq 0,5 \cdot a_{sl}$
- Abstand der waagerechten Stäbe ≤ 35 cm

Steckbügel sind im Innern der Wand mit $0,5 \cdot l_{b,rqd}$ zu verankern.

Stababstände der Wandbewehrung

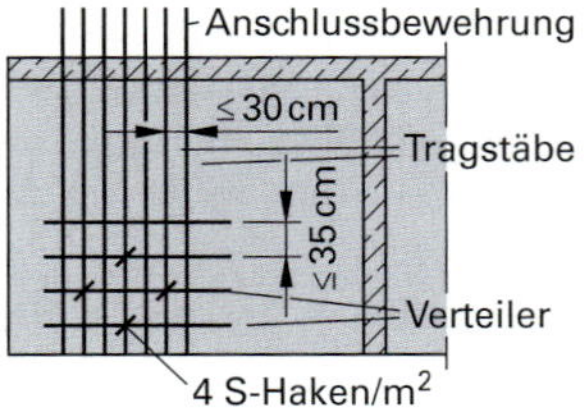

Längsschnitt

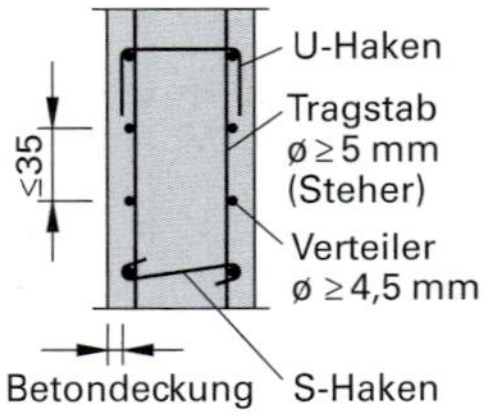

6

Stützen ($b/h \leq 4$)

Die Längsstäbe eines „stabförmigen Druckgliedes“ (Stütze mit $b/h \leq 4$) müssen gehalten werden, damit sie infolge einer Druckkraft nicht ausknicken. Bei rechteckförmigen Querschnitten geschieht das durch Bügel, bei runden Querschnitten durch Wendel.

Druckglieder 1) stehend hergestellte Stützen aus Ortbeton 2) liegend hergestellte Stützen und Fertigteile	Bügelbewehrte Stützen 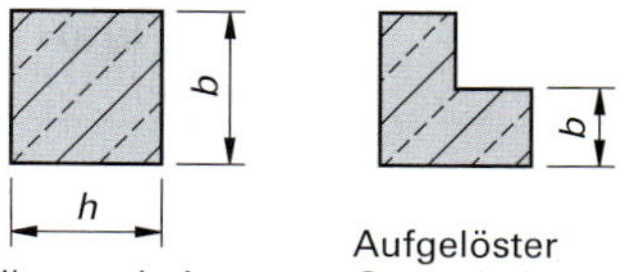 Vollquerschnitt – Aufgelöster Querschnitt	Umschnürte Stützen  Vollquerschnitt – Holquerschnitt
Mindestabmessungen	$h \geq 20$ cm[1] $h \geq 12$ cm[2] h ist die kleinere Abmessung	$d_k \geq 20$ cm[1] $d_k \geq 12$ cm[2]
Anzahl und Abstände der Längsstäbe Jeder Längsstab ist durch einen Bügel zu sichern.	Bügel werden i. d. R. mit einem 150°-Haken verankert ► S. 134 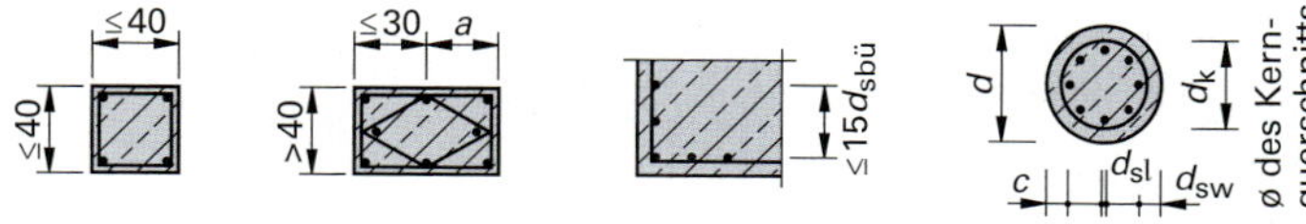 mind. 4 Stäbe, Zusatzbügel[4] $a \leq 30$ cm[3] max. 5 Stäbe	mind. 6 Stäbe
Mindestdurchmesser der Längsstäbe	$d_{sl} \geq 12$ mm mit max. Abstand $a \leq 30$ cm 3) Bei $b \leq 40$ cm und $h \leq b$ genügt ein Stab je Ecke. 4) Zusatzbügel mit max. doppeltem Abstand a.	
Bügel-∅ d_{sw} Wendel-∅ d_{sw}	$d_{sq} = d_{sw} \geq 5$ mm für Matten $d_{sq} = d_{sw} \geq 6$ mm für Stäbe	$d_{sq} \geq 1/4 \cdot \max d_{sl}$ $d_{sq} \geq 12$ mm, wenn $d_{sl} \geq 28$ mm
Bügelabstände $s_{bü}$ Wendelabstände s_w	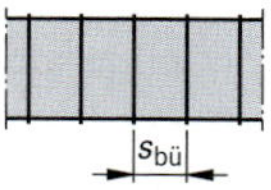 $s_{bü}$ { $\leq 12\ d_{sl}$; $\leq h_{min}$; ≤ 30 cm	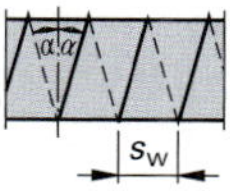 Ganghöhe s_w s_w { $\leq 12\ d_{sl}$; $\leq h_{min}$; ≤ 30 cm

Treppenplatten (ebene Flächentragwerke)

Die Bewehrungsführung ist abhängig von der Podestausführung bzw. dem Betoniervorgang und fordert entsprechende Arbeitsfugen, z. B. zwischen Podest und Laufplatte.

Detail unterer Podestanschluss

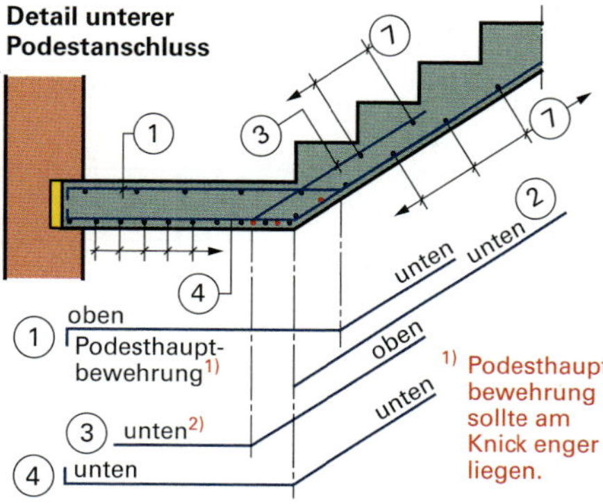

1) Podesthauptbewehrung sollte am Knick enger liegen.

2) Zulage, Länge unten sowie oben mindestens l_{bd}. Die Verankerung erfolgt auf der jeweils gegenüberliegenden Seite.

Statische und konstruktive Grundlagen

- Die Treppe bildet eine geknickte Einfeldplatte (Lauf- und Podestplatte), die am Podestrand aufgelagert wird.

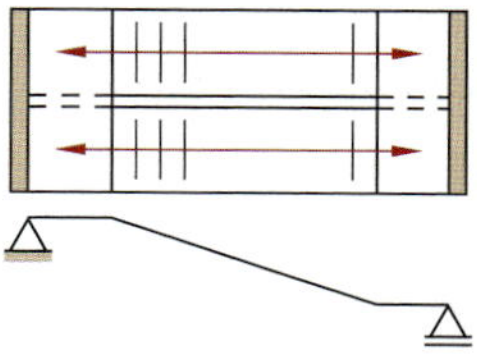

- Die Treppe wird als Einfeldplatte ausgebildet die an die Podestplatte angebaut bzw. auf der Podestplatte aufgelagert wird.

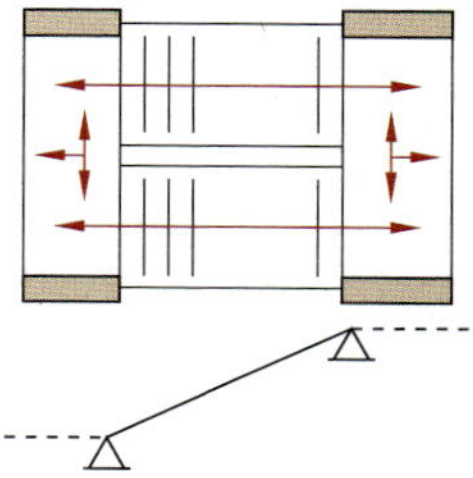

6

6.6 Querschnittstafeln für Balken- und Plattenbewehrung

Querschnitte von Balkenbewehrungen

Durchmesser d_s [mm]	A_s in cm² bei Stabanzahl n: 1	2	3	4	5
6	0,28	0,57	0,85	1,13	1,41
8	0,50	1,01	1,51	2,01	2,51
10	0,79	1,57	2,36	3,14	3,93
12	1,13	2,26	3,39	4,52	5,65
14	1,54	3,08	4,62	6,16	7,7
16	2,01	4,02	6,03	8,04	10,1
20	3,14	6,28	9,42	12,6	15,7
25	4,91	9,82	14,7	19,6	24,5
28	6,16	12,3	18,5	24,6	30,8

Größte Anzahl der Stahleinlagen in einer Lage

Balkenbreite b_0 in cm	Durchmesser d_s in mm: 10	12	14	16	20
15	3	3	3	3	2
20	5	5	(5)	4	4
25	7	6	6	(6)	5
30	(9)	8	7	7	6
35	10	(10)	9	8	(8)
40	12	11	10	10	9
45	(14)	(13)	12	11	10
50	15	14	13	(13)	11
60	(19)	17	16	15	14
Bügel-∅ $d_{sbü}$	$d_{sbü}$ = 8 mm	$c_{bü}$ = 2,0 cm			

Querschnitte von Plattenbewehrungen a_s in cm²/m

Abstand s [cm]	Stabdurchmesser in mm: 6	8	10	12	14	16	20	25	28	Stäbe pro m
7,0	4,04	7,18	11,22	16,16	21,99	28,73	44,87	70,14	88,00	14,3
7,5	3,77	6,70	10,47	15,08	20,52	26,81	41,88	65,47	82,13	13,4
8,0	3,53	6,28	9,82	14,14	19,24	25,14	39,26	61,38	77,00	12,5
9,0	3,14	5,59	8,73	12,57	17,10	22,34	34,90	54,56	68,44	11,1
10,0	2,83	5,00	7,85	11,31	15,39	20,11	31,41	49,10	61,60	10,0
11,0	2,57	4,57	7,14	10,28	13,99	18,28	28,55	44,64	56,00	9,1
12,0	2,36	4,19	6,54	9,42	12,83	16,76	26,17	40,92	51,33	8,3
12,5	2,26	4,02	6,28	9,05	12,32	16,09	25,13	39,28	49,28	8,0
15,0	1,89	3,35	5,24	7,54	10,26	13,41	20,94	32,73	41,07	6,7
17,5	1,62	2,87	4,49	6,46	8,79	11,49	17,95	28,06	35,20	5,7
20,0	1,41	2,51	3,93	5,65	7,69	10,05	15,71	24,55	30,80	5,0

Lagermattenprogramm (Auswahl)

Mattentyp	Querschnitt längs / quer [cm²/m]	Länge / Breite [m]	Gewicht je Matte / je m² [kg]	Stababstände [mm]	∅ Innen-/Randbereich [mm]	Anzahl der Längsrandstäbe links/rechts	Überstände Anfang/Ende links/rechts [mm]
Q188A	1,88 1,88	6,00 2,30	41,7 3,02	150 150	6,0 6,0		75 25
Q257A	2,57 2,57	6,00 2,30	56,8 4,12	150 150	7,0 7,0		75 25
Q335A	3,35 3,35	6,00 2,30	74,3 5,38	150 150	8,0 8,0		75 25
Q424A	4,24 4,24	6,00 2,30	84,4 6,12	150 150	9,0/7,0 9,0	4/4	75 25
Q524A	5,24 5,24	6,00 2,30	100,9 7,31	150 150	10,0/7,0 10,0	4/4	75 25
Q636A	6,36 6,28	6,00 2,35	132,0 9,36	100 125	9,0/7,0 10,0	4/4	62,5 25
R188A	1,88 1,13	6,00 2,30	33,6 2,43	150 250	6,0 6,0		125 25
R257A	2,57 1,13	6,00 2,30	41,2 2,99	150 250	7,0 6,0		125 25
R335A	3,35 1,13	6,00 2,30	50,2 3,64	150 250	8,0 6,0		125 25

6

6.7 Schalungsbau

Die Schalkonstruktion muss maßgenau, standfest, dicht und wiederverwendbar sein; sie muss beim Einfüllen und Verdichten des Frischbetons den auftretenden Druck standhalten (ca. 0,03 MN/m^2 bis 0,4 MN/m^2) und muss sich nach dem Erhärten leicht und erschütterungsfrei entfernen lassen. Die Schalung besteht aus Schalhaut und Tragkonstruktion.

Die **Schalhaut** bestimmt die Sichtfläche des Betons (glatt, rau, profiliert). Als Material kommen Bretter, Schaltafeln (Schilder) aus kunstharzbeschichteten Voll- oder Sperrholz oder Metall (50 cm × 100 cm ... 200 cm) in Betracht. Kunststoffbeschichtete Hartfaser- und Furnierplatten (d = 4 mm ... 10 mm) werden als Vorsatzschalung genutzt, die vor eine Tragkonstruktion gestellt wird. Wird die Schalhaut später nicht mehr entfernt (z.B. bei Kassettendecken), wird diese als **verlorene Schalung** bezeichnet.

Die **Tragkonstruktion** überträgt sämtliche Lasten bis zum Ausschalen des Betonteils auf den Untergrund. Verwendet werden Träger, Stützen, Zwingen und Zargen aus Holz, Stahl oder Aluminium. Die Verspannung hält die Schalung in der geplanten Form und Lage. Art und Anzahl der Verspannungen richten sich nach dem Schalungsdruck und nach der Schalungskonstruktion. Als Verspannung eignen sich Drähte $\varnothing <$ 8 mm, Spanndrähte $\varnothing \geq$ 8 mm mit Spannschlössern, spannbare Ketten und Spannanker (Schalungsanker) mit Schraubenbolzen. Kunststoffhülsen dienen als Abstandhalter und ermöglichen beim Ausschalen das Herausziehen der Spannstäbe.

Rahmenschalungen bestehen aus Stahl- oder für leichte Schalungen aus Aluminiumrahmen mit aussteifenden Querprofilen.

Bei **Trägerschalungen** bilden senkrecht angeordnete Vollwand- oder Gitterträger aus Holz oder Stahl die Unterstützung der Schalhaut. Im unteren und oberen Drittel der Trägerschalung steifen quer zu den Trägern liegende Stahlgurte die Schalungselemente aus.
Als aufgeschraubte Schalungsplatten werden meist genormte, 20 mm bis 25 mm dicke Sperrholzplatten eingesetzt. Rahmen und Schalungsplatten bilden ein Schalungselement.

Trennmittel werden vor dem Einbau der Bewehrung auf die Schalhaut ganzflächig aufgetragen; sie vermindern die Haftung (Adhäsion) zwischen Frischbeton und Schalhaut. Trennmittel sind Schalungsöle, Pasten, Wachse und Beschichtungen bei vorgefertigten Schalelementen. Öle werden meist als Emulsionen verwendet, deshalb dürfen sie nicht bei niedrigen Temperaturen und Frost verarbeitet werden. Die Bewehrung darf nicht mit dem Trennmittel in Berührung kommen (Verringerung der Haftung).

Schalkonsolen und Geländerpfosten werden bei der Herstellung von auskragenden Decken als Deckenrandschalung verwendet. Der Geländerpfosten sorgt mit Seitenschutzbrettern für den geforderten Schutz gegen Absturz.

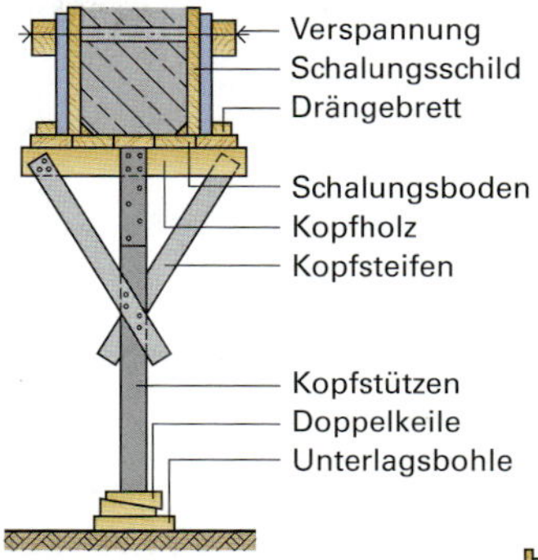

Balkenschalung aus Holz

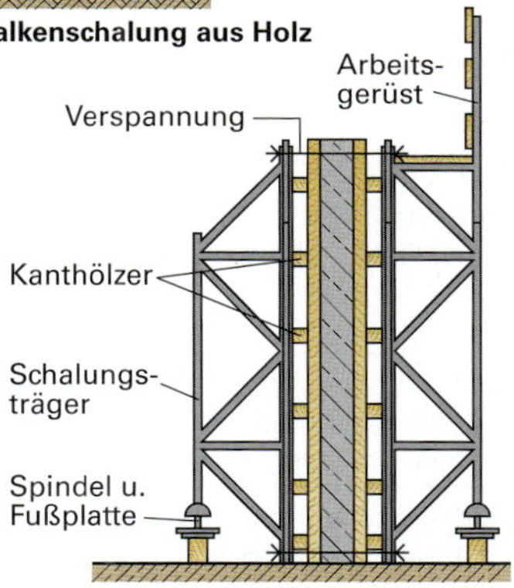

Großflächige Wandschalung (auch als Fahrschalung mit Klettergerüst)

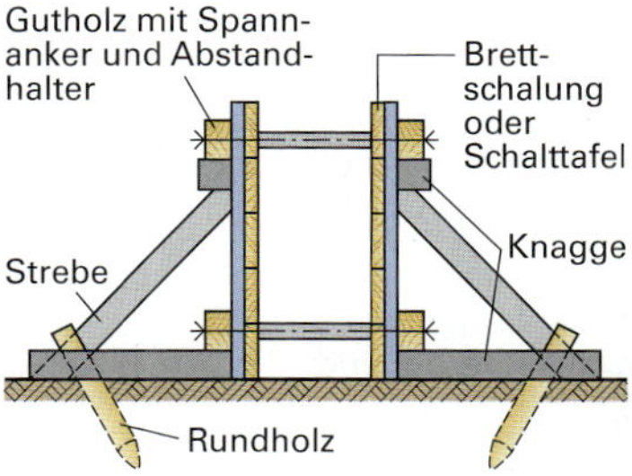

Fundamentschalung

Bei nicht standfesten Böden sind Schalungen auszuführen, z.B.:

- zimmermannsmäßige Ausführung
- Kunststoff-Fundamentschalung
- Schalkörper mit Hohlprofilen für randseitig angeordnete Dränagen

Streifenfundamente werden i.d.R. gegen das Erdreich betoniert.

6

Schalungsbau

Schalungsträger unterstützen die Schalhaut und tragen zur Stabilität und Aussteifung bei. Als Schalungsträger aus Holz werden Kanthölzer der Sortierklasse S10 eingesetzt. Häufiger werden Vollwand-, Fachwerk- oder Holzschalungsträger mit massivem Steg eingesetzt. Schalungsträger aus Metall gibt es als Stahl- oder Aluminiumträger. Stahlschalungsträger weisen eine besondere Profilierung aus und werden für Wandschalungen eingesetzt. Schalungsträger aus Aluminium sind leichte, profilierte Träger ausschließlich für Decken.

Beispiel Kenndaten von Schalungsträgern

Verbundschalungsträger
max $M = 9{,}0$ kN·m max $Q = 20$ kN
Gewicht 5,6 kg/m Bauhöhe ca. 20 cm

Holzschalungsträger
max $M = 5{,}0$ kN·m max $Q = 11$ kN
Gewicht 4,7 kg/m Bauhöhe ca. 20 cm
Standardlänge 0,90 m bis 6,00 m; in 0,30-m-Schritten

Schalungssysteme (Auswahl)
Spannankersystem (Dywidag)
Wandschalungssystem (Hünnebeck)
Rahmenschalung (PERI-Domino)
Trägerschalung (DOKA-TOP50)
Trägerschalung (PERI Vario GT24)
Rundschalung (DOKA-H20)
Anschlussprofile (HALFEN)
Fahrschalung (System PERI)
Stützenschalung (DOKA)
Rundstützenschalung (PERI SRS)
Deckenschalung (PERI Skydeck)
Baustützen (müba)
Plattendecken (Kaiser-OMNIA)

Einsatzbereiche von Schalungsarten

Schalungshaut (systemlose Schalung)	**Einsatzbereich, Einsatzhäufigkeit (Anhaltswerte)**
Bretterschalung, Tanne bzw. Fichte, sägerau unbehandelt, saugend	Beton ohne besondere Anforderung an seine Sichtfläche, z.B. Fundamentschalung; 3 bis 4 Einsätze, bei Betonoberflächen mit besonderer Gestaltung SB 4 nur einmalig, Holzfaserreste an der Betonoberfläche möglich
Bretterschalung, Tanne bzw. Fichte, einseitig gehobelt, Nut und Feder oder gespundet, saugend	Sichtbeton mit Holzstruktur, Maserung erkennbar, bis zu 5 Einsätzen, bei mehrmaligem Einsatz weniger Maserung erkennbar
Plattenschalung (Schalungstafeln, Schilder), Tanne bzw. Fichte, oberflächenvergütet bzw. imprägniert, schwach saugend	Beton ohne besondere Anforderung an seine Sichtfläche, z.B.: Balkenschalung; bis zu 10 Einsätzen
Sperrholzplatte, saugend	Beton ohne besondere Anforderung an seine Sichtfläche, bis zu 5 Einsätzen, leicht raue Textur, Maserung erkennbar
Dreischichtschalungsplatten, geschliffen, oberflächenvergütet, schwach saugend	Beton ohne besondere Anforderung an seine Sichtfläche, bis 20 Einsätzen, Betonoberfläche mit glatter bis leichter Maserung
Dreischichtschalungsplatten, gebürstet, oberflächenvergütet, schwach saugend	Beton mit normaler gestalterischer Anforderung an seine Sichtfläche, SB2, bis 10 Einsätzen, Betonoberfläche mit ausgeprägter Holzmaserung
Furniersperrholz mit Beschichtung, saugend bis schwach saugend	Beton ohne besondere Anforderung an seine Sichtfläche, glatte Oberfläche, in der Praxis selten verwendet
Platten mit Melamin- bzw. Phenolharzbeschichtung, nicht saugend	keine Textur, glatte Betonoberfläche z.B. für Sichtbeton, unregelmäßiger Farbton und Marmorierung möglich, bis 30 Einsätzen
Stahlschalung, nicht saugend	keine Textur, glatte Betonoberfläche z.B. für Sichtbeton, erhöhte Porenbildung, Farbtonunterschiede, Rostflecken und Marmorierung möglich, bis 100 Einsätzen

Anhaltswerte für Ausschalfristen ▸ S. 97

Empfehlungen laut DBV-Merkblatt

6

Schalung von Sichtbetonflächen

Zur Festlegung einer Sichtbetonfläche sind folgende Anforderungen zu beschreiben (Quelle: In Anlehnung an Merkblatt Sichtbeton vom DBZ, Deutscher Beton- und Bautechnik Verein e.V., und BDZ, Bundesverband der Deutschen Zementindustrie e.V.):

- Sichtbetonklasse (SB1, SB2, SB3, SB4)
- Oberflächenbearbeitung der Schalhaut
- Anker und Ankerlöcher
- Ausbildung der Kanten und Ecken
- Fugen (Lage, Verlauf, Breite)
- Schalungs- und Schalungssysteme ▶ S. 141
- Ausbildung von Schalungsstößen
- geometrische Oberflächengliederung
- Farbtongebung (mit und ohne Anstrich)
- Oberfläche der angrenzenden Bauteile

Anforderung an geschalte Sichtbetonflächen

Sichtbetonklasse			[1] saugende Schalhaut [2] nicht saugende Schalhaut	**Textur**	**Farbtongleichmäßigkeit**	**Erprobungsfläche**	**Schalhautklasse**
Anforderungen an Sichtbeton	geringe	**SB1**	Betonflächen mit geringen gestalterischen Anforderungen, z. B.: Kellerwände oder Bereiche mit vorwiegend gewerbl. Nutzung	**T1**	Für den Farbton isrt der Gesamteindruck entscheidend. Farbunterschiede sind erst nach längerer Standzeit (z. B. mehreren Wochen) erkennbar/zu beurteilen.	freigestellt	**SHK1**
	normale	**SB2**	Betonflächen mit normalen gestalterischen Anforderungen, z. B.: Treppenhausräume, Stützwände	**T2**		empfohlen	**SHK2**
	besondere	**SB3**	Betonflächen mit hohen gestalterischen Anforderungen, z. B.: Fassaden im Hochbau	**T2**		dringlich empfohlen	**SHK2**
		SB4	Betonflächen mit besonders hoher gestalterischer Bedeutung, repräsentative Bauteile im Hochbau	**T3**		erforderlich	**SHK3**

T1	Weitgehend geschlossene Zementleim- bzw. Mörtelfläche. In den Schalelementstößen ausgetretener Zementleim/Feinmörtel bis ca. 20 mm Breite und ca. 10 mm Tiefe zulässig. Rahmenabdruck des Schalelements zulassen.
T2	Geschlossene und weitgehend einheitliche Betonfläche. In den Schalelementstößen ausgetretener Zementleim/Feinmörtel bis ca. 10 mm Breite und ca. 5 mm Tiefe zulässig. Versatz der Elementstöße bis ca. 5 mm Tiefe zulässig, Höhe verbleibender Grate bis ca. 5 mm zulässig. Rahmenabdruck des Schalelements zulassen.
T3	Glatte, geschlossene und weitgehend einheitliche Betonfläche. In den Schalelementstößen ausgetretener Zementleim/Feinmörtel bis ca. 3 mm zulässig. Feine, technisch unvermeidbare Grate bis ca. 3 mm zulässig. Weitere Anforderungen sind detailliert festzulegen.
SHK1 **SB1**	■ Bohrlöcher ⇒ Mit Kunststoffstöpsel zu verschließen ■ Nagel- und Schraublöcher, Kratzer ⇒ Zulässig ■ Beschädigung der Schalhaut durch Innenrüttler ⇒ Zulässig ■ Betonreste ⇒ In Vertiefungen (Nagellöchern, Kratern etc.) ⇒ Zulässig ■ Zementschleier, Reparaturstellen, Aufquellen der Schalhaut ⇒ Zulässig
SHK2 **SB2** **SB3**	■ Bohrlöcher, Kratzer ⇒ Als Reparaturstellen zulässig ■ Nagel- und Schraublöcher ⇒ Ohne Absplitterungen zulässig ■ Beschädigung der Schalhaut durch Innenrüttler ⇒ Nicht zulässig, nach Absprache mit dem Auftraggeber ggf. zulässig ■ Kratzer ⇒ Nicht zulässig ■ Betonreste ⇒ Zulässig ■ Zementschleier, Reparaturstellen, Aufquellen der Schalhaut im Schraub- bzw. Nagelbereich ⇒ Nicht zulässig, nach Absprache mit dem Auftraggeber ggf. zulässig
SHK3 **SB4**	■ Bohrlöcher, Betonreste ⇒ Nicht zulässig ■ Nagel- und Schraublöcher ⇒ Als Reparatur in Abstimmung mit dem Auftraggeber ■ Zementschleier, Reparaturstellen, Aufquellen der Schalhaut im Schraub- bzw. Nagelbereich ⇒ Nicht zulässig

Schalungsstützen/Baustützen

Schalungsstützen dienen der Unterstützung und sind in der Höhe verstellbar. Schalungsstützen aus Metall bestehen aus zwei Metallrohren, die in sich ausgesteift sind.
Baustützen nach DIN EN 1065 werden in fünf Klassen (z. B. **A30, B40, B35, B25, C, D** und **E**) eingeteilt.
Die Stützenklassen A, B und C besitzen längenabhängige nominelle charakteristische Tragfähigkeiten $R_{y,k}$ auf unterschiedlichem Niveau. Für die Klassen D und E gilt die Tragfähigkeit $R_{y,k}$ für jede Länge. Die maximale Ausziehlänge ist durch die Ziffer nach dem Buchstaben angegeben, z.B. A35, d.h. 3,50 m maximale Ausziehlänge.

Tragfähigkeit

$$R_B = \frac{R_{y,k}}{1{,}7}$$

Baustützen aus Aluminium mit Ausziehvorrichtung werden nach DIN EN 16 031 beschrieben und in elf Stützenklassen definiert und beziehen sich in den wesentlichen Entwurfs- und Berechnungsgrundlagen auf die DIN EN 1065.

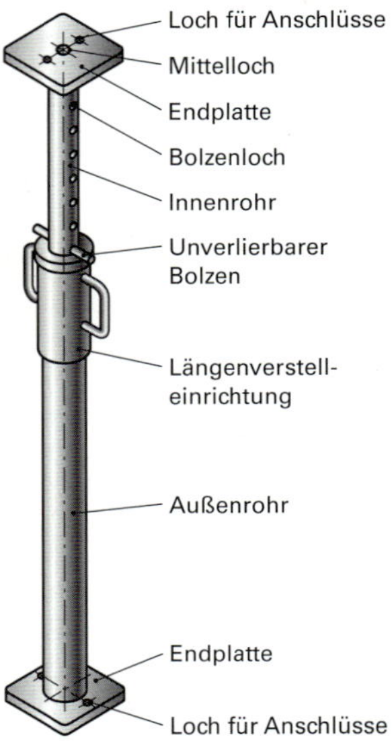

Tragfähigkeit R_B/Bemessungswert in kN (Auswahl)

Auszugslänge in m	C55 Gewicht ca. 31 kg
5,5	10,9
5,4	11,3
5,3	11,7
5,0	13,2
4,9	13,7
4,8	14,3
4,5	16,3
4,4	17,0
4,2	18,7
4,0	20,6
3,9	21,7
3,8	22,9
3,7	24,1
3,5	26,9
3,4	28,5
3,3	30,3
3,2	32,2
3,0	35,0

Auszugslänge in m	B40	B35	B30	B25 Gewicht ca. 16 kg bis 32 kg
	Gewicht ca. 16 kg bis 32 kg			
3,6	12,3			
3,5	13,1	11,4		
3,4	13,8	12,1		
3,2	15,6	13,7		
3,1	16,6	14,6		
3,0	17,8	15,6	13,3	
2,9	19,0	16,6	14,3	
2,7	21,9	19,2	16,5	
2,6	23,7	20,7	17,8	
2,5	25,6	22,4	19,2	16,0
2,4	27,8	24,3	20,8	17,4
2,3	30,0	26,5	22,7	18,9
2,2	30,0	28,9	24,8	20,7
2,1		30,0	27,2	22,7
2,0		30,0	30,0	25,5
1,9			30,0	27,7
≤ 1,8			30,0	30,0

Auszugslänge in m	A30 Gewicht ca. 15 kg
3,0	10,0
2,9	10,7
2,7	12,3
2,5	12,3
2,3	17,0
2,1	20,4
2,0	22,5
1,9	24,9
≤ 1,8	25,9

6

Bauklasse	Tragfähigkeit $R_{y,k}$ Teilsicherheitsbeiwert $\gamma = 1{,}7$	Auszugslängen Gewicht der Baustütze
A25, A30, A35, A40	$R_{y,k} = 51{,}0\ \text{kN} \cdot l_{max}/l^2 \leq 44{,}0\ \text{kN}$	2,50 m bis 4,00 m
B25, B30, B35, B40, B45, B50, B55	$R_{y,k} = 68{,}0\ \text{kN} \cdot l_{max}/l^2 \leq 51{,}0\ \text{kN}$	2,50 m bis 5,50 m Gewicht: 15,5 kg bis 31,4 kg
C25, C30, C35, C40, C45, C50, C55	$R_{y,k} = 102{,}0\ \text{kN} \cdot l_{max}/l^2 \leq 59{,}5\text{kN}$	2,50 m bis 5,50 m
D25, D30, D35, D40, D45, D50, D55	$R_{y,k} = 34{,}0\ \text{kN}$	2,50 m bis 5,50 m Gewicht: 15,5 kg bis 31,4 kg
E25, E30, E35, E40, E45, E50, E55	$R_{y,k} = 51{,}0\ \text{kN}$	2,50 m bis 5,50 m

Die Belastbarkeit der Stütze ist hauptsächlich abhängig von der Profildicke des Innen- und Außenrohres der Stütze und der Auszugslänge. Auszugslänge um jeweils 100 mm variabel.

Z. B. Innenrohr	B/D 25 und 30 ⌀ 51 mm	B/D 35 und 40 ⌀ 60,3 mm	B/D 55 ⌀ 76,3 mm
Außenrohr	B/D 25 und 30 ⌀ 60,3 mm	B/D 35 und 40 ⌀ 70 mm	B/D 55 ⌀ 88,9 mm

7 Baukonstruktionen und Bautenschutz

7.1 Gerüstbau

Arbeitsgerüste (DIN EN 12811)

Arbeitsgerüste werden unterschieden nach Breitenklassen, Klassen der lichten Höhe und Lastklassen. Die Kennzeichnungen der fertiggestellten Gerüste sind vorgeschrieben.

Gerüst DIN EN 12811 – 4D – SW09/250 – H1 – B – LS

Arbeitsgerüst (AG) der Lastklasse 4; bemessen mit Fallversuch für den Belag (D), ohne (N); Systembreitenklasse SW09; Feldlänge 250 cm; Durchgangshöhe H1; mit Bekleidung (B), ohne Bekleidung (A); mit Leiter (LA), mit Treppe (ST), mit Leiter- und Treppenzugang (LS)

Breitenklassen W der Gerüstlagen

Breitenklasse	w in m	Beispiel
W06	$0{,}6 \leq w < 0{,}9$	Breitenklasse W09
W09	$0{,}9 \leq w < 1{,}2$	Lastklasse 4 … 6
W12	$1{,}2 \leq w < 1{,}5$	geeignet für Arbei-
W15	$1{,}5 \leq w < 1{,}8$	ten, bei denen
W18	$1{,}8 \leq w < 2{,}1$	Materialien in grö-
W21	$2{,}1 \leq w < 2{,}4$	ßeren Mengen
W24	$2{,}4 \leq w$	gelagert werden

(Breite w = Breite der Gerüstlage einschl. Bordbrett)

Klassen der lichten Höhe H

Klasse	Zwischen den Gerüstlagen h_3	Gerüstlagen und Querriegeln ohne Gerüsthaltern h_{1a} und h_{1b}	Schulterhöhe h_2
H1	$\geq 1{,}90$ m	$1{,}75\text{ m} \leq h_{1a} < 1{,}90$ m $1{,}75\text{ m} \leq h_{1b} < 1{,}90$ m	$\geq 1{,}60$ m
H2	$\geq 1{,}90$ m	$h_{1a} < 1{,}90$ m $h_{1b} < 1{,}90$ m	$\geq 1{,}75$ m

Lichte Höhen und Breiten

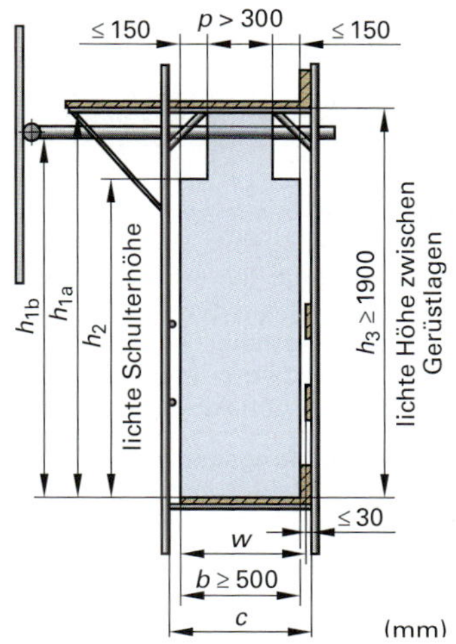

Gerüstbauteile

Tragende Gerüstbauteile sind die konstruktiven Elemente des Gerüstes; miteinander fest verbunden steifen sie das Gerüst in alle Richtungen aus und geben dadurch dem Gerüst die geforderte Standsicherheit. Rundholzstangen und Holzleitern, die hierfür verwendet werden können, werden zunehmend durch korrosionsgeschützte Stahlrohre (Stahlrohrkupplungsgerüst), Rahmengerüste und Modulsysteme ersetzt.

Verbindungsmittel sind Bauteile, die Ständer, Riegel und Verstrebungen unverschieblich miteinander verbinden. Für Gerüstbauteile aus Holz sind dies Rüstdrähte, Gerüstketten und Gerüstklammern. Für die Stahlrohre werden genormte Drehkupplungen und Zugkupplungen, Stahlbolzen und Konsolen verwendet.

Verankerungen sind Verbindungsteile zwischen dem Gerüst und dem Gebäude. Alle nicht freistehenden Gerüste müssen verankert sein (an Gebäuden nur an ausreichend festen Bauteilen).

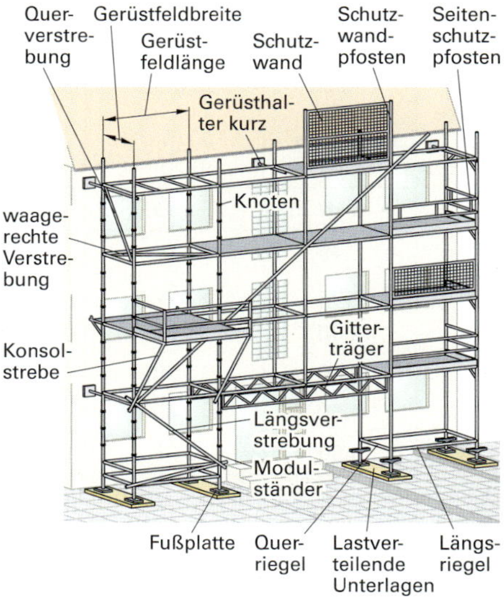

Fassadengerüst als Standardgerüst

7

Gerüstbauteile

Der **Gerüstbelag** muss dicht verlegt werden und darf weder ausweichen noch wippen. Die Belagsabmessungen richten sich nach der Stützweite der Querriegel und nach der zu erwartenden Belastung.

Stützweiten für Gerüstbretter und -bohlen

Brett- bzw. **Bohlenbreite** in cm	**Gerüstgruppe**	**Brett-** oder **Bohlendicke** in cm				
		3	3,5	4	4,5	5
		Stützweite in m				
20	1, 2, 3	1,25	1,50	1,75	2,25	2,50
24, 28	1, 2, 3	1,25	1,75	2,25	2,50	2,75
20	4	1,25	1,50	1,75	2,25	2,50
24, 28	4	1,25	1,75	2,00	2,25	2,50
20, 24, 28	5	1,25	1,25	1,50	1,75	2,00
20, 24, 28	6	1,00	1,25	1,25	1,50	1,75

Leitern bestehen aus zwei Holmen und Sprossen. Das Material, Holz, Stahl oder Aluminium, muss unbedingt fehlerfrei sein; schadhafte Leitern müssen ausgewechselt werden. Leitern sind standsicher aufzustellen und entsprechend zu sichern. Im Gerüst müssen Leitern ≥ 1 m über den Austritt hinausragen.

Stahlrohr-Kupplungsgerüste
bestehen aus Stahl-Rohren.
S235 ∅ 48,3 mm, Mindestwanddicke 3,2 mm für alle Gerüstklassen
S185 ∅ 48,3 mm, Mindestwanddicke 4,05 mm nur für die Gerüstklassen 1 bis 4, bis 20 m Höhe
Ständerabstände Lastklasse 1 und 2: $l = 2{,}50$ m
Lastklasse 3 und 4: $l = 2{,}00$ m
Lastklasse 5: $l = 1{,}50$ m, Lastklasse 6: $l = 1{,}20$ m

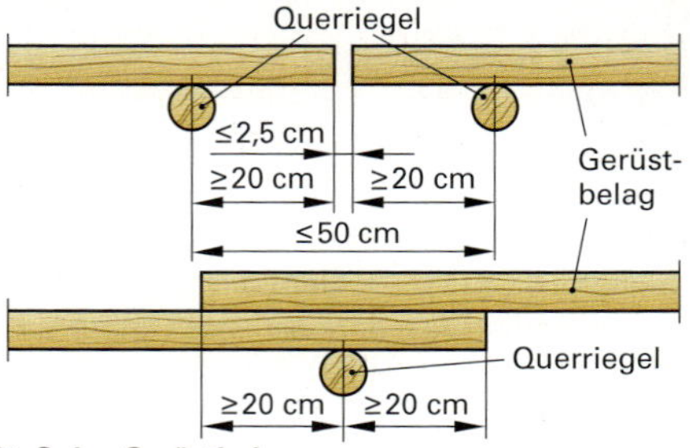

Stoß des Gerüstbelages

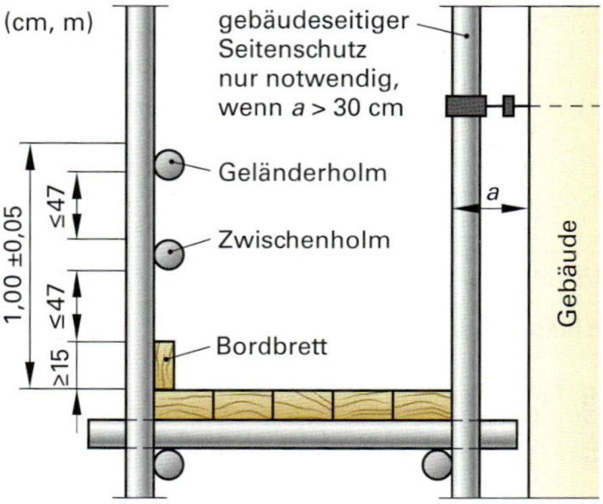

Seitenschutz

Der Seitenschutz ist erforderlich, wenn der Gerüstbelag mehr als 2 m über dem Boden liegt; er ist umlaufend an der Außenseite des Gerüstes, auch an den Stirnseiten, anzubringen.

Verkehrslasten auf Gerüstlagen

Lastklasse	Gleichmäßig verteilte Last	Last auf Fläche 500 mm x 500 mm	Last auf Fläche 200 mm x 200 mm	Teilflächenlast (Teilflächenfaktor)
	q_1 in kN/m²	F_1 in kN	F_2 in kN	[kN/m²]
1	0,75	1,50	1,00	–
2	1,50	1,50	1,00	–
3	2,00	1,50	1,00	–
4	3,00	3,00	1,00	5,00 (0,4)
5	4,50	3,00	1,00	7,50 (0,4)
6	6,00	3,00	1,00	10,00 (0,5)

Beispiel

Vorhandene Belastung	
Gewicht einer Person	1,00 kN
Gewicht des Steinpakets	4,00 kN
Gewicht des Mörtelkübels	0,80 kN
Zuschlag Krantransport	1,00 kN
Werkzeug	0,30 kN
Gesamt	**7,10 kN**

Die Gerüstlage muss die Last q_1 aufnehmen, bei geringerer Breite als 0,50 m die konzentrierte Last F_1. Für die Lastklassen 4, 5 und 6 ist eine Berechnung mit höherer Teilflächenlast und Teilflächenfaktor (Klammerwert) durchzuführen. Die Belastungsarten ständige Lasten, veränderliche Lasten und außergewöhnliche Lasten sind zu berücksichtigen.

Schutz- und Fanggerüste (DIN EN 12811, DIN 4420-1, DGUV Merkblat 201-011)

Es werden Arbeitsgerüste mit Bekleidung (AGB), Fanggerüste (FG) und Dachfanggerüste (DG) unterschieden. Die Kennzeichnungen der fertiggestellten Gerüste sind vorgeschrieben.

Schutzgerüst DIN 4420-1 – DG – FL2 – SWD 1

Dachfanggerüst (DG) mit Fanglage (FL2) bei einer Absturzhöhe kleiner gleich 3,00 m, (FL1 Absturzhöhe kleiner gleich 2,00 m); mit Schutzwandhöhe (SWD1) bis 2,00 m Höhe, (SWD2 größer 2,00 m Höhe)

Größte zulässige Stützweite in m										**Materialien**
Bohlenbreite	Absturzhöhe	Für doppelt gelegte Bretter oder Bohlen mit einer Dicke von				Für einfach gelegte Bretter oder Bohlen mit einer Dicke von				Korrosionsgeschützter Stahl nach DIN 4427
cm	m	3,5 cm	4,0 cm	4,5 cm	5,0 cm	3,5 cm	4,0 cm	4,5 cm	5,0 cm	Aluminium nach DIN EN 128-11-1
20	1,00	1,5	1,8	2,1	2,6	–	1,1	1,2	1,4	Gerüstbohlen aus Holz nach DIN 4420-3 mindestens 3 cm dick, vollkantig, nicht aufgesplittert, max. Lücke 25 mm
	1,50	1,3	1,6	1,9	2,2	–	1,0	1,1	1,3	
	2,00	1,2	1,5	1,7	2,0	–	–	1,0	1,2	
24	1,00	2,1	2,5	2,5	2,7	1,0	1,2	1,4	1,6	
	1,50	1,5	1,8	2,2	2,5	–	1,1	1,2	1,4	
	2,00	1,4	1,6	2,0	2,2	–	1,0	1,2	1,3	
	2,50	1,3	1,5	1,9	2,1	–	1,0	1,1	1,2	
	3,00	1,2	1,4	1,8	1,9	–	–	1,0	1,2	
28	2,00	1,5	1,8	2,2	2,5	1,0	1,1	1,3	1,4	
	2,50	1,4	1,7	2,0	2,3	–	1,0	1,2	1,4	
	3,00	1,3	1,6	2,0	2,1	–	1,0	1,1	1,3	

Schutzgerüste dienen als Fanggerüste oder Schutzdächer gegen das Herabfallen von Gegenständen auf Personen; sie dürfen nicht als Arbeitsplattform benutzt werden! Fanggerüste sind erforderlich, wenn die Arbeitshöhe (von OK Gelände bis OK zu fertigendes Bauteil) >5 m beträgt.

Fanggerüstbreiten

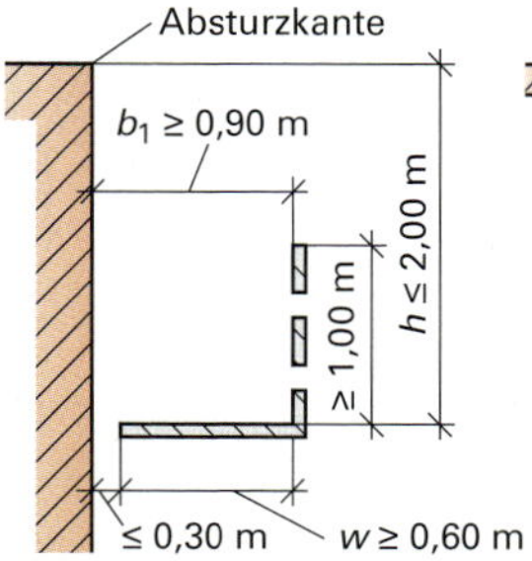

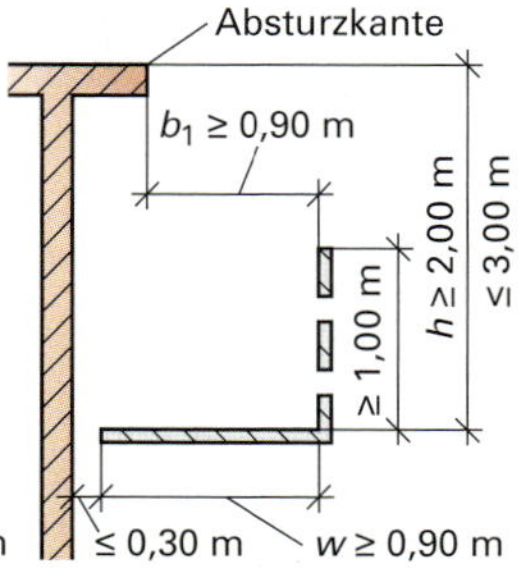

bei $h \leq 2{,}00$ m ist $b \geq 0{,}90$ m

bei $h \leq 3{,}00$ m ist $b \geq 1{,}30$ m

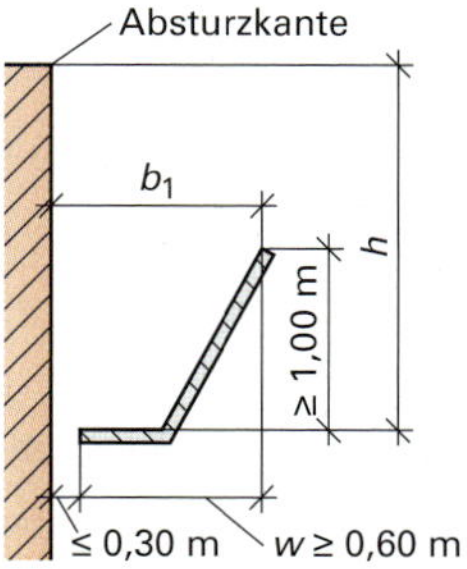

Dachfanggerüste (Schutzwände)

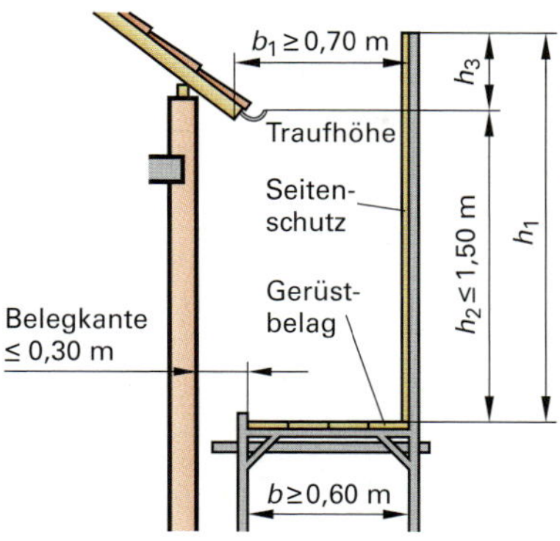

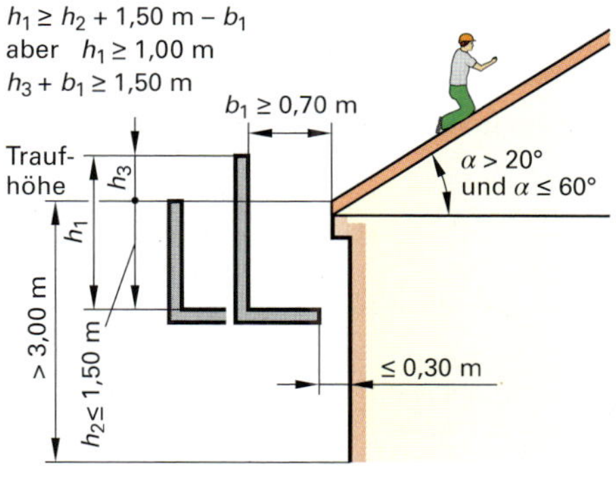

7

7.2 Baugruben

► S. 17, 170

Baugrubensicherungen können nach DIN 4124, für Baugruben und Gräben, und den Regelwerken zur Unfallverhütungsvorschrift UVV „Bauarbeiten" (DGUV Vorschrift 38/39, Merkheft BG BAU B 189, C 469, C 470) unter den genannten Randbedingungen ausgeführt werden.

Böschungsausbildung, Arbeitsraum

Bodenart	Böschungswinkel β	Neigungsverhältnis
Regelfall ohne Vorgaben	≤ 45°	1 : 1
feinkörnig mit mind. steifer Konsistenz	≤ 60°	1 : 0,58
leichter Fels	≤ 80°	1 : 0,18

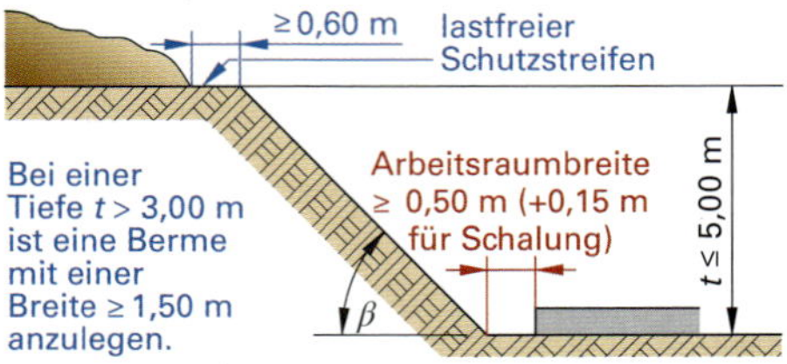

Sicherung von Grabenwänden

Tiefe [m]	Boden	Ausbildung der Graben- und Baugrubenwände (DIN 4124)
bis 1,25	standfest	

angrenzende Geländeneigung
< 1:10 bei nichtbindigen Böden
< 1:2 bei steifen bindigen Böden

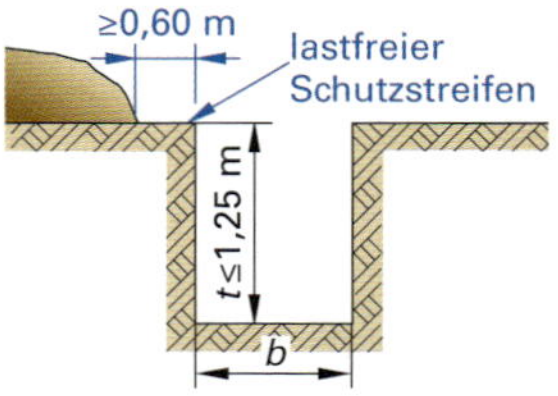

Tiefe *t* [m] des verbauten Grabens	Lichte Mindestgrabenbreite *b*	
	DIN 4124	DIN EN 1610
> 1,00 bis 1,75	0,70 m	0,80 m
≥ 1,75 bis 4,00	0,80 m	0,90 m
≥ 4,00	1,00 m	1,00 m

Tiefe [m]	Boden
1,25 m bis 1,75 m	steifer bindiger Boden

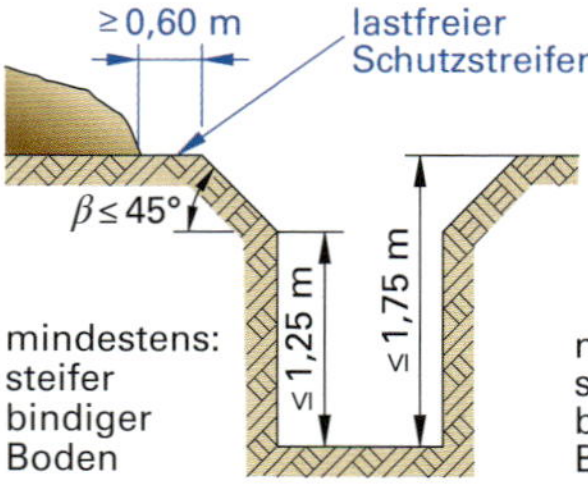

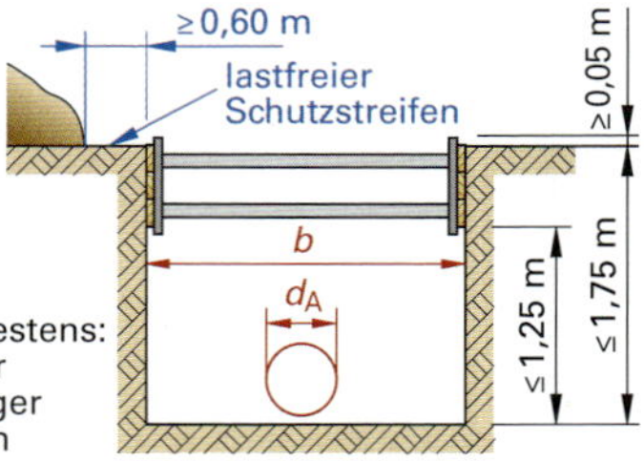

über 1,75 m stets Grabenverbau

Sicherung der Baugruben mit Tiefen > 1,75 m

Waagerechter Normenverbau	Senkrechter Normenverbau
Waagerecht angeordnete Bohlen von 2,50 m bis 4,50 m Länge, Bohlendicke ≥ 5 cm	Senkrecht angeordnete Bohlen mit Gurthölzern ∅ 16 cm/16 cm

Spundwände/Kanaldielen: Verbau in wasserführenden Bodenschichten

Trägerbohlwände: Eingerammte I-Stahlträger mit waagerechter Ausfachung mit Bohlen oder Stahlbetonfertigteilen; Verbauelemente

7

Mindestgrabenbreiten *b* [m] nach DIN 4124, für Abwasserleitungen nach DIN EN 1610

Äußerer Leitungs- bzw. Rohrschaftdurchmesser d_A [m] DIN 4124	Abwasserkanäle DN [mm] DIN EN 1610	Lichte Mindestbreite *b* [m]: Verbauter Graben – Regelfall	Verbauter Graben – Umsteifung	Geböschter Graben – $\beta \leq 60°$	Geböschter Graben – $\beta > 60°$ (DIN 4124)
bis 0,40 m	< 225	$b = d_A + 0{,}40$	$b = d_A + 0{,}70$	$b = d_A + 0{,}40$	$b = d_A + 0{,}40$
(nur DIN EN 1610)	225 bis 350	$b = d_A + 0{,}50$		$b = d_A + 0{,}40$	
> 0,40 m bis 0,80 m	350 bis 700	$b = d_A + 0{,}70$		$b = d_A + 0{,}40$	$b = d_A + 0{,}70$
> 0,80 m bis 1,40 m	700 bis 1200	$b = d_A + 0{,}85$		$b = d_A + 0{,}40$	$b = d_A + 0{,}70$
> 1,40 m	> 1200	$b = d_A + 1{,}00$		$b = d_A + 0{,}40$	$b = d_A + 0{,}70$

Gebäudesicherung, Bodenaushubgrenzen, Unterfangung

Gründungsarbeiten neben bestehenden Gebäuden sowie Unterfangungen von Gebäuden dürfen nur nach bauaufsichtlich genehmigten Plänen ausgeführt werden.

Schnitt
Maße in m

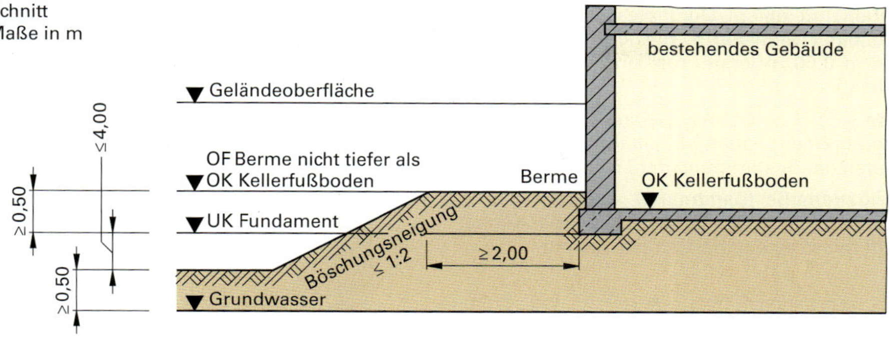

Bodenaushubgrenzen

Schnitt
Maße in m

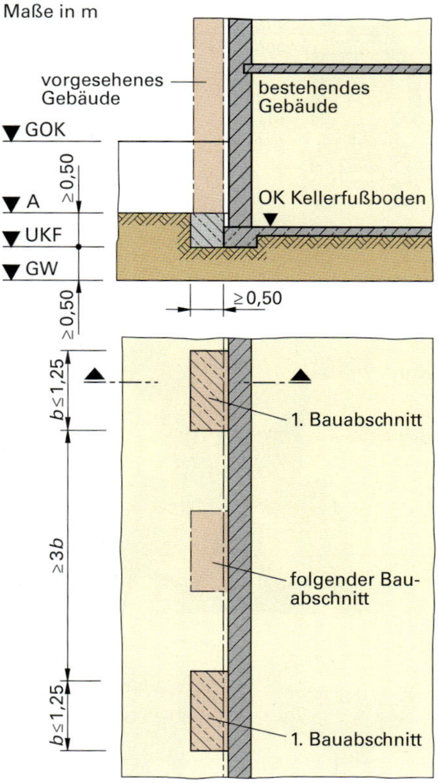

Draufsicht

GOK Geländeoberkante
GW Grundwasser

Gründung nebeneinanderliegender Gebäude

Schnitt

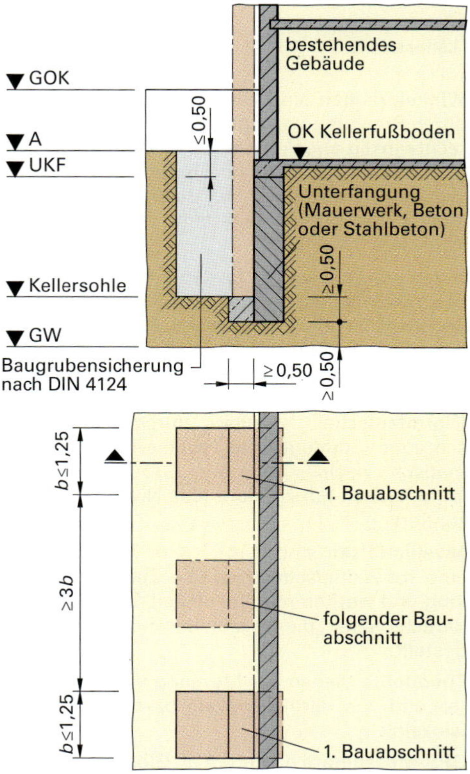

Draufsicht

UKF Unterkante Fundament
A Bodenaushubgrenze

Unterfangung

7

7.3 Bauvermessung

Vermessungsgeräte

Fluchtstäbe bestehen aus kreisrunden Holzstäben mit einem Durchmesser von 2,8 cm und einer Stahlspitze. Sie sind 2,00 m lang und in 0,50 m lange, rote und weiße Felder geteilt.

Lote sind Metallstücke, die spitz geformt sind und an einem Faden aufgehängt werden. Sie dienen der Bestimmung der Lotrechten.

Rollbandmaße (Bandmaße) sind 20 m, 25 m oder 50 m lange Bänder aus Stahl oder Kunststoff mit einer eingeätzten cm-Teilung.

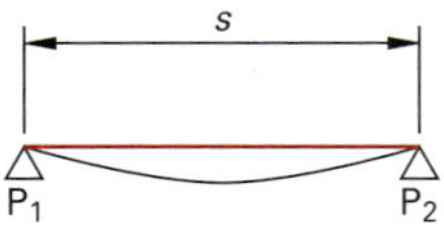

Messband straff halten

Längsschnitt

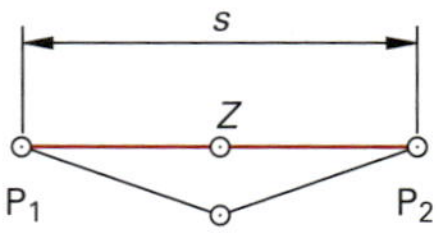

Einfluchten von Zwischenpunkten

Draufsicht

Winkelprismen sind Glasprismen, bei denen durch Brechung und Spiegelung Lichtstrahlen rechtwinklig abgelenkt werden. Doppelpentagonprismen bestehen aus übereinander angeordneten Winkelprismen. Beide Winkelprismen dienen der Absteckung von rechten Winkeln.

Nivellierinstrumente bestehen aus einem Fernrohr mit Fadenkreuz, dem Fernrohrträger und dem Nivellierunterbau und werden mithilfe einer Anzugschraube fest auf ein Stativ geschraubt. Je nach Bauart wird das Nivellierinstrument entweder durch 3 Fußschrauben (Norddeutsches Nivellier), durch die Kippschraube (Süddeutsches Nivellier) oder automatisch nach vorheriger Grobeinstellung (automatisch horizontierendes Nivellier) horizontiert.

Nivellierlatten sind 3 m ... 4 m lang, haben eine rot-weiße/schwarz-weiße Zentimeterteilung und werden mithilfe eines Lattenrichters lotrecht über die einzumessenden Punkte gestellt.

Theodolite dienen der Messung von Horizontal- und von Vertikalwinkeln bzw. den Zenitwinkeln.

GPS-Messgeräte (Differential Global Positioning System) umfassen eine ortsfeste Basisstation, die vorher koordinatenmäßig eingemessen wird, und ein bewegliches Messgerät (Rover). Mithilfe der Funksignale von Satelliten bestimmen die Messgeräte Lage und Höhe von Punkten.

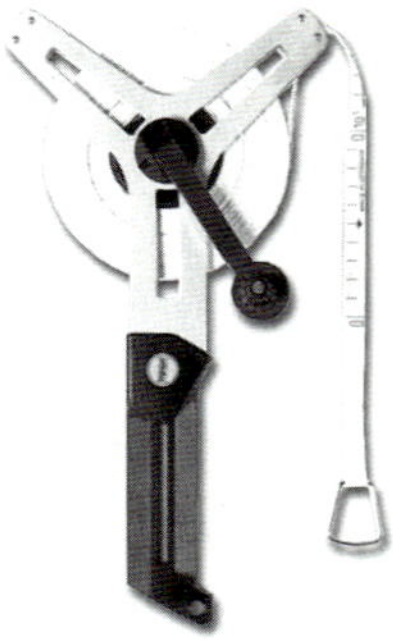

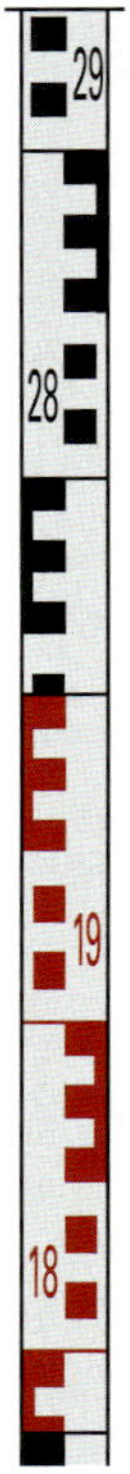

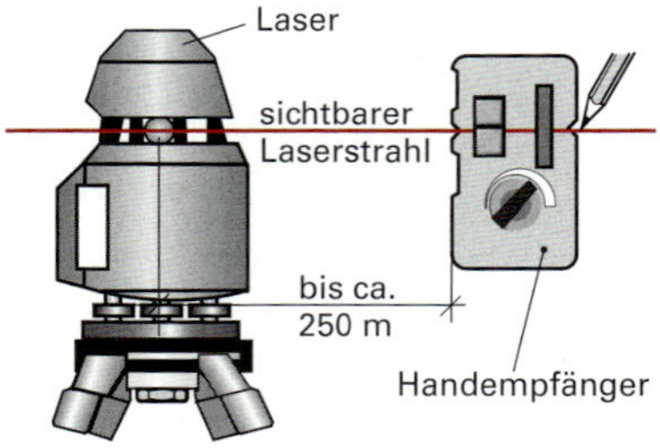

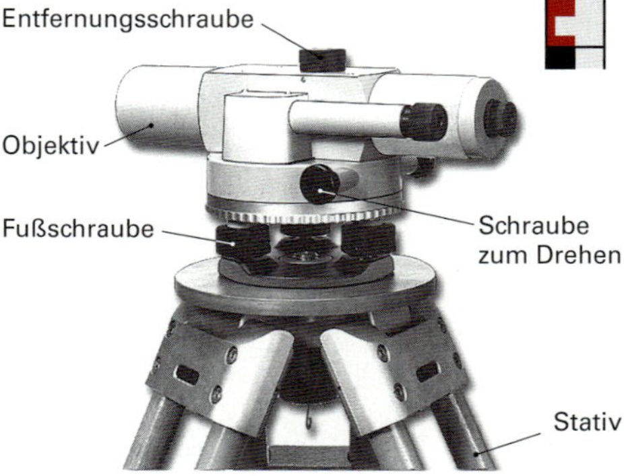

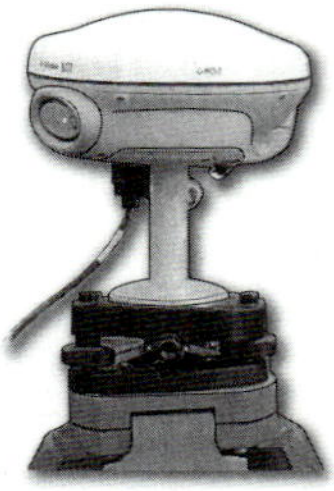

GPS Basis

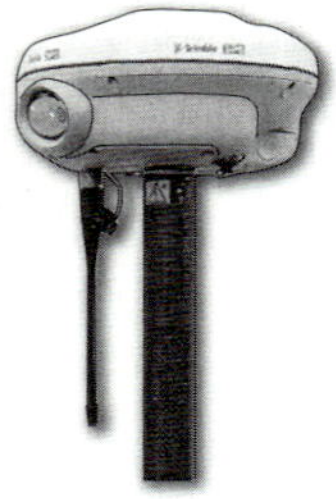

GPS Rover

Gebäudeabsteckung

Bei einer Gebäudeabsteckung werden die Ecken eines zu erstellenden Bauwerkes aus dem Lageplan in das Baugelände übertragen. Die Gebäudeecken A, B, C, D werden durch Pflöcke markiert, durch Diagonalenmessung kontrolliert und vor dem Ausschachten durch weitere Pflöcke A', A" usw. gesichert.

Nach dem Ausschachten der Baugrube werden die Gebäudeecken und Mauerfluchten durch Schnurgerüste außerhalb des Arbeitsraumes markiert. Grundlage für die Höhe ist ein eingemessener Höhenpunkt (HP) neben der Baugrube.

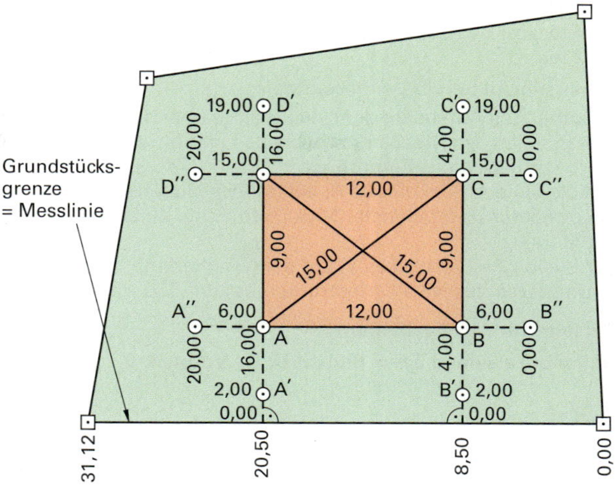

Bauabsteckungsplan

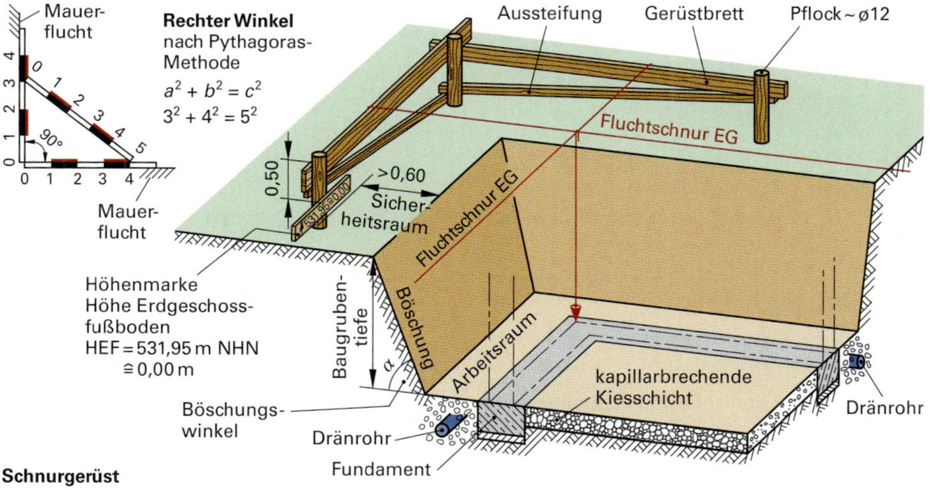

Schnurgerüst

Die Höhe H der Baugrubensohle, der Fundamentsohle, der Bodenplatte usw. wird durch Nivellieren vom Höhenpunkt HP (Ablesung Rückblick R) zu mehreren Standpunkten (Ablesungen Zwischenblicke Z) bestimmt.

$H = HP + R - Z$

$H_{\text{Instr.}} = HP + R$

▸ S. 152 Höhenmessungen

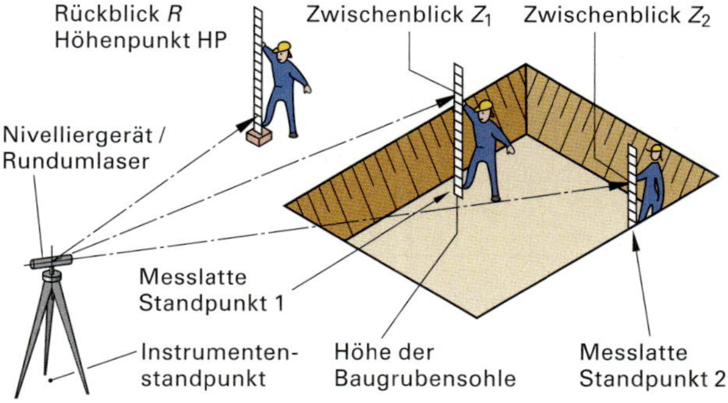

Einmessung der Baugrubentiefe

7

Höhenmessungen

Eine Höhenmessung (Nivellement) dient der Bestimmung des Höhenunterschiedes zweier Punkte oder der Bestimmung der Höhenlage (bezogen auf Normalhöhennull NHN) eines neuen Punktes.

Arbeitsablauf bei Höhenmessungen:

① Lotrechtes Aufstellen der Nivellierlatte über dem Ausgangspunkt (Höhenfestpunkt)
② Aufstellen des Nivellierinstrumentes im Standpunkt S_1 (Zielweite ≤ 50 m)
③ Horizontieren des Fernrohres
④ Ablesen des Rückblickes R_1 auf der Nivellierlatte
⑤ Lotrechtes Aufstellen der Nivellierlatte auf einem geeigneten Wechselpunkt (Nivellierlattenuntersatz)
⑥ Ablesen des Vorblickes V_1 auf der Nivellierlatte
⑦ Umsetzen des Nivellierinstrumentes zum Standpunkt S_2 usw.

Beispiel für ein Nivellement

Höhenunterschied Δh = Rückblick R – Vorblick V

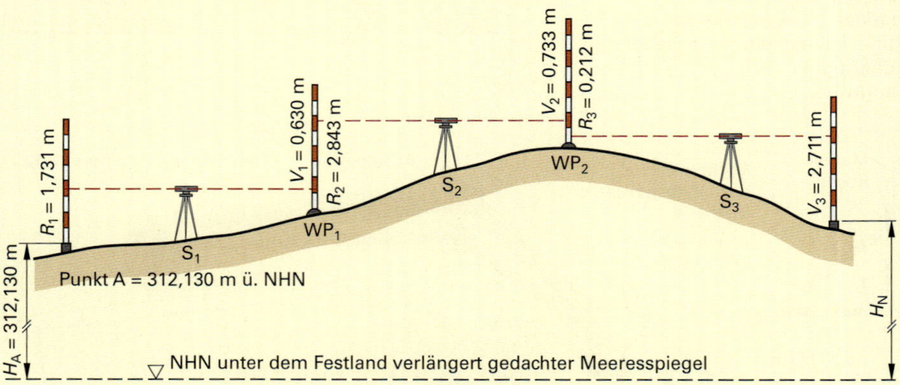

$$H_N = H_A + \underbrace{R_1 - V_1}_{\Delta h_1} + \underbrace{R_2 - V_2}_{\Delta h_2} + \ldots + \underbrace{R_n - V_n}_{\Delta h_n} = H_A + \sum_{i=1}^{n} R_i - \sum_{i=1}^{n} V_i = H_A + \sum_{i=1}^{n} \Delta h_i$$

Feldbuch (ohne Kontrolle und Fehlerausgleich)

Zielpunkt	**Zielweite s**	**Ablesungen**		**Höhenunterschied** $\Delta h_i = R_i - V_i$		**Instrumentenhorizont**	**Höhe der Punkte**	**Bemerkungen**
		Rückblick R	Vorblick V	+ Steigen	– Fallen			
	m	m	m	m	m	m	m NHN	
A WP1	50 47	1,731	0,630	1,101		313,861	312,130 313,231	Höhenfestpunkt Wechselpunkt 1
WP1 WP2	45 43	2,843	0,733	2,110		316,074	315,341	Wechselpunkt 1 Wechselpunkt 2
WP2 N	42 47	0,212	2,711		2,499	315,553	312,842	Wechselpunkt 2 Neupunkt N
Σ	274	4,786	4,074	3,211	2,499			

$\Delta H = \Sigma R - \Sigma V$ $\Delta H = 4{,}786 - 4{,}074 = 0{,}712$ m

$\Delta H = \Sigma \Delta h_i$ $\Sigma H = 3{,}211 - 2{,}499 = 0{,}712$ m

$\Delta H = H_N - H_A$ $\Delta H = 312{,}842 - 312{,}130 = 0{,}712$ m

Zur Kontrolle der Messung ist es sinnvoll zum Ausgangspunkt A (Höhenfestpunkt) über andere Wechselpunkte zurück zu nivellieren.

7

7.4 Befestigungssysteme

Befestigungstechnik

Bohrverfahren

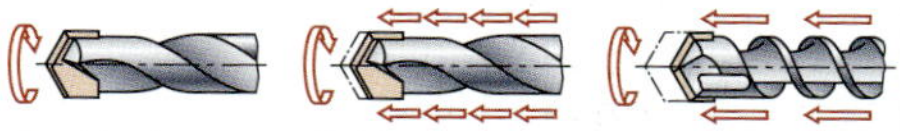

Grundsätzlich gilt: Vollbaustoffe mit dichtem Gefüge → Schlag- und Hammerbohren. Lochbausteine, Baustoffe mit geringer Festigkeit und Porenbeton nur im Drehgang bohren.

Montage

Rand- und Achsabstände sowie die erforderliche Bauteilbreite und -dicke nach Vorschrift müssen eingehalten werden. Bei Kunststoffdübeln kann üblicherweise von einem Randabstand $c_3 \geq 2 \cdot h_{ef}$ (h_{ef} Verankerungstiefe) und einem Achsabstand $s \geq 4 \cdot h_{ef}$ ausgegangen werden.

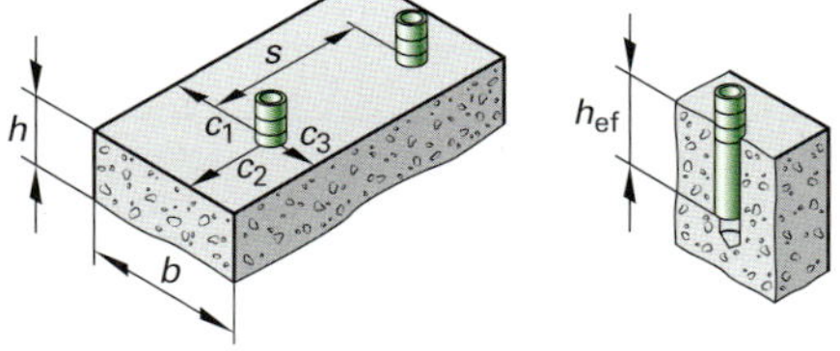

Die **Bohrlochtiefe** muss größer sein als die Verankerungstiefe.

Dübel im Beton-Verankerungsgrund
Die **Verankerungstiefe** h_{ef} entspricht bei Kunststoff und Stahldübeln der Distanz zwischen Oberkante des tragenden Bauteiles bis zur Unterkante des Spreizteiles.

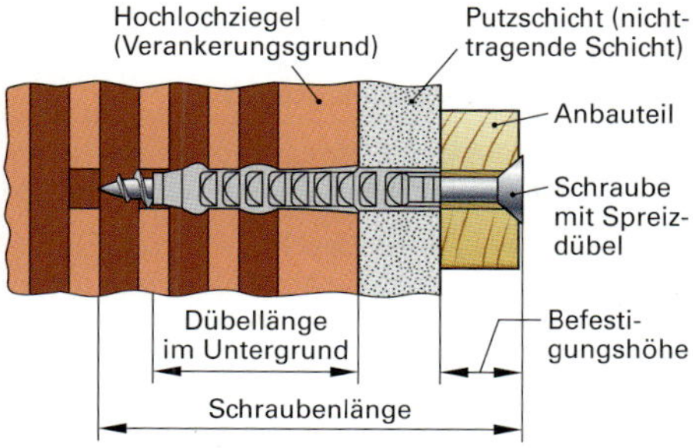

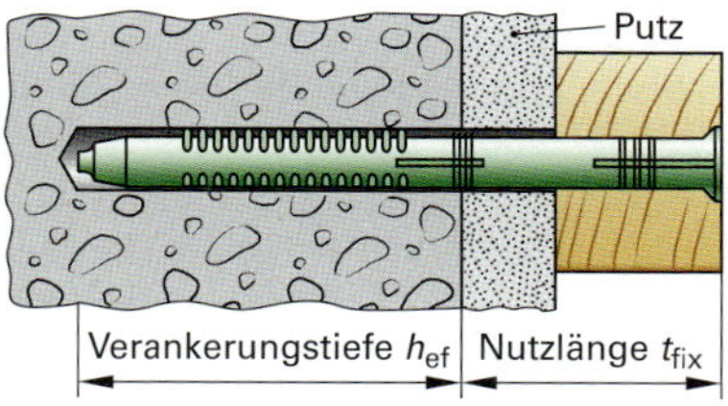

Charakteristische Versagenslasten in kN

Überbeanspruchung, falsche Montage und nicht ausreichend tragfähiger Untergrund können zum Versagen von Dübelsystemen führen.

Dübeltyp	S4	S5	S6	S8	S10	S12	S14	S16	S20
Schrauben-∅ in mm	3	4	5	6	8	10	12	12	16
Beton ≥ C20/25	0,8	1,4	2,0	3,3	6,1	9,0	11,9	11,3	19,4
Vollziegel ≥ Mz 12	0,7	1,2	1,9	3,3	–[1]	–[1]	–[1]	–[1]	–[1]
Kalksand-Vollstein ≥ KS 12	0,7	1,2	1,9	3,3	–[1]	–[1]	–[1]	–[1]	–[1]
Porenbeton ≥ PP4	–	–	0,2	0,3	0,8	1,4	2,0	–[1]	–[1]

[1] Das Versagen des Ankergrundes ist so unterschiedlich, dass keine Werte angegeben werden können.

Allgemeine Befestigungen

Dübel SX SX

Dübel S (Spreizdübel) (∅ 4, 5, 6, 8, 10, 12, 14, 16, 20)

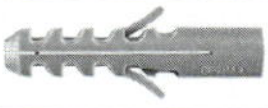

Universaldübel UX

Porenbetondübel (∅ 8, 10, 14) PB2, PP2, PB4, PP4

Dämmstoffdübel FID

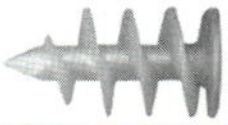

Schwerlast-Befestigungen – Stahl

Ankerbolzen M6 ... M20

Bolzen M6 ... M20

Schwerlastdübel

Einschlaganker M6 ... M20

Hohlraum-Befestigungen

Kippdübel KD

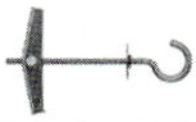

Plattendübel PD

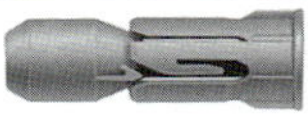

7

Besondere Befestigungsmittel

Schraubanker, Betonschrauben

Mit diesen Befestigungsmitteln werden Holz- oder Metallkonstruktionen kraftschlüssig mit dem festen Bauteil verbunden. Die Verankerung erfolgt durch Formschluss, das Schraubengewinde schneidet sich in die Bohrlochwand ein. Sie kann wieder gelöst werden. Der Verankerungsgrund ist in der Regel gerissener Beton der Festigkeitsklasse C20/25 bis C50/60 und die Belastung ist vorwiegend ruhend (Eigengewicht, Balken, Pfetten) oder quasi ruhend (Geländer).

Schraubanker, Betonschrauben[1] (Auswahl) Maße in mm

Anker Größe	Bohrer Ø	Bohr-schnei-den Ø	Durch-gangs-bohrung Ø	Dübel-länge im Beton	Bohr-lochtiefe	Mindest-Bauteil-dicke	Dicke des Anbau-teils	empf. Dreh-moment in N·m
6	5	5,4	6,5	45	55	105		12
7,5	6	6,4	9,0	55	65	100	≥ 10	15
10	8	8,45	12,0	65	75	115	≤ 50	40
12	10	10,45	14,0	75	85	125		55
14	12	12,5	16,0	95	105	150	o.A.	90
16	14	14,5	18,0	115	130	180	o.A.	110

Schnell-Anker, Fix-Anker

Mit diesen Befestigungsmitteln werden, wie beim Schraubanker, Holz oder Metallkonstruktionen reibschlüssig mit dem festen Bauteil verbunden. Sie kann wieder gelöst werden.

Schnell-Anker[1] (Auswahl) Maße in mm

Anker Größe	Bohrer Ø	Bohr-schneiden Ø	Durch-gangs-bohrung Ø	Bohrloch-tiefe	Mindest-Bauteil-dicke	Dicke des Anbauteils	empf. Dreh-moment in N·m
M6	6	6,45	7	55	100		8
M8	8	8,45	9	60	100		20
M10	10	10,45	12	75	120	≥ 10	25
M12	12	12,50	14	90	130	≤ 60	45
M16	19	16,50	18	110	170		90
M20	20	20,55	22	125	200		160

[1] Im Anwendungsfall sind die Angaben des Herstellers und die der bauaufsichtlichen Zulassung einzuhalten.

Befestigungen am Bauwerk

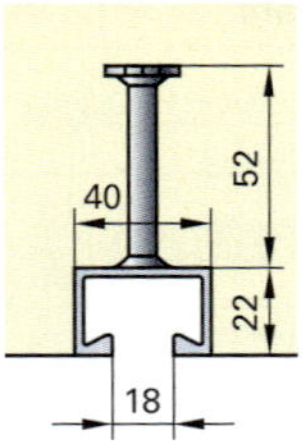

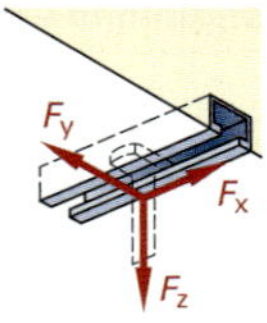

F = Zug in alle Lastrichtungen

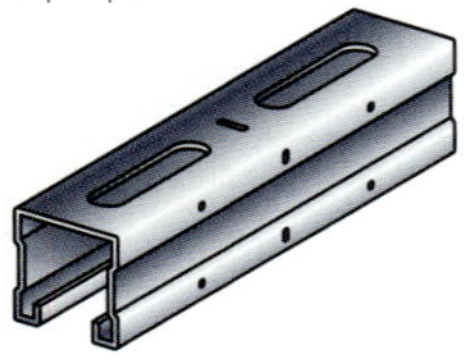

Befestigungslösungen für den Betonfertigteilbau

Durch Einbauteile für Befestigungen können tragfähige, dauerhafte oder demontable Verbindungen hergestellt werden.

Die Einbauteile (Ankerschienen Montageschienen zum Einbetonieren) bestehen aus U-förmigen Stahlprofilen mit angeschweißten Verankerungselementen. Sie werden vor dem Betoniervorgang auf der Schalung befestigt und ausgeschäumt. Für die anzuhängenden Bauteile werden entsprechende Hammer- oder Hakenkopfschrauben befestigt.

Schienen und Schrauben müssen bauaufsichtlich und für die Brandschutzklasse F90 bzw. F60 zugelassen sein. Eine CE-Kennzeichnung nach DIN EN 1090-1 gilt für warmgewalzte Schienen und Konsolen.

Die Rahmensysteme werden für schwere Lasten (System 52), für mittelschwere Lasten (System 41) und für leichte Beanspruchungen im Innenbereich (System 32, System 28) ausgezeichnet. Einzellasten bis ca. 25 kN Gesamtlast sind möglich.

7

7.5 Wärmeschutz

Physikalische Grundlagen (DIN 4108/DIN EN ISO 7345/DIN ISO 6946)

Temperatur θ

Temperaturen werden in Kelvin (K) oder Grad Celsius (°C) gemessen.

θ_i Temperatur der Rauminnenteile in °C

θ_e Temperatur der Raumaußenteile in °C

$\Delta\theta$ Temperaturdifferenz 1 K ≙ 1 °C

0	+273	+373	Kelvin
−273°	0°	100°	Celsius

Wärmeübergangswiderstände R_{si}, R_{se} in $\frac{m^2 \cdot K}{W}$

Unter Berücksichtigung der horizontalen Luftbewegung am Bauteil werden Wärmeübergangswiderstände auf der inneren (si) und der äußeren Bauteiloberfläche (se), die mit Luft in Berührung sind, beschrieben.

$R_{si} = 0{,}13 \ \frac{m^2 \cdot K}{W}$ und $R_{se} = 0{,}04 \ \frac{m^2 \cdot K}{W}$

Wärmeleitfähigkeit λ in $\frac{W}{m \cdot K}$

Dies ist die Wärmemenge Q, die in einer Sekunde durch einen Quadratmeter einer einen Meter dicken Stoffschicht beim Dauerzustand der Beheizung hindurchgeht, wenn die Temperaturdifferenz der beiden Oberflächen 1 °C (1 K) beträgt.

Die Wärmeleitfähigkeit λ (Lambda) ist entscheidend von der Stoffdichte abhängig. Die Werte für λ sind in den Tabellen für wärmeschutztechnische Rechenwerte ▸ S. 158, 159 angegeben.

Je kleiner die Wärmeleitfähigkeit (Wärmeleitzahl, WLG Wärmeleitgruppe, WLS Wärmeleitstufe), desto besser der Wärmeschutz.

Wärmedurchgangswiderstand R_T in $\frac{m^2 \cdot K}{W}$

$$R_T = R_{si} + R + R_{se}$$

Wärmedurchlasswiderstand R in $\frac{m^2 \cdot K}{W}$

Eine Baukonstruktion wird i.d.R. beurteilt nach dem Wärmedurchlasswiderstand. Dabei ist die Wärmedämmung eines Bauteils bestimmt durch die Baustoffdicke d und den Wert λ_R.

$R = \frac{d}{\lambda_R}$ wobei d in m einzusetzen ist

$$R = \frac{d_1}{\lambda_1} + \frac{d_2}{\lambda_2} + \ldots + \frac{d_n}{\lambda_n} \quad \text{oder} \quad R = \Sigma \frac{d_i}{\lambda_i}$$

für mehrere Baustoffschichten mit $i = 1, 2, 3, \ldots, n$

Wärmedurchgangskoeffizient U in $\frac{W}{m^2 \cdot K}$

Der U-Wert ergibt sich aus dem Wärmedurchlasswiderstand und den Wärmeübergangswiderständen.

$$U = \frac{1}{R_{si} + R + R_{se}} = \frac{1}{R_T}$$

Der mittlere Wärmedurchgangskoeffizient U_m für ein Bauteil ergibt sich entsprechend den nebeneinanderliegenden Bauteilbereichen zu:

$$U_m = \frac{U_1 \cdot A_1 + U_2 \cdot A_2 + \ldots U_n \cdot A_n}{\Sigma A}$$

$$U_{m,\,W+F} = \frac{U_W \cdot A_W + U_F \cdot A_F}{A_W + A_F}$$

ΣA ist die Summe aller Teilflächen

U_W Außenwandbereich U_F Fensterbereich

A_W Außenwandfläche A_F Fensterfläche

Je kleiner der *U*-Wert, desto besser die Wärmedämmung.

Rippen und Gefache

Die Rippenhöhe ist in Abhängigkeit von der Anordnung der Dämmschicht (Dämmhöhe) zu berücksichtigen.

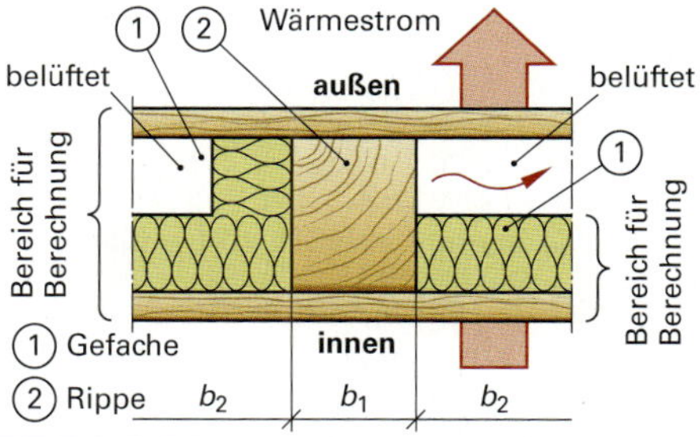

Bei Temperaturunterschieden zwischen dem beheizten Gebäudeinneren und dem unbeheizten Gebäudeinneren bzw. der winterlichen Außenluft kommt es zur Wärmeübertragung durch die Umfassungsbauteile. Diese Wärmeübertragung ist durch ausreichend große Widerstände bzw. kleine Wärmeleitfähigkeiten zu begrenzen. Die inneren Bauteiloberflächen sollen behaglich warm sein und frei von gesundheitsschädlichem Tauwasser. Für den winterlichen Wärmeschutz werden an die Außenbauteile eines Bauwerks Mindestanforderungen definiert. Danach dürfen die Anforderungen für den **Wärmedurchlasswiderstand R** ▸ S. 157 nicht unterschritten werden.

Luftschichten

- Ruhende Luftschichten bezeichnen Luftschichten, die nicht mit der das Bauteil umgebenden Luft in Verbindung stehen.

Wärmedurchlasswiderstand R_g in $m^2 \cdot K/W$ ruhender Luftschichten (DIN EN ISO 6946)

Dicke der Luftschicht in mm	Richtung des Wärmestromes aufwärts	horizontal	abwärts
0	0,00	0,00	0,00
5	0,11	0,11	0,11
7	0,13	0,13	0,13
10	0,15	0,15	0,15
15	0,16	0,17	0,17
25	0,16	0,18	0,19
50	0,16	0,18	0,21
100	0,16	0,18	0,22
300	0,16	0,18	0,23

Zwischenwerte können interpoliert werden.

Die Werte unter „horizontal" gelten auch für einen Wärmestrom von ± 30° zur horizontalen Ebene.

- Bei Außenbauteilen mit **stark belüftetem** Gefachebereich erbringen die Bauteile zwischen der Luftschicht und der Außenluft keinen wesentlichen Anteil zum Wärmeschutz. Sie werden beim rechnerischen Ansatz nicht berücksichtigt. Hier ist $R_{se} = R_{si} = 0{,}13\ m^2 \cdot K/W$.
- **Schwach belüftet** ist eine Luftschicht, wenn die Verbindungsöffnungen 1500 mm^2/m^2 nicht übersteigen. Für solche Luftschichten darf für den Wärmedurchgangswiderstand Rg die Hälfte des entsprechenden Tabellenwertes angesetzt werden, allerdings nur bis zum maximal regulären Tabellenwert 0,15 $m^2 \cdot K/W$.
- Bei **zweischaligem Mauerwerk** nach DIN EN 1996-1-1/NA dürfen Luftschicht und Vorsatzschale in die Berechnung mit einbezogen werden. Die Luftschicht (Hinterlüftung) wird als ruhend eingestuft, wenn die Verbindungsöffnung 500 mm^2 je m Länge nicht überschreitet.

Beispiel Außenwand mit Dämmung Wärmedurchlasswiderstand mit Darstellung des Temperaturverlaufs

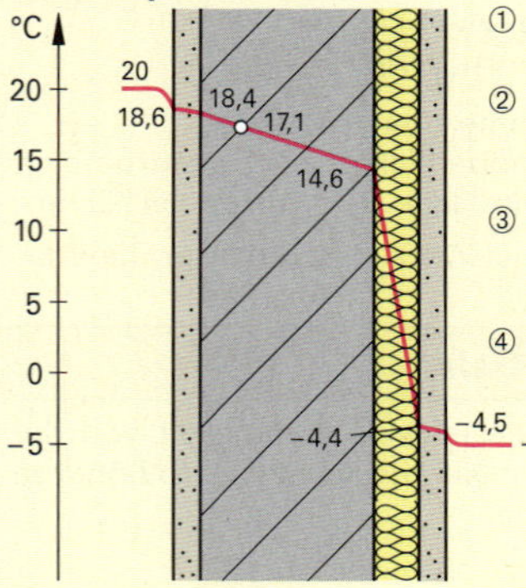

① Kalkgipsputz 1,5 cm
② KS 1,4 – 12 – 16 DF – 24 cm
③ PU-Hartschaum WLG 035; 6,0 cm
④ Kalkzementputz 1,0 cm

$$R = \frac{d_1}{\lambda_1} + \frac{d_2}{\lambda_2} + \frac{d_3}{\lambda_3} + \frac{d_4}{\lambda_4}$$

$$R = \frac{0{,}015}{0{,}70} + \frac{0{,}24}{0{,}70} + \frac{0{,}06}{0{,}035} + \frac{0{,}01}{1{,}0}$$

$$R = 2{,}09\ m^2 \cdot K/W > \text{erf.} \quad R = 1{,}2\ m^2 \cdot K/W$$

⇒ Forderung nach DIN 4108 erfüllt.

$$R_T = R_{si} + \frac{d_1}{\lambda_1} + \frac{d_2}{\lambda_2} + \frac{d_3}{\lambda_3} + \frac{d_4}{\lambda_4} + R_{se}$$

$$R = 0{,}13 + \frac{0{,}015}{0{,}70} + \frac{0{,}24}{0{,}70} + \frac{0{,}06}{0{,}035} + \frac{0{,}301}{1{,}0} + 0{,}04$$

$$R_T = 2{,}26\ m^2 \cdot K/W$$

$$U = \frac{1}{R_T} \quad \Rightarrow \quad U = 0{,}44\ W/(m^2 \cdot K)$$

Je steiler die Temperaturkurve in einer Schicht verläuft, desto besser ist die Wärmedämmung in dieser Schicht (im Beispiel ist dies die Wärmedämmschicht).

Beispiel Zweischaliges Mauerwerk mit Dämmung und hinterlüfteter Vorsatzschale

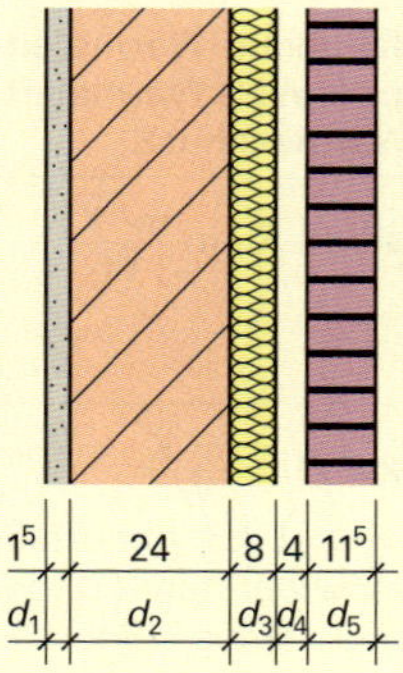

① Kalkgipsputz 1,5 cm
② HLz – 12 – 1,2 – 4 DF – 24 cm
③ Mineralwolle MW, WLG 035; 8 cm
④ Luftschicht 4 cm
⑤ Hochlochklinker – 2,0 – DF

$$R = \frac{d_1}{\lambda_1} + \frac{d_2}{\lambda_2} + \frac{d_3}{\lambda_3} + R_4 + \frac{d_5}{\lambda_5}$$

$$R = \frac{0{,}015}{0{,}70} + \frac{0{,}24}{0{,}50} + 0{,}85 \cdot \frac{0{,}08}{0{,}035} + 0{,}18 + \frac{0{,}115}{0{,}96}$$

$$R = 0{,}02 + 0{,}48 + 1{,}95 + 0{,}18 + 0{,}12$$

$$R = 2{,}74\ m^2 \cdot K/W > \text{erf. } R = 1{,}2\ m^2 \cdot K/W$$

⇒ Forderung nach DIN 4108 erfüllt.

$$R_T = R_{si} + \frac{d_1}{\lambda_1} + \frac{d_2}{\lambda_2} + \frac{d_3}{\lambda_3} + R_4 + \frac{d_5}{\lambda_5} + R_{se}$$

$$R = 0{,}13 + 2{,}74 + 0{,}04$$

$$R_T = 2{,}914\ m^2 \cdot K/W$$

$$U = \frac{1}{R_T} \quad \Rightarrow \quad U = 0{,}44\ W/(m^2 \cdot K)$$

Die Verankerung ist mit 7 Stahlankern/m^2 an der tragenden Wand befestigt. Die Wirkung der Dämmschicht wird daher um 15 % verringert (als Empfehlung, Faktor 0,85).

Wärmetechnische Mindestanforderungen

Der Heizenergieverbrauch eines Gebäudes wird durch eine Vielzahl von Einflüssen bei der baulichen Gestaltung und der Gebäudenutzung bestimmt. Der bauliche Wärmeschutz ist die sicherste und nachhaltigste Maßnahme des energiesparenden Bauens.

Bei Erfüllung der Tabellenwerte und der Lüftungsrandbedingungen nach DIN 1946-6 (Lüftung von Wohnungen) ist zu erwarten, dass sich im Gebäude ein hygienisches Raumklima einstellt und Tauwasserfreiheit sichergestellt sowie das Risiko der Schimmelbildung verringert ist.

Mindestwerte der Wärmedurchlasswiderstände *R* für wärmeübertragende Bauteile
(mit einer flächenbezogenen Gesamtmasse von ≥ 100 kg/m^2) (DIN 4108-2)

Bauteile	Wärmedurchlasswiderstand *R*	$m^2 \cdot K/W$
Außenwände einschl. Nischen und Brüstungen unter Fenstern, Fensterstürzen und Wärmebrücken		1,20
Wände von Aufenthaltsräumen gegen Bodenräume, Durchfahrten, offene Hausflure, Garagen		1,20
Wohnungstrennwände, Wände zu fremdgenutzten Räumen		0,07
Treppenraumwände zum Treppenraum	mit Innentemperaturen $\theta \leq 10$ °C, aber Treppenraum frostfrei	0,25
	mit Innentemperaturen $\theta \geq 10$ °C, z. B. in Verwaltungsgebäuden, Geschäftshäusern, Unterrichtsgebäuden, Hotels, Gaststätten und Wohngebäuden	0,07
Wände von Aufenthaltsräumen, die an das Erdreich grenzen		1,20
Wohnungstrenndecken, Decken zwischen fremden Arbeitsräumen	allgemein	0,35
Decken unter ausgebauten Dachräumen mit gedämmten Dachschrägen und Abseitenwänden	in zentralbeheizten Bürogebäuden	0,17
Decken unter nicht ausgebauten Dachräumen, Decken unter belüfteten Räumen zwischen Dachschrägen und Abseitenwänden bei ausgebauten Dachräumen, wärmegedämmten Dachschrägen		0,90
Decken und Dächer, die Aufenthaltsräume nach oben gegen die Außenluft abgrenzen, Decken und Dächer unter Terrassen, Umkehrdächer		1,20
Kellerdecken, Decken gegen abgeschlossene, unbeheizte Hausflure		0,90
Decken, die Aufenthaltsräume nach unten gegen die Außenluft abgrenzen, z. B. über Garagen, Durchfahrten und belüfteten Kriechkellern		1,75
Unterer Abschluss nicht unterkellerter Aufenthaltsräume, wenn unmittelbar an das Erdreich (bis zu einer Raumtiefe von 5 m) oder über einem nicht belüfteten Hohlraum an das Erdreich grenzend		0,90

Mindestwerte der Wärmedurchlasswiderstände *R* für leichte Bauteile (mit einer flächenbezogenen Gesamtmasse von < 100 kg/m^2, sowie für Rahmen und Skelettbauarten) (DIN 4108-2)

Bauteile	Wärmedurchlasswiderstand *R*	$m^2 \cdot K/W$
Außenwände, Decken unter nicht ausgebauten Dachräumen und Dächern (< 100 kg/m^2)		1,75
Rahmen und Skelettbauarten	im Gefachbereich	1,75
	für das gesamte Bauteil im Mittel (R_m)	1,00
Rollladenkästen		1,00
Deckel von Rollladenkästen		0,55
Nichttransparenter Teil der Ausfachung	bei > 50 % der Gesamtausfachungsfläche	1,20
von Fensterwänden und Fenstertüren	bei < 50 % der Gesamtausfachungsfläche	1,00

Grundsatz: Der Mindestwärmeschutz muss an jeder Stelle des Bauteils vorhanden sein. Dies gilt insbesondere für Nischen, Brüstungen, Fensterstürze und Rohrkanäle. Werden die Anforderungen der Tabellen bereits von einer oder mehreren Schichten erfüllt, erübrigt sich ein weiterer Nachweis.

Wärmeschutztechnische Rechenwerte

Rechenwerte der Wärmeleitfähigkeit von Baustoffen, Bauteilen und Luftschichten nach DIN 4108-4, DIN EN 12524 und DIN EN 10456. Bemessungswerte sind auch den technischen Produktspezifikationen, den Landesbauordnungen oder der Bauregelliste zu entnehmen. Es ist jeweils der für die Baukonstruktion ungünstigste Wert einzusetzen.

Baustoff, Bauteil	Rohdichte ϱ **kg/m³**	Wärmeleitfähigkeit λ **W/(m·K)**
Putz-, Mauermörtel und Estrich		
Zementmörtel	2000	1,60
Mauernormalmörtel NM	1800	1,20
Dünnbettmauermörtel DM	1600	1,00
Leichtmörtel LM 36	≤ 1000	0,36
Leichtmörtel LM 21	≤ 700	0,21
Leichtmauermörtel	400 700 1000	0,14 0,25 0,38
Zementestrich	2000	1,40
Magnesia-Estrich	1400 2300	0,47 0,70
Anhydrit-Estrich	2100	1,2
Kalk-, Kalkzementputz	1800	1,00
Kalkgipsputz	1400	0,70
Gipsputz	1200	0,43 … 0,51
Kunstharzputz	1100	0,70
Fußbodenbeläge		
Korkfußboden	> 400	0,065
Kunststofffußboden	1500	0,23
Filzunterlage	120	0,05
Teppichboden	200	0,06
Linoleum	1200	0,17
Asphaltmastix	2000	0,70
Beton, Betonbauteile		
Beton	2400	2,00
Stahlbeton	2400	2,3 … 2,5
Leichtbeton mit geschl. Gefüge (Zwischenwerte können interpoliert werden)	800 1000 1200 1400 1600	0,39 0,49 0,62 0,79 1,00
Porenbeton, dampfgehärtet	400 500 600 700	0,13 0,15 0,19 0,22
Leichtbeton, nicht porige Zuschläge	1600 1800 2000	0,81 1,10 1,40
Leichtbeton aus Blähton	500 700	0,16 0,23

Baustoff, Bauteil	Rohdichte ϱ **kg/m³**	Wärmeleitfähigkeit λ **W/(m·K)**
Mauerwerk einschließlich Mörtelfugen		
Vollklinker, Hochlochklinker	1800 2000 2200	0,81 0,96 1,20
Vollziegel, Hochlochziegel, Füllziegel	1200 1400 1600 1800	0,50 0,58 0,68 0,81
Hochlochziegel mit Lochung A, B λ bei Leichtbaumörtel verringern um 0,05 W/(m·K)	550 600 650 700 800 1000	0,32 0,33 0,35 0,36 0,39 0,45
Wärmedämmziegel WDz oder LD-Ziegel	550 650 750 850	0,19 0,20 0,22 0,23
Kalksandsteine	1000 1200 1400 1600 1800 2000 2200	0,50 0,56 0,70 0,79 0,99 1,10 1,30
Hüttensteine	1000 1200	0,47 0,52
Porenbetonsteine	300 400	0,07 0,09
Porenbeton, Plansteine	350 450 550 650	0,11 0,15 0,18 0,21
Betonsteine, Hohlblöcke in NM λ bei Leichtbaumörtel LM 36 verringern um 0,03 W/(m·K)	450 500 550 650 1400 1600	0,28 0,30 0,31 0,34 0,72 0,76
Leichtbetonsteine, Vollblöcke in NM λ bei Leichtbaumörtel LM 36 verringern um 0,03 W/(m·K)	450 500 600 700 800 1000	0,18 0,20 0,22 0,25 0,27 0,32

Wärmeschutztechnische Bemessungswerte (Wärmedämmstoffe)

Nr.	Dämmstoff	Nennwert λ_D W/(m·K)	Bemessungswert λ
D1	Mineralwolle **(MW)** nach DIN EN 13162	0,030 0,031 … 0,050	0,031 0,032 … 0,052
D2	Expandierter Polystyrolschaum **(EPS)** nach DIN EN 13163	0,030 0,031 … 0,050	0,031 0,032 … 0,052
D3	Extrudierter Polystyrolschaum **(XPS)** nach DIN EN 13164	0,022 0,023 … 0,045	0,023 0,024 … 0,046
D4	Polyurethan-Hartschaum **(PU)** nach DIN EN 13165	0,020 0,021 … 0,040	0,021 0,022 … 0,041
D5	Phenolharz-Hartschaum **(PF)** nach DIN EN 13166	0,020 0,021 … 0,035	0,021 0,022 … 0,036
D6	Schaumglas **(CG)** nach DIN EN 13167	0,037 0,038 … 0,055	0,038 0,039 … 0,057
D7	Holzwolle-Platten **(WW)** nach DIN EN 13168	0,060 0,061 … 0,100	0,063 0,064 … 0,105
D8	Holzwolle-Mehrschichtplatten mit expandiertem Polystyrolschaum **(EPS)** nach DIN EN 13163	0,030 0,031 0,032 0,033 … 0,050	0,031 0,032 0,033 0,041 … 0,052
D9	Holzwolle-Mehrschichtplatten mit Mineralwolle **(MW)** nach DIN EN 13162	0,030 0,031 0,032 … 0,050	0,031 0,032 0,033 … 0,052
D10	Blähperlit **(EPB)** nach DIN EN 13169	0,045 0,046 … 0,070	0,046 0,047 … 0,072
D11	Expandierter Kork **(ICB)** nach DIN EN 13170	0,038 0,039 … 0,055	0,040 0,041 … 0,058
D12	Holzfaserdämmstoff **(WF)** nach DIN EN 13171	0,032 0,033 … 0,060	0,034 0,035 … 0,063

Der λ_D-Nennwert wird in Stufen von 0,001 W/(m·K) angegeben. Für die noch vorhandenen (wenigen) deutschen Produktnormen gilt weiterhin WLG = Bemessungswert. Die Dämmfähigkeit wird durch die Wärmeleitgruppe (WLG) oder die Wärmeleitstufe (WLS) gekennzeichnet.

Produkteigenschaften

Produkteigenschaft	Kurzzeichen	Beschreibung
Druckbelastbarkeit	**dk**	keine Belastbarkeit
	dg	geringe Belastbarkeit
	dm	mittlere Belastbarkeit
	dh	hohe Belastbarkeit
	ds	sehr hohe Belastbarkeit
	dx	extrem hohe Belastbarkeit
Wasseraufnahme	**wk**	keine Anforderung durch flüssiges Wasser
	wf	flüssiges Wasser
	wd	durch flüssiges Wasser und/oder Diffusion
Zugfestigkeit	**zk**	keine Anforderung
	zg	geringe Anforderung
	zh	hohe Anforderung
schalltechnische Eigenschaften	**sk**	keine Anforderung
		Zusammendrückbarkeit
	sh	erhöht
	sm	mittel
	sg	gering
Verformung	**tk**	keine Anforderung
		Stabilität unter
	tf	Feuchte und Temperatur
	tl	Last und Temperatur

Anwendungsgebiete Decke, Dach, Wand

Decke und Dach	**DAD**	Außendämmung von Dach oder Decke, vor Bewitterung geschützt, Dämmung unter Deckung
	DAA	Außendämmung unter Abdichtungen
	DUK	Außendämmung, der Bewitterung ausgesetzt (Umkehrdach)
	DZ	Zwischensparrendämmung, zweischaliges Dach, nicht begehbare, oberste Geschossdecken
	DI	Innendämmung der Decke (unterseitig) oder des Daches, Dämmung unter den Sparren/Tragkonstruktion, abgehängte Decke usw.
	DEO	Innendämmung der Decke oder Bodenplatte (oberseitig) unter Estrich ohne Schallschutzanforderungen
	DES	Innendämmung mit Schallschutzanforderungen
Wand	**WAB**	Außendämmung der Wand hinter Bekleidung
	WAA	Außendämmung der Wand hinter Abdichtung
	WAP	Außendämmung der Wand unter Putz
	WZ	Dämmung von zweischaligen Wänden
	WH	Dämmung von Holzrahmen- und Holztafelbauweise
	WI	Innendämmung der Wand
	WTH	Dämmung zwischen Haustrennwänden mit Schallschutzanforderungen
	WTR	Dämmung von Raumtrennwänden

7.6 Feuchteschutz

Bauliche Schutzmaßnahmen

Jedes Bauwerk muss durch bauliche Maßnahmen vor dem Eindringen von Wasser und Feuchtigkeit geschützt werden. Ständig feuchte Baustoffe verlieren ihre Festigkeit und Wärmedämmfähigkeit. Wasser und Feuchtigkeit sammeln sich im Erdreich und fallen im Bauwerksinneren an. Wasser ist daher vom Bauwerk fernzuhalten. Dies kann durch den Einbau von Sperrgeschichten geschehen. Bauwerke werden beansprucht durch:

- Außenwasser (Grundwasser, aggressives Grundwasser, Stau- und Schichtenwasser, Haft- und Kapillarwasser, Niederschlagswasser) und
- Brauchwasser in Innenräumen (Innenwasser).

Abdichtung von erdberührten Bauteilen

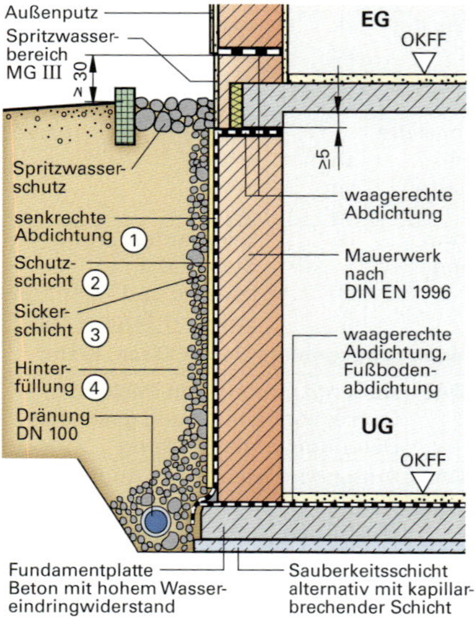

Abdichtung gegen nichtdrückendes Wasser
①, ②, ③ und ④ Standardausführung für Wassereinwirkungsklasse W1.1-E und W1.2-E; Einwirkungsklassen und Anwendungsbereiche ▸ S. 161

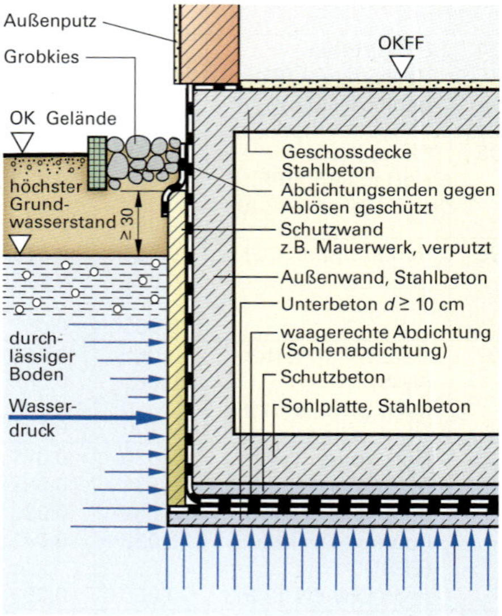

Abdichtung gegen drückendes Wasser
höchster Grundwasserstand HGW entspricht dem Bemessungsgrundwasserstand; wasserdruckhaltende Abdichtung (schwarze Wanne), wasserundurchlässiger Beton (weiße Wanne)

Wasserdurchlässigkeitsbeiwert *k* [m/s]

	Bodenart	DIN 18533
$k \geq 10^{-2}$	Schotter, Kies	stark wasserdurchlässig
$10^{-4} \leq k < 10^{-2}$	Grob- und Kiessande	
$10^{-6} \leq k < 10^{-4}$	Sande	durchlässig
$10^{-8} \leq k < 10^{-6}$	Lehm	wenig wasserdurchlässig
$k < 10^{-8}$	Ton	

Die Einwirkungsklassen ▸S. 161 beschreiben die Wasserdurchlässigkeit des Bodens.

Dränung

Ringdrainage vor Wänden entlang der Fundamente unterhalb der Fundamentüberstände.
Flächendrainage unterhalb der gesamten Bodenplatte, z. B. aus Betonkies mit der Sieblinie B_{32} mindestens 30 cm dick.
Dränleitungen bestehen aus geschlitzten flexiblen Kunststoff-Rippenrohren DN 100 oder aus gelochten bzw. geschlitzten Betonrohren, Faserzementrohren, Tonrohren oder Kunststoffrohren mit Filtervliesummantelung. Gefälle 0,5 % bis 1,0 %.
Senkrechte Drän- und Sickerschichten bestehen i.d.R. aus grobkörnigen Polystyrolplatten oder Kunststoff-Noppenbahnen.

7

Abdichtung von erdberührten Bauteilen

Einwirkungsklassen (DIN 18533)

W1.1-E, ohne Dränung | **W1.2-E,** mit Dränung | **W2.1-E,** Stauwasser | **W3-E,** erdüberschüttet

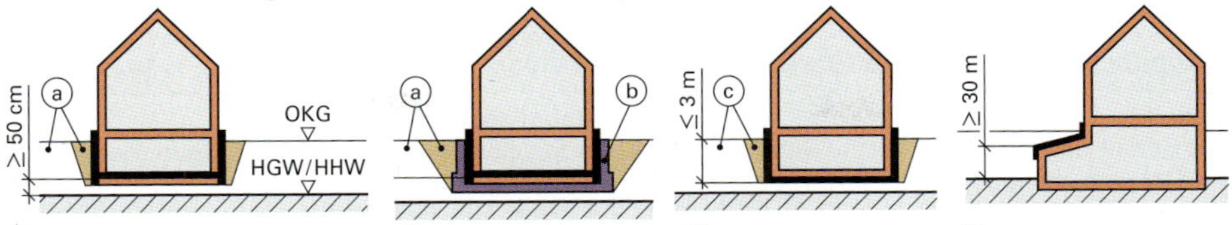

ⓐ stark wasserdurchlässig

ⓑ Dränung

ⓒ wenig wasserdurchlässig

ⓓ beliebige Einbindetiefe

OKG: Oberkante Gelände; HGW/HHW: Bemessungswasserstand

Abdichtung bei Bodenfeuchte/ nicht stauendes Sickerwasser

a) Dichtung mit Bitumenbahnen einschließlich KMB (Kunststoffmodifizierte Bitumen-Dickbeschichtung)

b) Dichtung auf Zementbasis/durch wasserundurchlässigen Beton (wu-Beton) unter Verwendung von Arbeitsfugenbändern

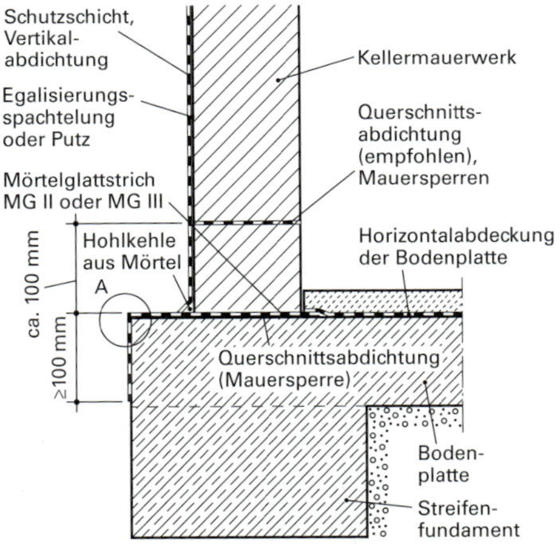

Abdichtung eines nicht unterkellerten Bauwerks, erhöhte Anforderung

a) Bodenplatte mit freitragender, nicht auf dem Boden aufliegender Decke, Zwischenraum mit Querbelüftung

b) Bodenplatte als Stahlbetonplatte auf der kapillarbrechenden Schicht aus grobkörnigem Material, vor dem Betonieren mit PE-Folie abgedeckt

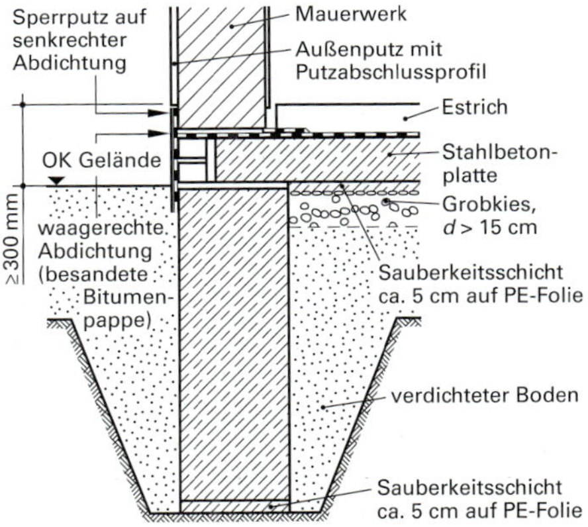

Wand-/Bodenanschlüsse/Innenecken

a) aus kunststoffmodifiziertem Mörtel oder Zementmörtel

b) mittels Ab-/Ausrundung bei Bitumenbahnen auf vorgestrichenen Wandflächen einlagig aufgeklebt

c) Dreikantleiste bei Beschichtung mit kunststoffmodifizierten Bitumen-Dickbeschichtungen (KMB)

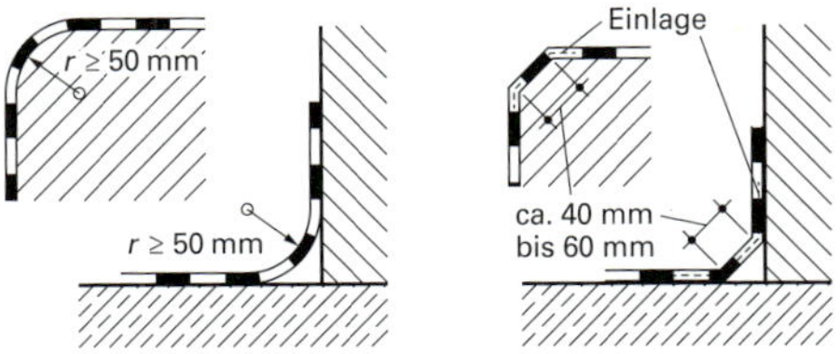

Ausführungshinweise

- **Waagerechte Abdichtungen**

Die einlagig einzubauenden Bahnen dürfen nicht aufgeklebt werden. Die Überdeckungen von mindestens 200 mm dürfen miteinander verklebt werden.

Bei horizontalen Abdichtungen in Wänden muss die Abdichtung durch den ggf. vorhandenen Innenputz geführt werden. Bei Wänden aus Beton sind die Fundamente und Wände aus wu-Beton herzustellen.

- **Senkrechte Abdichtungen**

Aufbau: Voranstrich, Klebemasse, Abdichtung, Deckaufstrichmittel, Schutzschicht, z.B. Bautenschutzmatte aus Gummigranulat, Noppenbahn aus Polyolefine, Dränplatten, Peri-Meterdämmplatten aus Schaumkunststoff).

7

7.7 Schallschutz

Der bauordnungsrechlich geforderte Schallschutz in Gebäuden gegen die Schallentstehung (Primärmaßnahmen) und gegen die Schallübertragung ist nachzuweisen. Bei den Sekundärmaßnahmen wird in Schalldämmung und Schallabsorption unterschieden.

Schallschutztechnische Grundbegriffe (DIN 4109)

Schall
Als Schall werden mechanische Schwingungen und Wellen, die sich in festen Körpern, Flüssigkeiten oder Gasen ausbreiten, bezeichnet.

Frequenz
Anzahl der Schwingungen in einer Sekunde in Hz (Hertz)

1 Hz = 1 Schwingung/s

Luftschalldämmung
Schwere Wände, große flächenbezogene Massen (biegesteife Schalen) dämmen den Luftschall am besten (Berger'sches Massengesetz).

Schallpegel (Schalldruckpegel)
Der Schallpegel $L_{max,n}$ ist der gemessene Schalldruck p in **Dezibel dB**, bezogen auf einen Ton mit der Frequenz von 1000 Hz.

Luftschall ist der sich in Luft ausbreitende Schall. Schallbezeichnungen: Ton, Geräusch.

Trittschall ist der Schall, der beim Begehen oder ähnlicher Anregung als Körperschall entsteht und teilweise als Luftschall abgestrahlt wird.

Schalldämmung
Beim Auftreffen von Schallwellen auf ein Bauteil wird das Bauteil in Schwingungen versetzt. Schall gelangt gedämpft in den Nebenraum.

Schallabsorption
oder Schallschluckung tritt beim Reflexionsvorgang einer Schallwelle an einer Wand- oder Deckenoberfläche auf. Dabei wird je nach Oberflächenbeschaffenheit ein Teil der Schallenergie in Wärme umgewandelt. Der Schall wird teilweise in den Raum zurückgeworfen.

Schalldämm-Maß R (Messung am Bauteil auf dem Prüfstand, Labor-Wert, ohne Nebenwege)

Schalldämm-Maß R' (Messung von Bauteilen mit flankierenden Bauteilen wie Wänden und Decken), Bau-Schalldämm-Maß

Bewertetes Schalldämm-Maß R_w bzw. R'_w
Kennzeichnung der schalldämmenden Eigenschaften eines trennenden Bauteils bzw. die Schalldämmung zwischen Räumen durch einen einzigen Zahlenwert.

Resultierendes Schalldämm-Maß $R'_{w,res}$
(beschreibt die Schallübertragung von Bauteilen, die aus mehreren Einzelbauteilen bestehen)

Je höher das Schallmaß R'_w ist, desto besser ist das Bauteil in luftschalltechnischer Sicht. Für Wohnungstrennwände ist ein Mindestwert R'_w von 53 dB vorgeschrieben.

Außenlärmpegel und Baulärm (Anforderungen)

Maximaler Schalldruckpegel in fremden schutzbedürftigen Räumen in dB(A) (DIN 4109-1)

Geräuschquelle		Wohn- und Schlafraum	Arbeits- und Unterrichtsraum
Sanitärtechnik, Wasserinstallation, fest installierte Haustechnik		$L_{max,n} \leq 30$	$L_{max,n} \leq 30$
Gaststätten tagsüber von	06:00 h bis 22:00 h	$L_{max,n} \leq 45$	$L_{max,n} \leq 35$
Gaststätten nachts von	22:00 h bis 06:00 h	$L_{max,n} \leq 25$	$L_{max,n} \leq 35$
Raumlufttechnik, beim Ein- und Ausschalten max. 5 db(A) mehr		$L_{max,n} \leq 30$	$L_{max,n} \leq 33$

Geräuschspitzen sind nicht berücksichtigt, der bewertete Schallpegel wird mit L_n benannt. Die Einheit ist dB(A) ist das Maß für die Wahrnehmung des Schalls durch das menschliche Ohr.

Erforderliche Luftschalldämmung von Außenbauteilen in dB (DIN 4109-1)

Maßgeblicher Lärmpegel L in dB		≤ 55	≤ 60	≤ 65	≤ 70	≤ 75	≤ 80	> 80
Arbeitsräume, Büroräume	R'w des Außenbauteils	–	30	30	35	40	45	50
Wohnungen, Beherbergungsstätten, Unterrichtsräume		30	30	35	40	45	50	örtlich
Bettenräume in Krankenhäusern, Sanatorien		35	35	40	45	50	örtlich	örtlich

Lärmquellen: Straßen, Schiene, Luftverkehr, Industrie und Gewerbe, Wasseranlagen

Beispiele Schalldämmung bei einschaligen und zweischaligen Bauteilen

Vergleich einschalige/zweischalige Wand

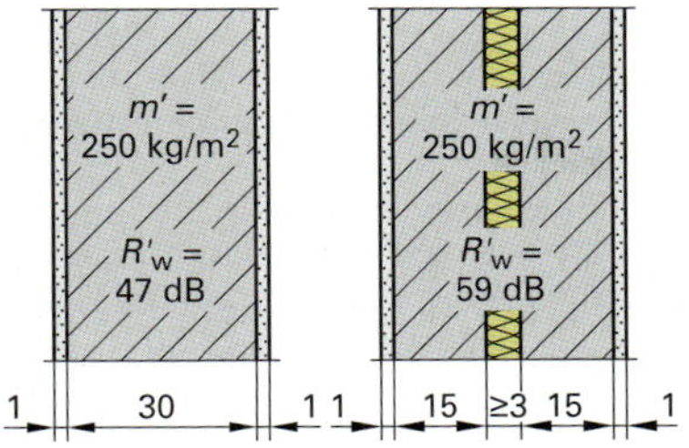

Vergleich Trennwand mit/ohne Hohlraumdämpfung

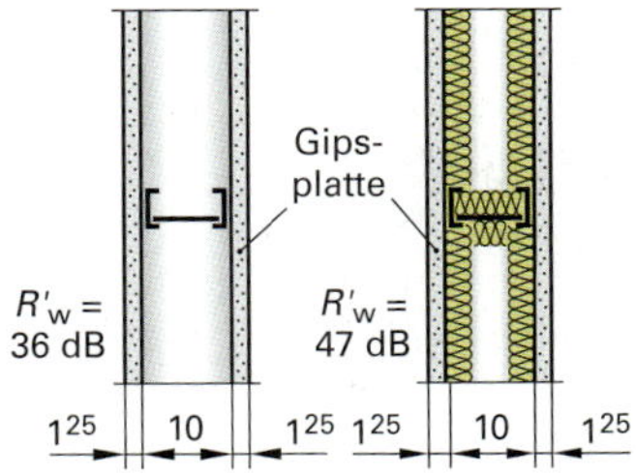

Haustrennwand mit gemeinsamer Bodenplatte

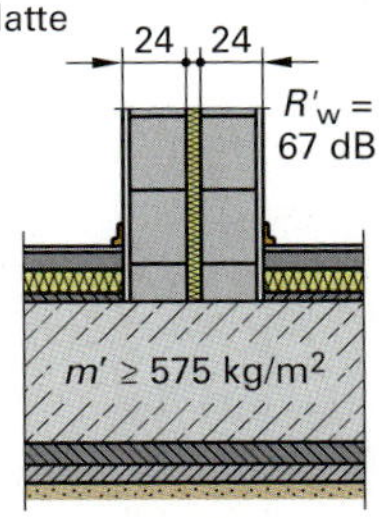

Beispiele Schalldämm-Maß R'_w (Quelle: Bundesverband Kalksandsteinindustrie e.V.)

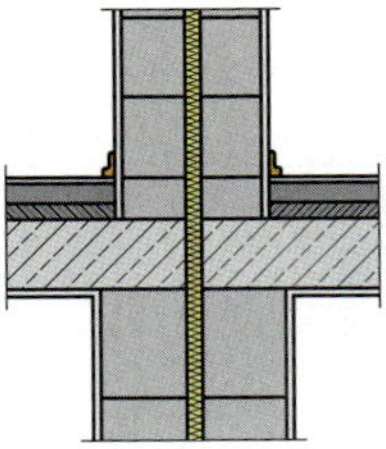

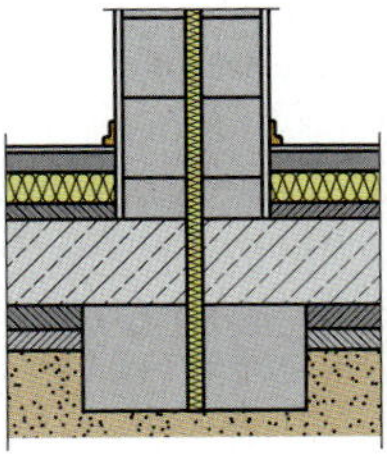

Wandaufbau Haustrennwände	RDK[1)] [kg/dm³]	Masse [kg/m²]	$\Delta R_{w,TR}$ = + 12 dB ab zweitem Geschoss	$\Delta R_{w,TR}$ = + 9 dB unterstes Geschoss mit getrennten Fundamenten
2 x 11,5 cm	1,8	≥ 410	65	62
2 x 11,5 cm	2,0	≥ 450	66	63
2 x 15 cm	1,8	≥ 490	67	64
2 x 15 cm	2,0	≥ 530	68	65
2 x 17,5 cm	1,8	≥ 580	69	66
2 x 17,5 cm	2,0	≥ 630	70	67
2 x 20 cm	1,8	≥ 680	71	68
2 x 20 cm	2,0	≥ 740	72	69
2 x 24 cm	1,8	≥ 810	73	70

1) RDK Rohdichteklasse, Putz 2 x 10 mm, Trennfuge > 30 mm

Baulärm

Der durch gewerbliche Bauarbeiten verursachte Lärm wird als Baulärm bezeichnet. Kein Baulärm ist der Lärm, der durch Bauarbeiten von Privatpersonen (Heimwerkern) verursacht wird.

Zulässige Immisionswerte nach AVV	
Kurgebiete, Krankenhäuser u. ä.	≤ 45 dB(A)
reine Wohngebiete	≤ 50 dB(A)
vorwiegend Wohnungen	≤ 55 dB(A)
Mischgebiete	≤ 60 dB(A)
vorwiegend gewerbliche Anlagen	≤ 65 dB(A)
gewerbliche u. industrielle Anlagen	≤ 70 dB(A)

Emissionsrichtwerte für Baumaschinen im Freien, Abstand 7,00 m von der Maschine

Gerät	**Leerlauf**	**Arbeitslast**
Planierraupe	≤ 87 dB(A)	≤ 87 dB(A)
großer Bagger	≤ 78 dB(A)	≤ 81 dB(A)
Betonmischer	≤ 68 dB(A)	≤ 68 dB(A)
Kompressoren	≤ 70 dB(A)	≤ 76 dB(A)

Zur Gefährdungsbeurteilung können folgende Lärmpegel in dB(A) genutzt werden. Präventionsrichtlinien Gehörschutz sind unter www.dguv.de/fb-psa/ abrufbar. Ist das nebenstehende Gebotszeichen auf Geräten und Maschinen, ist davon auszugehen, dass der Lärmpegel (Lärmexpositionspegel dB(A)) bei Benutzung überschritten wird. Gehörschutz ist dann Pflicht.

Bautätigkeit	**Lärmpegel**
Leitplankenbauer	100 dB(A)
Zimmerer, Asphaltierer, Bauschlosser (Stahlbauarbeten), Einschaler	91 dB(A)
Bauhilfsarbeiter, Bauhelfer, Straßenbauer	89 dB(A)
Bauschlosser (Bauschlosserarbeiten), Maurer, Trockenbauer, Parkettleger	88 dB(A)
Bauklempner, Dachdecker, Stahlbetonbauer (Biege- und Verlegearbeiten)	87 dB(A)

Die Angaben können umgebungsbedingt abweichen. Für die o.g. Tätigkeitsbereiche ist der Lärmbereich zu kennzeichnen. Der Gehörschutz muss getragen werden.

7

Anforderungen an den baulichen Schallschutz

Wege des Schalls

Schallreflexion	Schall-absorption	Schall-transmission
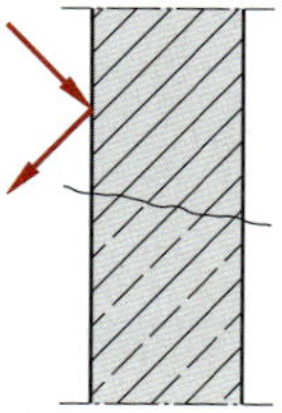	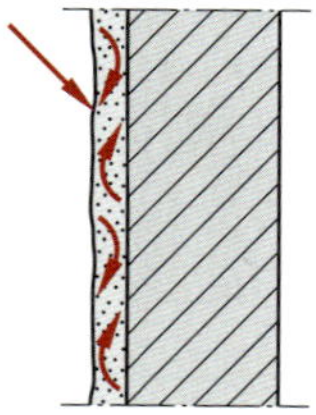	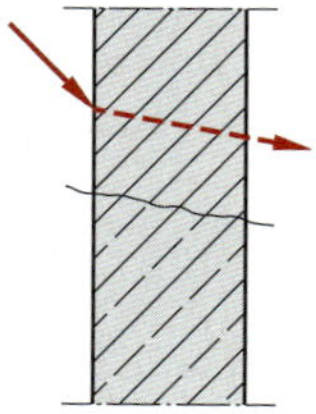
Schallreflexion und Schallabsorption sind Teilaspekte, um eine angenehme Raumakustik zu erreichen		Ziel ist es, die Schalltransmission gering zu halten

Nachweisverfahren

Außenlärm:
Lärmpegel ermitteln, Anforderungen an den Luftschall festlegen
Bauteile zwischen fremden Wohnräumen:
Anforderungen an den Tritt- und Luftschall ermitteln. Empfohlener erhöhter Schallschutz bei Decken
$R'_w \geq 59$ db $L'_n \leq 46$ db
Bauteile im eigenen Wohnbereich:
Empfehlungen für den normalen oder erhöhten Tritt- und Luftschall beachten.
Konstruktion nach DIN 4109-Beiblatt oder Eignungsprüfung

Anforderungsniveau (Mindestanforderungen in db, DIN 4109-1:2016-07)

Bauteil	Anwendungsgebiet schutzbedürftige Aufenthaltsräume	DIN 4109 2016		erhöhter [1] Schallschutz	
	Kenngrößen [db]	R'_w	$L'_{n,w}$	R'_w	$L'_{n,w}$
Mehrfamilienhäuser und Bürogebäude	Decken unter allgemein nutzbaren Dachräumen, Trockenböden, Abstellräumen	53	≤ 52	59	≤ 46
	Wohnungstrenndecken, Treppen	54	≤ 50	59	
	Trenndecken zwischen fremden Arbeitsräumen, Treppen	54	≤ 53		≤ 44
	Decken über Kellern, Hausfluren, Treppenräumen unter Aufenthaltsräumen	52	≤ 50		
	Decken unter/über Gemeinschaftsräumen	55	≤ 46	56	≤ 46
	Decken unter Terrassen und Loggien über Aufenthaltsräumen	–	≤ 50		[1] verschiedene Quellen
	Decken über Durchfahrten, Einfahrten von Sammelgaragen unter Aufenthaltsräumen	55	≤ 50		
	Decken unter Laubengängen	–	≤ 53		
	Treppenläufe und Podeste	–	≤ 53		
	Wohnungstrennwände	53	–		
	Treppenraumwände und Wände zu Hausfluren	53	–		
	Wände neben Durchfahrten und Einfahrten	55	–		
	Wände zu Gemeinschaftsräumen, z.B. Spielräumen	55	–		
	Türen, die in Flure und Dielen von Wohnungen führen	27	–		≤ 32
	Türen, die in Aufenthaltsräumen von Wohnungen führen	37	–		≤ 42
Reihenhäuser und Doppelhäuser	Decken	–	≤ 41		
	Bodenplatten auf Erdreich bzw. Decken über Kellergeschosse	–	≤ 46		
	Treppenläufe und Treppenpodeste	–	≤ 46		
	Haustrennwände zu Aufenthaltsräumen, die im untersten Geschoss liegen	59	–	62	
	Haustrennwände zu Aufenthaltsräumen, unter denen mindestens ein Geschoss liegt	62	–	67	

7.7 Brandschutz

Brandgefahr ist eine Hauptgefahr für Leben, Gesundheit sowie Besitz und Eigentum. Der vorbeugende Brandschutz ist ein wesentlicher Bestandteil der Gebäudesicherung sowie der Nutzersicherheit (Personen- und Sachschutz, Sicherheitsrecht). Brandschutzmaßnahmen sind u. a. in der Musterbauordnung (MBO) und in den Bauordnungen der Bundesländer verankert.

- Die nationale Hauptnormreihe für den Brandschutz ist die DIN 4102.
- Baustoffe werden in der DIN 4102 nach ihrem Brandverhalten in Baustoffklassen eingeteilt.
- Feuerwiderstandsklassen enthalten die Zeitdauer in Minuten, die ein Bauteil beim Brandversuch dem Feuer Widerstand bietet, z. B. F 90-AB Brandwand, nach DIN EN 13501-1 EURO Feuerwiderstandsklassen R, I, S, M, E, W, K, C; überwiegend nbb
- Nach DIN EN 13501 gibt es EURO-Hauptklassen und zusätzliche Klassifizierungen. Die DIN EN 13501 bezieht sich auf die Brennbarkeit von Baustoffen und klassifiziert die Rauchentwicklung *s* (smoke) sowie das brennende Abtropfen *d* (droplets).

EURO-Hauptklassen für Baustoffe

Hauptklassen	Zusätzliche Klassifizierung		
A1	A1		
A2	A2 – s1, d0		
	A2 – s2, d0 A2 – s3, d0	A2 – s1, d1 A2 – s2, d1 A2 – s3, d1	A2 – s1, d2 A2 – s2, d2 A2 – s3, d2
B	B – s1, d0 B – s2, d0 B – s3, d0	B – s1, d1 B – s2, d1 B – s3, d1	B – s1, d2 B – s2, d2 B – s3, d2
C	C – s1, d0 C – s2, d0 C – s3, d0	C – s1, d1 C – s2, d1 C – s3, d1	C – s1, d2 C – s2, d2 C – s3, d2
D	D – s1, d0 D – s2, d0 D – s3, d0	D – s1, d1 D – s2, d1 D – s3, d1	D – s1, d2 D – s2, d2 D – s3, d2
E	E – d2		
F	(F), keine Leistung festgestellt		

Baustoffklassen (DIN 4102)

Baustoffklasse		Benennung	**Beispiele**
A = Nichtbrennbare Bautoffe	A1	ohne brennbare Bestandteile	Gips, Kalk, Zement, Steine, Beton, Glas, Faserbetonplatten
	A1	mit brennbaren Bestandteilen (< 1 %)	bestimmte Mineralfaser-Feuerschutzplatten, Fiber-Silikat-Platten
	A2	brennbare Bestandteile	Gipsplatten, Mineralfasererzeugnisse
B = Brennbare Baustoffe	B1	schwer entflammbare Baustoffe	Gipsplatten mit gelochter Oberfläche, Holzwolle-Leichtbauplatten, Spanplatten, bestimmte Kunststoff-Hartschaumplatten, bestimmte PVC-Erzeugnisse
	B2	normal entflammbare Baustoffe	Holz und Holzwerkstoffe, $\varrho > 400$ kg/m³ und über 2 mm Dicke, genormte Dachpappen und PVC-Bodenbeläge
	B3	leicht entflammbare Baustoffe	Papier, Holzwolle, Holz bis 2 mm Dicke

Gebäudeklassen

Um die brandschutztechnischen Mindestanforderungen für ein Gebäude und seine Nutzung festzulegen, erfolgt die Bewertung in fünf Gebäudeklassen (GKL) und ausgewiesener Sonderbauten.

GKL 1	freistehendes Gebäude, ≤ 2 Nutzungseinheiten, ≤ 7 m Höhe, ≤ 400 m², oder freistehende landwirtschaftlich oder forstwirtschaftliche Gebäude
GKL 2	Reihenhäuser, ≤ 7 m Höhe, ≤ 2 Nutzungseinheiten, ≤ 400 m²
GKL 3	sonstige Gebäude bis 7 m Höhe
GKL 4	Gebäude bis 13 m Höhe, mehrere Nutzungseinheiten mit bis zu 400 m²
GKL 5	sonstige Gebäude, einschließlich unterirdische Gebäude

GKL 1 und GKL 2, Brandwände: feuerbeständig F 90-A/B und nichtbrennbar, bis unter die Dachhaut führen, Hohlräume vollständig ausfüllen, Öffnungen in Brandwänden sind unzulässig und in inneren Brandwänden nur zulässig. In Ausnahmefällen müssen diese Öffnungen feuerbeständige, dicht- und selbstschließende Abschlüsse aufweisen.

Bei feuerbeständigen Bauteilen dürfen für tragende und aussteifende Bauteile nur nichtbrennbare Baustoffe A1 und A2 nach DIN 4102-1 verbaut werden.

8 Baubetrieb

8.1 Kalkulation und Lohnkosten

Gliederung für Kosten der Erstellung einer Bauleistung:

	Einzelkosten der Teilleistungen
+	Gemeinkosten der Baustelle
=	Herstellungskosten
+	Allgemeine Geschäftskosten
=	Selbstkosten des Unternehmens
+	Wagnis und Gewinn
=	Netto-Angebotssumme
+	Mehrwertsteuer
=	Brutto-Angebotssumme

Mehrwertsteuer
Die Mehrwertsteuer beträgt zzt. 19 % der Netto-Angebotssumme.

Beispiel
Zum Aushub einer Baugrube ist ein Hydraulikbagger vorgesehen. Das Gerät löst und lädt stündlich 25 m³ Boden. Die Gerätekosten je Betriebsstunde betragen 75,00 €, die Zuschläge für die Gemeinkosten der Baustelle betragen 15 %, die der allgemeinen Geschäftskosten 10 % und die für Wagnis und Gewinn 3 %.

Berechnung des Einheitspreises:

Einzelkosten der Teilleistung lösen und laden von 1 m³ Aushub	175,00 €/h : 25 m³/h	= **7,00 €/m³**
Zuschlag für Gemeinkosten der Baustelle	7,00 €/m³ · 0,15	= **1,05 €/m³**
Herstellungskosten		= **8,05 €/m³**
Allgemeine Geschäftskosten	8,05 €/m³ · 0,10	= **0,85 €/m³**
Selbstkosten		= **8,90 €/m³**
Wagnis und Gewinn	8,90 €/m³ · 0,03	= **0,27 €/m³**
Einheitspreis (Netto)		= **9,17 €/m³**

Nettolohn des Arbeitnehmers

Bruttolohn			100,0 %
Arbeitnehmeranteil zur Sozialversicherung	Krankenversicherung (KV) Rentenversicherung (RV) Arbeitslosenversicherung (AV) Pflegeversicherung (PflegeV)	8,2 % 9,45 % 1,5 % 1,025 %	20,175 %
Steuern	je nach Steuerklasse und Verdienst	0 % bis max. 50 %	~14,5 %
Nettolohn des Arbeitnehmers			~65,0 %

Beispiel Nettolohn eines Arbeiters
Lohnsteuerklasse 1, Kinderfreibetrag 0, Zuschlag zur Pflegeversicherung, Brutto 2000,00 €/Monat

Brutto	2000,00 €
Krankenversicherung	164,00 €
Pflegeversicherung	20,50 €
Rentenversicherung	189,00 €
Arbeitslosenversicherung	30,00 €
Lohnsteuer (angenommen)	245,41 €
Kirchensteuer (angenommen)	19,63 €
Netto	**1331,46 €**

Beispiel Sozialversicherungsbeiträge von Arbeitnehmer (AN) und Arbeitgeber (AG)

	AN	AG	Gesamt
Krankenversicherung	164,00 €	146,00 €	310,00 €
Pflegeversicherung	20,50 €	20,50 €	41,00 €
Rentenversicherung	189,00 €	189,00 €	378,00 €
Arbeitslosenversicherung	30,00 €	30,00 €	60,00 €
Beiträge gesamt	403,50 €	385,50 €	789,00 €

Lohntabellen für das Baugewerbe (auszugsweise für das Land Baden-Württemberg)

Aufgrund des Tarifvertrages zur Regelung der Löhne, Gehälter und Ausbildungsvergütungen für das Baugewerbe gelten ab 01.04.2023 die nachstehenden Vergütungen. Die durchschnittliche regelmäßige Wochenarbeitszeit im Kalenderjahr beträgt 39 Stunden.

Berufsbezeichnung	**Lohngruppe LG**	**Tarifstundenlohn TL**	**Bauzuschlag BZ**	**Gesamtstundenlohn GTL**	mit Wegeentschädigung möglich
Spezialfacharbeiter	4	21,15 €	1,25 €	22,40 €	
		Ecklohn = Tarifstundenlohn (TL) Lohngruppe (LG) 4			

8.2 Bauvertragsrecht und Abrechnung

Gliederung der Vergabe- und Vertragsordnung für Bauleistungen VOB

Allgemeine Bestimmungen für die Vergabe von Bauleistungen **VOB Teil A = DIN 1960** amtl. Schreibweise VOB/A	**Allgemeine Vertragsbedingungen für die Ausführung von Bauleistungen** **VOB Teil B = DIN 1961**	**Allgemeine Technische Vertragsbedingungen für Bauleistungen** **VOB Teil C = ATV** **= DIN 18299 ... DIN 18459**

Arten der Ausschreibung und Vergabe

Öffentliche Ausschreibung Mehrschrittiges Verfahren, von der Ankündigung bis zur Auftragserteilung	**Beschränkte Ausschreibung** Aufforderung einer beschränkten Anzahl von (3 ... 8) Unternehmen und Bewertung der Angebote	**Freihändige Vergabe** Aufforderung eines Unternehmens, ggf. Verhandlung über das Angebot

Vertragsarten nach der VOB

Leistungsverträge		**Nachweisverträge**	
Pauschalvertrag	**Einheitspreisvertrag**	**Stundenlohnvertrag**	**Selbstkostenerstattungsvertrag**
Vertragsgrundlage: Baubeschreibung und Leistungsprogramm Abrechnung: Pauschalsumme für die gesamte Bauleistung	Vertragsgrundlage: Baubeschreibung und Leistungsverzeichnis Abrechnung: Einheitspreis x ausgeführte Menge	Für Bauleistungen geringeren Umfanges mit vorwiegendem Lohnkostenanteil	Für Bauleistungen, die vor der Vergabe nicht eindeutig bestimmt werden können, sodass auch keine eindeutige Preisermittlung vorher möglich ist

Der **Einheitspreisvertrag** ist die häufigste Vertragsart im Baugewerbe. Die VOB enthält eine Vielzahl genauer Regelungen für die Abrechnung und über die Gültigkeit des Einheitspreises bei großen Abweichungen zwischen der ausgeschriebenen und der ausgeführten Menge (± 10 %-Regelung). Grundlage des Einheitspreisvertrages ist ein Leistungsverzeichnis.

Beispiel **Leistungsverzeichnis** (LV)

Ordnungszahl (OZ)	Menge Abrechnungseinheit	Teilleistung	Einheitspreis in €	Gesamtpreis der Ordnungszahl
		Abschnitt 4: Mauerarbeiten		
4.1	68 m²	Mauerwerk für das Kellergeschoss der Dicke von 36,5 cm nach DIN EN 1996-1-1/NA herstellen, Kalksand-Lochsteine: DIN 106 – KS L 12-1,4-2 DF, MG II bzw. M 2,5	75,00	5100,00
4.2	10 m²	Mauerwerk für das Kellergeschoss in der Dicke von 11,5 cm, sonst wie OZ 4.1	26,10	261,00

Mustertexte aus Textbausteinen gibt es in gedruckter und digitaler Form.
Hochbau: Standardleistungsbuch StLB; Straßenbau: Standardleistungskatalog STLK

Zeitlicher Ablauf der Bauarbeiten

Ausschreibung ⟶ **Vergabe** ⟶ **Ausführung der Bauarbeiten** ⟶ **Abnahme** ⟶ **Mängelansprüche** ⟶

8

Abrechnungsgrundsätze für alle Gewerke	
Aufmaß	Das Aufmaß soll auf der Grundlage der Zeichnungen erfolgen. Nur wenn keine Zeichnungen vorliegen (Renovierungsarbeiten) oder die Leistung in den Zeichnungen nicht dargestellt ist, wird die ausgeführte Arbeit vom AN und AG gemeinsam örtlich aufgemessen.
Konstruktionsmaße	Konstruktionsmaße sind die in den Bauzeichnungen angegebenen Maße für den Rohbau. Die Abrechnung für die Ausbaugewerke (Putz-, Estrich-, Fußbodenbelags-, Malerarbeiten usw.) erfolgt nach diesen Maßen, obwohl die Längen und Flächen beispielsweise durch den Putz kleiner sind.
Abrechnungseinheiten	Im Leistungsverzeichnis sind die Abrechnungseinheiten für die jeweiligen Positionen gemäß Abschnitt 0.5 der jeweiligen ATV anzugeben.
VOB Teil C	Verbindlich ist zzt. die Ausgabe VOB 2019.

Abrechnung von Beton- und Stahlbetonarbeiten nach VOB/C

Bauteil	**Abrechnungseinheiten (AE)**	**Abrechnungsgrundsätze** (Auswahl, DIN 18331)
Massige Bauteile, z. B. Fundamente, Stützwände	m^3	Abrechnung getrennt nach Bauart und Maßen Volumen aus tatsächlichen Abmessungen errechnen
Wände	m^2	
Wanddurchdringungen	m^2	Es wird nur eine Wand, und zwar die dickere, durchgehend abgerechnet.
Stützen	m Stück	Längen von OF Decke bis UF Decke (bis UF Balken, falls Balken breiter als Stütze); tatsächliche Abmessungen
Balken	m Stück	Längen bis zu den Stützen (vgl. Zeichnung unten), falls die Balken breiter als die Stützen sind, wird über die Stützen durchgemessen; tatsächliche Abmessungen
Deckenplatten	m^2	Tatsächliche Abmessungen, äußere Begrenzungen
Durchdringungen von Stütze, Balken, Decke Fall: Breite Stütze = Breite Balken		Der Beton wird nur einmal abgerechnet, und zwar bei gleicher Betongüte gemäß der Zeichnung: 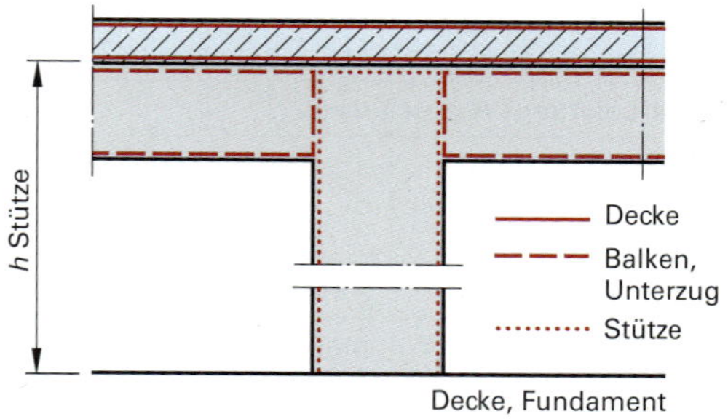
Öffnungen, Aussparungen Einbindungen Durchdringungen	m^3 m^2	Abzug bei Einzelgröße über 0,5 m^3 > 0,1 m^3/m Schlitze Abzug bei Einzelgröße über 2,5 m^2 Die Herstellung von Öffnungen ist eine besondere Leistung.
Schalung falls getrennt ausgeschrieben	m^2	Abwicklung der geschalten Fläche einschließlich der Außenfläche von Öffnungen, Öffnungen in den geschalten Flächen > 2,5 m^2 werden abgezogen.
8 Betonstahl stets getrennt ausschreiben	kg, t	Gewicht nach den Ausführungszeichnungen (Stahlliste), Bindedraht und Verschnitt werden nicht abgerechnet, jedoch Verschnitt > 10 % bei Betonstahlmatten

Abrechnung von Mauerarbeiten nach VOB/C		
Bauteil	**Abrechnungs-einheiten (AE)**	**Abrechnungsgrundsätze** (Auswahl, DIN 18330)
Mauerwerk (Hintermauerwerk)	m^2	Maße der Fläche getrennt nach Bauarten und Dicken
Verblendmauerwerk (Dämmschicht)	m^2	Maße der Außenseite der Außenschale
Nachträgliche Verfugung	m^2	Maße der Fläche
Höhe des Mauerwerks	m^2	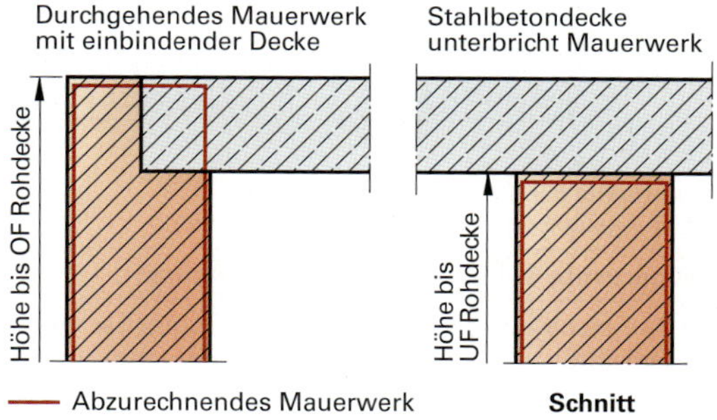
Durchdringungen	m^2	Die dickere Wand geht durch 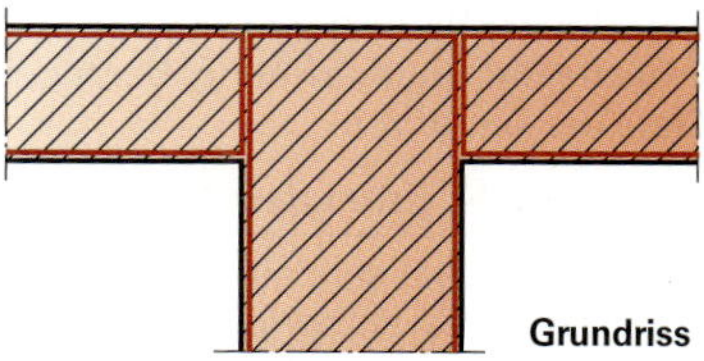
Öffnungen		über 2,5 m^2 Einzelfläche werden abgezogen.
Stützen, Vorlagen, Unterbrechungen, Unterzüge, Fachwerkteile		über 30 cm Einzelbreite werden abgezogen, d. h. Wandmauerwerk wird bei Breiten dieser Bauteile bis einschließlich 30 cm durchgehend abgerechnet.
Pfeiler	Stück, m	Pfeiler < 50 cm Breite werden gesondert abgerechnet, wenn die beidseitig liegenden Öffnungen abgezogen werden. Anderenfalls gelten sie als Wandmauerwerk, wenn sie mit der Mauerwerksart übereinstimmen. 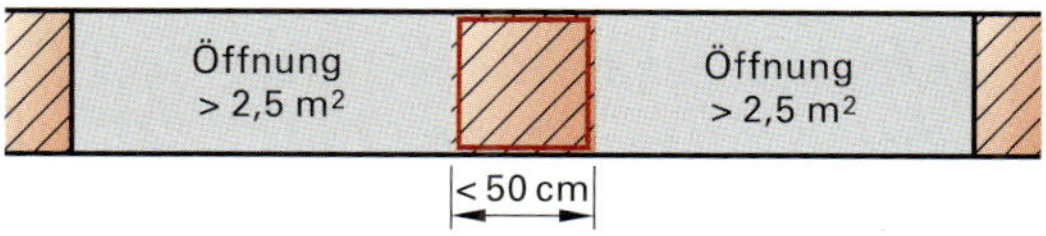
Herstellung und Schließen von Öffnungen, Aussparungen, Schlitzen u. Ä.	Stück	Besondere Leistungen, d. h. gesondert abrechnen
Leibungen von Sicht- und Verblendmauerwerk	m	Abrechnung nach größter Länge
Sohlbänke, Stürze, Rollschichten, gemauerte Stufen	m	Abrechnung nach größter Länge

8

Abrechnung von Erdarbeiten nach VOB/C

Bei der Mengenberechnung von Baugruben und Gräben nach DIN 18300 = VOB/C sind zusätzlich zu den Abmessungen des Bauwerkes die notwendigen Arbeitsräume nach DIN 4124 sowie die Böschungen ▸ S. 148 zu beachten.

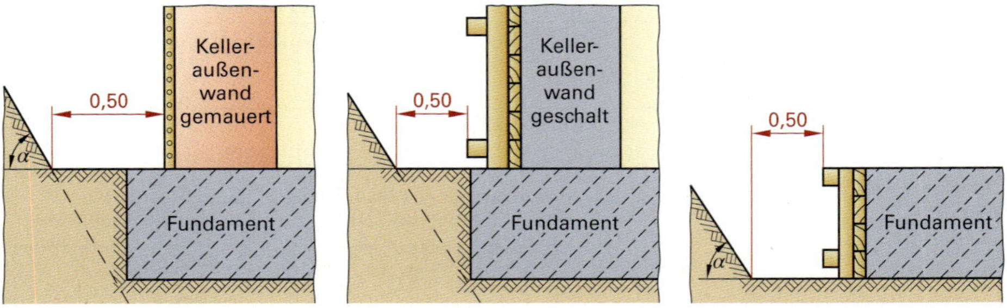

Fundamente gegen das Erdreich betoniert
Böschungslinie darf Fundament nicht schneiden.

Fundament geschalt

Waagerechte Sohle, waagerechtes Gelände

Die Baugrube eines rechteckigen Gebäudes hat die Form eines umgedrehten Obelisken ▸ S. 19. Die Berechnung erfolgt üblicherweise näherungsweise. Das Berechnungsergebnis ist stets größer als das mit der genauen Formel.

$$V = \frac{A_u + A_o}{2} \cdot t$$

A_u Fläche der Baugrubensohle
A_o Fläche der Bodenöffnung, berechnet aus waagerecht gemessenen Längen
t Tiefe der Baugrube

Geneigte Sohle, geneigtes Gelände

Das Volumen lässt sich näherungsweise mit der mittleren Tiefe t_m berechnen. t_m entspricht der Summe der Bautiefen in den Ecken geteilt durch die Anzahl der Ecken.

$$V \approx A_m \cdot t_m = \frac{A_u + A_o}{2} \cdot t_m$$

Beispiel Mengenberechnung für eine Baugrube im geneigten Gelände

Abmessungen Bauwerk: 10,00 m x 20,00 m
Abmessungen Baugrubensohle: $b_u = 10{,}00\ \text{m} + 2 \cdot 0{,}50\ \text{m} = 11{,}00\ \text{m}$
$l_u = 20{,}00\ \text{m} + 2 \cdot 0{,}50\ \text{m} = 21{,}00\ \text{m}$

Geländeneigung vgl. Abbildung

$$\tan\alpha = \frac{6{,}00\ \text{m} - 3{,}00\ \text{m}}{6{,}00\ \text{m} + 21{,}00\ \text{m} + 3{,}00\ \text{m}} = 0{,}100$$

$\alpha = 5{,}7°$

$t_1 = 6{,}00 - (6{,}00 \cdot \tan\alpha) = 5{,}40\ \text{m}$

$t_2 = 3{,}00 + (3{,}00 \cdot \tan\alpha) = 3{,}30\ \text{m}$

$t_m = (1/4) \cdot (5{,}40 + 5{,}40 + 3{,}30 + 3{,}30) = 4{,}35\ \text{m}$

$A_u = 11{,}00 \cdot 21{,}00 = 231{,}00\ \text{m}^2$

$A_o = (1/2) \cdot (17{,}00 + 23{,}00) \cdot 30{,}00 = 600{,}00\ \text{m}^2$

$$V \approx \frac{A_u + A_o}{2} \cdot t_m = \frac{231{,}00 + 600{,}00}{2} \cdot 4{,}35 = 1807{,}425\ \text{m}^3$$

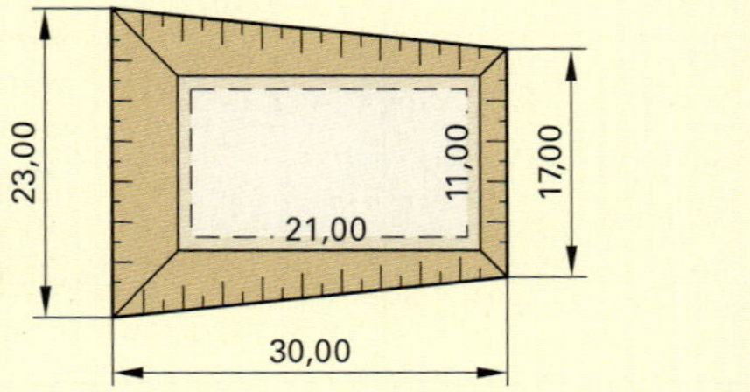

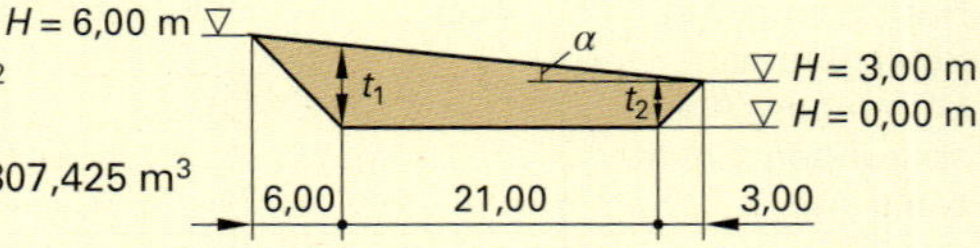

Zum Vergleich:
Die exakte Berechnung über Obelisk und schiefen Keil ergibt: 1786,500 m³. ▸ S. 17

8

Gelegentlich werden für die Tiefen der Baugrube auch die Differenzhöhen zwischen der Baugrubensohle und den oberen Ecken angesetzt. Dieses ergibt größere Volumina, lässt sich aber nicht rechtfertigen.

Bodenarten

Gruppeneinteilung nach DIN 18195

Hauptgruppen	Korngrößenanteile Masse-% ≤ 0,06	Korngrößenanteile Masse-% < 2 mm	Bodengruppen		Kurzzeichen	Beispiele	Eignung als Baugrund[5]
Grobkörnige Böden	< 5	> 40	Kies/Grant	enggestufter Kies [1]	GE	Flusskies, Strandkies, Moränenkies, vulkanische Schlacke	+
				weitgestufter Kiessand [2]	GW		+
				intermittierend gestufte Kies-Sand-Gemische [3]	GI		+
		≤ 40	Sand	enggestufte Sande [1]	SE	Dünen-, Flugsand, Fließ-, Berliner Sand	(+)
				weitgestufte Sand-Kies-Gemische [2]	SW	Moränensand	+
				intermittierend gestufte Sand-Kies-Gemische [3]	SI	Granitgrus	+
Gemischtkörnige Böden	5 bis 40	> 40	Kies-Schluff-Gemische	5 bis 15 Masse-% <0,06 mm	GU	Moränenkies	o
				15 bis 40 Masse-% <0,06 mm	$G\overline{U}$	Verwitterungskies	o
			Kies-Ton-Gemische	5 bis 15 Masse-% <0,06 mm	GT	lehmiger Kies,	o
				15 bis 40 Masse-% <0,06 mm	$G\overline{T}$	Lehm Geschiebelehm	o
		< 40	Sand-Schluff-Gemische	5 bis 15 Masse-% <0,06 mm	SU	Schleichsand	o
				15 bis 40 Masse-% <0,06 mm	$S\overline{U}$	Auelehm	o
			Sand-Ton-Gemische	5 bis 15 Masse-% <0,06 mm	ST	lehmiger Sand	o
				15 bis 40 Masse-% <0,06 mm	$S\overline{T}$	Geschiebelehm	o
Feinkörnige Böden	≥ 40		**Schluff**	leicht plastisch [4]	UL	Löss, Hochflutlehm	o
				mittel plastisch [4]	UM	Beckenschluff	o
				ausgeprägt zusammendrückbar	UA	vulkanische Böden	o
			Ton	leicht plastisch [4]	TL	Bänderton	o
				mittel plastisch [4]	TM	Lösslehm	o
				ausgeprägt plastisch [4]	TA	Lauenburger Ton	o
Organische Beimengung	> 40		organogene Schluffe		OU	Ober-(Mutter)	-
			organogene Tone		OT	BodenSchlick, Klei	-
	≤ 40		grob und gemischtkörnige Böden mit Beimengungen humoser Art		OH	Ober-(Mutter) Boden	-
			grob und gemischtkörnige Böden mit kalkigen, kieseligen Beimengungen		OK	Kalk-Tuffsand, Wiesenkalk	-
Organische Böden			nicht bis mäßig zersetzte Torfe		HN	Niedermoortorf	-
			zersetzte Torfe		HZ	Hochmoortorf	-
			Faulschlamm, Mudde,Gyttja		F	Faulschlamm, Mudde	-

[1] enggestuft = Boden mit steiler Sieblinie infolge **einer** maßgeblichen Korngrößen

[2] weitgestuft = Boden mit flach verlaufender Sieblinie zusammengesetzt aus **verschiedenen** Korngrößen

[3] intermittierend gestuft = Boden mit treppenartiger Sieblinie mit **zwei maßgeblichen** Korngrößen

[4] Die Unterteilung von Schluff und Ton sowie deren Plastizität erfolgt durch den Wassergehalt an bodenmechanischen Werten

[5] + günstig, o nur bei geringem Wassergehalt (Dränung erforderlich), – nicht geeignet

Abrechnung von Fliesenarbeiten nach VOB/C

Bauteil	Abrechnungs-einheiten (AE)	Abrechnungsgrundsätze (Auswahl, DIN 18352)
Wand	m^2	Maße der hergestellten oder bearbeiteten Fläche (bis zu den begrenzenden, ungeputzten, unbekleideten Bauteilen) ab Oberseite Bodenbelag oder Sockel
Boden	m^2	Maße der hergestellten oder bearbeiteten Fläche bis zum unbekleideten senkrechten Bauteil, auch bei ausgerundeten Ecken o. Ä.
Vorbehandeln der Verlegefläche Herstellen von Ausgleichsschichten Aufbringen von Haftbrücken	m^2 m^2 m^2	
Öffnungen, Aussparungen		kein Abzug bei $\leq$ 0,1 m^2 Einzelfläche, also Übermessung
Formteile, Zierplatten		werden in der hergestellten Fläche übermessen
Sockel, Kehlen, Schwellen, Stufen, Leibungen, Gehrungen Schrägschnitte, Bewegungsfugen	m m m	jeweils tatsächliche Länge
Einsetzen von Installations- und Einbauteilen	Stück	
Formteile, Zierplatten, Stufen Verkleidungen von Wannen u. Ä. elastische Fugenfüllungen Löcher für Rohrdurchführungen Anpassungen an Aussparungen > 0,1 m^2	Stück Stück Stück Stück Stück	jeweils besondere Leistung, d. h. diese Leistungen sind nach Art und Umfang im Leistungsverzeichnis sorgfältig zu beschreiben .
Einsetzten von Profilleisten	m	

Abrechnung von Putz- und Stuckarbeiten nach VOB/C

Bauteil	Abrechnungs-einheiten (AE)	Abrechnungsgrundsätze (Auswahl, DIN 18350)
Wandputz, Deckenputz Maße: ohne begrenzende Bauteile: deren Maße Innenflächen: bis zu den ungeputzten Bauteilen (Rohbaumaße)	m^2	Übermessung ▪ Aussparungen $\leq$ 2,5 m^2 Einzelgröße, wie Tür- und Fensteröffnungen, Nischen usw. ▪ Fugen ▪ Unterbrechungen der zu bearbeitenden Fläche mit einer Einzelbreite $\leq$ 30 cm, wie Stützen, Unterzüge, Gesimse, Balkonplatten, Podeste, Gurte, Putzbänder
Leibungen $\leq$ 1 m Breite, Pfeiler, Stützen, Unterzüge, Abtreppungen, Ummantelungen $\leq$ 1 m Breite	m	größstes, gegebenenfalls abgewickeltes Bauteilmaß
Rückflächen von Nischen	m^2, (Stück)	Einzelmaße
Gewölbte Decken	m^2	Fläche der abgewickelten Untersicht
Herstellen von Aussparungen	Stück	
Schließen von Öffnungen	Stück	

8.3 Baustoffbedarf und Arbeitszeitbedarf

Die genannten Werte sind Mittelwerte unter Beachtung der aufgeführten Randbedingungen. Sie dienen als Grundlage der Arbeitsvorbereitung, Kalkulation und zur Baustoffbestellung.

Mauerarbeiten

Steinart	Formate	Maße cm	Wanddicke	je m³ Mauerwerk			je m² Mauerwerk		
				Steine[1] Stück	Mörtel[2] ℓ	Arbeitszeit h	Steine[1] Stück	Mörtel[2] ℓ	Arbeitszeit h
Verblendschale	DF	24 × 11,5 × 5,2	11,5	–	–	–	66	28	2,3
Vollsteine	DF	24 × 11,5 × 5,2	11,5 24	573 549	241 284	8,3 7,9	66 132	28 68	1,0 1,9
Vollsteine	NF	24 × 11,5 × 7,1	11,5 24 36,5	430 412 407	224 263 274	7,2 6,8 6,5	49 99 148	26 63 100	0,8 1,6 2,4
Porenziegel	2 DF	24 × 11,5 × 11,3	24	275	203	5,8	66	49	1,4
Hochlochziegel			36,5	271	218	5,5	99	79	2,0
Lochsteine	3 DF	24 × 17,5 × 11,3	17,5 24	188 185	160 174	5,6 5,4	33 45	28 42	1,0 1,3
Porenziegel	12 DF	36,5 × 24 × 23,8	24	46	110	4,1	12	26	1,0
Porenbeton-Planblöcke	16 DF 20 DF	49,9 × 24 × 24,9 49,9 × 30 × 24,9	24 30	34,3 27,5	14 13	2,0 1,8	8,2 8,2	3,0 3,6	0,45 0,48
Kalksand-Planelemente	(48 DF) (64 DF)	100,0 × 17,5 × 49,9 100,0 × 24,0 × 49,9	17,5 24	11,8 8,6	13 13	2,3 1,9	2 2	2,2 3,0	0,40 0,45

[1] Einschließlich eines Bruchanteils von 3 %
[2] Einschließlich eines Verlustanteiles von 20 %
Bei unvermörtelten Stoßfugen bis 40 % geringerer Mörtelbedarf, bei verfüllten Mörteltaschen bis 25 % höherer Mörtelbedarf. Je nach Steingröße ist Normal- oder Dünnbettmörtel zu verwenden.

Putzarbeiten

Putzart	Bauteil	Dicke cm	je m² Putz	
			Mörtel	Arbeitszeit[1]
Spritzbewurf	Wand/Decke	–	6 ℓ	0,10 h
geriebener Putz	Wand	1,5	17 ℓ	0,68 h
	Wand	2,0	22 ℓ	0,78 h
geglätteter Putz	Wand Decke	1,5 1,5	17 ℓ 22 ℓ	0,85 h 0,97 h
Rappputz	Wand Decke	– –	11 ℓ 11 ℓ	0,27 h 0,30 h
Gipsputz	Wand	1,0	11 ℓ	0,40 h

[1] Werte einschließlich Mischen von angeliefertem Trockenmörtel

Estricharbeiten

Estrichart	Nutzboden	
	gerieben	geglättet
Dicke [cm]	2,5 3,5	3,5
Mörtel [ℓ/m²]	27 37	37
Arbeitszeit [m²/h][1]	0,50 0,60	0,70

Betonarbeiten

Bauteil	**Arbeitszeit** für Einbau [h/m³]		**Arbeitszeit** [h/m²]	
	mit Kran	mit Pumpe	Abziehen	Abreiben
Sauberkeitsschicht	0,7 … 1,0	0,5 … 0,6	0,15 … 0,25	
Fundamente	0,7 … 0,9	0,5 … 0,6	0,05 … 0,15	
Platten, Decken	0,7 … 0,9	0,5 … 0,6	0,10 … 0,15	0,15 … 0,25
Unterzüge, Stürze	0,8 … 1,0	0,6 … 0,7		
Stützen	2,0 … 2,5	1,7 … 2,1		
Wände d = 15 … 25 cm d = 25 … 50 cm	2,0 … 2,6 1,1 … 1,8	2,0 … 2,2 1,0 … 1,6		

Aufwandswert = Arbeitszeit/Menge
Arbeitszeiten sind individuelle Erfahrungswerte der Bauunternehmen.

Bewehrungsarbeiten

Durchmesser	Abladen	Schneiden/Biegen	Verlegen Decke	Verlegen Balken
bis ∅ 10 mm	0,8 h/t	13,5 h/t	35 h/t	39 h/t
bis ∅ 16 mm	0,7 h/t	7,5 h/t	22 h/t	27 h/t

Schalarbeiten, Anhaltswerte für konventionelle, systemlose Schalung

Schalung für	Holzbedarf in m^3 je m^2 geschalte Fläche			Holzverlust je Einsatz in %	**Arbeitszeit** [h/m^2]
	Bretter	Kantholz	Rundholz		
Fundamente	0,03	0,025	–	20 … 30	0,8 … 1,2
Wände bis 4 m Höhe	0,03	0,025	–	20 … 30	0,6 … 0,9
Wände bis 8 m Höhe	0,03	0,040	–	20 … 30	1,0 … 1,3
Volldecken in 3 m Höhe	0,03	0,025	0,025	20 … 25	0,5 … 0,7
Volldecken in 5 m Höhe	0,03	0,025	0,050	20 … 25	0,7 … 0,9
Treppenläufe, gerade	0,03	0,035	0,050	30 … 40	1,4 … 2,4
Treppenläufe, gewendelt	0,04	0,050	0,070	50 … 100	2,5 … 1,5
Balken in 3 m Höhe	0,04	0,030	0,035	40 … 60	1,2 … 1,5
Balken in 5 m Höhe	0,04	0,030	0,060	40 … 60	1,3 … 1,6
Stützen	0,04	0,040	–	40 … 60	1,1 … 1,6

Der Nagelbedarf in kg/m^2 systemloser Schalung bei einmaligem Holzeinsatz liegt bei Fundamenten, Wänden und Decken bei ~ 0,10 kg/m^2; bei Treppen, Balken und Stützen bei 0,25 kg/m^2.

Fliesenarbeiten

Arbeitsverfahren	Format [cm × cm]	Arbeitszeit [h/m^2]	Zulagen für
Wandfliesen Ansetzen in Dickbettmörtel einschließlich Verfugen, h < 2 m	10 × 10 10 × 20 15 × 20	2,5 … 2,7 1,9 … 2,1 1,8 … 1,9	Diagonalverlegung, Löcher herstellen, übermäßige Schneidarbeiten, Bördüren, Verlegung Zierplatten
Wandfliesen Ansetzen in Dünnbettmörtel einschließlich Verfugen, h < 2 m	10 × 10 15 × 20 30 × 30	1,3 … 1,4 0,9 … 1,0 0,8 … 0,9	
Bodenfliesen Verlegen in Dünnbettmörtel einschließlich Verfugen	Mosaik 5 × 5 30 × 60 90 × 90	0,6 … 1,2 0,8 … 0,9 1,3 … 1,4	

Rohrverlegungsarbeiten

Rohrdurchmesser mm	**Arbeitszeit** [h/m] 1)			
	Kunststoffrohre	Steinzeugrohre	Betonmuffenrohre	Stahlbetonrohre
150	0,3 … 0,5	0,7 … 0,9	0,6 … 0,8	
250	0,5 … 0,7	0,9 … 1,2	0,8 … 1,1	
300	0,7 … 0,9	1,2 … 1,4	1,1 … 1,3	
400		1,5 … 1,7	1,3 … 1,6	5,0 … 6,0
500		1,9 … 2,3	1,7 … 2,2	6,0 … 7,0
800				10,0 … 13,0

1) Arbeitsvorgänge: Abladen, Transport im Baustellenbereich bis Grabensohle, Verlegen, Dichten der Rohre

Entwässerungsarbeiten

Entwässerungsarbeiten		
Dränrohre im Kiesbett	1 m	0,3 h
Tonrohre mit Gefälle	1 m	0,5 h
Formteile einbauen	1 Stück	0,5 h

Gerüstarbeiten

Abladen, Aufstellen, Abbauen Aufladen	
Leitergerüst , je m^2	0,5 h
Schnellbaugerüst je m^2	0,25 h

8

8.4 Gefahrstoffe im Bauwesen

Der Umgang mit Gefahrstoffen ist im Wesentlichen durch die Unfallverhütungsvorschriften der Berufsgenossenschaften geregelt (▸ Umschlagseiten Innen).

Sicherheitsdatenblätter, H-Sätze und P-Sätze

Das Sicherheitsdatenblatt hat für den Arbeitsschutz sowie bei der Beurteilung von Umweltschutzfragen eine große Bedeutung. Nationale Anforderungen sind in der Bekanntmachung zu Gefahrstoffen (BekGS) 220 „Sicherheitsdatenblatt" (ehemals TRGS 220) beschrieben.
Das Sicherheitsdatenblatt muss die folgenden 16 Abschnitte enthalten:

1: Bezeichnung des Stoffs bzw. des Gemischs und des Unternehmens
2: Mögliche Gefahren
3: Zusammensetzung/Angaben zu Bestandteilen der Gemische
4: Erste-Hilfe-Maßnahmen
5: Maßnahmen zur Brandbekämpfung
6: Maßnahmen bei unbeabsichtigter Freisetzung
7: Handhabung und Lagerung
8: Begrenzung und Überwachung der Exposition/Persönliche Schutzausrüstungen
9: Physikalische und chemische Eigenschaften
10: Stabilität und Reaktivität
11: Toxikologische Angaben
12: Umweltbezogene Angaben
13: Hinweise zur Entsorgung
14: Angaben zum Transport
15: Rechtsvorschriften
16: Sonstige Angaben

Werden Gefahrstoffe in Betrieben verwendet, müssen **Betriebsanweisungen** erstellt werden und für die betroffenen Mitarbeiter jederzeit einsehbar sein.

Gefahrenhinweise **H-Sätze** *(Hazard Statements)* – Auswahl

2	**Physikalisch-chemische Gefahren**
H200	Instabil, explosiv.
H228	Entzündbarer Feststoff.
H220	Extrem entzündbares Gas.
H240	Erwärmung kann Explosion verursachen.
H251	Kann sich selbst erhitzen.
H272	Kann Brand verstärken; Oxidationsmittel.
H290	Kann Metalle korrodieren.
3	**Gesundheitsgefahren**
H300	Lebensgefahr bei Verschlucken.
H301	Giftig bei Verschlucken.
H312	Gesundheitsschädlich bei Hautkontakt.
H314	Verursacht schwere Verätzungen der Haut.
H315	Verursacht Hautreizungen.
H318	Verursacht schwere Augenschäden.
H331	Giftig beim Einatmen.
H335	Kann Atemwege reizen.
4	**Umweltgefahren**
H400	Sehr giftig für Wasserorganismen.
H412	Schädlich für Wasserorganismen.
	Ergänzende Gefahrenmerkmale der EU
EUH006	Mit und ohne Luft explosionsfähig.
EUH014	Reagiert heftig mit Wasser.
EUH019	Kann explosionsfähige Peroxide bilden.
EUH070	Giftig bei Kontakt mit den Augen.
EUH071	Ätzend für die Atemwege.
	Ergänzende Kennzeichnungselemente der EU Informationen über bestimmte Stoffe
EUH203	Enthält Chrom (VI). Kann allergische Reaktionen hervorrufen.
EUH204	Enthält Isocyanate. Hinweise des Herstellers beachten.
EUH205	Enthält epoxidhaltige Verbindungen. Hinweise des Herstellers beachten.

Gefahrenhinweise **P-Sätze** *(Precautionary Statements)* – Auswahl

1	**Allgemeine Hinweise**
P102	Darf nicht in die Hände von Kindern gelangen.
P103	Vor Gebrauch Etikett lesen.
2	**Vorbeugung**
P201	Vor Gebrauch besondere Anweisungen einholen.
P211	Nicht in offene Flamme oder andere Zündquelle sprühen.
P222	Berührung mit Luft vermeiden.
P232	Vor Feuchtigkeit schützen.
P233	Behälter dicht verschlossen halten.
P242	Nur funkenfreies Werkzeug verwenden.
P250	Nicht schleifen/stoßen/.../reiben.
3	**Gegenmaßnahmen**
P301	Bei Verschlucken:
P304	Bei Einatmen:
P310	Sofort GIFTINFORMATIONSZENTRUM oder Arzt anrufen.
P332	Bei Hautreizung:
P334	In kaltes Wasser tauchen/nassen Verband anlegen.
4	**Lagerung**
P403	An einem gut belüfteten Ort aufbewahren.
P405	Unter Verschluss aufbewahren
5	**Abfall**
P501	Inhalt/Behälter ... zuführen.

Bild- und Quellenverzeichnis

Verlag und Autoren danken den einschlägigen Organisationen, Verbänden und Gesellschaften für die Unterstützung zur aktuellen Gestaltung des Tabellenbuches. Quellenangabe nach Kapiteln, bei nicht dort benannten Normen mit Seitenangaben.

1 MATHEMATIK

- DIN 1301:2010-10, Einheitennamen, Einheitenzeichen [S. 5]
- DIN 1304:1994-04, Formelzeichen [S. 5]

2 PHYSIK, CHEMIE, STATIK

- DIN 1055, Einwirkung auf Tragwerke
  Teil 1:2002-06, Wichte und Flächenlasten von Baustoffen (zurückgezogen) [S. 39]
  Teil 2:2010-11, Bodenkenngrößen [S. 39]
  Teil 3:2006-03, Eigen- und Nutzlast (zurückgezogen) [S. 40]
  Teil 4:2005-03, Windlasten (zurückgezogen) [S. 40]
  Teil 5:2005-07, Schneelasten (zurückgezogen) [S. 40]
- DIN EN 1990-1-1+NA:2020-12, EC 0, Grundlagen der Tragwerksplanung
- DIN EN 1991-1-1+NA:2020.12, EC 1, Einwirkungen auf Tragwerke [S. 40]
- Mahringer, Walter: Baustatik, Band 1, 1. Auflage, 2013, Verlag Europa-Lehrmittel

3 BAUZEICHNUNGEN

- DIN 406:1992-12 (zurückgezogen); Maßeintragungen
- DIN 1356, Bauzeichnungen
  Teil 1:1995-02 und 2018-03 (Entwurf), Arten, Inhalte und Grundregeln der Darstellung [S. 41 ff.]
  Teil 6:2006-05, Bauaufnahmezeichnungen
- DIN EN ISO 216:2007-12, Papierformate A-Reihe
- DIN EN ISO 7200:2004-05, Schriftfelder [S. 41]
- DIN ISO 128 [S. 42]
  Teil 20:2002-12, Linien und -arten (zurückgezogen)
  Teil 30:2002-05, Grundregeln für Ansichten
- DIN IS0 5455:1979-02, Maßstäbe [S. 42]
- DIN 4023:2006-02, Geotechnische Erkundungen, Zeichnerische Darstellung [S. 44]
- Flachdachrichtlinien (FDR, auch FD-RL) 2020 in Verbindung mit DIN 18531:2017-07, Abdichtung von Dächern [S. 44]
- Richtlinien für die Standardisierung des Oberbaus von Verkehrsflächen (RStO 12), Forschungsgesellschaft für Straßen- und Verkehrswesen [S. 44]
- DIN 919:2014-08, Technische Zeichnungen Holzverarbeitung [S. 44]
- DIN EN 752:2017-07, Entwässerungssysteme [S. 47]
- DIN 1996-100:2016-12, Entwässerungsanlagen für Gebäude [S. 47]
- DIN 18065:2020-08, Gebäudetreppen [S. 50]
- DIN ISO 5456, Normenreihe [S. 53 f.]
  Teil 1:1998-04, Projektionsmethoden
  Teil 3:1992-06, Axonometrische Darstellungen
- Fritz, Andreas: Hoischen – Technisches Zeichnen, 37. Auflage, 2020, Cornelsen Schulbuchverlage
- Peschel, Peter/ u. a.: Technische Kommunikation, 4. Auflage, 2009, Verlag Europa-Lehrmittel

4 BAUSTOFFE

- DIN EN 771, Festlegung von Mauersteinen
  Teil 1:2015-11, Mauerziegel [S. 58–61]
  Teil 2:2015-11, Kalksandsteine [S. 62]
  Teil 3:2015-11, Mauersteine aus Beton [S. 64]
  Teil 4:2015-11, Porenbetonsteine [S. 65]
- DIN 105-5:2013-06, Mauersteine, Leichtlanglochziegel [S. 59]
- DIN V 106:2005-10 (zurückgezogen); Kalksandsteine mit besonderen Eigenschaften
- Wienerberger AG (Abbildung, in Anlehnung an) [S. 60]
- DIN 20000, Anwendung von Bauprodukten in Bauwerken
  Teil 401:2017-01, Verwendung von Mauerziegeln [S. 60]
  Teil 402: 2017-01, Verwendung von Kalksandsteinen [S. 62]
- Güteschutz Ziegelmontagebau e.V., Merkblätter [S. 61]
- H+H Deutschland GmbH, Wittenborn (Abbildung in Anlehnung an) [S. 65]
- DIN EN 14411:2016-12, Keramische Fliesen und Platten [S. 66]
- DIN 18180:2014-09, Gipsplatten [S. 68]
- DIN EN 520:2009-12, Gipsplatten [S. 68]
- DIN EN 12859:2011-05, Gips-Wandbauplatten [S. 68]
- Kalksandstein Planungsbuch [S. 62]
- DIN 4051:2002-04, Kanalklinker [S. 69]
- DIN EN 1338:2003-08, Pflastersteine aus Beton [S. 69]
- DIN EN 1339:2003-08, Platten aus Beton [S. 69]
- DIN EN 1342:2013-03, Pflaster aus Natursteinen [S. 69]
- DIN EN 1344:2015—10, Pflasterziegel [S. 69]
- DIN EN 1916:2003-04, Rohre aus Beton [S. 70]
- DIN EN 295-1:2013-05, Steinzeugrohrsysteme [S. 70]

- DIN EN 295, Steinzeugrohre für Abwassersysteme [S. 70]
  Teil 1:2013-05, Rohre, Formstücke, Verbindungen [S. 78]
- DIN EN 1916:2003-04, Rohre und Formstücke aus Beton [S. 70]
- DIN EN 459, Baukalk
  Teil 1:2015-07, Begriffe und Anforderungen [S. 71]
  Teil 2:2010-12, Prüfverfahren (zurückgezogen)
- DIN 1164:2013-03, Zemente mit besonderen Eigenschaften
- DIN EN 197, Zemente [S. 72, 74]
  Teil 1:2011-11, Zusammensetzung und Anforderungen
- DIN EN 14216:2014-11, Zemente Zusammensetzung (zurückgezogen) [S. 73]
- DIN EN 13279, Gipsbinder und Gips-Trockenmörtel
  Teil 1:2008-11, Begriffe und Anforderungen [S. 75]
- DIN 4226-1:2001-08 (zurückgezogen, empfohlen statt DIN EN 12620, DIN EN 13055, ebenfalls zurückgezogen), Gesteinskörnungen [S. 77]
- DIN EN 933, Eigenschaften von Gesteinskörnungen
  Teil 1:2012-03 + Entwurf 2021-07, Korngrößenverteilung, Prüfverfahren [S. 79]
- DIN 18560, Estriche im Bauwesen
  Teil 1:2021-02, Allgemeine Anforderungen
  Teil 2:2022-07, Estriche auf Dämmschichten [S. 81]
- DIN EN 13813:2017-03-Entwurf, Estrichmörtel [S. 81]
- DIN 18580:2019-06 (DIN V 18580 zurückgezogen) mit DIN EN 998-2 Baustellenmörtel, mit DIN EN 413-1:2011-07, Putz- und Mauerbinder [S. 83]
- DIN EN 413-1:2011-07, Putz- und Mauerbinder [S. 83]
- DIN 18558:1985-01, Kunstharzmörtel (zurückgezogen) [S. 84]
- DIN EN 998, Mörtel im Mauerwerksbau,
  Teil 1:2017-07, Putzmörtel [S. 84]
  Teil 2:2017-07, Mauermörtel [S. 82]
- DIN 18550, Planung, Zubereitung und Herstellung von Innen- und Außenputz;
  Teil 1:2018-01, Ergänzung zu DIN EN 13914; Außenputze [S. 85]
  Teil 2: 2018-01, Ergänzung zu DIN EN 13914, Innenputze [S. 86]
- DIN EN 13914-1, Außenputze
- DIN EN 15824:2017-09, Außen- und Innenputze
- DIN EN 12004:2014-02 (zurückgezogen), Mörtel und Klebstoff für keramische Fliesen und Platten [S. 86]
- DIN EN 18534, Abdichtung von Innenräumen Normenreihe Teil 1 bis Teil 5,
  Teil 2: 2017-07, Bahnenförmige Abdichtungsbahnen
- DIN EN 206, Beton
  Teil 1:2001-07, Feststellung, Eigenschaften und Herstellung (zurückgezogen) [S. 89]
- DIN 1045-2:2023-08, Tragwerke aus Beton, Stahlbeton und Spannbeton, Eigenschaften und Herstellung, Anwendungsregeln zu DIN EN 206-1 [S. 78, S. 88–94]
- DIN EN 13670:2011-08, Ausführung von Tragwerken aus Beton [S. 78]
- DIN EN 12390:2012-12, Prüfung von Festbeton
- DIN EN 12350:2019-09, Prüfung von Frischbeton
- DIN EN 10025:2019-10, Warmgewalzte Erzeugnisse aus Baustahl [S. 101]
- DIN 488:2009-08, Betonstahl [S. 102]
- DIN 4074, Sortierung von Holz nach der Tragfähigkeit
  Teil 1:2012-06, Nadelholz
- DIN EN 338:2016-07, Bauholz für tragende Zwecke [S. 108]
- DIN EN 934-2:2012-08, Zusatzmittel für Betone [S. 95]
- DIN 68252:1978-01 (zurückgezogen) Schnittholz, Begriffe, Formen und Maße,
- DIN EN 1912:2013-10, Bauholz für tragende Zwecke; Sortierung nach visuellen Sortierklassen
- Bundesverband Holz und Kunststoff, Berlin [S. 108f.]
- Baustahlgewebe GmbH, Hauptverwaltung, www.baustahlgewebe.com [S. 103]
- Beratungsstelle Stahlverwendung, www.zvab.com [S. 101]
- HeidelbergCement, Betontechnische Daten [S. 80]
- Fliesen Beratungsstelle e.V., im Fachverband Fliesen und Naturstein [S. 66] oder Bundesverband Keramische Fliesen e.V.
- Nutsch, Wolfgang /u.a.: Bautechnik, Fachkunde Bau, 18. Auflage, 2020, Verlag Europa-Lehrmittel

5 MAUERWERKSBAU

- Bemessung von Ziegelmauerwerk; Arbeitsgemeinschaft, Mauerziegel im Bundesverband der Deutschen Ziegelindustrie e.V. [S. 112ff.]
- Kalksandstein Planungshandbuch, Bundesverband Kalksandsteinindustrie e.V. , Hannover [S. 115]
- Wienerberger-Planungstool, Tools und Downloads, Wienerberger GmbH, Hannover [S. 118, 119]
- DIN 18540:2014-09, Außenwandfugen im Hochbau, Fugendichtstoffe [S. 121]
- DIN EN 752:2017-07, Entwässerungssysteme außerhalb von Gebäuden
- DIN 1986-100:2016-12, Entwässerungssysteme für Gebäude und Grundstücke
- DIN 4172:2015-09, Maßordnung im Hochbau
- DIN 4103:2015-06, Nichttragende innere Wände
- DIN 4108-3:2018-10, Klimabedingter Feuchteschutz

- DIN EN 1996:2013-02, EC 6, Bemessung und Konstruktion von Mauerwerksbauten, Teil 1 bis Teil 3, Nationaler Anhang
- DIN 18195:2017-07, Abdichtungen von Bauwerken
- DIN 18515:2018-08, Außenbekleidung, Angemörtelte Fliesen und Platten
- DIN 18516:2010-06, Hinterlüftete Außenwandkonstruktionen
- DIN EN 13163:2017-02, DIN EN 1314:2015-04, Wärmedämmstoffe [S. 106]
- DIN 4074-2:2021-01, Sortierung von Holz [S. 109]
- DIN EN 312, Spanplatten [S. 110]
- DIN EN 622-5:2010-09, Faserplatten [S. 110]
- DIN 18160-1:2022-06 (Entwurf), Abgasanlagen

6 BETON- UND STAHLBETONBAU

- DIN EN 1992/NA:2011-01, EC 2, Bemessung von Stahlbeton- und Spannbetontragwerken, Hochbau
- DIN 4223-100:2014-12, vorgefertigte bewehrte Bauteile aus Porenbeton
- DIN 4227:1988-07, Normenreihe (zurückgezogen), Spannbeton
- DIN 4160:2000-04 (zurückgezogen), Ziegel für Decken
- DIN 1045-3:2012-08, Tragwerke aus Beton, Bauausführung, Anwendungsregeln zu DIN EN 13670 [S. 132 f]
- DIN 1054:2021-04; Baugrund, Ergänzung zu DIN EN 1997-1 [S. 131]
- DIN EN 1997:2014-03; Berechnung und Bemessung in der Geotechnik [S. 131]
- DAfStb-Richtlinien, Arbeitshilfen Stahlbetonbau,
- Deutscher Ausschuss für Stahlbeton
- Hünnebeck Deutschland GmbH, Ratingen [S. 141 f.]
- Betonoberflächen und Schalungshaut [S. 143]
- DIN EN 1065:1998-12, Baustützen aus Stahl [S. 144]
- DIN EN 12811-1:2004-03, Arbeitsgerüste [S. 145]
- DIN 4420-1:2004-03, Arbeits- und Schutzgerüste [S. 147]
- DBV-Merkblatt, Deutsche Beton- und Bautechnik-Verein, e.V. [S. 148]

7 BAUKONSTRUKTIONEN UND BAUTENSCHUTZ

- DIN 4124:2012-01, Baugruben und Gräben [S. 148]
- DIN EN 1610:2015-12, Einbau und Prüfung von Abwasserleitungen und Kanälen [S. 148]
- DIN EN ISO 6946:2018-03, Wärmedurchgangswiderstände, -koeffizienten [S. 155]
- DIN 4109-1:2018-01, Schallschutz [S. 160]
- DIN 4102-4/A1:2023-04 Entwurf, Brandverhalten von Baustoffen [S. 163]
- DIN 4108 Beiblatt:2019-06 [S. 157]
- DIN 4095: 1990-06 (zurückgezogen); Ergänzung durch Merkblatt:2018-01, Dränung [S. 158]
- DIN EN 18195:2017-07 Normenreihe; Abdichtung von Bauwerken [S. 159]
- fischer Deutschland Vertriebs GmbH & Co.KG [S. 153]
- DIN EN ISO 13788:2013-05; Berechnungsverfahren Wärmedurchlasswiderstand [S. 155]
- Gebäudeenergiegesetz 2020/2023 [S. 155]
- VDI-Richtlinie 2720, Bbl. 1, Verein-Deutscher-Ingenieure e.V. [S. 163]
- DIN EN 13501-1:2019-05, Klassifizierung des Brandverhaltens [S. 163]
- Ferdinand, Silvia; u.a.: Bauphysik, 11. Auflage, 2022, Verlag Europa-Lehrmittel [S. 156]
- Peschel, Peter; u.a.: Tabellenbuch Bautechnik, 17. Auflage, 2022, Verlag Europa-Lehrmittel

8 BAUBETRIEB

- Piktogramme, UNECE/GHS, Umweltbundesamt, Global Harmonisiertes System: GHS-Verordnung, 2015, DIBt, Deutsches Institut für Bautechnik [Umschlag innen und außen]
- Berufsgenossenschaft der Bauwirtschaft, BG BAU, Arbeitsschutz für Unternehmen, Prävention Hochbau, BGV C22 BG BAU Bauarbeiten
- Lohntabellen Baugewerbe, Lohntabellen.pdf-budau.de, www.bauwirtschaft-rlp.de,2021 [S. 165]
- Vergabe- und Vertragsordnung für Bauleistungen, VOB:2019-09, Beuth Verlag GmbH, mit DIN 18300 Erdarbeiten, DIN 18330 Maurerarbeiten, DIN 18331 Betonarbeiten, DIN 18352 Fliesen- und Plattenarbeiten [S. 167–169, S. 172]
- Standardleistungsbuch, StLB, Bundesministerium für Bauen und Raumordnung
- Standardleistungskatalog, STLK, FGSV-Verlag GmbH

Sachwortverzeichnis

A

B